天津市"十二五"普通高等教育规划教材

信号检测与估计（第3版）

张立毅 主编 ／ 张雄 李化 副主编

U0386793

清华大学出版社
北京

内 容 简 介

本书共 12 章,系统地介绍了信号检测与估计的基本理论。首先,阐述本课程的基础理论、随机信号分析及其统计描述;其次,介绍经典检测理论、确知信号的检测、随机参量信号的检测、多重信号的检测,以及序贯检测等基本检测理论和方法;最后,介绍经典估计、信号参量估计、信号波形估计(维纳滤波、卡尔曼滤波和自适应滤波),以及功率谱估计等基本估计理论及方法。

在编写过程中,既注重结构的完整性和内容的连续性、理论推导的循序性和语言描述的精炼性,也强调了信息技术的应用性和部分定理、准则、公式的溯源性。力求从简到繁、由浅入深、循序渐进、通俗易懂,既利于教师讲授,也便于学生自学。

本书可以作为电子信息类各专业高年级本科生和研究生的教材,也可供从事电子与通信技术的广大科技人员参考。

图书在版编目(CIP)数据

信号检测与估计/张立毅主编. —3 版. —北京:清华大学出版社,2023.5

ISBN 978-7-302-63656-4

Ⅰ.①信… Ⅱ.①张… Ⅲ.①信号检测－高等学校－教材 ②参数估计－高等学校－教材

Ⅳ.①TN911.23

中国国家版本馆 CIP 数据核字(2023)第 087396 号

责任编辑:汪汉友

封面设计:常雪影

责任校对:李建庄

责任印制:沈 露

出版发行:清华大学出版社

    网 址:http://www.tup.com.cn,http://www.wqbook.com

    地 址:北京清华大学学研大厦 A 座   邮 编:100084

    社 总 机:010-83470000   邮 购:010-62786544

    投稿与读者服务:010-62776969,c-service@tup.tsinghua.edu.cn

    质量反馈:010-62772015,zhiliang@tup.tsinghua.edu.cn

    课件下载:http://www.tup.com.cn,010-83470236

印 装 者:三河市天利华印刷装订有限公司

经 销:全国新华书店

开 本:185mm×260mm   印 张:17.75   字 数:435 千字

版 次:2010 年 6 月第 1 版 2023 年 6 月第 3 版   印 次:2023 年 6 月第 1 次印刷

定 价:49.90 元

产品编号:097824-01

第3版前言

信号检测与估计是现代信息理论的重要组成部分,是以概率论与数理统计为工具,以受噪信号处理为对象,以提取信息为目标,综合系统理论与通信工程的一门学科。在通信、雷达、声呐、自动控制、地震勘探、生物医学信号处理等领域得到广泛应用。

本书是在我们编写的由清华大学出版社2014年出版的《信号检测与估计》(第2版)教材的基础上修订完善的。全书共12章,第1章简要介绍信号检测与估计理论的研究对象和发展历程;第2章介绍随机信号的基本概念和统计描述;第3~7章分别介绍信号检测的基本理论和方法,包括经典检测理论、确知信号的检测、随机参量信号的检测、多重信号的检测以及序贯检测;第8~12章介绍信号估计的基本理论和方法,包括估计的方法与性质、信号参量和信号波形的估计以及谱估计等。

在本书的编写和修订过程中,作者着重从基础与框架入手,既注重理论分析的严密性,又强调实际应用,同时还融入信息技术的应用,形成了以下几方面的特色。

(1)重点突出。在有限篇幅内,重点介绍信号检测与估计的经典理论,注重基本概念和基本方法的阐述。对于初学者来说,掌握了这些基本理论,就为进行本学科更深层次的学习与研究奠定了基础。

(2)体系完整。首先注重了结构的完整性和内容的连续性。按照惯例,先介绍信号检测,后介绍信号估计,从确知信号检测到随机参量信号和多重信号检测,从参数估计到波形和谱估计,由浅入深,循序渐进。其次强调了理论推导的循序性和语言描述的精炼性,为了便于教师讲授和学生自学,理论推导环环紧扣,从简到繁,由易到难,力求通俗易懂,便于理解。

(3)实例丰富。本书运用了大量实际信号处理问题来说明相关理论,使理论叙述更加生动和易于理解,同时还提供了大量的例题,各章均安排了一定数量的思考题和习题,便于读者理解和巩固所学的概念和方法,提高分析问题和解决问题的能力。

(4)追根溯源。对部分定理、准则、公式的来源进行了追溯,对部分发明者进行了简要介绍,便于读者进一步了解信号检测与估计的发展历程。

(5)融入信息技术。部分章节给出了计算机仿真实例,包括仿真假设、程序代码和仿真结果,实现了对基本定理和基本方法的验证,加深读者对理论知识的理解掌握。

本书可以作为电子信息类专业高年级本科生和信息与通信工程等学科硕士研究生的教材,建议讲授40学时左右。学习本门课程需要先修“概率论”“信号与系统”“数字信号处理”等课程。在教材使用中,对于加“＊”的章节可以不讲,供学生们参考。

本书由张立毅担任主编,张雄和李化担任副主编。张立毅修订编写了第1~3章,孙云山修订编写了第5、6、11章,李艳琴修订编写了第8、9、12章,费腾修订编写了第4、10章,张经宇修订编写了第7章。在修订编写过程中,作者还参阅了不少的文献资料,在此致以诚挚的谢意。

由于作者水平有限,书中难免会出现一些疏漏和不妥之处,恳请读者批评指正。

作　者

2023年4月

第2版前言

信号检测与估计是现代信息理论的重要组成部分,是以概率论与数理统计为工具,以受噪信号处理为对象,以提取信息为目标,综合系统理论与通信工程的一门学科。在通信、雷达、声呐、自动控制、地震勘探、生物医学信号处理等领域得到广泛应用。

本书是在我们编写的由清华大学出版社2010年出版的《信号检测与估计》教材的基础上修订完善的。全书共12章,第1章简要介绍信号检测与估计理论的研究对象和发展历程;第2章介绍随机信号的基本概念和统计描述;第3~7章分别介绍信号检测的基本理论和方法,包括经典检测理论、确知信号的检测、随机参量信号的检测、多重信号的检测以及序贯检测;第8~12章介绍信号估计的基本理论和方法,包括估计的方法与性质、信号参量和信号波形的估计以及谱估计等。

近20年来信号检测与估计理论得到蓬勃发展,新的理论和方法大量涌现,应用领域不断扩展。为了帮助有志于从事信息科学技术的初学者迅速入门,本书着重从基础与框架入手,既注重理论的严密性,又强调实际应用,试图在以下几方面形成特色。

(1)重点突出。在有限篇幅内,重点介绍信号检测与估计的经典理论,注重基本概念和基本方法的阐述。对于初学者来说,掌握了这些基本理论,就为进行本学科更深层次的学习与研究奠定了基础。

(2)体系完整。首先注重结构的完整性和内容的连续性,按照惯例,先介绍信号检测,后介绍信号估计,从确知信号检测到随机参量信号和多重信号检测,从参数估计到波形和谱估计,由浅入深,循序渐进。其次,强调理论推导的循序性和语言描述的精炼性,为了便于教师讲授和学生自学,理论推导环环紧扣,从简到繁,由易到难,力求通俗易懂,便于理解。

(3)实例丰富。本书运用大量实际信号处理问题来说明相关理论,使理论叙述更加生动和易于理解,同时本书还提供大量的例题,各章均安排一定数量的思考题和习题,便于读者理解和巩固所学的概念和方法,提高分析问题和解决问题的能力。

本书可以作为电子信息类专业(如通信工程、电子信息工程、测控技术与仪器等专业)高年级本科生和通信与信息系统、信号与信息处理、电路与系统等学科硕士研究生的教材,建议讲授40学时左右。学习本门课程需要先修"概率论""信号与系统""数字信号处理"等课程。在教材使用中,对于加 * 的章节可以不讲,供学生参考。

本书由张立毅担任主编,负责修订统稿和定稿,并修订了第1章。张雄和李化担任副主编,分别修订了第3章和第4章。赵菊敏、梁凤梅、张文爱、武晓嘉、赵永强、李灯熬、李艳琴分别修订了第2章和第5章到第10章,刘婷修订编写了第11章和第12章,在编写过程中,作者还参阅了不少的文献资料,在此对这些文献的作者致以诚挚的谢意。

由于作者水平有限,书中难免会出现一些疏漏和不妥之处,恳请读者批评指正。

作 者

2014 年 7 月

第1版前言

信号检测与估计是现代信息理论的重要组成部分,是以概率论与数理统计为工具,以受噪信号处理为对象,以提取信息为目标,综合系统理论与通信工程的一门学科。在通信、雷达、声呐、自动控制、地震勘探、生物医学信号处理等领域得到广泛应用。

本书是在作者讲授"信号检测与估计"课程自编讲义的基础上,总结多年的教学经验,根据电子信息类专业教学大纲,参考国内外文献资料编写而成的。

全书共 12 章,第 1 章简要介绍了信号检测与估计理论的研究对象和发展历程;第 2 章介绍了随机信号的基本概念和统计描述;第 3~7 章分别介绍了信号检测的基本理论和方法,包括经典检测理论、确知信号的检测、随机参量信号的检测、多重信号的检测以及序贯检测;第 8~12 章介绍了信号估计的基本理论和方法,包括估计的方法与性质、信号参量和信号波形的估计以及谱估计等。

近 20 年来信号检测与估计理论得到蓬勃发展,新的理论和方法大量涌现,应用领域不断扩展。为了帮助有志于从事信息科学技术的初学者迅速入门,本书着重从基础与框架入手,既注重理论的严密性,又强调实际应用,试图在以下几个方面形成特色。

(1) 重点突出。在有限篇幅内,重点介绍信号检测与估计的经典理论,注重基本概念和基本方法的阐述。对于初学者来说,掌握了这些基本理论,就为进行本学科更深层次的学习与研究奠定了基础。

(2) 体系完整。首先注重了结构的完整性和内容的连续性,按照惯例,先介绍信号检测,后介绍信号估计,从确知信号检测到随机参量信号和多重信号检测,从参数估计到波形和谱估计,由浅入深,循序渐进。其次,强调了理论推导的循序性和语言描述的精炼性,为了便于教师讲授和学生自学,理论推导环环紧扣,从简到繁,由易到难,力求通俗易懂,便于理解。

(3) 实例丰富。本书运用了大量实际信号处理问题来说明相关理论,使理论叙述更加生动和易于理解,同时本书还提供了大量的例题,各章均安排了一定数量的思考题和习题,便于读者理解和巩固所学的概念和方法,提高分析问题和解决问题的能力。

本书可以作为电子信息类专业(如通信工程、电子信息工程、测控技术与仪器等专业)高年级本科生和通信与信息系统、信号与信息处理、电路与系统等学科硕士研究生的教材,建议讲授 40 学时左右。学习本门课程需要先修"概率论""信号与系统""数字信号处理"等课程。在教材使用中,对于加"﹡"的章节可以不讲,供学生参考。

本书由张立毅拟订编写提纲,负责统稿和定稿,并编写了第 1 章。赵菊敏、李化、张雄、梁凤梅、张文爱、武晓嘉、赵永强、陈雷、李艳琴、刘婷、孙云山分别编写了第 2~12 章。太原理工大学博士研究生导师王华奎教授在百忙中审阅了全稿,提出了很多精辟的见解和建设性的修改意见,谨此表示衷心的感谢。同时,在编写过程中,作者还参阅了不少的文献资料,在此对这些文献的作者致以诚挚的谢意。

由于作者水平有限和编写时间仓促,书中难免会出现一些疏漏和不妥之处,恳请读者批评指正。

作　者

2010 年 5 月

目　　录

第1章 绪 论

本章提要

本章简要介绍信号检测与估计理论的地位、作用,研究对象和发展历程,以及本课程的特点和主要内容等。

1.1 信号检测与估计理论的研究对象

信号检测与估计理论是现代信息理论的一个重要分支,是以信息论为理论基础,以概率论、数理统计和随机过程为数学工具,综合系统理论与通信工程的一门学科。主要研究在信号、噪声和干扰三者共存条件下,如何正确发现、辨别和估计信号参数,为通信、雷达、声呐、自动控制等技术领域提供了理论基础。并在统计识别、射电天文学、雷达天文学、地震学、生物物理学以及医学信号处理等领域获得了广泛应用。

通信、雷达、自动控制系统是当今重要的信息传输系统(即广义的通信系统),都可以用香农模型来表示,如图1.1所示。对其性能的要求,一是有效性,即要求系统能高效率地传输信息,二是可靠性或抗干扰性,即要求系统能可靠地传输信息。但在信息传输过程中,不可避免地引入噪声和干扰,降低可靠性。因此,接收端接收到的是受到干扰的信号,即畸变信号。

图 1.1 信息传输系统的香农模型

信号检测与估计理论就是要对接收到且已经受到干扰的信号进行检测与估计,检测有用信号存在与否,估计信号的波形或参量。即在接收端,利用信号概率和噪声功率等信息,按照一定的准则判定信号的存在,称为信号检测。即对于二元通信是判断有无信号存在,多元通信是判断哪个信号发送。利用接收到的受干扰的发送信号序列尽可能精确地估计该发送信号的某些参数值(如振幅、频率、相位、时延等)和波形,称为信号估计。包括参数估计和波形估计两种。

1.2 信号检测与估计理论的发展历程

信号检测与估计理论自 20 世纪 40 年代问世以来,得到了迅速的发展和广泛的应用,其发展历程可以大致分为 3 个阶段。

1.2.1 初创和奠基阶段

信号检测与估计理论是从 20 世纪 40 年代第二次世界大战中逐步形成和发展起来的。在整个 20 世纪 40 年代,美国科学家维纳(N. Wiener)和苏联科学家科尔莫戈罗夫(A.Н. Koлмогбров)将随机过程及数理统计的观点引入通信和控制系统,揭示了信息传输和处理过程的统计本质,建立了最佳线性滤波器理论,即维纳滤波理论。这样,就把经典的统计判决理论和统计估计理论与通信工程紧密结合起来,为信号检测与估计理论奠定了基础。但由于维纳滤波需要的存储量和计算量极大,很难进行实时处理,因而限制了其应用和发展。

同时,在雷达技术的推动下,诺斯(D.O.North)于1943年提出了以输出最大信噪比为准则的匹配滤波器理论。1946年,卡切尼科夫(В.А.КотелЬников)发表了《潜在抗干扰性理论》,用概率论方法研究了信号检测问题,提出了错误判决概率为最小的理想接收机理论,证明了理想接收机应在其接收端重现出后验概率最大的信号,即将最大后验概率准则作为一个最佳准则。1948年,香农(C.E.Shannon)认识到对消息事先的不确定性正是通信的对象,并在此基础上建立了信息论的基础理论。1950年,伍德沃德(P.M.Woodward)将信息量的概念应用到雷达信号检测中,提出了理想接收机应能从接收到的信号加噪声的混合波形中提取尽可能多的有用信号,即理想接收机应是一个计算后验概率的装置。

1.2.2 迅猛发展阶段

在整个20世纪50年代,信号检测与估计理论发展迅速。1953年,密德尔顿(D.Middleton)等用贝叶斯(Bayes)准则来处理最佳接收问题,使各种准则统一到了风险理论,这就将统计假设检验和统计推断理论等数理统计方法用于信号检测,建立了统计检测理论。1960—1961年,卡尔曼(R.E.Kalman)和布什(R.S.Bucy)提出递推滤波器,即卡尔曼滤波器。它不要求保存过去数据,当获得新数据后,根据新数据和前一时刻的诸量估值,借助于系统本身的状态转移方程,按照递推公式,即可算出新的诸量估值,大大减小了滤波器的存储器和计算量,便于实时处理。1965年以来,信号估计广泛采用自适应滤波器。它在数字通信、语言处理和消除周期性干扰等方面,取得良好的效果。

1.2.3 成熟阶段

20世纪60年代,多部有关信号检测与估计理论的专著问世,范特理斯(Harry Leslie van Trees)陆续完成了他的三大卷巨著[①],将信号检测的概念拓展到估值、滤波、调制解调范围,使数字通信和模拟通信中的主要理论问题都可以用统一的数理统计理论和方法来研究,取得了满意的结果。这是信号检测与估计理论的代表作。

1.3　本课程的性质和内容安排

本课程是电子信息类专业的一门重要专业课。通过本课程的学习,尽可能使学生系统地了解信号检测与估计的基础知识和基本理论,掌握对受噪信号处理的基本方法。

全书共12章,除绪论和本门课程所需基础理论的介绍外,第3～7章介绍信号检测的基本理论和方法,包括经典检测理论、确知信号的检测、随机参量信号的检测、多重信号的检测以及序贯检测;第8～12章介绍估计理论,包括估计的方法、性质以及信号参量、信号波形和

---

① VAN TREES H L. Detection,Estimation,and Modulation Theory[M]. New York: Wiley, Part Ⅰ 1968,Part Ⅱ 1971,Part Ⅲ 1971. 中译本《检测、估计和调制理论》于1983年由国防工业出版社出版。

谱估计等。

　　在编写过程中,注意了由浅入深,循序渐进。在简要介绍信号检测与估计理论的基础知识,即随机信号分析及其统计特性的基础上,按照惯例,先讲检测部分,后讲估计部分,先讲经典理论,后讲实际应用。在检测部分,首先分析最大后验概率准则、Bayes 准则、最小错误概率准则、极大极小准则和 Neyman-Pearson 准则 5 个经典检测理论中常用的检测准则,并统一归属到似然比检验中;然后针对不同的应用环境,具体分析了确知信号、随机参量信号、多重信号的检测理论和方法,以及序贯检测方法。在估计部分,首先阐述了 Bayes 估计、最大后验概率估计和最大似然估计 3 个经典估计准则,分析了估计量的无偏性、一致性、充分性和有效性等性质;然后具体介绍了信号参量和信号波形的估计。从简到繁,从易到难,环环紧扣,前后呼应。

　　具体各章节的主要内容如下。

　　第 1 章　绪论。简要介绍了信号检测与估计理论的地位作用、研究对象和发展历程,以及本课程的性质和主要内容等。

　　第 2 章　随机信号及其统计描述。简要阐述了随机过程的概念、统计描述方法和正交级数的展开形式,介绍了高斯噪声和白噪声及其统计特性,讨论了实信号的复数表示方法以及希尔伯特变换的基本概念和主要性质等。

　　第 3 章　经典检测理论。简要介绍了信号检测理论的基本概念,分析了在经典检测理论中常用的 5 个检测准则,即最大后验概率准则、Bayes 准则、最小错误概率准则、极大极小准则和 Neyman-Pearson 准则等。

　　第 4 章　确知信号的检测。介绍了高斯白噪声背景下确知信号检测接收机的设计方法,评价了检测性能。分析了常用的相干相移键控系统、相干频移键控系统和相干启闭键控系统的检测性能,讨论了匹配滤波器和广义匹配滤波器的设计方法和基本性质。同时,还介绍了高斯色噪声背景下确知信号的检测。

　　第 5 章　随机参量信号的检测。讨论了复合假设检验中的 Bayes 准则、Neyman-Pearson 准则和最大似然检验准则,分析了随机相位、振幅、频率和时延信号的检测原理及检测性能。

　　第 6 章　多重信号的检测。讨论了确知脉冲串信号和随机相位非相干脉冲串信号,以及随机振幅相位脉冲串信号的检测原理,分析了其检测性能。

　　第 7 章　序贯检测。介绍了序贯检测的基本概念,分析了序贯检测的判决规则及其检测门限的确定方法,得出了其平均取样数关系式,并举例比较了序贯检测和固定取样数检测的性能差异。

　　第 8 章　经典估计理论。介绍了 Bayes 估计、最大后验概率估计和最大似然估计 3 个经典估计准则,分析了估计量的无偏性、一致性、充分性和有效性等性质。

　　第 9 章　信号参量的估计。讨论了单参量估计的通用公式和性能分析,介绍了振幅、相位、时延和频率的最大似然估计方法,并分析了振幅和相位估计的性能。

　　第 10 章　维纳滤波和卡尔曼滤波。介绍了维纳滤波和卡尔曼滤波两种最优线性滤波方法,分析了连续过程和离散过程维纳滤波器、卡尔曼滤波器的信号模型,给出了卡尔曼滤波器的设计流程。

　　第 11 章　自适应滤波。简要阐述了自适应滤波的基本概念、组成、分类和性能指标,分析了 LMS 和 RLS 两类常用的自适应滤波算法的基本原理和迭代公式等,并对其性能进行了讨论。

第 12 章 功率谱估计。介绍了常用的 BT 法和周期图法两种经典谱估计方法,分析了其性能,讨论了参数化模型法的基本原理,重点阐述了 AR 和 ARMA 模型谱估计的求解方法,并针对常用的正弦随机信号,分析了高斯白噪声中正弦信号的谱估计方法。

思 考 题

1. 试述信息传输系统香农模型中各部分的作用及与信号检测和估计的关系。
2. 试述信息传输系统的性能指标。
3. 何谓信号检测、信号估计、信号检测与估计理论?

知 识 扩 展

1. 安德烈·尼古拉耶维奇·科尔莫戈罗夫(Андрей Николаевич Ҟолмогбров, 1903—1987)

苏联最杰出的数学家,是 20 世纪世界上为数极少的几个最有影响的数学家之一。他于 1903 年 4 月 25 日出生于俄罗斯的坦博夫城,1987 年 10 月 20 日卒于莫斯科。他的研究几乎遍及数学的所有领域,做出许多开创性的贡献。一生撰写学术论文 480 余篇,主要著作有《概率论基本概念》(1934 年)、《独立随机变量和极限分布》(1949 年)等。

2. 克劳德·艾尔伍德·香农(Claude Elwood Shannon,1916—2001)

美国数学家、电子工程师、密码学家、信息论的创始人。他于 1916 年 4 月 30 日出生于美国密歇根州的加洛德,2001 年 2 月 26 日卒于马萨诸塞州梅德福。他先后在《贝尔系统技术杂志》上发表了《通信的数学原理》(1948 年)和《噪声下的通信》(1949 年),这两部作品成为了信息论的奠基性著作。

3. 菲利普·梅恩·伍德沃德(Philip Mayne Woodward,1919—2018)

英国数学家、雷达工程师先驱和世界著名的钟表学家。他于 1919 年 9 月 6 日出生,2018 年 1 月 30 日逝世。主要著作有《概率与信息论及其在雷达中的应用》(1953 年)和《我自己的正确时间》(1995 年)。

4. 托马斯·贝叶斯(Thomas Bayes,1702—1763)

英国神学家、数学家、数理统计学家和哲学家,概率论理论创始人,贝叶斯统计的创立者。他于 1702 年生于伦敦,1763 年 4 月 7 日逝世。创立了贝叶斯统计理论,提出归纳推理理论,即贝叶斯方法。

5. 范特理斯(Harry Leslie van Trees,1930—)

美国雷达、声呐、通信和信号处理专家,信号检测与估计理论的奠基人之一,美国国家工程院院士,IEEE 终身研究员。他于 1930 年 6 月 27 日出生,曾获西点军校学士学位,麻省理工学院理学博士。先后出版了《检测、估计和调制理论》系列的第 Ⅰ、第 Ⅱ 和第 Ⅲ 卷(1968—1971 年)和《最佳阵列处理》(2002 年)。

第 2 章　随机信号及其统计描述

本章提要

本章简要阐述随机过程的基本概念、统计描述方法和正交级数的展开形式,介绍高斯噪声和白噪声及其统计特性,讨论实信号的复数表示方法以及希尔伯特变换的基本概念和主要性质等。

信号在传输和处理过程中,不可避免要受到各种干扰,如噪声干扰、码间串扰、同信道干扰和邻信道干扰等,接收机只能接收到发生了畸变的信号。各种噪声和干扰都具有随机性,不能用一个确定的时间函数来描述,所以必须用描述一般随机过程的方法来进行分析。

2.1　随　机　过　程

2.1.1　随机过程的概念

概率论研究的对象是随机变量,它是随机过程的一个具体实现,是指依赖随机因素而变,以一定概率取值的变量。其特点是在每次实验结果中,以一定的概率取某个事先未知、但是确定的数值。在通信和信息系统中,常常涉及随时间变化的随机变量等,如接收机的噪声电压。通常把一组随机变量称为随机过程。

用示波器来观察某种接收机输出的噪声电压波形。假定接收机无信号输入,但由于其内部元器件会产生热噪声,经过放大后,在接收机输出端产生噪声电压。图 2.1 为 N 台性能完全相同的接收机输出的噪声电压波形,记录每台接收机的输出电压都能得到一条确定的波形,称为一个样本函数,所有可能出现的噪声电压波形 $x_1(t), x_2(t), \cdots, x_N(t)$ 的集合就构成了一个随机过程。对一台接收机进行观测时,得到的波形一定是样本函数中的一个,但究竟哪个样本函数会出现,事先无法判断。因此,随机过程既是时间的函数,又是随机试验可能出现的结果的函数。

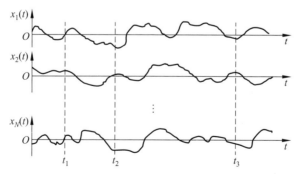

图 2.1　接收机输出的噪声电压波形

下面给出随机过程的严格定义。

定义 1：设随机试验 E 的样本空间为 $S=\{e\}$，对其中每一个元素 $e_i (i=1,2,\cdots)$，都以某种法则确定一个样本函数 $x(t,e_i)$，由全部元素 $\{e\}$ 所确定的一簇样本函数 $X(t,e)$ 称为随机过程，简记为 $X(t)$。

在固定时刻 $t=t_i$ 时，随机过程 $X(t,e)$ 变为 $X(t_i,e)$，因为仅有随机因素 e 在变化，$X(t_i,e)$ 称为一个随机变量。对于不同的时刻 $t_1,t_2,\cdots,t_N,\cdots,X(t_i,e)$ 对应于不同的随机变量 $X(t_1,e),X(t_2,e),\cdots,X(t_N,e),\cdots$。可见，$X(t,e)$ 可以看作一组依赖于时间参量的随机变量的集合，据此给出随机过程的第二种定义如下。

定义 2：设有一个时间函数 $X(t)$，若对于每一个固定的时刻 $t_i (i=1,2,\cdots)$，$X(t_i)$ 是一个随机变量，则称 $X(t)$ 为随机过程。

2.1.2 随机过程的统计描述

在对随机过程进行多次观测时，可以记录下若干千变万化的样本波形，但在某次具体的试验中，哪一个样本波形会出现是无法预知的，且样本波形很难定量地描述随机过程的变化规律，但它们却具有共同的统计特性。因此，可以用样本波形的统计特性来描述随机过程。

用统计特性描述随机过程的方法分为两类：一类是概率密度函数和分布函数，另一类是随机过程的数字特征。

1. 随机过程的概率分布

随机过程 $X(t)$ 在任一给定时刻 t_1 的取值为一维随机变量 $X(t_1)$。概率 $P[X(t_1)\leqslant x_1]$ 是取值 x_1 和时刻 t_1 的函数，定义

$$F_X(x_1,t_1)=P[X(t_1)\leqslant x_1] \tag{2.1}$$

为随机过程 $X(t)$ 的一维概率分布函数。

若 $F_X(x_1,t_1)$ 对 x_1 的一阶偏导数存在，定义

$$f_X(x_1,t_1)=\frac{\partial F_X(x_1,t_1)}{\partial x_1} \tag{2.2}$$

为随机过程 $X(t)$ 的一维概率密度函数。

一维概率分布函数和一维概率密度函数给出了随机过程最简单的概率分布特性，只能描述随机过程在任一孤立时刻取值的统计特性，而不能反映出随机过程各个时刻的内在联系。

随机过程 $X(t)$ 在任意两个时刻 t_1、t_2 的取值为随机变量 $X(t_1)$ 和 $X(t_2)$，它们构成二维随机变量，定义

$$F_X(x_1,x_2,t_1,t_2)=P(X(t_1)\leqslant x_1,X(t_2)\leqslant x_2) \tag{2.3}$$

为随机过程 $X(t)$ 的二维概率分布函数。

若 $F_X(x_1,x_2,t_1,t_2)$ 对 x_1 和 x_2 的二阶偏导数存在，则定义

$$f_X(x_1,x_2,t_1,t_2)=\frac{\partial F_X(x_1,x_2,t_1,t_2)}{\partial x_1\partial x_2} \tag{2.4}$$

为随机过程 $X(t)$ 的二维概率密度函数。

二维概率分布函数和二维概率密度函数比一维概率分布包含更多的信息，可以描述随机

过程在任意两个时刻取值之间的关联。但还是不能完整地反映出随机过程的全部信息。用同样的方法,可以得到随机过程 $X(t)$ 的 n 维概率分布函数和 n 维概率密度函数,分别为

$$F_X(x_1,x_2,\cdots,x_n,t_1,t_2,\cdots,t_n) = P(X(t_1) \leqslant x_1, X(t_2) \leqslant x_2, \cdots, X(t_n) \leqslant x_n) \quad (2.5)$$

$$f_X(x_1,x_2,\cdots,x_n,t_1,t_2,\cdots,t_n) = \frac{\partial F_X(x_1,x_2,\cdots,x_n,t_1,t_2,\cdots,t_n)}{\partial x_1 \partial x_2 \cdots \partial x_n} \quad (2.6)$$

从理论上讲,n 值越大,随机过程的 n 维概率分布函数和 n 维概率密度函数所描述的随机过程的统计特性就越完善,但随着 n 值的增大,分析处理会变得越来越复杂。

2. 随机过程的数字特征

虽然利用多维概率密度函数能够全面描述随机过程的统计特性,但在大多数情况下,计算随机过程的概率密度函数比较复杂,而且没有必要。一般利用随机过程的数字特性就可以简捷地解决实际问题,同时满足应用要求。

随机过程的数字特征主要包括数学期望、方差、相关函数、协方差函数和功率谱密度函数等。

(1) 数学期望。随机过程 $X(t)$ 在任一时刻 t 的数学期望定义为

$$E[X(t)] = m_X(t) = \int_{-\infty}^{\infty} x f_X(x,t)\mathrm{d}x \quad (2.7)$$

数学期望是一个时间的确定函数,由随机过程 $X(t)$ 所有样本在任一时刻 t 的值取平均而得到,即统计平均值。它表示所有样本在任一时刻 t 取值的分布中心。

(2) 方差。随机过程 $X(t)$ 在任一时刻 t 的方差定义为

$$\mathrm{Var}[X(t)] = D_X(t) = \sigma_X^2(t) = E[(X(t) - E[X(t)])^2]$$
$$= \int_{-\infty}^{\infty} [x - m_X(t)]^2 f_X(x,t)\mathrm{d}x \quad (2.8)$$

方差 $\mathrm{Var}[X(t)]$ 也是时间的确定函数,且必为非负函数,描述了随机过程的诸样本相对于数学期望的平均偏离程度。其算术平方根 $\sigma_X(t)$ 称为标准偏差或方差根。

(3) 相关函数。数学期望和方差分别描述随机过程在某一时刻的特征,但反映不出随机过程的内在联系。相关函数用来描述随机过程的内在联系,一般分为自相关函数和互相关函数。

随机过程 $X(t)$ 在任意两个时刻 t_1 和 t_2 上的自相关函数定义为

$$R_X(t_1,t_2) = E[X(t_1)X(t_2)] = \int_{-\infty}^{\infty} \int_{-\infty}^{\infty} x_1 x_2 f_X(x_1,x_2,t_1,t_2)\mathrm{d}x_1\mathrm{d}x_2 \quad (2.9)$$

随机过程的自相关函数描述了同一个随机过程在任意两个不同时刻取值之间的相关程度。

设有两个随机过程 $X(t)$ 和 $Y(t)$,它们在任意两个时刻 t_1 和 t_2 的取值分别为 $X(t_1)$ 和 $Y(t_2)$,其互相关函数定义为

$$R_{XY}(t_1,t_2) = E[X(t_1)Y(t_2)] = \int_{-\infty}^{\infty} \int_{-\infty}^{\infty} x_1 y_2 f_{XY}(x_1,y_2,t_1,t_2)\mathrm{d}x_1\mathrm{d}y_2 \quad (2.10)$$

其中,$f_{XY}(x_1,y_2,t_1,t_2)$ 是 $X(t)$ 和 $Y(t)$ 的二维联合概率密度函数。

互相关函数描述了两个随机过程之间的统计关联特性。

(4) 协方差函数。一般分为自协方差函数和互协方差函数。随机过程 $X(t)$ 在任意两个时刻 t_1 和 t_2 上的自协方差函数定义为

$$C_X(t_1,t_2) = E[(X(t_1) - E[X(t_1)])(X(t_2) - E[X(t_2)])]$$

$$= \int_{-\infty}^{\infty} \int_{-\infty}^{\infty} [x_1 - m_X(t_1)][x_2 - m_X(t_2)]f_X(x_1, x_2, t_1, t_2)\mathrm{d}x_1 \mathrm{d}x_2 \qquad (2.11)$$

随机过程的自协方差函数描述了同一个随机过程在任意两个时刻起伏值之间的平均相关程度。

设有两个随机过程 $X(t)$ 和 $Y(t)$，它们在任意两个时刻 t_1 和 t_2 的取值分别为 $X(t_1)$ 和 $Y(t_2)$，其互协方差函数定义为

$$C_{XY}(t_1, t_2) = E[(X(t_1) - E[X(t_1)])(Y(t_2) - E[Y(t_2)])]$$

$$= \int_{-\infty}^{\infty} \int_{-\infty}^{\infty} [x_1 - m_X(t_1)][y_2 - m_Y(t_2)]f_{XY}(x_1, y_2, t_1, t_2)\mathrm{d}x_1 \mathrm{d}y_2 \qquad (2.12)$$

互协方差函数描述了两个随机过程起伏值之间的统计关联特性。

2.1.3 随机过程的平稳性与各态历经性

1. 随机过程的平稳性

随机过程分为平稳随机过程和非平稳随机过程两大类。严格地讲,所有随机过程都是非平稳的,但通信和信息系统中遇到的随机过程大多数是接近平稳的。如通信接收机由内部元器件产生的热噪声会随温度升高而增强,所以刚启动接收机电源,温度逐步升高,此时的噪声非平稳,但经过一段时间后,接收机温度基本稳定,噪声强度基本不再变化,此时的噪声就可以近似看作平稳随机过程。

平稳随机过程的分析要比非平稳随机过程的分析容易得多,所以在通信和信息系统中常把一些随机过程近似看作平稳随机过程。平稳随机过程分为严平稳随机过程和宽平稳随机过程。

(1) 严平稳随机过程。

定义：如果随机过程 $X(t)$ 的任意 n 维概率密度函数不随时间起点的不同而变化,即当时间平移任意常数 Δt 时,其 n 维概率密度函数不变化,则称 $X(t)$ 是严平稳的随机过程(或狭义平稳随机过程)。应满足下述关系式：

$$f_X(x_1, x_2, \cdots, x_n, t_1 + \Delta t, t_2 + \Delta t, \cdots, t_n + \Delta t)$$

$$= f_X(x_1, x_2, \cdots, x_n, t_1, t_2, \cdots, t_n) \qquad (2.13)$$

将上式应用于一维概率密度函数,且令 $\Delta t = -t_1$,则有

$$f_X(x_1, t_1) = f_X(x_1, 0) \qquad (2.14)$$

上式表明严平稳随机过程的一维概率密度函数与时间 t 无关,故可简记为 $f_X(x)$。将这一结论应用于随机过程的数学期望和方差的定义表达式中,可得

$$E[X(t)] = m_X(t) = \int_{-\infty}^{\infty} x f_X(x, t)\mathrm{d}x$$

$$= \int_{-\infty}^{\infty} x f_X(x)\mathrm{d}x = m_X \qquad (2.15)$$

$$\sigma_X^2(t) = E[(X(t) - m_X(t))^2] = \int_{-\infty}^{\infty} [x - m_X(t)]^2 f_X(x, t)\mathrm{d}x$$

$$= \int_{-\infty}^{\infty} (x - m_X)^2 f_X(x)\mathrm{d}x$$

$$= \sigma_X^2 \qquad (2.16)$$

可见,严平稳随机过程的数学期望和方差都是与时间无关的常量。

将式(2.13)应用于二维概率密度函数,且令 $\Delta t = -t_1$,并记 $\tau = t_2 - t_1$,则有

$$f_X(x_1, x_2, t_1, t_2) = f_X(x_1, x_2, 0, \tau) \tag{2.17}$$

这表明严平稳随机过程的二维概率密度函数仅与时间间隔 τ 有关,而与时刻 t_1 和 t_2 无关,即与时间起点无关,故可简记为 $f_X(x_1, x_2, \tau)$。将这一结论应用于自相关函数的定义表达式中,可得

$$\begin{aligned}
R_X(t_1, t_2) &= E[X(t_1)X(t_2)] = \int_{-\infty}^{\infty}\int_{-\infty}^{\infty} x_1 x_2 f_X(x_1, x_2, t_1, t_2)\mathrm{d}x_1 \mathrm{d}x_2 \\
&= \int_{-\infty}^{\infty}\int_{-\infty}^{\infty} x_1 x_2 f_X(x_1, x_2, \tau)\mathrm{d}x_1 \mathrm{d}x_2 \\
&= R_X(\tau)
\end{aligned} \tag{2.18}$$

这表明严平稳随机过程的自相关函数也是与时刻 t_1 和 t_2 无关,仅为时间间隔 τ 的函数。

(2) 宽平稳随机过程。

定义:若随机过程 $X(t)$ 的数学期望是与时间无关的常量,自相关函数仅与时间间隔 τ 有关,即

$$m_X(t) = m_X \tag{2.19}$$

$$R_X(t_1, t_2) = R_X(\tau), \quad \tau = t_2 - t_1 \tag{2.20}$$

则称随机过程 $X(t)$ 是宽平稳随机过程(或广义平稳随机过程)。

严平稳随机过程一定是宽平稳随机过程,但宽平稳随机过程却不一定是严平稳随机过程。这是由于严平稳随机过程的条件式(2.13)本身包含了宽平稳随机过程的条件式(2.19)和式(2.20),但满足式(2.19)和式(2.20)条件的宽平稳随机过程,它的 n 维概率密度函数却不一定能满足式(2.13)的要求,因此未必是严平稳随机过程。对于正态随机过程,严平稳性和宽平稳性是等价的,这是因为正态随机过程的有限维分布完全由均值函数和协方差函数所确定。

在许多实际应用场合,通常只用到数学期望、方差、相关函数等这些一、二阶矩的参数,也就是只用到宽平稳性。

(3) 广义平稳相依随机过程。

定义:当同时考虑两个宽平稳随机过程 $X(t)$ 和 $Y(t)$ 时,若它们的互相关函数仅是时间间隔 τ 的函数,即

$$R_{XY}(t_1, t_2) = E[X(t_1)Y(t_2)] = R_{XY}(\tau), \quad \tau = t_2 - t_1 \tag{2.21}$$

则称 $X(t)$ 和 $Y(t)$ 是广义平稳相依的,或称这两个随机过程是联合广义平稳随机过程。

(4) 广义平稳随机过程自相关函数的性质。对于平稳随机过程而言,均值是一个常数,自相关函数只与时间间隔有关,平稳随机过程的自相关函数具有如下性质。

性质 1:自相关函数 $R_X(\tau)$ 是偶函数,即

$$R_X(\tau) = R_X(-\tau) \tag{2.22}$$

证明:

$$R_X(\tau) = E[X(t)X(t+\tau)] = E[X(t+\tau)X(t)] = R_X(-\tau) \tag{2.23}$$

性质 2:$R_X(\tau)$ 在 $\tau = 0$ 时有最大值,即

$$R_X(0) \geqslant R_X(\tau) \tag{2.24}$$

证明：由于任何正函数的数学期望为非负值，故有

$$E[[X(t) \pm X(t+\tau)]^2] \geqslant 0 \qquad (2.25)$$

即

$$E[X^2(t) \pm 2X(t)X(t+\tau) + X^2(t+\tau)] \geqslant 0 \qquad (2.26)$$

对于平稳随机过程，有

$$E[X(t)X(t+\tau)] = R_X(\tau), E[X^2(t)] = E[X^2(t+\tau)] = R_X(0) \qquad (2.27)$$

将上式代入式(2.26)，得

$$2R_X(0) \pm 2R_X(\tau) \geqslant 0 \qquad (2.28)$$

因而

$$R_X(0) \geqslant R_X(\tau) \qquad (2.29)$$

性质 3：若随机过程 $X(t)$ 满足条件 $X(t) = X(t+T)$，则称它为周期为 T 的周期性随机过程，周期性随机过程的自相关函数同样具有周期性，即

$$R_X(\tau) = R_X(\tau + T) \qquad (2.30)$$

证明：对于周期性随机过程，有

$$R_X(\tau) = E[X(t)X(t+\tau)] = E[X(t)X(t+\tau+T)] = R_X(\tau+T) \qquad (2.31)$$

性质 4：若随机过程 $X(t)$ 为非周期随机过程，则

$$\lim_{|\tau| \to \infty} R_X(\tau) = m_X^2 \qquad (2.32)$$

证明：该随机过程随着 $|\tau|$ 的增大，变量 $X(t)$ 与 $X(t+\tau)$ 之间的关联程度会逐渐减小。当 $|\tau| \to \infty$ 的情况下，两个随机变量将呈现独立性，故有

$$\lim_{|\tau| \to \infty} R_X(\tau) = \lim_{|\tau| \to \infty} E[X(t)X(t+\tau)] = \lim_{|\tau| \to \infty} E[X(t)]E[X(t+\tau)] = m_X^2 \qquad (2.33)$$

性质 5：

$$R_X(0) = E[X^2(t)] = \sigma_X^2 + m_X^2 \qquad (2.34)$$

证明：根据方差 σ_X^2 的定义式(2.8)可得

$$\begin{aligned}
\sigma_X^2 &= E[(X(t) - m_X)^2] = E[X^2(t) - 2X(t)m_X + m_X^2] \\
&= E[X^2(t)] - 2m_X E[X(t)] + m_X^2 \\
&= E[X^2(t)] - m_X^2
\end{aligned} \qquad (2.35)$$

所以

$$E[X^2(t)] = \sigma_X^2 + m_X^2 = R_X(0) \qquad (2.36)$$

性质 6：

$$R_X(\tau) = C_X(\tau) + m_X^2 \qquad (2.37)$$

证明：

$$\begin{aligned}
C_X(\tau) &= E[[X(t) - m_X][X(t+\tau) - m_X]] = E[X(t)X(t+\tau)] - \\
& m_X E[X(t)] - m_X E[X(t+\tau)] + m_X^2 = R_X(\tau) - m_X^2
\end{aligned} \qquad (2.38)$$

所以

$$R_X(\tau) = C_X(\tau) + m_X^2$$

根据以上分析，可以画出平稳随机过程的自相关函数 $R_X(\tau)$ 和自协方差函数 $C_X(\tau)$ 的典型曲线，如图 2.2 所示。

2. 随机过程的各态历经性

随机过程是大量样本函数的集合，要得到随机过程的统计特性，就需要事先观测大量的

| (a) 自相关函数 | (b) 自协方差函数 |

图 2.2 平稳随机过程的自相关函数和自协方差函数图形

样本,然后对大量样本函数取特定时刻的幅度值,利用统计方法求平均才能得到数学期望、方差、相关函数等数字特征的估计值。一般来说,利用的样本函数越多,得到的估计值越准确,但是在实际中,观测并记录大量的样本函数很不方便。能否只利用随机过程的一个样本函数,就可以解决随机过程数字特征的估计问题,这就是随机过程的各态历经性要解决的问题。

设平稳随机过程 $X(t)$,时间均值定义为

$$\overline{m}_x = \lim_{T \to \infty} \frac{1}{2T} \int_{-T}^{T} x(t) \mathrm{d}t \tag{2.39}$$

其中,$x(t)$ 为随机过程 $X(t)$ 的任一样本。

时间相关函数定义为

$$\overline{R}_x(\tau) = \lim_{T \to \infty} \frac{1}{2T} \int_{-T}^{T} x(t) x(t+\tau) \mathrm{d}t \tag{2.40}$$

定义:设 $X(t)$ 是一个平稳随机过程,

(1) 如果时间均值依概率 1 等于集合均值,即

$$\overline{m}_x \overset{P}{=} m_X \tag{2.41}$$

则称 $X(t)$ 的均值具有各态历经性(也称为遍历性)。

(2) 如果时间相关函数依概率 1 等于集合相关函数,即

$$\overline{R}_x(\tau) \overset{P}{=} R_X(\tau) \tag{2.42}$$

则称 $X(t)$ 的相关函数具有各态历经性。

(3) 如果平稳随机过程的均值和自相关函数都具有各态历经性,则称 $X(t)$ 为广义各态历经过程。除特别指出外,以后章节中提到的各态历经过程皆指广义各态历经过程。

用数学语言来说,随机过程的各态历经性就是关于时间(充分长)均值依概率收敛于集合的均值。具有各态历经性的随机过程称为各态历经过程。

各态历经性的物理意义是指随机过程的任一样本在足够长的时间内,都先后经历了这个随机过程的各种可能的状态,即每个样本都可以作为有充分代表性的典型样本。即随机过程的数学期望、自相关函数可由时间平均代替统计平均。

2.1.4 随机过程的独立性、相关性和正交性

两个随机过程之间的独立性、相关性和正交性描述了两个随机过程之间的相互关系。

设随机过程 $X(t)$ 的 n 维分布函数为 $F_X(x_1, x_2, \cdots, x_n, t_1, t_2, \cdots, t_n)$,随机过程 $Y(t)$ 的 m 维分布函数为 $F_Y(y_1, y_2, \cdots, y_m, t'_1, t'_2, \cdots, t'_m)$,则 $X(t)$ 和 $Y(t)$ 的 $n+m$ 维联合概率

分布函数定义为

$$F_{XY}(x_1,x_2,\cdots,x_n,y_1,y_2,\cdots,y_m,t_1,t_2,\cdots,t_n,t'_1,t'_2,\cdots,t'_m)$$
$$=P\big[X(t_1)\leqslant x_1,X(t_2)\leqslant x_2,\cdots,X(t_n)\leqslant x_n,Y(t_1)\leqslant y_1,$$
$$Y(t_2)\leqslant y_2,\cdots,Y(t_m)\leqslant y_m\big] \tag{2.43}$$

$n+m$ 维联合概率密度函数为

$$f_{XY}(x_1,x_2,\cdots,x_n,y_1,y_2,\cdots,y_m,t_1,t_2,\cdots,t_n,t'_1,t'_2,\cdots,t'_m)$$
$$=\frac{\partial F_{XY}(x_1,x_2,\cdots,x_n,y_1,y_2,\cdots,y_m,t_1,t_2,\cdots,t_n,t'_1,t'_2,\cdots,t'_m)}{\partial x_1\partial x_2\cdots\partial x_n\partial y_1\partial y_2\cdots\partial y_m} \tag{2.44}$$

如果任意 $n+m$ 维联合概率密度函数满足

$$f_{XY}(x_1,x_2,\cdots,x_n,y_1,y_2,\cdots,y_m,t_1,t_2,\cdots,t_n,t'_1,t'_2,\cdots,t'_m)$$
$$=f_X(x_1,x_2,\cdots,x_n,t_1,t_2,\cdots,t_n)f_Y(y_1,y_2,\cdots,y_m,t'_1,t'_2,\cdots,t'_m) \tag{2.45}$$

则称 $X(t)$ 和 $Y(t)$ 相互独立。

对于二维概率密度函数,则有

$$f_{XY}(x,y,t_1,t_2)=f_X(x,t_1)f_Y(y,t_2) \tag{2.46}$$

于是互相关函数为

$$R_{XY}(t_1,t_2)=E\big[X(t_1)Y(t_2)\big]=\int_{-\infty}^{\infty}\int_{-\infty}^{\infty}xyf_{XY}(x,y,t_1,t_2)\mathrm{d}x\,\mathrm{d}y$$
$$=\int_{-\infty}^{\infty}\int_{-\infty}^{\infty}xyf_X(x,t_1)f_Y(y,t_2)\mathrm{d}x\,\mathrm{d}y$$
$$=\int_{-\infty}^{\infty}xf_X(x,t_1)\mathrm{d}x\int_{-\infty}^{\infty}yf_Y(y,t_2)\mathrm{d}y$$
$$=E\big[X(t_1)\big]E\big[Y(t_2)\big]=m_X(t_1)m_Y(t_2) \tag{2.47}$$

同理可得互协方差为

$$C_{XY}(t_1,t_2)=E\big[(X(t_1)-m_X(t_1))(Y(t_2)-m_Y(t_2))\big]$$
$$=E\big[X(t_1)-m_X(t_1)\big]E\big[Y(t_2)-m_Y(t_2)\big]=0 \tag{2.48}$$

如果两个随机过程 $X(t)$ 和 $Y(t)$ 的互协方差函数为零,即对任意 t_1、t_2 有

$$C_{XY}(t_1,t_2)=0 \tag{2.49}$$

或者

$$R_{XY}(t_1,t_2)=m_X(t_1)m_Y(t_2) \tag{2.50}$$

则称 $X(t)$ 和 $Y(t)$ 互不相关。由式(2.47)和式(2.48)可知,如果两个随机过程相互独立,则一定互不相关,反之则不一定。

如果两个随机过程 $X(t)$ 和 $Y(t)$ 的互相关函数为零,即对任意 t_1、t_2 有

$$R_{XY}(t_1,t_2)=E\big[X(t_1)Y(t_2)\big]=0 \tag{2.51}$$

则称 $X(t)$ 和 $Y(t)$ 正交。两个零均值的正交随机过程一定不相关,除此之外,其他值的正交也不一定不相关。

2.1.5 平稳随机过程的功率谱密度函数

对于确知信号,周期信号可以表示为傅里叶级数,非周期信号可以表示成傅里叶积分。如果在时域分析比较复杂时,就可以转换到频域进行分析。但是对于随机过程来说,持续时

间一般为无限长,不满足傅里叶变换的绝对可积条件,即不满足 $\int_{-\infty}^{\infty}|x(t)|\mathrm{d}t<\infty$,且样本函数往往不具有确定形状,因此不能直接对随机过程进行谱分解。但随机过程的平均功率一般都是有限的,故可以分析它的功率谱。

设 $x(t)$ 为随机过程 $X(t)$ 的一个样本函数,在 $x(t)$ 中,截取长度为 $2T$ 的一段,记为 $x_T(t)$,称 $x_T(t)$ 为 $x(t)$ 的截取函数,并有

$$x_T(t)=\begin{cases} x(t), & |t|<T \\ 0, & |t|>T \end{cases} \tag{2.52}$$

如图 2.3 所示。

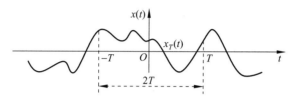

图 2.3　$x(t)$ 及其截取函数 $x_T(t)$

对于持续时间有限的 $x_T(t)$,其傅里叶变换存在,为

$$X_T(\omega)=\int_{-\infty}^{\infty}x_T(t)\mathrm{e}^{-\mathrm{j}\omega t}\mathrm{d}t=\int_{-T}^{T}x_T(t)\mathrm{e}^{-\mathrm{j}\omega t}\mathrm{d}t \tag{2.53}$$

$$x_T(t)=\frac{1}{2\pi}\int_{-\infty}^{\infty}X_T(\omega)\mathrm{e}^{\mathrm{j}\omega t}\mathrm{d}\omega \tag{2.54}$$

$X_T(\omega)$ 为 $x_T(t)$ 的频谱函数。

$x(t)$ 的平均功率为

$$\begin{aligned} P_x &=\lim_{T\to\infty}\frac{1}{2T}\int_{-T}^{T}|x(t)|^2\mathrm{d}t=\lim_{T\to\infty}\frac{1}{2T}\int_{-T}^{T}|x_T(t)|^2\mathrm{d}t \\ &=\lim_{T\to\infty}\frac{1}{2T}\int_{-T}^{T}x_T^*(t)x_T(t)\mathrm{d}t \\ &=\lim_{T\to\infty}\frac{1}{2T}\int_{-T}^{T}x_T^*(t)\left[\frac{1}{2\pi}\int_{-\infty}^{\infty}X_T(\omega)\mathrm{e}^{\mathrm{j}\omega t}\mathrm{d}\omega\right]\mathrm{d}t \\ &=\lim_{T\to\infty}\frac{1}{2T}\int_{-\infty}^{\infty}\frac{1}{2\pi}X_T(\omega)\left[\int_{-T}^{+T}x_T^*(t)\mathrm{e}^{\mathrm{j}\omega t}\mathrm{d}t\right]\mathrm{d}\omega \\ &=\lim_{T\to\infty}\frac{1}{2T}\int_{-\infty}^{\infty}\frac{1}{2\pi}X_T(\omega)X_T^*(\omega)\mathrm{d}\omega \\ &=\lim_{T\to\infty}\frac{1}{2T}\int_{-\infty}^{\infty}\frac{1}{2\pi}|X_T(\omega)|^2\mathrm{d}\omega \\ &=\frac{1}{2\pi}\int_{-\infty}^{\infty}\lim_{T\to\infty}\frac{1}{2T}|X_T(\omega)|^2\mathrm{d}\omega \end{aligned} \tag{2.55}$$

以上推导的是样本函数 $x(t)$ 的平均功率,随机过程 $X(t)$ 的总平均功率应为上式的数学期望,即

$$P=E[P_x]=\frac{1}{2\pi}\int_{-\infty}^{\infty}\lim_{T\to\infty}\frac{1}{2T}E[|X_T(\omega)|^2]\mathrm{d}\omega$$

$$= \frac{1}{2\pi} \int_{-\infty}^{\infty} G_X(\omega) \mathrm{d}\omega \tag{2.56}$$

式中，$G_X(\omega) = \lim\limits_{T\to\infty} \frac{1}{2T} E\left[|X_T(\omega)|^2 \right]$ 定义为随机过程的功率谱密度函数。可以说，功率谱密度函数是这样一个频率函数。

（1）描述了在各个不同频率分量上功率的分布情况；

（2）在整个频率范围内，对其进行积分便得到信号总平均功率；

（3）表示随机过程的一个样本函数 $x(t)$ 在单位频带内在 1Ω 电阻上的平均功率值。

功率谱密度函数也简称为功率谱。

对于平稳随机过程 $X(t)$，能够推得

$$G_X(\omega) = \int_{-\infty}^{\infty} R_X(\tau) \mathrm{e}^{-\mathrm{j}\omega\tau} \mathrm{d}\tau \tag{2.57}$$

$$R_X(\tau) = \frac{1}{2\pi} \int_{-\infty}^{\infty} G_X(\omega) \mathrm{e}^{\mathrm{j}\omega\tau} \mathrm{d}\omega \tag{2.58}$$

即平稳随机过程 $X(t)$ 的功率谱密度函数 $G_X(\omega)$ 和自相关函数 $R_X(\tau)$ 是一对傅里叶变换对。这就是维纳-辛钦(Wiener-Khinchin)定理。

2.1.6 复随机过程及其统计特性

为了分析问题方便，有时将随机过程表示成复数形式。

定义：复随机过程 $\widetilde{Z}(t)$ 为

$$\widetilde{Z}(t) = X(t) + \mathrm{j}Y(t) \tag{2.59}$$

式中，$X(t)$ 和 $Y(t)$ 都是实随机过程，显然 $\widetilde{Z}(t)$ 的统计特性完全取决于 $X(t)$ 和 $Y(t)$ 的 $n+m$ 维联合概率分布。

定义：复随机过程 $\widetilde{Z}(t)$ 的数学期望 $m_{\widetilde{z}}(t)$ 为

$$m_{\widetilde{z}}(t) = E[\widetilde{Z}(t)] = m_X(t) + \mathrm{j}m_Y(t) \tag{2.60}$$

定义：复随机过程 $\widetilde{Z}(t)$ 的方差 $\mathrm{Var}[\widetilde{Z}(t)]$ 为

$$\begin{aligned}
\mathrm{Var}[\widetilde{Z}(t)] &= E\left[|\widetilde{Z}(t) - m_{\widetilde{z}}(t)|^2 \right] \\
&= E\left[|X(t) + \mathrm{j}Y(t) - m_X(t) - \mathrm{j}m_Y(t)|^2 \right] \\
&= E\left[[X(t) - m_X(t)]^2 + [Y(t) - m_Y(t)]^2 \right] \\
&= \sigma_X^2(t) + \sigma_Y^2(t)
\end{aligned} \tag{2.61}$$

可见，复随机过程的方差是非负实函数。

定义：复随机过程 $\widetilde{Z}(t)$ 的自相关函数 $R_{\widetilde{z}}(t, t+\tau)$ 为

$$R_{\widetilde{z}}(t, t+\tau) = E[\widetilde{Z}^*(t)\widetilde{Z}(t+\tau)] \tag{2.62}$$

定义：复随机过程 $\widetilde{Z}(t)$ 的协方差函数 $C_{\widetilde{z}}(t, t+\tau)$ 为

$$C_{\widetilde{z}}(t, t+\tau) = E\left[[\widetilde{Z}(t) - m_{\widetilde{z}}(t)]^* [\widetilde{Z}(t+\tau) - m_{\widetilde{z}}(t+\tau)] \right] \tag{2.63}$$

当 $\tau = 0$ 时，协方差函数就是方差。即

$$C_{\widetilde{z}}(t, t) = \mathrm{Var}[\widetilde{Z}(t)] \tag{2.64}$$

定义：如果复随机过程 $\widetilde{Z}(t)$ 的均值和自相关函数满足

$$m_{\widetilde{Z}}(t) = m_X + \mathrm{j}m_Y \tag{2.65}$$

$$R_{\widetilde{Z}}(t, t+\tau) = R_Z(\tau) \tag{2.66}$$

则称 $\widetilde{Z}(t)$ 是广义平稳的复随机过程。

定义：复随机过程 $\widetilde{Z}_1(t)$ 和 $\widetilde{Z}_2(t)$ 的互相关函数和互协方差函数分别为

$$R_{\widetilde{Z}_1\widetilde{Z}_2}(t, t+\tau) = E[\widetilde{Z}_1^*(t)\widetilde{Z}_2(t+\tau)] \tag{2.67}$$

$$C_{\widetilde{Z}_1\widetilde{Z}_2}(t, t+\tau) = E[[\widetilde{Z}_1(t) - m_{\widetilde{Z}_1}(t)]^*[\widetilde{Z}_2(t+\tau) - m_{\widetilde{Z}_2}(t+\tau)]] \tag{2.68}$$

若随机过程 $\widetilde{Z}_1(t)$ 和 $\widetilde{Z}_2(t)$ 都是广义平稳复随机过程，且互相关函数满足

$$R_{\widetilde{Z}_1\widetilde{Z}_2}(t, t+\tau) = R_{\widetilde{Z}_1\widetilde{Z}_2}(\tau) \tag{2.69}$$

则称复随机过程 $\widetilde{Z}_1(t)$ 和 $\widetilde{Z}_2(t)$ 广义平稳相依，或称它们是联合广义平稳的。

2.2　随机过程的正交级数表示

为了方便研究问题，常常把信号分解为比较简单的信号分量之和。在随机信号的分析和处理中，将随机信号分解为正交函数分量之和的研究方法，在信号处理中占有重要的地位。

2.2.1　完备的正交函数集

设 $\{g_k(t) | k=1,2,\cdots,N\}$ 是在区间 $(0,T)$ 上定义的能量有限的确定函数集。若用 E_k 表示 $g_k(t)$ 的能量，则

$$E_k = \int_0^T |g_k(t)|^2 \mathrm{d}t < \infty \tag{2.70}$$

若函数集 $\{g_k(t) | k=1,2,\cdots,N\}$ 满足

$$\int_0^T g_i(t)g_j^*(t)\mathrm{d}t = \begin{cases} 0, & i \neq j \\ 1, & i = j \end{cases} \tag{2.71}$$

则函数集 $\{g_k(t) | k=1,2,\cdots,N\}$ 构成相互正交的函数集。

若在正交函数集 $\{g_k(t) | k=1,2,\cdots,N\}$ 之外，不存在另一个不等于零的函数 $f(t)$，使

$$\int_0^T g_i(t)f^*(t)\mathrm{d}t = 0 \tag{2.72}$$

则函数集 $\{g_k(t) | k=1,2,\cdots,N\}$ 称为完备的正交函数集。

2.2.2　随机信号的卡亨南-洛维展开

1. 卡亨南-洛维展开式

设 $\{g_k(t) | k=1,2,\cdots,N\}$ 是在区间 $(0,T)$ 上完备的正交函数集，那么在区间 $(0,T)$ 上定义的任一能量有限的函数 $x(t)$ 可表示为如下级数形式：

$$x(t) = \sum_{k=1}^N x_k g_k(t) \tag{2.73}$$

此展开式称为卡亨南-洛维展开式，由上可见，为了确定系数 x_k，上式两边同乘以 $g_j^*(t)$，再在区间 $(0,T)$ 上积分，可得

$$\int_0^T x(t)g_j^*(t)dt = \sum_{k=1}^{\infty}\int_0^T x_k g_k(t)g_j^*(t)dt \tag{2.74}$$

根据函数集的正交性质,即满足式(2.71),可得

$$x_j = \int_0^T x(t)g_j^*(t)dt \tag{2.75}$$

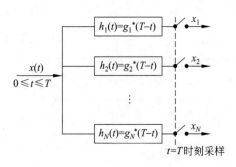

图 2.4 形成卡亨南-洛维展开
式系数的等效滤波器

由上式可以看出,$x(t)$通过一组冲激响应为$g_k^*(T-t)(k=1,2,\cdots,N)$的线性滤波器,并在$t=T$时刻对输出抽样就得到卡亨南-洛维展开式的系数,如图 2.4 所示。

在随机信号的正交展开式中,一般要求展开式的系数是互不相关的。下面来推导使卡亨南-洛维展开式系数不相关的条件。

假定接收信号 $x(t)$ 是确知信号 $s(t)$ 和噪声$n(t)$之和,即$x(t)=s(t)+n(t)$。噪声 $n(t)$ 是均值为零、自相关函数为 $R_n(\tau)$ 的广义平稳高斯噪声。利用上式可得

$$\begin{aligned} E[x_k] &= \int_0^T E[x(t)]g_k^*(t)dt \\ &= \int_0^T s(t)g_k^*(t)dt \end{aligned} \tag{2.76}$$

$$\begin{aligned} x_k - E[x_k] &= \int_0^T x(t)g_k^*(t)dt - \int_0^T s(t)g_k^*(t)dt \\ &= \int_0^T [x(t)-s(t)]g_k^*(t)dt \\ &= \int_0^T n(t)g_k^*(t)dt \end{aligned} \tag{2.77}$$

故 x_k 的协方差函数为

$$\begin{aligned} E[[x_k-E(x_k)][x_j^*-E(x_j^*)]] &= E\left[\int_0^T n(t)g_k^*(t)dt\int_0^T n^*(t)g_j(t)dt\right] \\ &= E\left[\int_0^T\int_0^T n(t_1)n^*(t_2)g_k^*(t_1)g_j(t_2)dt_1 dt_2\right] \\ &= \int_0^T\int_0^T R_n(t_1,t_2)g_k^*(t_1)g_j(t_2)dt_1 dt_2 \end{aligned} \tag{2.78}$$

现在假定正交函数集中的任一个函数 $g_j(t)$ 都满足下列方程:

$$\int_0^T g_j(t_2)R_n(t_1,t_2)dt_2 = \lambda_j g_j(t_1) \quad j=1,2,\cdots,N \tag{2.79}$$

将上式代入式(2.78),可得

$$\begin{aligned} &E[[x_k-E(x_k)][x_j^*-E(x_j^*)]] \\ &= \lambda_j\int_0^T g_k^*(t_1)g_j(t_1)dt_1 = \begin{cases} \lambda_j, & k=j \\ 0, & k\neq j \end{cases} \quad j=1,2,\cdots,N \end{aligned} \tag{2.80}$$

由上面的分析可以看到,要使正交函数集$\{g_k(t)|k=1,2,\cdots,N\}$中的各个系数都互不相关,必须满足式(2.79)。此式称为齐次积分方程,$R_n(t_1,t_2)$称为积分方程的核,$g_j(t)$称

为特征函数，λ_j 为对应的特征值。用满足式(2.79)的正交函数集 $\{g_k(t)|k=1,2,\cdots,N\}$ 作卡亨南-洛维展开，其系数互不相关，且系数的方差为特征值 λ_j。

一般来说，式(2.79)的求解是比较烦琐的，但当 $n(t)$ 是白噪声时，求解将变得非常简单。对于白噪声来说，自相关函数为 $R_n(t_1,t_2)=V(t_1)\delta(t_1-t_2)(V(t_1)>0)$，代入式(2.79)得

$$
\begin{aligned}
\int_0^T g_j(t_2)R_n(t_1,t_2)\mathrm{d}t_2 &= \int_0^T g_j(t_2)V(t_1)\delta(t_1-t_2)\mathrm{d}t_2 \\
&= V(t_1)g_j(t_1) \\
&= \lambda_j g_j(t_1)
\end{aligned}
\tag{2.81}
$$

从上式可以看出，$g_j(t_1)$ 可以选择任意的正交函数。

2. 特征值和特征函数的性质*

性质 1：满足式(2.79)的特征函数是正交归一的。

证明：式(2.79)两边同乘以 $g_m^*(t_1)$，并在区间 $(0,T)$ 上对变量 t_1 积分，可得

$$
\lambda_j \int_0^T g_j(t_1)g_m^*(t_1)\mathrm{d}t_1 = \int_0^T\int_0^T g_j(t_2)R_n(t_1,t_2)g_m^*(t_1)\mathrm{d}t_1\mathrm{d}t_2
\tag{2.82}
$$

式(2.79)互换变量 t_1 和 t_2 后，可得

$$
\int_0^T g_j(t_1)R_n(t_2,t_1)\mathrm{d}t_1 = \lambda_j g_j(t_2)
\tag{2.83}
$$

上式两边取复共轭，并把 j 换成 m，有

$$
\int_0^T g_m^*(t_1)R_n^*(t_2,t_1)\mathrm{d}t_1 = \lambda_m^* g_m^*(t_2)
\tag{2.84}
$$

因为高斯白噪声 $n(t)$ 是广义平稳随机过程，其自相关函数满足下述关系：

$$
R_n^*(t_2,t_1)=R_n(t_1,t_2)
\tag{2.85}
$$

将上式代入式(2.84)，得

$$
\lambda_m^* g_m^*(t_2) = \int_0^T g_m^*(t_1)R_n(t_1,t_2)\mathrm{d}t_1
\tag{2.86}
$$

上式两边乘以 $g_j(t_2)$，并在区间 $(0,T)$ 上对 t_2 积分，得

$$
\lambda_m^* \int_0^T g_j(t_2)g_m^*(t_2)\mathrm{d}t_2 = \int_0^T\int_0^T g_j(t_2)R_n(t_1,t_2)g_m^*(t_1)\mathrm{d}t_1\mathrm{d}t_2
\tag{2.87}
$$

比较式(2.82)和式(2.87)，可以看到两式右端相等，所以它们的左端相减应为零，即

$$
\begin{aligned}
\lambda_j \int_0^T g_j(t_1)g_m^*(t_1)\mathrm{d}t_1 - \lambda_m^* \int_0^T g_j(t_2)g_m^*(t_2)\mathrm{d}t_2 &= (\lambda_j-\lambda_m^*)\int_0^T g_j(t)g_m^*(t)\mathrm{d}t \\
&= 0
\end{aligned}
\tag{2.88}
$$

(1) 若 $m=j$，则必有

$$
(\lambda_j-\lambda_j^*)\int_0^T |g_j(t)|^2\mathrm{d}t = 0
\tag{2.89}
$$

由于上式中的积分值为正值，所以 $\lambda_j=\lambda_j^*$，即特征值为实数，特征值的共轭符号可以去掉。

(2) 若 $\lambda_j \neq \lambda_m^*$，则必有

$$
\int_0^T g_j(t)g_m^*(t)\mathrm{d}t = 0
\tag{2.90}
$$

所以对应于不同特征值的特征函数是正交的。

由于满足式(2.79)的特征函数可以乘以任意常数，所以总可以选取某一常数，使得

$$\int_0^T |g_j(t)|^2 dt = 1 \tag{2.91}$$

即特征函数可以归一化。

性质 2：若核是实函数，即 $R_n(t_1,t_2) = R_n^*(t_1,t_2)$，并且核没有退化，则特征函数是实函数。

证明：有两个或更多的特征函数具有相同特征值的情况称为核的退化。核没有退化则意味着不同的特征函数对应不同的特征值。

式(2.79)两边取共轭，得

$$\int_0^T g_j^*(t_2) R_n^*(t_1,t_2) dt_2 = \lambda_j^* g_j^*(t_1) \tag{2.92}$$

将 $R_n(t_1,t_2) = R_n^*(t_1,t_2)$ 和 $\lambda_j = \lambda_j^*$ 代入上式，得

$$\int_0^T g_j^*(t_2) R_n(t_1,t_2) dt_2 = \lambda_j g_j^*(t_1) \tag{2.93}$$

由上式可以看到，$g_j^*(t)$ 和 $g_j(t)$ 一样，也是对应于特征值 λ_j 的特征函数。然而核并没有退化（一个特征值对应一个特征函数），意味着 $g_j^*(t) = g_j(t)$，所以特征函数是实函数。

性质 3：实对称核是半正定的，且对应的特征值为非负值。

证明：显然下面的不等式对于任意函数 $f(t)$ 都成立。

$$E\left[\left|\int_0^T f(t)n(t)dt\right|^2\right] \geqslant 0 \tag{2.94}$$

左边可以改写为

$$E\left[\left|\int_0^T f(t)n(t)dt\right|^2\right] = E\left[\int_0^T f^*(t_1)n^*(t_1)dt_1 \int_0^T f(t_2)n(t_2)dt_2\right]$$

$$= \int_0^T \int_0^T f^*(t_1)f(t_2) E[n^*(t_1)n(t_2)]dt_1 dt_2$$

$$= \int_0^T \int_0^T f^*(t_1)f(t_2) R_n(t_1,t_2)dt_1 dt_2 \tag{2.95}$$

故有

$$\int_0^T \int_0^T f^*(t_1)f(t_2) R_n(t_1,t_2)dt_1 dt_2 \geqslant 0 \tag{2.96}$$

满足上式的核称为半正定的或非负定的，因此实对称核是半正定的。

式(2.79)两边同乘以 $g_j^*(t_1)$，并在区间 $(0,T)$ 上对变量 t_1 积分，可得

$$\lambda_j \int_0^T g_j(t_1) g_j^*(t_1) dt_1 = \int_0^T \int_0^T g_j(t_2) g_j^*(t_1) R_n(t_1,t_2)dt_1 dt_2 \tag{2.97}$$

假定特征函数是归一化的，将式(2.91)代入上式，得

$$\lambda_j = \int_0^T \int_0^T g_j(t_2) g_j^*(t_1) R_n(t_1,t_2)dt_1 dt_2 \tag{2.98}$$

由式(2.96)知

$$\lambda_j = \int_0^T \int_0^T g_j(t_2) g_j^*(t_1) R_n(t_1,t_2)dt_1 dt_2 \geqslant 0 \tag{2.99}$$

即特征值 λ_j 为非负值。

如果不等式 $\int_0^T \int_0^T f^*(t_1)f(t_2) R_n(t_1,t_2)dt_1 dt_2 > 0$ 成立，则称核是正定的。用类似的证明过程，可以证明若核是正定的，则特征函数形成完备集。

性质 4：默塞尔(Mercer)定理。

若核 $R_n(t_1,t_2)$ 是半正定的，则可以用特征函数和特征值展开，为

$$R_n(t_1,t_2) = \sum_{i=1}^{\infty} \lambda_i g_i(t_1) g_i^*(t_2) \tag{2.100}$$

证明：将上式代入式(2.79)，有

$$\begin{aligned}
\lambda_j g_j(t_1) &= \int_0^T g_j(t_2) R_n(t_1,t_2) \mathrm{d}t_2 \\
&= \int_0^T g_j(t_2) \sum_{i=1}^{\infty} \lambda_i g_i(t_1) g_i^*(t_2) \mathrm{d}t_2 \\
&= \lambda_j g_j(t_1)
\end{aligned} \tag{2.101}$$

其中，最后一步使用了特征函数的正交归一性。

在理论分析中反核的概念是很有用的，定义为

若

$$\int_0^T R_n^{-1}(t_1,t_2) R_n(t_2,t_3) \mathrm{d}t_2 = \delta(t_1 - t_3) \tag{2.102}$$

式中，$0 \leqslant t_1, t_2, t_3 \leqslant T$，则称 $R_n^{-1}(t_1,t_2)$ 为 $R_n(t_2,t_3)$ 的反核。

默塞尔定理说明反核也可以用特征值和特征函数展开为

$$R_n^{-1}(t_1,t_2) = \sum_{i=1}^{\infty} \frac{1}{\lambda_i} g_i(t_1) g_i^*(t_2) \tag{2.103}$$

下面证明，如果按式(2.79)选择正交函数集，那么 $x(t)$ 的卡亨南-洛维展开式 $x(t) = \sum_{k=1}^{N} x_k g_k(t)$ 均方收敛于 $x(t)$。令

$$\begin{aligned}
\Delta &= E\left[\left| x(t) - \sum_{k=1}^{N} x_k g_k(t) \right|^2 \right] \\
&= E\left[\left[x(t) - \sum_{k=1}^{N} x_k g_k(t) \right] \left[x^*(t) - \sum_{k=1}^{N} x_k^* g_k^*(t) \right] \right] \\
&= E[x(t)x^*(t)] - E\left[x^*(t) \sum_{k=1}^{N} x_k g_k(t) \right] - \\
&\quad E\left[x(t) \sum_{k=1}^{N} x_k^* g_k^*(t) \right] + E\left[\sum_{k=1}^{N} \sum_{j=1}^{N} x_k x_j^* g_k(t) g_j^*(t) \right]
\end{aligned} \tag{2.104}$$

上式中的 4 项可分别计算如下：

$$\begin{aligned}
E[x(t)x^*(t)] &= E[[s(t)+n(t)][s^*(t)+n^*(t)]] \\
&= s(t)s^*(t) + E[n(t)n^*(t)] = |s(t)|^2 + R_n(0)
\end{aligned} \tag{2.105}$$

$$\begin{aligned}
E\left[x^*(t) \sum_{k=1}^{N} x_k g_k(t) \right] &= E\left[x^*(t) \sum_{k=1}^{N} g_k(t) \int_0^T x(\tau) g_k^*(\tau) \mathrm{d}\tau \right] \\
&= \sum_{k=1}^{N} g_k(t) \int_0^T [s^*(t)s(\tau) + R_n^*(t-\tau)] g_k^*(\tau) \mathrm{d}\tau \\
&= \sum_{k=1}^{N} g_k(t)[s^*(t)E\{x_k\} + \lambda_k g_k^*(t)]
\end{aligned}$$

$$= s^*(t)\sum_{k=1}^{N}E\{x_k\}g_k(t)+\sum_{k=1}^{N}\lambda_k g_k^*(t)g_k(t)$$

$$= s^*(t)s(t)+\sum_{k=1}^{N}\lambda_k g_k^*(t)g_k(t) \tag{2.106}$$

当 $N\to\infty$ 时,利用默塞尔定理,上式趋于

$$\lim_{N\to\infty}E\Big[x^*(t)\sum_{k=1}^{N}x_k g_k(t)\Big]=s^*(t)s(t)+R_n(0)=|s(t)|^2+R_n(0) \tag{2.107}$$

$$E\Big[x(t)\sum_{k=1}^{N}x_k^* g_k^*(t)\Big]=E\Big[x(t)\sum_{k=1}^{N}g_k^*(t)\int_0^T x^*(\tau)g_k(\tau)\mathrm{d}\tau\Big]$$

$$=\sum_{k=1}^{N}g_k^*(t)\int_0^T[s(t)s^*(\tau)+R_n^*(t-\tau)]g_k(\tau)\mathrm{d}\tau$$

$$=\sum_{k=1}^{N}g_k^*(t)[s(t)E\{x_k^*\}+\lambda_k g_k(t)]$$

$$=s(t)\sum_{k=1}^{N}E\{x_k^*\}g_k(t)+\sum_{k=1}^{N}\lambda_k g_k^*(t)g_k(t)$$

$$=s(t)s^*(t)+\sum_{k=1}^{N}\lambda_k g_k^*(t)g_k(t) \tag{2.108}$$

上式结果与式(2.106)一致,所以有

$$\lim_{N\to\infty}E\Big[x(t)\sum_{k=1}^{N}x_k^* g_k^*(t)\Big]=|s(t)|^2+R_n(0) \tag{2.109}$$

$$E\Big[\sum_{k=1}^{N}\sum_{j=1}^{N}x_k x_j^* g_k(t)g_j^*(t)\Big]$$

$$=\sum_{k=1}^{N}\sum_{j=1}^{N}E\Big[\int_0^T x(t)g_k^*(t)\mathrm{d}t\int_0^T x^*(\tau)g_j(\tau)\mathrm{d}\tau\Big]g_k(t)g_j^*(t)$$

$$=\sum_{k=1}^{N}\sum_{j=1}^{N}g_k(t)g_j^*(t)\int_0^T\int_0^T[s(t)s^*(\tau)+R_n(t-\tau)]g_j(\tau)\mathrm{d}\tau g_k^*(t)\mathrm{d}t$$

$$=\sum_{k=1}^{N}\sum_{j=1}^{N}g_k(t)g_j^*(t)\Big[E[x_k]E[x_j^*]+\lambda_j\int_0^T g_j(t)g_k^*(t)\mathrm{d}t\Big]$$

$$=s(t)s^*(t)+\sum_{k=1}^{N}\lambda_k g_k^*(t)g_k(t) \tag{2.110}$$

上式最后一步利用了本征函数的正交归一性,其结果也与式(2.106)一致,所以

$$\lim_{N\to\infty}E\Big[\sum_{k=1}^{N}\sum_{j=1}^{N}x_k x_j^* g_k(t)g_j^*(t)\Big]=|s(t)|^2+R_n(0) \tag{2.111}$$

将式(2.105)、式(2.107)、式(2.109)和式(2.111)代入式(2.104),可得

$$\lim_{N\to\infty}E\Big[\Big[x(t)-\sum_{k=1}^{N}x_k g_k(t)\Big]^2\Big]=0 \tag{2.112}$$

所以 $\sum_{k=1}^{\infty}x_k g_k(t)$ 均方收敛于 $x(t)$。

2.2.3 * 格拉姆-施密特正交化法

定理: 对一有限能量信号集 $\{y_k(t) | k=1,2,\cdots,M; t \in [0,T]\}$,一定存在正交归一化函数集 $\{g_j(t) | j=1,2,\cdots,N; t \in [0,T]; N \leqslant M\}$,使得

$$y_k(t) = \sum_{j=1}^{N} y_{kj} g_j(t), \quad t \in [0,T]; k=1,2,\cdots,M \tag{2.113}$$

式中,

$$y_{kj} = \int_0^T y_k(t) g_j(t) \mathrm{d}t, \quad k=1,2,\cdots,M; j=1,2,\cdots,N \tag{2.114}$$

$N=M$ 仅出现在集合 $\{y_k(t)\}$ 中的各个信号是线性独立时。

格拉姆-施密特(Gram-Schmidt)正交化法是一种利用信号集 $\{y_k(t)\}$ 来寻找正交归一化基底函数集 $\{g_j(t)\}$ 的方法。正交化方法如下:

(1) 令 $\varepsilon_m = \int_0^T y_m^2(t) \mathrm{d}t$ 为 $y_m(t)$ 的能量,定义第一个归一化基底函数为

$$g_1(t) = \frac{y_1(t)}{\sqrt{\int_0^T y_1^2(t) \mathrm{d}t}} = \frac{y_1(t)}{\sqrt{E_1}} \tag{2.115}$$

显然有

$$y_1(t) = \sqrt{E_1}\, g_1(t) = y_{11} g_1(t) \tag{2.116}$$

式中,系数 $y_{11} = \sqrt{E_1}$,而且 $\int_0^T g_1^2(t) \mathrm{d}t = 1$,即 $g_1(t)$ 具有单位能量,这一点正是所要求的。

(2) 计算 $y_2(t)$ 在 $g_1(t)$ 上的投影,得

$$y_{21} = \int_0^T y_2(t) g_1(t) \mathrm{d}t \tag{2.117}$$

现在定义第二个基底函数为

$$g_2(t) = \frac{y_2(t) - y_{21} g_1(t)}{y_{22}} \tag{2.118}$$

式中,

$$y_{22} = \sqrt{\int_0^T y_2^2(t) \mathrm{d}t - y_{21}^2} = \sqrt{E_2 - y_{21}^2}$$

上式两边同乘以 $g_1(t)$,并在区间 $(0,T)$ 上积分,容易得出

$$\int_0^T g_1(t) g_2(t) \mathrm{d}t = \frac{1}{y_{22}} \left[\int_0^T y_2(t) g_1(t) \mathrm{d}t - y_{21} \int_0^T g_1^2(t) \mathrm{d}t \right]$$

$$= \frac{1}{y_{22}} [y_{21} - y_{21}] = 0 \tag{2.119}$$

由式(2.118)可得

$$\int_0^T g_2^2(t) \mathrm{d}t = \int_0^T \frac{[y_2(t) - y_{21} g_1(t)]^2}{y_{22}^2} \mathrm{d}t$$

$$= \frac{1}{y_{22}^2} \left\{ \int_0^T y_2^2(t) \mathrm{d}t - 2y_{21} \int_0^T y_2(t) g_1(t) \mathrm{d}t + y_{21}^2 \int_0^T g_1^2(t) \mathrm{d}t \right\} \tag{2.120}$$

将式 $\varepsilon_m = \int_0^T y_m^2(t) \mathrm{d}t$,$\int_0^T g_1^2(t) \mathrm{d}t = 1$ 和 $y_{21} = \int_0^T y_2(t) g_1(t) \mathrm{d}t$ 代入上式,得

$$\int_0^T g_2^2(t)\mathrm{d}t = \frac{1}{y_{22}^2}\left[E_2 - y_{21}^2\right] = 1 \tag{2.121}$$

上式说明第二个基底函数 $g_2(t)$ 也具有单位能量。

由式(2.118)得

$$y_2(t) = y_{21}g_1(t) + y_{22}g_2(t) \tag{2.122}$$

上式两边同乘以 $g_2(t)$,并在区间 $(0,T)$ 上积分,得

$$y_{22} = \int_0^T y_2(t)g_2(t)\mathrm{d}t \tag{2.123}$$

(3) 采用归纳法,假定对所有 $m < k$,下式成立:

$$y_m(t) = \sum_{j=1}^m y_{mj}g_j(t), \quad t \in [0,T]; m = 1,2,\cdots,k-1 \tag{2.124}$$

式中,

$$y_{mj} = \int_0^T y_m(t)g_j(t)\mathrm{d}t \tag{2.125}$$

而且 $\{g_j(t) \mid j=1,2,\cdots,N\}$ 相互正交,且每一个基底函数都有单位能量。定义

$$y_{kj} = \int_0^T y_k(t)g_j(t)\mathrm{d}t, \quad j = 1,2,\cdots,k-1 \tag{2.126}$$

及

$$g_k(t) = \frac{y_k(t) - \sum_{j=1}^{k-1} y_{kj}g_j(t)}{\sqrt{E_k - \sum_{j}^{k-1} y_{kj}^2}} = \frac{y_k(t) - \sum_{j=1}^{k-1} y_{kj}g_j(t)}{y_{kk}} \tag{2.127}$$

由上式可以看出, $g_k(t)$ 是具有单位能量的信号,改写上式得

$$y_k(t) = \sum_{j=1}^k y_{kj}g_j(t) \tag{2.128}$$

式(2.127)两边同乘以 $g_m(t)$,并在区间 $(0,T)$ 上积分,能够得出

$$\int_0^T g_m(t)g_k(t)\mathrm{d}t = 0, \quad m < k \tag{2.129}$$

式(2.128)两边同乘以 $g_k(t)$,并在区间 $(0,T)$ 上积分,再利用上式可得

$$y_{kk} = \int_0^T y_k(t)g_k(t)\mathrm{d}t \tag{2.130}$$

通过上面的证明,可以发现对于一个有 K 个有限能量信号集 $\{y_k(t)\}$,表示式(2.113)总是成立的,且 $M \leqslant K$ 。

如果该信号集中的某个子集中的元素间是线性相关的,即存在一组非零实数集 a_1 , $a_2,\cdots,a_k$ 使得

$$a_1 y_{m1}(t) + a_2 y_{m2}(t) + \cdots + a_k y_{mk}(t) = 0 \tag{2.131}$$

式中, $m1 < m2 < \cdots < mk$ 。

在这样的子集中,若 $a_j \neq 0$,信号 $y_{mj}(t)$ 显然可以表示为其他信号的线性组合,当然也可以表示为以前各信号所产生的基函数的线性组合。因此对 $y_{mj}(t)$ 来说,就没有必要产生新的基函数 $g_{mj}(t)$ 了。用这种方法可以去掉若干基函数,在此情况下 $M \leqslant K$ 。

2.3*　实信号的复数表示法与希尔伯特变换

2.3.1　实信号的复数表示法与希尔伯特变换

一般情况下,各种信号被表示成时间的函数(实函数)进行分析和处理,然而在有些情况下,如窄带无线电信号,用复数分析和运算都比较方便,通常复信号取实部就是对应的实信号。那么,复信号的虚部是不是任意的？如果不是应满足什么条件？这是这节要解决的问题。

为了分析和处理的方便,经常需要对实信号进行傅里叶变换,即进行频域分析。对于能量型信号,即

$$\int_{-\infty}^{\infty} |x(t)|^2 dt < \infty \tag{2.132}$$

其傅里叶变换一定存在,且满足下述关系:

$$X(\omega) = \int_{-\infty}^{\infty} x(t) e^{-j\omega t} dt \qquad 正变换 \tag{2.133}$$

$$x(t) = \frac{1}{2\pi} \int_{-\infty}^{\infty} X(\omega) e^{j\omega t} d\omega \qquad 反变换 \tag{2.134}$$

对于实信号 $x(t)$,由于其复共轭是其自身,即 $x^*(t) = x(t)$,所以它的频谱为

$$X(\omega) = \int_{-\infty}^{\infty} x(t) e^{-j\omega t} dt = \int_{-\infty}^{\infty} x^*(t) e^{-j\omega t} dt = X^*(-\omega) \tag{2.135}$$

由此可见,实信号的频谱具有复共轭对称的特点,所以它负半轴的频谱部分可以由正半轴的频谱部分唯一地确定,即只要知道实信号正半轴部分的频谱即可不失真地还原信号。事实上

$$
\begin{aligned}
x(t) &= \frac{1}{2\pi} \int_{-\infty}^{\infty} X(\omega) e^{j\omega t} d\omega = \frac{1}{2\pi} \int_{-\infty}^{0} X(\omega) e^{j\omega t} d\omega + \frac{1}{2\pi} \int_{0}^{\infty} X(\omega) e^{j\omega t} d\omega \\
&= \frac{1}{2\pi} \int_{-\infty}^{0} X^*(-\omega) e^{j\omega t} d\omega + \frac{1}{2\pi} \int_{0}^{\infty} X(\omega) e^{j\omega t} d\omega \\
&= \frac{1}{2\pi} \int_{0}^{\infty} X^*(\omega) e^{-j\omega t} d\omega + \frac{1}{2\pi} \int_{0}^{\infty} X(\omega) e^{j\omega t} d\omega \\
&= \frac{1}{2\pi} \mathrm{Re} \left\{ \int_{0}^{\infty} 2X(\omega) e^{j\omega t} d\omega \right\} \\
&= \frac{1}{2\pi} \mathrm{Re} \left\{ \int_{-\infty}^{\infty} 2X(\omega) U(\omega) e^{j\omega t} d\omega \right\}
\end{aligned}
\tag{2.136}
$$

式中,$\mathrm{Re}\{\cdot\}$ 表示括号中内容的实部,$U(\omega)$ 是单位阶跃函数。

$$U(\omega) = \begin{cases} 1, & \omega \geqslant 0 \\ 0, & \omega < 0 \end{cases} \tag{2.137}$$

定义

$$\widetilde{X}(\omega) = 2X(\omega) U(\omega) \tag{2.138}$$

$$\widetilde{X}(\omega) \Leftrightarrow \widetilde{x}(t) \tag{2.139}$$

则有

$$\tilde{x}(t) = \frac{1}{2\pi}\int_{-\infty}^{\infty}\tilde{X}(\omega)e^{j\omega t}d\omega = \frac{1}{2\pi}\int_{-\infty}^{\infty}2X(\omega)U(\omega)e^{j\omega t}d\omega \tag{2.140}$$

将上式代入式(2.136),可得

$$x(t) = \mathrm{Re}\left\{\tilde{x}(t)\right\} \tag{2.141}$$

一般称 $\tilde{x}(t)$ 为 $x(t)$ 的复信号,由前面的分析可以看到, $\tilde{x}(t)$ 取实部就得到了 $x(t)$,从频谱角度来看,去掉 $x(t)$ 的负频率分量,再将其正频率分量加倍后就可以得到 $\tilde{x}(t)$ 的频谱。复信号 $\tilde{x}(t)$ 有时又称为 $x(t)$ 的解析信号或预包络。

式(2.141)可以重写为

$$\tilde{x}(t) = x(t) + j\hat{x}(t) \tag{2.142}$$

根据傅里叶变换中的卷积特性,对式(2.138)的右边作傅里叶反变换,可得

$$\tilde{x}(t) = 2x(t) * \left[\frac{1}{2}\delta(t) + j\frac{1}{2\pi t}\right] = x(t) + jx(t) * \frac{1}{\pi t} \tag{2.143}$$

比较式(2.142)和式(2.143),可得

$$\hat{x}(t) = x(t) * \frac{1}{\pi t} = \frac{1}{\pi}\int_{-\infty}^{\infty}\frac{x(\tau)}{t-\tau}d\tau$$

$$= \frac{1}{\pi}\int_{-\infty}^{\infty}\frac{x(t-\tau)}{\tau}d\tau = H[x(t)] \tag{2.144}$$

这就是希尔伯特变换。由德国数学家希尔伯特(Hilbert)于 1905 年提出。希尔伯特变换给出了解析信号的虚部与实部之间的关系。据此,解析信号的虚部 $\hat{x}(t)$ 可由实部 $x(t)$ 唯一决定。

反之,由 $\hat{x}(t)$ 也可以唯一地确定 $x(t)$,称为希尔伯特反变换,由下式确定:

$$x(t) = -\frac{1}{\pi t} * \hat{x}(t) = -\frac{1}{\pi}\int_{-\infty}^{\infty}\frac{\hat{x}(\tau)}{t-\tau}d\tau$$

$$= -\frac{1}{\pi}\int_{-\infty}^{\infty}\frac{\hat{x}(t-\tau)}{\tau}d\tau = H^{-1}[\hat{x}(t)] \tag{2.145}$$

根据傅里叶变换对 $\frac{1}{\pi t} \Leftrightarrow -j\mathrm{sgn}(\omega)$,再利用傅里叶变换的卷积性质,对式(2.144)作傅里叶变换,可以得到 $\hat{x}(t)$ 和 $x(t)$ 频域的对应关系为

$$F[\hat{x}(t)] = \hat{X}(\omega) = -j\mathrm{sgn}(\omega) \cdot X(\omega) \tag{2.146}$$

其中,$\mathrm{sgn}(\omega)$ 为符号函数,即

$$\mathrm{sgn}(\omega) = \begin{cases} 1, & \omega > 0 \\ 0, & \omega = 0 \\ -1, & \omega < 0 \end{cases} \tag{2.147}$$

式(2.146)是希尔伯特变换的频域表达式,式(2.144)是希尔伯特变换的时域表达式,使用时视方便情况选择。

2.3.2 希尔伯特变换的性质

性质 1: $\hat{x}(t)$ 的希尔伯特变换为 $-x(t)$,即 $H[\hat{x}(t)] = -x(t)$。

证明: 由希尔伯特正变换和反变换的定义式

$$\hat{x}(t) = H[x(t)] = \frac{1}{\pi} \int_{-\infty}^{\infty} \frac{x(\tau)}{t-\tau} \mathrm{d}\tau \tag{2.148}$$

$$x(t) = H^{-1}[\hat{x}(t)] = -\frac{1}{\pi} \int_{-\infty}^{\infty} \frac{\hat{x}(\tau)}{t-\tau} \mathrm{d}\tau \tag{2.149}$$

可得

$$H[\hat{x}(t)] = \frac{1}{\pi} \int_{-\infty}^{\infty} \frac{\hat{x}(t)}{t-\tau} \mathrm{d}\tau \tag{2.150}$$

对比上式和式(2.149)就可以得到

$$H[\hat{x}(t)] = -x(t) \tag{2.151}$$

性质 2：若 $y(t) = h(t) * x(t)$，则 $y(t)$ 的希尔伯特变换为

$$\hat{y}(t) = h(t) * \hat{x}(t) = \hat{h}(t) * x(t) \tag{2.152}$$

证明：

$$\hat{y}(t) = y(t) * \frac{1}{\pi t} = h(t) * x(t) * \frac{1}{\pi t} = h(t) * \left[x(t) * \frac{1}{\pi t} \right]$$

$$= h(t) * \hat{x}(t) = \left[h(t) * \frac{1}{\pi t} \right] * x(t) = \hat{h}(t) * x(t) \tag{2.153}$$

性质 3：设 $a(t)$ 为低频信号，其傅里叶变换为 $A(\omega)$，且当 $|\omega| > \dfrac{\Delta \omega}{2}$ 时，$A(\omega) = 0$，则当 $\omega_0 > \dfrac{\Delta \omega}{2}$ 时，有

$$H[a(t)\cos\omega_0 t] = a(t)\sin\omega_0 t \tag{2.154}$$

$$H[a(t)\sin\omega_0 t] = -a(t)\cos\omega_0 t \tag{2.155}$$

证明：令 $x(t) = a(t)\cos\omega_0 t$，则

$$X(\omega) = \frac{1}{2}[A(\omega - \omega_0) + A(\omega + \omega_0)] \tag{2.156}$$

$$\hat{X}(\omega) = -\mathrm{jsgn}(\omega)\left\{ \frac{1}{2}[A(\omega - \omega_0) + A(\omega + \omega_0)] \right\}$$

$$= -\mathrm{j}\frac{1}{2}[A(\omega - \omega_0) - A(\omega + \omega_0)] \tag{2.157}$$

对上式作傅里叶变换，得

$$\hat{x}(t) = a(t)\sin\omega_0 t = H[a(t)\cos\omega_0 t] \tag{2.158}$$

由性质 1 可知

$$H[a(t)\sin\omega_0 t] = -a(t)\cos\omega_0 t \tag{2.159}$$

性质 4：设 $A(t)$ 与 $\phi(t)$ 为低频信号，则

$$H\{A(t)\cos[\omega_0 t + \phi(t)]\} = A(t)\sin[\omega_0 t + \phi(t)] \tag{2.160}$$

$$H\{A(t)\sin[\omega_0 t + \phi(t)]\} = -A(t)\cos[\omega_0 t + \phi(t)] \tag{2.161}$$

性质 5：平稳随机过程 $x(t)$ 的希尔伯特变换 $\hat{x}(t)$ 的统计自相关函数 $R_{\hat{X}}(\tau)$ 等于 $x(t)$ 的自相关函数 $R_X(\tau)$。

证明：平稳随机过程 $x(t)$ 进行希尔伯特变换，可以理解为它的每一个样本函数通过一个冲激响应为 $1/(\pi t)$ 的线性时不变系统的输出，因而输出仍然是平稳随机过程，则有

$$R_{\hat{X}}(\tau) = E[\hat{x}(t+\tau)\hat{x}(t)] = E\left[\int_{-\infty}^{\infty} \frac{x(t-\alpha)}{\pi\alpha}\mathrm{d}\alpha \int_{-\infty}^{\infty} \frac{x(t+\tau-\beta)}{\pi\beta}\mathrm{d}\beta\right]$$

$$= \int_{-\infty}^{\infty}\int_{-\infty}^{\infty} \frac{1}{\pi\alpha\,\pi\beta}E[x(t-\alpha)x(t+\tau-\beta)]\mathrm{d}\alpha\,\mathrm{d}\beta$$

$$= \int_{-\infty}^{\infty} \frac{1}{\pi\alpha}\int_{-\infty}^{\infty} \frac{R_X(\tau+\alpha-\beta)}{\pi\beta}\mathrm{d}\beta\,\mathrm{d}\alpha = \int_{-\infty}^{\infty} \frac{\hat{R}_X(\tau+\alpha)}{\pi\alpha}\mathrm{d}\alpha$$

$$= -\int_{-\infty}^{\infty} \frac{\hat{R}_X(\tau-\alpha)}{\pi\alpha}\mathrm{d}\alpha = R_X(\tau) \tag{2.162}$$

在上式中,令 $\tau=0$,得 $R_{\hat{X}}(0)=R_X(0)$,进行傅里叶变换可得 $G_{\hat{X}}(\omega)=G_X(\omega)$。

推论:经希尔伯特变换后平均功率不变,功率谱密度函数不变。

性质 6:平稳随机过程 $x(t)$ 与其希尔伯特变换 $\hat{x}(t)$ 的互相关函数 $R_{\hat{x}X}(\tau)$ 等于 $x(t)$ 自相关函数的希尔伯特变换,即

$$R_{\hat{x}X}(\tau) = \hat{R}_X(\tau) \tag{2.163}$$

证明:

$$R_{\hat{x}X}(\tau) = E[x(t)\hat{x}(t+\tau)] = E\left[x(t)\int_{-\infty}^{\infty} \frac{x(t+\tau-\alpha)}{\pi\alpha}\mathrm{d}\alpha\right]$$

$$= \int_{-\infty}^{\infty} \frac{E[x(t)x(t+\tau-\alpha)]}{\pi\alpha}\mathrm{d}\alpha$$

$$= \int_{-\infty}^{\infty} \frac{R_X(\tau-\alpha)}{\pi\alpha}\mathrm{d}\alpha = \hat{R}_X(\tau) \tag{2.164}$$

同理可证

$$R_{X\hat{x}}(\tau) = R_{\hat{x}X}(-\tau) = -\hat{R}_X(\tau) = -R_{\hat{x}X}(\tau) \tag{2.165}$$

$$R_{\hat{x}X}(\tau) = R_{X\hat{x}}(-\tau) = \hat{R}_X(\tau) = -R_{X\hat{x}}(\tau) \tag{2.166}$$

由上两式可得,$R_{\hat{x}X}(0) = -R_{\hat{x}X}(0)$,这表明 $x(t)$ 与 $\hat{x}(t)$ 在同一时刻是正交的。

性质 7:偶函数的希尔伯特变换是奇函数;奇函数的希尔伯特变换是偶函数。

2.4 高斯噪声与白噪声

噪声是一切干扰信号的泛称,也是一种随机过程。通常按照概率密度函数和功率谱进行分类。就概率密度函数而言,服从高斯分布的噪声占有重要地位;就功率谱密度函数来说,白噪声在信号处理领域是极为重要的。

2.4.1 高斯噪声

统计学中的中心极限定理指出,如果一个随机变量是由大量相互独立的随机变量共同作用的结果,且每个随机变量对总随机变量的影响足够小,则不论每个随机变量服从何种分布,总的随机变量服从高斯(正态)分布。中心极限定理又称为李雅普诺夫中心极限定理,最早由法国数学家棣莫弗(De Moivre)于 1733 年首次提出,1901 年由俄国数学家李雅普诺夫(Lyapunov)在一般条件下进行了推导,1920 年波利亚(Pólya)第一次命名为中心极限定理。

此定理在无线电技术领域有着重要的意义。在很多情况下,噪声服从高斯分布,称为高斯噪声。

高斯噪声 $n(t)$ 的一维概率密度函数为

$$f[n(t)] = \frac{1}{\sqrt{2\pi}\sigma_n} e^{-\frac{[n(t)-m_n]^2}{2\sigma_n^2}} \tag{2.167}$$

式中,$m_n = E[n(t)]$ 为噪声 $n(t)$ 的均值;$\sigma_n^2 = E[[n(t) - m_n]^2]$ 为噪声 $n(t)$ 的方差。称 $n(t)$ 是服从均值为 m_n,方差为 σ_n^2 的高斯分布或正态分布,一般记作 $n(t) \sim N(m_n, \sigma_n^2)$。

若 L 维随机矢量

$$\boldsymbol{n} = [n_1, n_2, \cdots, n_L]^T \tag{2.168}$$

服从高斯分布,则其联合概率密度函数为

$$f(\boldsymbol{n}) = f(n_1, n_2, \cdots, n_L) = \frac{1}{(\sqrt{2\pi})^L |\boldsymbol{C}|^{1/2}} e^{-\frac{1}{2}(\boldsymbol{n}-\boldsymbol{m}_n)^T \boldsymbol{C}^{-1}(\boldsymbol{n}-\boldsymbol{m}_n)} \tag{2.169}$$

其中,$\boldsymbol{C}$ 是 L 维随机矢量 $\boldsymbol{n}$ 的协方差矩阵,$|\boldsymbol{C}|$ 是它的行列式,$\boldsymbol{C}^{-1}$ 是它的逆矩阵;$\boldsymbol{m}_n = E[\boldsymbol{n}]$ 是随机矢量 $\boldsymbol{n}$ 的均值矢量,即

$$\boldsymbol{m}_n = [m_{n_1}, m_{n_2}, \cdots, m_{n_L}]^T \tag{2.170}$$

$$m_{n_k} = E\{n_k\}, \quad k = 1, 2, \cdots, L \tag{2.171}$$

$$\boldsymbol{C} = \begin{bmatrix} c_{11} & c_{12} & \cdots & c_{1L} \\ c_{21} & c_{22} & \cdots & c_{2L} \\ \vdots & \vdots & \ddots & \vdots \\ c_{L1} & c_{L2} & \cdots & c_{LL} \end{bmatrix} \tag{2.172}$$

$$c_{ij} = c_{ji} = E\{[n_i - m_{n_i}][n_j - m_{n_j}]\}, \quad i, j = 1, 2, \cdots, L \tag{2.173}$$

当随机矢量 $\boldsymbol{n}$ 中的各随机分量 n_k 互不相关时,对于 $i \neq j$,有 $c_{ij} = 0$;若记 $c_{kk} = \sigma_{n_k}^2$,则协方差矩阵 $\boldsymbol{C}$ 为

$$\boldsymbol{C} = \begin{bmatrix} \sigma_{n_1}^2 & 0 & \cdots & 0 \\ 0 & \sigma_{n_2}^2 & \cdots & 0 \\ \vdots & \vdots & \ddots & \vdots \\ 0 & 0 & \cdots & \sigma_{n_L}^2 \end{bmatrix} \tag{2.174}$$

而 $|\boldsymbol{C}|^{1/2}$ 和 $\boldsymbol{C}^{-1}$ 分别为

$$|\boldsymbol{C}|^{1/2} = \prod_{k=1}^{L} \sigma_{n_k} \tag{2.175}$$

$$\boldsymbol{C}^{-1} = \begin{bmatrix} (\sigma_{n_1}^2)^{-1} & 0 & \cdots & 0 \\ 0 & (\sigma_{n_2}^2)^{-1} & \cdots & 0 \\ \vdots & \vdots & \ddots & \vdots \\ 0 & 0 & \cdots & (\sigma_{n_L}^2)^{-1} \end{bmatrix} \tag{2.176}$$

将上式代入式(2.169),得 n_k 互不相关时的联合概率密度函数为

$$f(\boldsymbol{n}) = f(n_1, n_2, \cdots, n_L) = \frac{1}{(2\pi)^{L/2} \prod\limits_{k=1}^{L} \sigma_{n_k}} e^{-\sum\limits_{k=1}^{L} \frac{(n_k - m_{n_k})^2}{2\sigma_{n_k}^2}}$$

$$= \prod_{k=1}^{L} \frac{1}{\sqrt{2\pi}\sigma_{n_k}} \mathrm{e}^{-\frac{(n_k - m_{n_k})^2}{2\sigma_{n_k}^2}} = f(n_1)f(n_2)\cdots f(n_L) \tag{2.177}$$

这个结果说明,如果 L 个高斯随机变量是不相关的,则它们也是统计独立的。

2.4.2　白噪声

如果噪声 $n(t)$ 的功率谱密度函数均匀分布在整个频率范围内,即

$$G_n(\omega) = \frac{N_0}{2}, \quad -\infty < \omega < \infty \tag{2.178}$$

则称 $n(t)$ 为白噪声。上式中 N_0 为常数,单位是 W/Hz。之所以称为白噪声,是因为"白"字的来由是借用光学中的"白"光,白光可见部分的光谱是均匀分布的。

对上式作傅里叶反变换,可以得到白噪声的自相关函数,为

$$R_n(\tau) = \frac{1}{2\pi}\int_{-\infty}^{\infty} \frac{N_0}{2} \mathrm{e}^{\mathrm{j}\omega\tau} \mathrm{d}\omega = \frac{N_0}{2}\delta(\tau) \tag{2.179}$$

该结果表明,白噪声在任意两个不同时刻的取值是互不相关的,即白噪声随时间的起伏变化极快。

图 2.5(a)和图 2.5(b)分别给出了白噪声的自相关函数和功率谱密度函数的函数图形。

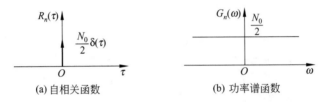

(a) 自相关函数　　　　　　　　　　(b) 功率谱函数

图 2.5　白噪声的自相关函数和功率谱函数的函数图形

如果白噪声服从高斯分布,则称之为高斯白噪声。根据式(2.177)可以看出,高斯白噪声在任意两个不同时刻的取值,不仅是互不相关的,而且还是统计独立的。白噪声是一种理想化的数学模型,其平均功率 $R_n(0)$ 为无穷大。这在实际中是不可能存在的,因为实际的随机过程总是具有有限的平均功率,且在非常邻近的两个时刻的取值总是存在着相关性,而其相关函数不可能是一个严格的 δ 函数。但是,如果某种噪声的功率谱均匀分布的频率范围远远超过实际考虑的频带范围,就可以把它当作白噪声来处理。因为白噪声在数学上处理起来比较方便、简单。所有白噪声以外的噪声均称为色噪声。

本 章 小 结

(1) 概率分布函数是描述随机过程统计特性的一个重要参数,既适用于离散随机过程,也适用于连续随机过程。一维概率分布函数具有如下性质:

$$0 \leqslant F_X(x,t) \leqslant 1$$
$$F_X(-\infty,t) = P[X(t) < -\infty] = 0$$
$$F_X(t,+\infty) = P[X(t) < +\infty] = 1$$

$$P(x_1 \leqslant X(t) < x_2) = F_X(x_2, t) - F_X(x_1, t)$$

$$若 x_1 < x_2, 则 F_X(x_2, t) \geqslant F_X(x_1, t)$$

概率密度函数可以直接给出随机变量取各个可能值的概率大小,仅适用于连续随机变量。一维概率密度函数具有如下性质:

$$f_X(x, t) \geqslant 0$$

$$\int_{-\infty}^{\infty} f_X(x, t) \mathrm{d}x = 1$$

$$F_X(x, t) = \int_{-\infty}^{x} f_X(x', t) \mathrm{d}x'$$

$$P[x_1 \leqslant X(t) < x_2] = F_X(x_2, t) - F_X(x_1, t) = \int_{x_1}^{x_2} f_X(x, t) \mathrm{d}x$$

(2)随机过程的数字特征主要包括数学期望、方差、相关函数、协方差函数和功率谱密度函数。分别描述了随机过程样本函数围绕的中心,偏离中心的程度、样本波形两个不同时刻的相关程度、样本波形起伏量在两个不同时刻的相关程度和平均功率在不同频率上的分布情况。定义公式分别为

$$m_X(t) = E[X(t)] = \int_{-\infty}^{\infty} x f_X(x, t) \mathrm{d}x$$

$$\sigma_X^2(t) = E[[X(t) - m_X(t)]^2] = \int_{-\infty}^{\infty} [x - m_X(t)]^2 f_X(x, t) \mathrm{d}x$$

$$R_X(t_1, t_2) = E[X(t_1)X(t_2)] = \int_{-\infty}^{\infty} \int_{-\infty}^{\infty} x_1 x_2 f_X(x_1, x_2, t_1, t_2) \mathrm{d}x_1 \mathrm{d}x_2$$

$$R_{XY}(t_1, t_2) = E[X(t_1)Y(t_2)] = \int_{-\infty}^{\infty} \int_{-\infty}^{\infty} x_1 y_2 f_{XY}(x_1, y_2, t_1, t_2) \mathrm{d}x_1 \mathrm{d}y_2$$

$$C_X(t_1, t_2) = E[[X(t_1) - m_X(t_1)][X(t_2) - m_X(t_2)]]$$
$$= \int_{-\infty}^{\infty} \int_{-\infty}^{\infty} [x_1 - m_X(t_1)][x_2 - m_X(t_2)] f_X(x_1, x_2, t_1, t_2) \mathrm{d}x_1 \mathrm{d}x_2$$

$$C_{XY}(t_1, t_2) = E[(X(t_1) - E[X(t_1)])(Y(t_2) - E[Y(t_2)])]$$
$$= \int_{-\infty}^{\infty} \int_{-\infty}^{\infty} [x_1 - m_X(t_1)][y_2 - m_Y(t_2)] f_{XY}(x_1, y_2, t_1, t_2) \mathrm{d}x_1 \mathrm{d}y_2$$

$G_X(\omega) = \lim\limits_{T \to \infty} \dfrac{1}{2T} E[|X_T(\omega)|^2]$,其中 $x_T(t) = \begin{cases} x(t), & |t| < T \\ 0, & |t| > T \end{cases}$ 称为样本函数 $x(t)$ 的截断函数,$X_T(\omega)$ 为 $x_T(t)$ 的傅里叶变换。

(3)随机过程的平稳性和各态历经性。严平稳随机过程是一种理想化的模型,因为它要求随机过程的任意 n 维概率密度函数都与所选的时间起点无关,这在实际中是很难满足的。

宽平稳随机过程只要求数学期望是与时间起点无关的常量,自相关函数是只与时间间隔有关而与时间起点无关的函数,实际应用中经常遇到近似满足宽平稳性的随机过程。

各态历经随机过程的任一样本的时间均值和时间自相关函数以概率1收敛于其数学期望和自相关函数,各态历经随机过程的每个样本都可以作为有充分代表性的典型样本。

(4)随机过程的相关性、独立性和正交性。随机过程 $X(t)$ 和 $Y(t)$ 的任意 $n+m$ 维联合概率密度函数等于 $X(t)$ 的 n 维概率密度函数与 $Y(t)$ 的 m 维概率密度函数的乘积,则

$X(t)$和$Y(t)$统计独立。

随机过程$X(t)$和$Y(t)$的互协方差函数等于零,则$X(t)$和$Y(t)$不相关。

随机过程$X(t)$和$Y(t)$的互相关函数等于零,则$X(t)$和$Y(t)$正交。

统计独立的两个随机过程一定不相关,但不相关的随机过程不一定统计独立。

两个零均值的随机过程不相关和正交等价。

(5) 随机过程的正交级数展开。设$\{g_k(t)|k=1,2,\cdots,N\}$是在区间$(0,T)$上的完备的正交函数集,那么,在区间$(0,T)$上定义的任一能量有限的函数$x(t)$可表示为如下级数形式:

$$x(t)=\sum_{k=1}^{N}x_kg_k(t)$$

其中,展开式的系数用下式计算:

$$x_k=\int_0^T x(t)g_k^*(t)\mathrm{d}t$$

在随机信号的正交展开式中,展开式的系数是互不相关的。

(6) 希尔伯特变换。信号$x(t)$的希尔伯特变换$\hat{x}(t)$的表达式为

$$\hat{x}(t)=x(t)*\frac{1}{\pi t}=\frac{1}{\pi}\int_{-\infty}^{\infty}\frac{x(\tau)}{t-\tau}\mathrm{d}\tau=\frac{1}{\pi}\int_{-\infty}^{\infty}\frac{x(t-\tau)}{\tau}\mathrm{d}\tau=H[x(t)]$$

$\hat{x}(t)$和$x(t)$频域的对应关系为

$$F[\hat{x}(t)]=\hat{X}(\omega)=-\mathrm{jsgn}(\omega)\cdot X(\omega)$$

(7) 高斯噪声与白噪声。功率谱密度函数均匀分布在整个频率范围内的噪声为白噪声。服从高斯分布的噪声为高斯噪声。

思 考 题

1. 随机过程的统计特性包括哪些方面?
2. 平稳随机过程的自相关函数具有哪些性质?
3. 功率谱密度函数的物理意义是什么?
4. 两个随机过程相互统计独立、不相关和正交的概念如何区分?
5. 实信号与其希尔伯特变换在时域和频域各有什么关系?
6. 高斯噪声和白噪声各有什么特点?试列举几种高斯噪声和白噪声的实例。

习 题

1. 若随机过程$X(t)$为

$$X(t)=At,\quad -\infty<t<\infty$$

式中,A为在区间$(0,1)$上均匀分布的随机变量,求$E[X(t)]$及$R_X(t_1,t_2)$。

2. 已知随机过程$X(t)$为$X(t)=X\cos\omega_0 t$,ω_0是常数,X是归一化高斯随机变量,求$X(t)$的一维概率密度函数。

3. 随机过程由3条样本函数曲线组成:$x_1(t)=1,x_2(t)=\sin t,x_3(t)=\cos t$,并以等概

率出现,求 $E[X(t)]$ 和 $R_X(t_1, t_2)$。

4. 随机过程 $X(t)$ 为

$$X(t) = A\cos\omega_0 t + B\sin\omega_0 t$$

式中,ω_0 是常数,A 和 B 是两个相互独立的高斯随机变量,而且 $E[A] = E[B] = 0$,$E[A^2] = E[B^2] = \sigma^2$。求 $X(t)$ 的均值和自相关函数。

5. 随机过程 $X(t)$ 为

$$X(t) = a\cos(\omega_0 t + \varphi)$$

式中,a、ω_0 是常数,φ 为 $(0, 2\pi)$ 上均匀分布的随机变量。求 $X(t)$ 的均值和自相关函数。

6. 随机过程 $X(t)$ 为

$$X(t) = a\cos(\omega_0 t + \varphi)$$

式中,a、ω_0 是常数,φ 为 $(0, 2\pi)$ 上均匀分布的随机变量。求证 $X(t)$ 是广义平稳随机过程。

7. 设有状态连续、时间离散的随机过程 $X(t) = \sin(2\pi At)$,式中,t 只能取正整数,即 $t = 1, 2, 3, \cdots$,A 为在区间 $(0, 1)$ 上均匀分布的随机变量,试讨论 $X(t)$ 的平稳性。

8. 平稳随机过程 $X(t)$ 的自相关函数为

$$R_X(\tau) = 2e^{-10\tau} + 2\cos(10\tau) + 1$$

求 $X(t)$ 的均值和方差。

9. 若平稳随机过程 $X(t)$ 的自相关函数为 $R_X(\tau) = \dfrac{1}{2}\cos\omega_0\tau$,求 $X(t)$ 的功率谱密度函数。

10. 若平稳随机过程 $X(t)$ 的功率谱密度函数为 $G_X(\omega)$,又有

$$Y(t) = aX(t)\cos\omega_0 t$$

式中,a 为常数,求功率谱密度函数 $G_Y(\omega)$。

11. 已知平稳随机过程 $X(t)$ 具有如下功率谱密度函数:

$$G_X(\omega) = \frac{\omega^2 + 1}{\omega^4 + 5\omega^2 + 6}$$

求 $X(t)$ 的相关函数 $R_X(\tau)$ 及平均功率 W。

计算机仿真

1. 平稳随机序列仿真

1) 仿真假设

仿真 1000 个样本的平稳随机序列。

2) 程序代码

```
clc; clear
n=0:1000;
x=3*(randn(1,1001)+2);
subplot(211),plot(n,x);
xlabel('n');ylabel('x(n)');
title('平稳随机序列')
grid on
```

```
subplot(212),hist(x,50);
title('平稳随机序列概率分别')
grid on
```

3）仿真结果

平稳随机序列的仿真结果如图 2.6 所示。

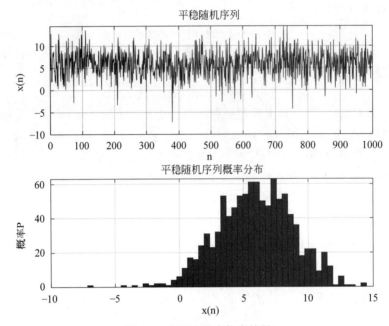

图 2.6　高斯白噪声仿真结果

2. 自相关函数的仿真

1）仿真假设

设 $s(t)=\cos(\omega t+\omega\varphi)$，$\omega=2\pi$，$\varphi$ 是随机变量，仿真 $s(t)$ 的自相关函数，时间起点分别为 $t=1$ 和 $t=4$。

2）程序代码

```
clc; clear
tau=-5:0.01:5;                                        %时间差
t=1;                                                  %选取一个时间点
t1=4;                                                 %选取一个时间点
N=10000;                                              %仿真次数
w=2*pi;                                               %角频率
y=0;
y1=0;
for ii=1:N
fai=rand;                                             %随机相位
x=cos(w*t+w*fai).*cos(w*t+w*tau+w*fai);               %自相关函数,改变时间差
x1=cos(w*t1+w*fai).*cos(w*t1+w*tau+w*fai);            %自相关函数,改变时间差
y=y+x;
```

```
y1=y1+x1;
end
y_mean=y/N;                              %求平均值
y_mean1=y1/N;                            %求平均值
plot(tau,y_mean,'o',tau,y_mean1,'*');
xlabel('\tau');ylabel('Rx(\tau)');
legend('t=1','t=4')
grid on
```

3) 仿真结果

自相关函数的仿真结果如图 2.7 所示。时间点更改后，自相关函数没有改变，也就证明了自相关函数与 t 无关，仅与时间间隔有关。

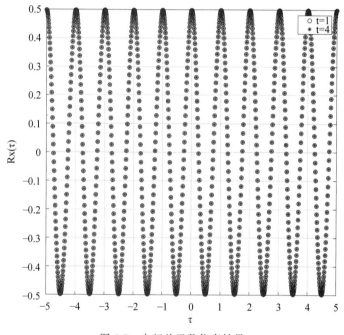

图 2.7　自相关函数仿真结果

3. 正态分布的自相关函数仿真

1) 仿真假设

设均值为 0、方差为 1 的正态分布。

2) 程序代码

```
clc;clear
N=4096;
x=randn(1,N);
tic
Rx1=xcorr(x,'biased');
time1=toc
m=(-N+1):(N-1);%个数
subplot(121)
```

```
plot(m,Rx1);
xlabel('m');ylabel('Rx1');
axis([-N+1 N-1 -1 1.5]);
grid on;
title('xcorr方法');
tic
Xk=fft(x,2*N);
Rx2=ifft(abs(Xk).^2/N);
time2=toc
m=(-N):(N-1);
subplot(122)
plot(m,fftshift(Rx2));
xlabel('m');ylabel('Rx2');
axis([-N+1 N-1 -1 1.5]);
grid on;
title('FFT方法');
```

3) 仿真结果

正态分布的自相关函数仿真结果如图 2.8 所示。

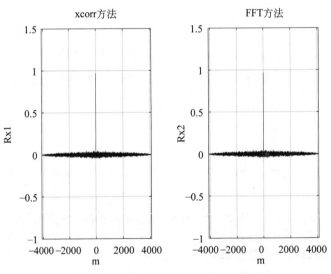

图 2.8　正态分布的自相关函数仿真结果

4. 余弦的自相关函数仿真

1) 仿真假设

设余弦函数 $s(t)=\cos2\pi t$，利用 xcorr 方法和 FFT 方法求自相关函数。

2) 程序代码

```
%clc;clear
t=1:0.001:20;
N=length(t);
```

```
x=cos(2*pi*t);
tic
Rx1=xcorr(x,'biased');
time1=toc
m=(-N+1):(N-1);
subplot(121)
plot(m,Rx1);
xlabel('m');ylabel('Rx1');
axis([-N+1 N-1 -1 1.5]);
grid on;
title('xcorr方法');
tic
Xk=fft(x,2*N);
Rx2=ifft(abs(Xk).^2/N);
time2=toc
m=(-N):(N-1);                          %注意变化后的个数
subplot(122)
plot(m,fftshift(Rx2));                 %注意fftshift的使用
xlabel('m');ylabel('Rx2');
axis([-N+1 N-1 -1 1.5]);
grid on;
title('FFT方法');
```

3）仿真结果

余弦的自相关函数仿真结果如图 2.9 所示。

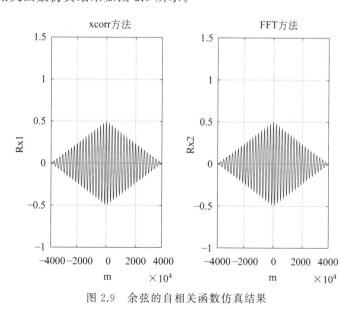

图 2.9　余弦的自相关函数仿真结果

5. 平稳高斯白噪声仿真

1）仿真假设

仿真均值为 0、方差为 1 的高斯白噪声。

2) 程序代码

```
cclear
x=randn(5000,1);
N=length(x);
fs=200;
subplot(221)
plot(x);
xlabel('n'),ylabel('x(n)');
title('平稳高斯白噪声');
grid on
subplot(222)
y=histogram(x,20)
xlabel('x'),ylabel('n/个');
title('统计直方图');
grid on
Rx1=xcorr(x,'biased');                      %自相关函数
m=(-N+1):(N-1);%
subplot(223)
plot(m,Rx1);
xlabel('m');ylabel('Rx');
axis([-N+1 N-1 -1 1.5]);
grid on;
title('平稳高斯白噪声自相关函数');
Sx=(abs(fft(x)).^2)/N;                       %功率谱密度公式
f=(0:N/2-1) * fs/N;                          %频率范围(一半)
subplot(224),plot(f,Sx(1:N/2));
title('功率谱密度');
xlabel('f/Hz');ylabel('Sx(f)/Hz');
grid on
```

3) 仿真结果

高斯白噪声的仿真结果如图 2.10 所示,该图给出了白噪声的概率统计图、自相关函数和功率谱密度图。

6. 随机相位正弦信号与高斯白噪声信号的自相关仿真

1) 仿真假设

设 $s(t)=\cos 2\pi t+\theta$, θ 是 $[0,2\pi]$ 随机相位,叠加均值为 0、方差为 1 的高斯白噪声。

2) 程序代码

```
%随机相位正弦信号与高斯白噪声信号的叠加 1
clc;clear
N=1024;                                       %点数,一个信号采样点
n=32;                                         %信号数
t=0:N-1;
m=-N:N-1;
```

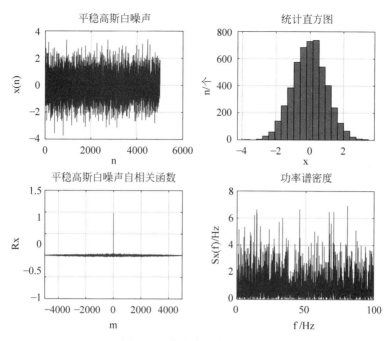

图 2.10 高斯白噪声仿真结果

```
x1n=random('norm',0,1,N,n);              %N 行,n 列的数,高斯白噪声
%x1k=fft(x1n,2*N);                        %2n 行,32 列
%R1x=ifft((abs(x1k).^2)/N);               %2n 行,32 列
A=random('unif',0,1,1,32)*2*pi;          %32 个[0,2*pi]随机相位
for k=1:n
x2n(:,k)=cos(2*pi*4*t(:)/N+A(k));        %n 个相位,随机相位正弦信号,除以 N 是为了
                                          %使周期个数变小,只有 4 个周期
xn(:,k)=x1n(:,k)+x2n(:,k);                %叠加信号
end
subplot(321)
plot(t,x1n(:,1));
xlabel('m');ylabel('Rn(m)');
axis([0 N -5 5]);
title('一个高斯白噪声')
grid on;
subplot(322)
plot(t,x1n);
xlabel('m');ylabel('Rn(m)');
axis([0 N -5 5]);
title([num2str(n),'个高斯白噪声'])
grid on;
subplot(323)
plot(t,x2n(:,1));
xlabel('m');ylabel('Rn(m)');
axis([0 N -2 2]);
```

```
title('一个随机相位正弦信号')
grid on;
subplot(324)
plot(t,x2n);
xlabel('m');ylabel('Rn(m)');
axis([0 N-2 2]);
title([num2str(n),'个随机相位正弦信号'])
grid on;
subplot(325)
plot(t,xn(:,1));
xlabel('m');ylabel('Rn(m)');
axis([0 N-5 5]);
title('一个叠加信号')
grid on;
subplot(326)
plot(t,xn);
xlabel('m');ylabel('Rn(m)');
axis([0 N-5 5]);
title([num2str(n),'个叠加信号'])
grid on;
```

3）仿真结果

随机相位余弦信号与高斯白噪声信号自相关仿真结果如图 2.11 所示。

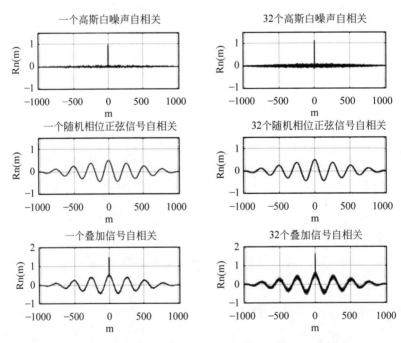

图 2.11　随机相位余弦信号与高斯白噪声自相关仿真结果

知 识 扩 展

1. 戴维·希尔伯特（David Hilbert，1862—1943）

德国数学家，19 世纪和 20 世纪初最具影响力的数学家之一，被称为"数学世界的亚历山大"。他于 1862 年 1 月 23 日出生于东普鲁士哥尼斯堡，1943 年 2 月 14 日卒于德国哥廷根。主要成就有《希尔伯特全集》（三卷），包括《数论报告》《几何基础》《线性积分方程一般理论基础》等，与他人合著的有《数学物理方法》《理论逻辑基础》《直观几何学》《数学基础》等。

2. 亚伯拉罕·棣莫弗（Abraham De Moivre，1667—1754）

法国数学家，他于 1667 年 5 月 26 日出生于法国维特里的弗朗索瓦，1754 年 11 月 27 日卒于英国伦敦。发明了棣莫弗公式，出版了《抽签的计量》（1711 年）、《机会的学说》（1718 年）、《分析杂论》（1730 年）等专著。

3. 亚历山大·李雅普诺夫（Lyapunov，Александр Михайлович Ляпунов，1857—1918）

俄国数学家，力学家。他于 1857 年 6 月 6 日出生于雅罗斯拉夫尔，1918 年 11 月 3 日卒于敖德萨。创立了运动稳定性理论、旋转液团平衡形状理论和微分方程定性理论，探索了概率论中心极限定理和一系列其他深刻数学力学问题。主要成就有《旋转流体平衡时椭球形状的稳定性》（1884 年）、《运动稳定性一般问题》（1892 年）、《概率论的一个定理》（1990 年）、《概率论极限定理的新形式》（1901 年）等。

4. 乔治·波利亚（George Pólya，1887—1985）

匈牙利数学家、教育家。他于 1887 年 12 月 13 日出生于匈牙利的布达佩斯，1940 年移居美国，1985 年 9 月 7 日卒于美国加利福尼亚州。主要著作有《数学物理中的等周不等式》（1951 年）、《分析的原理与习题》（1954 年）、《数学与猜想》（1954 年）、《怎样解题》（1957 年）、《数学的发现》（1962 年）等。

第 3 章　经典检测理论

本章提要

本章简要介绍信号检测理论的基本概念,分析在经典检测理论中常用的检测准则,例如最大后验概率准则、Bayes(贝叶斯)准则、最小错误概率准则、极大极小准则和 Neyman-Pearson(奈曼-皮尔逊)准则等。

在许多实际问题中,经常会遇到在几种可能发生的情况中做出判断的问题。如在雷达系统中要观测雷达回波,根据观测到的被各种干扰淹没了的随机信号波形,做出目标是否存在的判决。在数字通信系统中,信号在传输过程中,可能会受到工业噪声、交流噪声、随机脉冲噪声、宇宙噪声以及元器件内部热噪声的污染,同时还会受到符号间干扰、同信道干扰、邻信道干扰的影响,波形会产生畸变。因此,接收机要根据接收到的、畸变了的波形来判断发送波形是几种可能波形中的哪一种。

以上所列举的判决问题就是需要利用检测理论来解决的问题。检测理论就是在噪声和干扰环境下,根据有限的观测数据来识别信号有无或判断信号类别的理论。

在检测过程中,每次判决得到的结论并不都是正确的,而是尽可能使判决结论满足某种准则。这里的准则是指在特定条件下具有不同含义的最优准则,检测理论中常用的准则有 Bayes 准则、最大后验概率准则、最小错误概率准则、极大极小准则、Neyman-Pearson 准则等。因此,信号检测是一种基于某种最优准则,对观测数据的概率统计特性进行分析,最终做出判决的过程,它属于统计判决的范畴,其理论基础是统计判决理论和假设检验理论。

3.1　检测理论的基本概念

本节先从最简单的二元检测问题入手,讨论检测理论的基本概念。

二元检测又称为双择检测,其理论模型如图 3.1 所示。

图 3.1　二元检测模型

在二元检测模型中,第一部分是信号空间 s,即发射端发送的信号,只有 $s_0(t)$ 和 $s_1(t)$ 两种状态。如在数字通信系统中,$s_1(t)$ 可以代表 1 码的波形,$s_0(t)$ 代表 0 码的波形。在雷达中,$s_1(t)$ 代表有雷达回波信号的波形,$s_0(t)$ 代表无回波信号的波形。

第二部分是干扰空间 n,是指信号在信道上传输时所叠加的噪声。一般假设为均值为

0,方差为 σ^2 的高斯白噪声。

第三部分为接收空间,或称为输入空间 x,它既是接收端接收到的受到干扰的信号,也是需要进行判决处理的信号,即判决处理单元的输入信号。对于二元检测系统,$x(t)=s_i(t)+n(t)(i=0,1)$。

第四部分为判决规则,是对输入空间的受噪信号按照某种准则进行判决归类,判断发送端发送的是 $s_1(t)$ 还是 $s_0(t)$。

第五部分为判决空间 D,在二元检测中,D 分为 D_0 区域和 D_1 区域两部分。如果输入空间的信号落在 D_1 区域,则判决发送端发送的是 $s_1(t)$;如果落在 D_0 区域,则判决发送端发送的是 $s_0(t)$。这样,二元检测就有两种可能的判决结果,对应两种假设 H_0 和 H_1。即

$$H_0: x(t)=s_0(t)+n(t) \tag{3.1}$$
$$H_1: x(t)=s_1(t)+n(t) \tag{3.2}$$

其中,$x(t)$ 为观测到的信号,即输入空间的元素;$n(t)$ 为干扰信号,即干扰空间的元素。

因此,二元检测就是将判决空间 D 按照某种准则划分为 D_1 和 D_0 两个区域。若输入信号 $x(t)$ 落在 D_1 区域,则判定 H_1 假设为真;反之,则判定 H_0 假设为真,如图 3.2 所示。

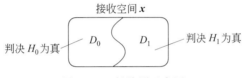

图 3.2　双择检测示意图

这样会出现 4 种可能的判决结果:

(1) 实际是 H_0 假设为真,而判决为 H_0 假设为真;

(2) 实际是 H_0 假设为真,而判决为 H_1 假设为真;

(3) 实际是 H_1 假设为真,而判决为 H_0 假设为真;

(4) 实际是 H_1 假设为真,而判决为 H_1 假设为真。

显然,(1)、(4)两种判决是正确的,(2)、(3)两种判决是错误的。

设代价函数 C_{ij} 表示实际是 H_j 假设为真,而判决为 H_i 假设为真所付出的代价,也称为风险函数。第一个下标表示选择哪一种假设为真,第二个下标表示哪一种假设实际为真。

当 H_0 假设为真,而判决为 H_1 假设为真,即本来无信号而判决为有信号,称为虚警,也称为第一类错误。虚警发生的概率表示为 $P(D_1|H_0)$,称为虚警概率。虚警引入的代价称为虚警代价,记作 C_{10}。

当 H_1 假设为真,而判决为 H_0 假设为真,即本来有信号而判决为无信号,称为漏报,也称为第二类错误。漏报发生的概率表示为 $P(D_0|H_1)$,称为漏报概率。漏报引入的代价称为漏报代价,记作 C_{01}。

正确判决应无代价,一般记作 $C_{00}=C_{11}=0$。正确判决的概率分别表示为 $P(D_1|H_1)$ 和 $P(D_0|H_0)$,称为检测概率。

双择检测的本质是如何决定判决区间的划分,使判决在某种意义上为最佳。即如何设计信号处理系统,以便能够最佳地从干扰背景中发现信号和提取信号所携带的信息,这也是设计各种条件下的最佳接收机(又称理想接收机,是指在检测时能够使错误判决为最小的接

收机,或是能够从信号加噪声的波形中提取最多有用信息的接收机),并根据其输入做出有无信号或信号参量取值的决策。

3.2 最大后验概率准则

3.2.1 接收机结构形式

在二元检测中,信源的输出有 $s_0(t)$ 和 $s_1(t)$ 两种状态,对应 H_0 和 H_1 两种假设。两个输出发生的概率 $P(H_0)$ 和 $P(H_1)$ 称为先验概率。先验概率表示实验进行之前,观察者关于源的知识。

H_0 和 H_1 两个假设总有一个要发生,因此有

$$P(H_0) + P(H_1) = 1 \tag{3.3}$$

用条件概率 $P(H_0|x)$ 表示在得到样本 x 的条件下,H_0 假设为真的概率。用 $P(H_1|x)$ 表示在得到样本 x 的条件下,H_1 假设为真的概率。这两种条件概率都称为后验概率。

二元检测就是根据观测到的样本值 x,选择或判决 H_0 假设为真还是 H_1 假设为真。

判决必须遵循一定的原则或准则。一种直观上合理的准则就是最大后验概率准则,按照这个准则就是要选择最可能出现的信号为最终的判决结果。也就是,若 $P(H_0|x) > P(H_1|x)$,则判决 H_0 假设为真;反之,判决 H_1 假设为真。记作

$$\frac{P(H_1 \mid x)}{P(H_0 \mid x)} \underset{H_0}{\overset{H_1}{\gtrless}} 1 \tag{3.4}$$

即选择与最大后验概率相对应的那个假设作为判决结果,这个准则称为最大后验概率准则(maximum a posterior probability criterion,简称 MAP 准则),或记作

$$P(H_1 \mid x) \underset{H_0}{\overset{H_1}{\gtrless}} P(H_0 \mid x) \tag{3.5}$$

也可表示为 $P(H_0|x)/P(H_1|x) > 1$,判为 H_0 假设为真;反之,判为 H_1 假设为真。

根据贝叶斯(Bayes)公式,后验概率可以表示为

$$P(H_i \mid x) = \frac{P(H_i)P(x \mid H_i)}{P(x)} \tag{3.6}$$

其中,$P(H_i)$ 为 H_i 假设发生的先验概率。

若随机变量 X 的概率密度函数为 $f(x)$,则

$$P(x) = P(x \leqslant X \leqslant x + \mathrm{d}x) \approx f(x)\mathrm{d}x \tag{3.7}$$

同理

$$P(x \mid H_i) = P(x \leqslant X \leqslant x + \mathrm{d}x \mid H_i) \approx f(x \mid H_i)\mathrm{d}x \tag{3.8}$$

式中,$f(x|H_i)$ 称为条件概率密度函数,在概率论中又称为似然函数。

将式(3.7)和式(3.8)代入式(3.6),得

$$P(H_i \mid x) = \frac{P(H_i)f(x \mid H_i)}{f(x)} \tag{3.9}$$

将上式代入最大后验概率准则公式(3.4),得

$$\frac{P(H_1 \mid x)}{P(H_0 \mid x)} = \frac{\dfrac{P(H_1)f(x \mid H_1)}{f(x)}}{\dfrac{P(H_0)f(x \mid H_0)}{f(x)}} = \frac{f(x \mid H_1)P(H_1)}{f(x \mid H_0)P(H_0)} \underset{H_0}{\overset{H_1}{\gtrless}} 1 \tag{3.10}$$

上式也可以等效为

$$l(x) = \frac{f(x \mid H_1)}{f(x \mid H_0)} \underset{H_0}{\overset{H_1}{\gtrless}} l_0 = \frac{P(H_0)}{P(H_1)} = \frac{P(H_0)}{1 - P(H_0)} \tag{3.11}$$

式中,$l(x)$ 称为似然比,$l_0 = P(H_0)/P(H_1)$ 称为门限值。

由上式可见,判决过程变为求出在不同假设条件下似然函数的似然比,然后与门限值相比,如果大于门限值,则判决 H_1 假设为真;否则,判决 H_0 假设为真。其接收机结构形式如图 3.3 所示。

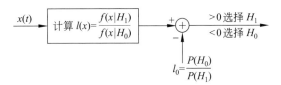

图 3.3 最大后验概率准则下的接收机形式

【例 3.1】 设在某二元通信系统中,有通信信号和无通信信号的先验概率分别为 $P(H_1) = 0.9$、$P(H_0) = 0.1$。若对某观测值 x 有条件概率分布 $f(x \mid H_1) = 0.25$ 和 $f(x \mid H_0) = 0.45$,试用最大后验概率准则对该观测样本 x 进行分类。

解法 1:利用 Bayes 公式,分别计算 H_1 和 H_0 的后验概率为

$$P(H_1 \mid x) = \frac{f(x \mid H_1)P(H_1)}{\sum\limits_{i=0}^{1} f(x \mid H_i)P(H_i)} = \frac{0.25 \times 0.9}{0.25 \times 0.9 + 0.45 \times 0.1} \approx 0.833$$

$$P(H_0 \mid x) = \frac{f(x \mid H_0)P(H_0)}{\sum\limits_{i=0}^{1} f(x \mid H_i)P(H_i)} = \frac{0.45 \times 0.1}{0.25 \times 0.9 + 0.45 \times 0.1} \approx 0.167$$

根据最大后验概率准则可知

$$P(H_1 \mid x) > P(H_0 \mid x)$$

故合理的判决是把 x 归类于有信号状态,即判决 H_1 假设为真。

解法 2:

由于 $l(x) = \dfrac{f(x \mid H_1)}{f(x \mid H_0)} = \dfrac{0.25}{0.45} \approx 0.56$

$$l_0 = \frac{P(H_0)}{P(H_1)} = \frac{0.1}{0.9} \approx 0.11$$

$$l(x) > l_0$$

所以判决 H_1 假设为真。

3.2.2 接收机性能评价

最大后验概率准则可以使平均错误概率为最小。下面予以证明。

虚警概率为

$$P(D_1 \mid H_0) = \int_{D_1} f(x \mid H_0) \mathrm{d}x \tag{3.12}$$

漏报概率为

$$P(D_0 \mid H_1) = \int_{D_0} f(x \mid H_1) \mathrm{d}x \tag{3.13}$$

总错误率(即平均错误概率)为

$$P_e = P(H_1)P(D_0 \mid H_1) + P(H_0)P(D_1 \mid H_0)$$

$$= P(H_1)\int_{D_0} f(x \mid H_1) \mathrm{d}x + P(H_0)\int_{D_1} f(x \mid H_0) \mathrm{d}x \tag{3.14}$$

因为 D_0、D_1 覆盖了 x 的全部空间,故

$$\int_{D_0 + D_1} f(x \mid H_1) \mathrm{d}x = 1 \tag{3.15}$$

即

$$\int_{D_0} f(x \mid H_1) \mathrm{d}x + \int_{D_1} f(x \mid H_1) \mathrm{d}x = 1 \tag{3.16}$$

$$P(D_0 \mid H_1) = \int_{D_0} f(x \mid H_1) \mathrm{d}x = 1 - \int_{D_1} f(x \mid H_1) \mathrm{d}x$$

$$= 1 - P(D_1 \mid H_1) \tag{3.17}$$

同理

$$P(D_1 \mid H_0) = 1 - P(D_0 \mid H_0) \tag{3.18}$$

利用式(3.17)消去式(3.14)中的 D_0,则有

$$P_e = P(H_1)\left[1 - \int_{D_1} f(x \mid H_1) \mathrm{d}x\right] + P(H_0)\int_{D_1} f(x \mid H_0) \mathrm{d}x$$

$$= P(H_1) + \int_{D_1}[P(H_0)f(x \mid H_0) - P(H_1)f(x \mid H_1)]\mathrm{d}x \tag{3.19}$$

为使总错误率最小,显然应该选择使第二项的被积函数在 D_1 区域不为正,即

$$P(H_1)f(x \mid H_1) > P(H_0)f(x \mid H_0) \tag{3.20}$$

$$\frac{f(x \mid H_1)}{f(x \mid H_0)} > \frac{P(H_0)}{P(H_1)} = l_0 \tag{3.21}$$

这恰好是最大后验概率准则,故最大后验概率准则又称为最小错误概率准则。

【例 3.2】 在存在加性噪声的情况下,测量只能为 1V 或 0V 的直流电压,设噪声服从均值为 0、方差为 σ^2 的正态分布,试对一次测量结果进行分类。

解:根据正态分布的概率密度函数形式

$$f(x \mid H_0) = \frac{1}{\sqrt{2\pi}\sigma} \mathrm{e}^{-\frac{x^2}{2\sigma^2}}$$

$$f(x \mid H_1) = \frac{1}{\sqrt{2\pi}\sigma} \mathrm{e}^{-\frac{(x-1)^2}{2\sigma^2}}$$

似然比为

$$l(x) = \frac{f(x \mid H_1)}{f(x \mid H_0)} = \mathrm{e}^{-\frac{(x-1)^2}{2\sigma^2} + \frac{x^2}{2\sigma^2}} = \mathrm{e}^{\frac{2x-1}{2\sigma^2}}$$

根据最大后验概率准则,判决规则为

$$l(x) = \mathrm{e}^{\frac{2x-1}{2\sigma^2}} \underset{H_0}{\overset{H_1}{\gtrless}} l_0$$

由于 $\ln(x)$ 是 x 的单调函数,故对上式两边取对数不等式依然成立。

$$\frac{2x-1}{2\sigma^2} \underset{H_0}{\overset{H_1}{\gtrless}} \ln l_0$$

即

$$x \underset{H_0}{\overset{H_1}{\gtrless}} \frac{1}{2} + \sigma^2 \ln l_0 = \beta$$

可见,当观测值 x 大于 $\frac{1}{2} + \sigma^2 \ln l_0$ 时,判为被测直流电压为 1V;当观测值小于 $\frac{1}{2} + \sigma^2 \ln l_0$ 时,判为被测直流电压为 0V。

上述判决过程可以认为是以 β 为分界点,将 x 的样本空间 $(-\infty,\infty)$ 划分为 D_0(区间范围为 $(-\infty,\beta)$)和 D_1(区间范围为 (β,∞))两部分,如图 3.4 所示。若 x 落入 D_0 区域,判为 H_0 假设(0V)为真;若落入 D_1 区域,则判为 H_1 假设(1V)为真。

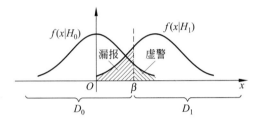

图 3.4 例 3.2 中似然函数及虚警和漏报概率图示

二元数字通信系统中,经常设定等概发送二元信号,即 $P(H_0)=P(H_1)=0.5$。此时,$l_0=1,\beta=0.5$,漏报概率和虚警概率相等。

3.3 最小风险 Bayes 准则

3.3.1 接收机结构形式

最大后验概率准则只能使平均错误概率最小,并未考虑两类错误判决所造成的损失大小。Bayes 准则是使平均风险(也称为平均代价或平均损失)最小的准则。

风险函数 C_{ij} 表示实际是 H_j 假设为真,而判决为 H_i 假设为真所引起的风险。

从理论上讲,正确判决的风险小于错误判决的风险,因此

$$\begin{cases} C_{01} - C_{11} > 0 \\ C_{10} - C_{00} > 0 \end{cases} \tag{3.22}$$

在已知 H_1 假设为真的条件下,做出判决的平均代价称为 H_1 假设下的条件风险,记作 γ_1,即

$$\gamma_1 = P(D_0 \mid H_1)C_{01} + P(D_1 \mid H_1)C_{11} \tag{3.23}$$

在已知 H_0 假设为真的条件下,做出判决的平均代价称为 H_0 假设下的条件风险,记作 γ_0,即

$$\gamma_0 = P(D_0 \mid H_0)C_{00} + P(D_1 \mid H_0)C_{10} \tag{3.24}$$

由于事先并不知道是 H_1 假设还是 H_0 假设为真,因而总的平均代价,即平均风险应为各条件风险按其先验概率进行平均。

$$R = P(H_0)\gamma_0 + P(H_1)\gamma_1$$
$$= P(H_0)[P(D_0 \mid H_0)C_{00} + P(D_1 \mid H_0)C_{10}] +$$
$$P(H_1)[P(D_0 \mid H_1)C_{01} + P(D_1 \mid H_1)C_{11}] \qquad (3.25)$$

Bayes 准则就是按照使 R 为最小的原则来划分 D_0 和 D_1 区域。

将 $P(D_0 \mid H_1) = 1 - P(D_1 \mid H_1)$，$P(D_0 \mid H_0) = 1 - P(D_1 \mid H_0)$ 代入上式，得

$$R = P(H_0)\{[1 - P(D_1 \mid H_0)]C_{00} + P(D_1 \mid H_0)C_{10}\} +$$
$$P(H_1)\{[1 - P(D_1 \mid H_1)]C_{01} + P(D_1 \mid H_1)C_{11}\}$$
$$= P(H_0)C_{00} + P(H_1)C_{01} + P(H_0)(C_{10} - C_{00})P(D_1 \mid H_0) -$$
$$P(H_1)(C_{01} - C_{11})P(D_1 \mid H_1) \qquad (3.26)$$

将虚警概率及检测概率的计算公式代入上式，得

$$R = P(H_0)C_{00} + P(H_1)C_{01} + \int_{D_1} [P(H_0)(C_{10} - C_{00})f(x \mid H_0) -$$
$$P(H_1)(C_{01} - C_{11})f(x \mid H_1)]\mathrm{d}x \qquad (3.27)$$

上式中，由于第一项、第二项为常数项，$P(H_0)(C_{10} - C_{00})f(x \mid H_0)$ 和 $P(H_1)(C_{01} - C_{11})f(x \mid H_1)$ 均为正，故欲使 R 为最小，必须把第三项的被积函数不为正的点分配到 D_1 域，即

$$P(H_0)(C_{10} - C_{00})f(x \mid H_0) < P(H_1)(C_{01} - C_{11})f(x \mid H_1) \qquad (3.28)$$
$$\frac{f(x \mid H_1)}{f(x \mid H_0)} > \frac{C_{10} - C_{00}}{C_{01} - C_{11}} \cdot \frac{P(H_0)}{P(H_1)} \qquad (3.29)$$

因此，最小风险 Bayes 准则叙述为，若

$$l(x) = \frac{f(x \mid H_1)}{f(x \mid H_0)} > \frac{(C_{10} - C_{00})P(H_0)}{(C_{01} - C_{11})P(H_1)} \qquad (3.30)$$

则判决 $x \in H_1$，反之 $x \in H_0$。也可以等效为 $l(x) = \dfrac{f(x \mid H_1)}{f(x \mid H_0)} \mathop{\gtrless}\limits_{H_0}^{H_1} l_0 = \dfrac{(C_{10} - C_{00})P(H_0)}{(C_{01} - C_{11})P(H_1)}$。

若将 $l_0 = (C_{10} - C_{00})P(H_0)/(C_{01} - C_{11})P(H_1)$ 也视为一个门限值，则 Bayes 准则也是一种似然比检验，即将似然函数 $l(x)$ 与门限值 l_0 比较。若 $l(x) > l_0$，判决 H_1 假设为真；反之，则判决 H_0 假设为真，其接收机结构形式如图 3.5 所示。

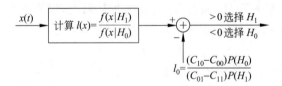

图 3.5　Bayes 准则下的接收机形式

下面是 Bayes 准则的另一种推导方法。

设判决区间 D_0、D_1 的分界点为 β，则区域 D_0 和 D_1 的区间范围分别为 $(-\infty, \beta)$ 和 (β, ∞)。

平均风险为

$$R = P(H_0)[C_{00}P(D_0 \mid H_0) + C_{10}P(D_1 \mid H_0)] +$$
$$P(H_1)[C_{01}P(D_0 \mid H_1) + C_{11}P(D_1 \mid H_1)]$$

$$= P(H_0) \left[C_{00} \int_{-\infty}^{\beta} f(x \mid H_0) dx + C_{10} \int_{\beta}^{\infty} f(x \mid H_0) dx \right] +$$
$$P(H_1) \left[C_{01} \int_{-\infty}^{\beta} f(x \mid H_1) dx + C_{11} \int_{\beta}^{\infty} f(x \mid H_1) dx \right] \tag{3.31}$$

要使平均风险 R 为最小,可令 $\dfrac{dR}{d\beta} = 0$,得

$$\frac{dR}{d\beta} = P(H_0) [C_{00} f(\beta \mid H_0) - C_{10} f(\beta \mid H_0)] +$$
$$P(H_1) [C_{01} f(\beta \mid H_1) - C_{11} f(\beta \mid H_1)] = 0 \tag{3.32}$$

得

$$l_0 = \frac{f(\beta \mid H_1)}{f(\beta \mid H_0)} = \frac{P(H_0)(C_{10} - C_{00})}{P(H_1)(C_{01} - C_{11})}$$

因此,Bayes 准则可表示为

$$l(x) = \frac{f(x \mid H_1)}{f(x \mid H_0)} \underset{H_0}{\overset{H_1}{\gtrless}} l_0 = \frac{(C_{10} - C_{00})P(H_0)}{(C_{01} - C_{11})P(H_1)} \tag{3.33}$$

3.3.2 Bayes 准则与最大后验概率准则的关系

(1) Bayes 准则与最大后验概率准则均属于似然比检验,只是门限值不同而已。

(2) 最小风险 Bayes 准则的门限值不仅与先验概率 $P(H_0)$ 和 $P(H_1)$ 有关,而且还与代价函数 C_{10}、C_{00}、C_{01}、C_{11} 有关。最大后验概率准则的门限值仅与先验概率有关。

(3) 最大后验概率准则是最小风险 Bayes 准则中取 $C_{10} - C_{00} = C_{01} - C_{11}$ 时的一种特例。一般地,$C_{00} = C_{11} = 0$,$C_{10} = C_{01}$,即最大后验概率准则中两类错误判决的代价是相同的,故又将最大后验概率准则称为理想观测者准则,理想指最少主观偏见。

3.4 最小错误概率准则

在二元假设检验的情况下,判决的平均错误概率为
$$P_e = P(H_1) P(D_0 \mid H_1) + P(H_0) P(D_1 \mid H_0) \tag{3.34}$$
最小错误概率准则就是使上述平均错误概率为最小的准则。

比较上式与 Bayes 准则中的平均风险表达式(3.25),可以看到,当 $C_{00} = C_{11} = 0$、$C_{10} = C_{01} = 1$ 时,平均风险等于平均错误概率,平均风险最小等价于平均错误概率最小,即
$$R = P(H_0) [P(D_0 \mid H_0) C_{00} + P(D_1 \mid H_0) C_{10}] +$$
$$P(H_1) [P(D_1 \mid H_1) C_{11} + P(D_0 \mid H_1) C_{01}]$$
$$= P(H_0) P(D_1 \mid H_0) + P(H_1) P(D_0 \mid H_1) = P_e \tag{3.35}$$

事实上,风险函数的确定是非常困难的。在雷达系统中漏报的风险就很难确定;二元数字通信系统中,"0""1"码误判的风险也很难确定。因此,在许多应用场合,常常假定正确判决的风险为零,错误判决的风险为 1。在此条件下,Bayes 准则就转化为最小错误概率准则。

将 $C_{00} = C_{11} = 0$、$C_{10} = C_{01} = 1$ 代入 Bayes 准则的判决公式(3.33)中,得到最小错误概率准则的判决公式,为

$$l(x) = \frac{f(x \mid H_1)}{f(x \mid H_0)} \underset{H_0}{\overset{H_1}{\gtrless}} \frac{P(H_0)}{P(H_1)} \tag{3.36}$$

最小错误概率准则下的接收机结构形式如图 3.6 所示。

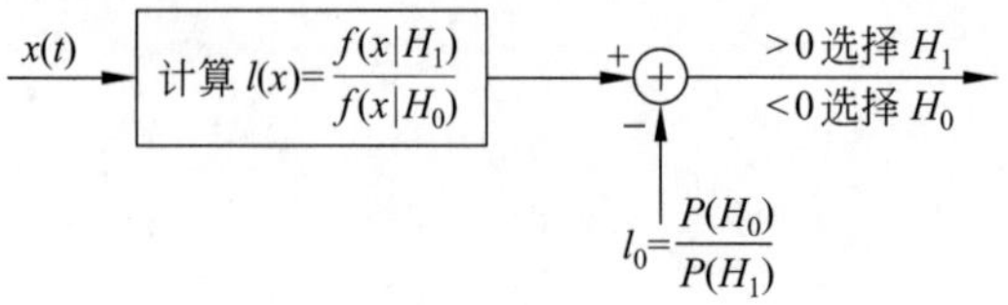

图 3.6　最小错误概率准则下的接收机结构形式

由此可见,最小错误概率准则与最大后验概率准则的判决公式相同,均称为理想观测者准则。

【例 3.3】　设 $x_1,x_2,\cdots,x_n$ 是统计独立的方差为 σ^2 的高斯随机变量,在 H_1 假设下均值为 a_1,H_0 假设下均值为 $a_0(a_1 > a_0)$,试对其进行判决,并证明随着观测次数 n 的增加,判决的错误概率减小。

解:在 H_1 假设下,$x_1,x_2,\cdots,x_n$ 的联合概率密度函数为

$$f(\boldsymbol{x} \mid H_1) = f(x_1,x_2,\cdots,x_n \mid H_1)$$

$$= f(x_1 \mid H_1)f(x_2 \mid H_1)\cdots f(x_n \mid H_1) = \left(\frac{1}{\sqrt{2\pi}\sigma}\right)^n \mathrm{e}^{-\frac{\sum\limits_{i=1}^{n}(x_i - a_1)^2}{2\sigma^2}}$$

在 H_0 假设下,$x_1,x_2,\cdots,x_n$ 的联合概率密度函数为

$$f(\boldsymbol{x} \mid H_0) = \left(\frac{1}{\sqrt{2\pi}\sigma}\right)^n \mathrm{e}^{-\frac{\sum\limits_{i=1}^{n}(x_i - a_0)^2}{2\sigma^2}}$$

似然比为

$$l(\boldsymbol{x}) = \frac{f(\boldsymbol{x} \mid H_1)}{f(\boldsymbol{x} \mid H_0)} = \mathrm{e}^{-\frac{\sum\limits_{i=1}^{n}(x_i - a_1)^2}{2\sigma^2} + \frac{\sum\limits_{i=1}^{n}(x_i - a_0)^2}{2\sigma^2}}$$

指数部分可以进行如下简化:

$$-\frac{\sum\limits_{i=1}^{n}(x_i - a_1)^2}{2\sigma^2} + \frac{\sum\limits_{i=1}^{n}(x_i - a_0)^2}{2\sigma^2}$$

$$= \frac{1}{2\sigma^2}\left(\sum_{i=1}^{n}x_i^2 - \sum_{i=1}^{n}2a_0 x_i + na_0^2 - \sum_{i=1}^{n}x_i^2 + \sum_{i=1}^{n}2a_1 x_i - na_1^2\right)$$

$$= \frac{a_1 - a_0}{\sigma^2}\sum_{i=1}^{n}x_i - \frac{n(a_1^2 - a_0^2)}{2\sigma^2} = \frac{n(a_1 - a_0)}{\sigma^2}\bar{x} - \frac{n(a_1^2 - a_0^2)}{2\sigma^2}$$

根据判决公式得

$$l(\boldsymbol{x}) = \mathrm{e}^{\frac{n(a_1 - a_0)}{\sigma^2}\bar{x} - \frac{n(a_1^2 - a_0^2)}{2\sigma^2}} \underset{H_0}{\overset{H_1}{\gtrless}} l_0$$

即

$$\bar{x} \underset{H_0}{\overset{H_1}{\gtrless}} \frac{a_1 + a_0}{2} + \frac{\sigma^2}{n(a_1 - a_0)}\ln l_0 = \beta$$

根据算术平均值的分布,写出其概率密度函数

$$f(\overline{x} \mid H_1) = \frac{\sqrt{n}}{\sqrt{2\pi}\,\sigma} \mathrm{e}^{-\frac{n(\overline{x}-a_1)^2}{2\sigma^2}}$$

$$f(\overline{x} \mid H_0) = \frac{\sqrt{n}}{\sqrt{2\pi}\,\sigma} \mathrm{e}^{-\frac{n(\overline{x}-a_0)^2}{2\sigma^2}}$$

两种错误概率分别为

$$P(D_1 \mid H_0) = \int_{\beta}^{\infty} f(\overline{x} \mid H_0)\mathrm{d}\overline{x} = \int_{\beta}^{\infty} \frac{\sqrt{n}}{\sqrt{2\pi}\,\sigma} \mathrm{e}^{-\frac{n(\overline{x}-a_0)^2}{2\sigma^2}}\mathrm{d}\overline{x}$$

$$P(D_0 \mid H_1) = \int_{-\infty}^{\beta} f(\overline{x} \mid H_1)\mathrm{d}\overline{x} = 1 - \int_{\beta}^{\infty} \frac{\sqrt{n}}{\sqrt{2\pi}\,\sigma} \mathrm{e}^{-\frac{n(\overline{x}-a_1)^2}{2\sigma^2}}\mathrm{d}\overline{x}$$

根据误差函数的计算公式

$$\mathrm{erf}(x) = \frac{2}{\sqrt{\pi}}\int_0^x \mathrm{e}^{-t^2}\mathrm{d}t$$

令 $t = \frac{\sqrt{n}(\overline{x}-a_0)}{\sqrt{2}\sigma}$,得 $\mathrm{d}t = \frac{\sqrt{n}}{\sqrt{2}\sigma}\mathrm{d}\overline{x}$,$\mathrm{d}\overline{x} = \frac{\sqrt{2}\sigma}{\sqrt{n}}\mathrm{d}t$,代入上式得

$$P(D_1 \mid H_0) = \frac{1}{\sqrt{\pi}}\int_{\frac{\sqrt{n}(\beta-a_0)}{\sqrt{2}\sigma}}^{\infty} \mathrm{e}^{-t^2}\mathrm{d}t = \frac{1}{2}\left[\frac{2}{\sqrt{\pi}}\int_0^{\infty}\mathrm{e}^{-t^2}\mathrm{d}t - \frac{2}{\sqrt{\pi}}\int_0^{\frac{\sqrt{n}(\beta-a_0)}{\sqrt{2}\sigma}}\mathrm{e}^{-t^2}\mathrm{d}t\right]$$

$$= \frac{1}{2}\left[1 - \mathrm{erf}\left(\frac{\sqrt{n}(\beta-a_0)}{\sqrt{2}\sigma}\right)\right]$$

同理

$$P(D_0 \mid H_1) = 1 - \frac{1}{\sqrt{\pi}}\int_{\frac{\sqrt{n}(\beta-a_1)}{\sqrt{2}\sigma}}^{\infty}\mathrm{e}^{-t^2}\mathrm{d}t = 1 - \frac{1}{2}\left[\frac{2}{\sqrt{\pi}}\int_0^{\infty}\mathrm{e}^{-t^2}\mathrm{d}t - \frac{2}{\sqrt{\pi}}\int_0^{\frac{\sqrt{n}(\beta-a_1)}{\sqrt{2}\sigma}}\mathrm{e}^{-t^2}\mathrm{d}t\right]$$

$$= 1 - \frac{1}{2}\left[1 - \mathrm{erf}\left(\frac{\sqrt{n}(\beta-a_1)}{\sqrt{2}\sigma}\right)\right] = \frac{1}{2} - \frac{1}{2}\mathrm{erf}\left(\frac{\sqrt{n}(a_1-\beta)}{\sqrt{2}\sigma}\right)$$

当观测次数 $n\rightarrow\infty$ 时,$\mathrm{erf}\left(\frac{\sqrt{n}(\beta-a_0)}{\sqrt{2}\sigma}\right)\rightarrow 1$,$\mathrm{erf}\left(\frac{\sqrt{n}(a_1-\beta)}{\sqrt{2}\sigma}\right)\rightarrow 1$,故 $P(D_1 \mid H_0)\rightarrow 0$,$P(D_0 \mid H_1)\rightarrow 0$。

可见,随着观测次数的增加,判决的错误概率降低。

3.5 极大极小准则

在使用 Bayes 准则时,必须事先知道各个代价因子 C_{ij}(i,j 为 0 或 1)和先验概率 $P(H_0)$ 及 $P(H_1)$。在有些情况下,这些参数难以确定。如在雷达观测中,敌机出现与不出现的先验概率很难确定,虚警与漏报的代价也无法估计。在博弈时,对手出某牌的先验概率也很难知道。

在先验概率未知的情况下,要想使用 Bayes 准则就必须首先推测一个先验概率 $P(H_0)=q$(如在一些二元数字通信系统中,都假定先验概率相等,即 $q=0.5$)。但采用推测的先验概率进行判决可能会产生很大的风险。

极大极小准则是在先验概率未知的情况下,使可能出现的最大风险达到极小的一种判决准则,也称为极小化极大准则。其关键是确定一个能使最大风险达到极小的先验概率。再将此先验概率应用到 Bayes 准则的判决公式中,就得到了极大极小准则的判决公式。

3.5.1 不同 $P(H_0)$ 下的 Bayes 风险

假定 $P(H_0)=q$,则 $P(H_1)=1-q$。

显然判决区间 D_0、D_1 的划分与先验概率 q 有关,使得第一、第二类错误概率也与 q 有关。

令

$$P(D_1 \mid H_0) = \int_{D_1} f(x \mid H_0)\mathrm{d}x = \alpha(q) \tag{3.37}$$

$$P(D_0 \mid H_1) = \int_{D_0} f(x \mid H_1)\mathrm{d}x = \beta(q) \tag{3.38}$$

则 $P(D_0 \mid H_0)=1-\alpha(q)$,$P(D_1 \mid H_1)=1-\beta(q)$。当 $P(H_1)\to 0$,$\alpha(1)\to 0$;$P(H_0)\to 0$,$\beta(0)\to 0$。

对于未知的 q 值,Bayes 风险为

$$\begin{aligned}
R(q) =& P(H_0)[P(D_0 \mid H_0)C_{00} + P(D_1 \mid H_0)C_{10}] + \\
& P(H_1)[P(D_0 \mid H_1)C_{01} + P(D_1 \mid H_1)C_{11}] \\
=& q[(1-\alpha(q))C_{00} + \alpha(q)C_{10}] + (1-q)[\beta(q)C_{01} + (1-\beta(q))C_{11}] \\
=& C_{00}q + C_{11}(1-q) + (C_{10}-C_{00})\alpha(q)q + (C_{01}-C_{11})\beta(q)(1-q)
\end{aligned} \tag{3.39}$$

由于

$$R(0) = C_{11} + (C_{01}-C_{11})\beta(0) \to C_{11} \qquad (3.40)$$

$$R(1) = C_{00} + (C_{10}-C_{00})\alpha(1) \to C_{00} \qquad (3.41)$$

因此,$R(q)$ 与 q 之间的关系如图 3.7 中的曲线 A 所示。

3.5.2 假定 $P(H_0)=q_1$,实际 $P(H_0)$ 不一定是 q_1 时的平均风险

当先验概率未知时,只能按照推测的先验概率如 q_1 来设计 Bayes 检测,相对应于 q_1,把观测区间划分成 D_0' 和 D_1' 区间,于是虚警和漏报概率都是 q_1 的函数,分别为

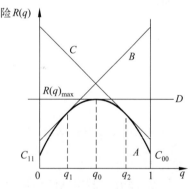

图 3.7 Bayes 风险与极大极小风险

$$P(D_1 \mid H_0) = \int_{D_1'} f(x \mid H_0)\mathrm{d}x = \alpha(q_1) \tag{3.42}$$

$$P(D_0 \mid H_1) = \int_{D_0'} f(x \mid H_1)\mathrm{d}x = \beta(q_1) \tag{3.43}$$

如果真实的先验概率为 $P(H_0)=q$(其中 $0 \leqslant q \leqslant 1$),则 Bayes 风险为

$$\begin{aligned}
R(q,q_1) =& P(H_0)[P(D_0 \mid H_0)C_{00} + P(D_1 \mid H_0)C_{10}] + \\
& P(H_1)[P(D_0 \mid H_1)C_{01} + P(D_1 \mid H_1)C_{11}] \\
=& q\{[1-\alpha(q_1)]C_{00} + \alpha(q_1)C_{10}\} + (1-q)\{\beta(q_1)C_{01} + [1-\beta(q_1)]C_{11}\} \\
=& \{C_{00} + (C_{10}-C_{00})\alpha(q_1) - C_{11} - (C_{01}-C_{11})\beta(q_1)\}q +
\end{aligned}$$

$$C_{11} + (C_{01} - C_{11})\beta(q_1) \tag{3.44}$$

若令 $G(q_1) = (C_{10} - C_{00})\alpha(q_1)$，$Q(q_1) = (C_{01} - C_{11})\beta(q_1)$，则上式变为

$$R(q, q_1) = [C_{00} - C_{11} + G(q_1) - Q(q_1)]q + Q(q_1) + C_{11} \tag{3.45}$$

可见，$R(q, q_1)$ 与 q 构成线性关系，其关系曲线如图 3.7 中的直线 B 所示。当真实的先验概率 q 等于推测的先验概率 q_1 时，$R(q, q_1) = R(q_1)$；当 q 不等于 q_1 时，$R(q, q_1) > R(q)$。因此，直线 B 在点 $[q_1, R(q_1)]$ 与曲线 A 相切，且达到最小值。

由图可知，当真实的 $q \in [q_0, 1]$ 时，使用 $R(q, q_1)$ 进行 Bayes 检验，其风险不仅大于 $R(q_1)$，而且总大于曲线 $R(q)$ 的极大值 $R(q)_{max}$，q 越接近 1，其风险越大。

同理，直线 C 为用 $R(q, q_2)$ 设计的 Bayes 检验。由图可见，对于 $q \in [0, q_0]$ 所冒风险均比 $R(q)_{max}$ 大。

若选择使 Bayes 风险为最大的先验概率 q_0 来设计 Bayes 检验，这时 $R(q, q_0)$ 是一条在点 $[q_0, R(q_0)]$ 与曲线 A 相切的直线 D，且该直线平行于横坐标轴。此时，无论实际的 q 为多大，其风险均等于最大 Bayes 风险，这样就可以避免引起太大的风险，即使最大可能的风险极小化，这就满足了极大极小准则。极大极小准则等效于选择最不利的先验概率 q_0，使 Bayes 风险极大化。虽然这种做法是保守的，但它避免了错误估计 q 而带来的更大风险。

当用 q_0 来设计 Bayes 检验时，$R(q, q_0)$ 与曲线 A 相切，$R(q, q_0)$ 的斜率为 0，即

$$\frac{\mathrm{d}R(q, q_0)}{\mathrm{d}q} = C_{00} - C_{11} + (C_{10} - C_{00})\alpha(q_0) - (C_{01} - C_{11})\beta(q_0) = 0 \tag{3.46}$$

将上式变形，可以得到

$$C_{00} + (C_{10} - C_{00})\alpha(q_0) = C_{11} + (C_{01} - C_{11})\beta(q_0) \tag{3.47}$$

将上式代入式(3.39)，得到极大极小风险，为

$$
\begin{aligned}
R(q_0) &= C_{00}q_0 + C_{11}(1 - q_0) + (C_{10} - C_{00})\alpha(q_0)q_0 + (C_{01} - C_{11})\beta(q_0)(1 - q_0) \\
&= [C_{00} + (C_{10} - C_{00})\alpha(q_0)]q_0 - [C_{11} + (C_{01} - C_{11})\beta(q_0)]q_0 + \\
&\quad C_{11} + (C_{01} - C_{11})\beta(q_0) \\
&= C_{11} + (C_{01} - C_{11})\beta(q_0) \\
&= C_{00} + (C_{10} - C_{00})\alpha(q_0)
\end{aligned} \tag{3.48}
$$

根据上式可求得的 q_0，将 q_0 代入 Bayes 准则的判决公式即可得到极大极小准则的判决公式，为

$$l(x) = \frac{f(x \mid H_1)}{f(x \mid H_0)} \mathop{\gtrless}\limits_{H_0}^{H_1} l_0 = \frac{(C_{10} - C_{00})q_0}{(C_{01} - C_{11})(1 - q_0)} \tag{3.49}$$

极大极小准则下的接收机结构形式如图 3.8 所示。

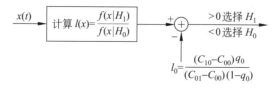

图 3.8　极大极小准则下的接收机结构形式

【例 3.4】　在二元数字通信系统中，时间间隔 T 秒内，发送一个幅度为 d 的脉冲信号，即 $s_1 = d$，代表 1；或者不发送信号，即 $s_0 = 0$，代表 0。加性噪声服从零均值和单位方差的高

斯分布,当先验概率未知,正确判决不花代价,错误判决代价相等且等于 1 时,采用极大极小准则计算一次测量结果的极大极小风险为多大？相应的 q_0 为多少？

解：由题意可知,在两种假设情况下,其似然函数分别为

$$f(x \mid H_0) = \frac{1}{\sqrt{2\pi}} e^{-\frac{x^2}{2}}$$

$$f(x \mid H_1) = \frac{1}{\sqrt{2\pi}} e^{-\frac{(x-d)^2}{2}}$$

根据式(3.48)得,极大极小风险为

$$R(q_0) = C_{00} + (C_{10} - C_{00})\alpha(q_0) = C_{11} + (C_{01} - C_{11})\beta(q_0)$$

代入 $C_{00} = C_{11} = 0$, $C_{01} = C_{10} = 1$,得

$$R(q_0) = \alpha(q_0) = \beta(q_0)$$

由于

$$\alpha(q_0) = \int_{\beta}^{\infty} \frac{1}{\sqrt{2\pi}} e^{-\frac{x^2}{2}} dx = \int_{\frac{\beta}{\sqrt{2}}}^{\infty} \frac{1}{\sqrt{\pi}} e^{-t^2} dt = \frac{1}{2} \frac{2}{\sqrt{\pi}} \int_{\frac{\beta}{\sqrt{2}}}^{\infty} e^{-t^2} dt = \frac{1}{2} \left[1 - \text{erf}\left(\frac{\beta}{\sqrt{2}}\right) \right]$$

$$\beta(q_0) = \int_{-\infty}^{\beta} \frac{1}{\sqrt{2\pi}} e^{-\frac{(x-d)^2}{2}} dx = 1 - \int_{\beta}^{\infty} \frac{1}{\sqrt{2\pi}} e^{-\frac{(x-d)^2}{2}} dx = 1 - \frac{1}{2} \left(\frac{2}{\sqrt{\pi}} \int_{\frac{\beta-d}{\sqrt{2}}}^{\infty} e^{-t^2} dt \right)$$

$$= 1 - \frac{1}{2} \left[1 - \text{erf}\left(\frac{\beta-d}{\sqrt{2}}\right) \right] = \frac{1}{2} \left[1 + \text{erf}\left(\frac{\beta-d}{\sqrt{2}}\right) \right] = \frac{1}{2} \left[1 - \text{erf}\left(\frac{d-\beta}{\sqrt{2}}\right) \right]$$

可以得到

$$\beta = d - \beta, \quad \beta = \frac{d}{2}$$

得到极大极小风险为

$$R(q_0) = \frac{1}{2} \left[1 - \text{erf}\left(\frac{d}{2\sqrt{2}}\right) \right]$$

根据极大极小准则,得

$$l(x) = \frac{f(x \mid H_1)}{f(x \mid H_0)} = e^{\frac{2dx-d^2}{2}} \underset{H_0}{\overset{H_1}{\gtrless}} \frac{q_0}{1-q_0}$$

即

$$2dx - d^2 \underset{H_0}{\overset{H_1}{\gtrless}} 2\ln \frac{q_0}{1-q_0}, \quad x \underset{H_0}{\overset{H_1}{\gtrless}} \frac{d}{2} + \frac{1}{d} \ln \frac{q_0}{1-q_0} = \beta = \frac{d}{2}$$

得

$$\frac{q_0}{1-q_0} = 1, \quad q_0 = P(H_0) = \frac{1}{2}$$

即二元数字通信系统采用等概发送。

3.6 Neyman-Pearson 准则

使用 Bayes 准则需要知道先验概率和代价函数。在先验概率未知情况下,可以使用极大极小准则。但在许多情况下,如雷达检测中,要指定代价函数和先验概率都很困难,上述

准则无法使用。运用 Neyman-Pearson(奈曼-皮尔逊)准则不需要知道代价函数和先验概率。它假定有一类错误较其他错误更为重要,因而对这一类错误出现的概率进行严格限制,然后再去确定能使其他错误概率最小的判决门限。

Neyman-Pearson 准则是在给定虚警概率的情况下,使检测概率尽可能大,即漏报概率尽可能小,但漏报概率的减小又会使虚警概率增大,因此在实际中要统筹兼顾、辩证分析、折中处理,漏报概率尽可能小是最低要求。

Neyman-Pearson 准则限定 $P(D_1|H_0)=\alpha$(α 为常数),根据这个限定设计一个检验,使得 $P(D_1|H_1)$ 最大或 $P(D_0|H_1)$ 最小。应用拉格朗日(Lagrange)乘子 λ 构造下述目标函数。

$$
\begin{aligned}
J &= P(D_0\mid H_1)+\lambda\big[P(D_1\mid H_0)-\alpha\big] \\
&= \int_{D_0} f(x\mid H_1)\mathrm{d}x+\lambda\left[\int_{D_1} f(x\mid H_0)\mathrm{d}x-\alpha\right] \\
&= \int_{D_0} f(x\mid H_1)\mathrm{d}x+\lambda\left[1-\int_{D_0} f(x\mid H_0)\mathrm{d}x-\alpha\right] \\
&= \lambda(1-\alpha)+\int_{D_0}\big[f(x\mid H_1)-\lambda f(x\mid H_0)\big]\mathrm{d}x
\end{aligned}
\tag{3.50}
$$

要使 J 达到最小,只有把上式中被积函数不为正的点分配到 D_0 域,即 $x\in D_0$ 时

$$
f(x\mid H_1)<\lambda f(x\mid H_0)
\tag{3.51}
$$

或将式(3.50)变换为

$$
\begin{aligned}
J &= \int_{D_0} f(x\mid H_1)\mathrm{d}x+\lambda\left[\int_{D_1} f(x\mid H_0)\mathrm{d}x-\alpha\right] \\
&= 1-\int_{D_1} f(x\mid H_1)\mathrm{d}x+\lambda\left[\int_{D_1} f(x\mid H_0)\mathrm{d}x-\alpha\right] \\
&= 1-\alpha\lambda+\int_{D_1}\big[\lambda f(x\mid H_0)-f(x\mid H_1)\big]\mathrm{d}x
\end{aligned}
\tag{3.52}
$$

要使 J 达到最小,只有把上式中被积函数不为正的点分配到 D_1 域,即 $x\in D_1$ 时

$$
f(x\mid H_1)>\lambda f(x\mid H_0)
\tag{3.53}
$$

由式(3.51)和式(3.53)得到判决公式为

$$
\frac{f(x\mid H_1)}{f(x\mid H_0)}\underset{H_0}{\overset{H_1}{\gtrless}}\lambda
\tag{3.54}
$$

显然也是一种似然比检验,门限值为拉格朗日乘子 λ,其值由给定条件 $P(D_1|H_0)=\alpha$ 来确定。其接收机结构形式如图 3.9 所示。

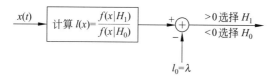

图 3.9 Neyman-Pearson 准则下的接收机结构形式

在最小风险 Bayes 判决准则中,若令

$$
C_{00}=C_{11}=0, \quad C_{10}P(H_0)=\lambda, \quad C_{01}P(H_1)=1
\tag{3.55}
$$

则

$$\frac{f(x \mid H_1)}{f(x \mid H_0)} \underset{H_0}{\overset{H_1}{\gtrless}} \frac{(C_{10} - C_{00})P(H_0)}{(C_{01} - C_{11})P(H_1)} = \lambda \tag{3.56}$$

Bayes 判决准则即变为 Neyman-Pearson 准则。

【例 3.5】 在加性噪声背景下,测量 0V 和 1V 的直流电压,在 $P(D_1 \mid H_0) = 0.1$ 的条件下,采用 Neyman-Pearson 准则,对一次观测数据进行判决。假定加性噪声服从均值为 0,方差为 2 的正态分布。

解:根据正态分布的概率密度函数得

$$f(x \mid H_0) = \frac{1}{2\sqrt{\pi}} e^{-\frac{x^2}{4}}$$

$$f(x \mid H_1) = \frac{1}{2\sqrt{\pi}} e^{-\frac{(x-1)^2}{4}}$$

根据 Neyman-Pearson 准则的判决规则,可得

$$\frac{f(x \mid H_1)}{f(x \mid H_0)} = e^{\frac{x}{2} - \frac{1}{4}} \underset{H_0}{\overset{H_1}{\gtrless}} \lambda$$

上式判决等效于

$$x \underset{H_0}{\overset{H_1}{\gtrless}} \frac{1}{2} + 2\ln\lambda = \beta$$

对于 Neyman-Pearson 准则,门限 λ 应满足 $P(D_1 \mid H_0) = \alpha$ 的约束条件,即

$$P(D_1 \mid H_0) = 0.1 = \int_{D_1} f(x \mid H_0) dx = \int_{\beta}^{\infty} \frac{1}{2\sqrt{\pi}} e^{-\frac{x^2}{4}} dx$$

$$= \frac{1}{2} \left[\frac{2}{\sqrt{\pi}} \int_0^{\infty} e^{-\left(\frac{x}{2}\right)^2} d\frac{x}{2} - \frac{2}{\sqrt{\pi}} \int_0^{\beta} e^{-\left(\frac{x}{2}\right)^2} d\frac{x}{2} \right]$$

$$= \frac{1}{2} \left[1 - \frac{2}{\sqrt{\pi}} \int_0^{\frac{\beta}{2}} e^{-t^2} dt \right] = \frac{1}{2} \left[1 - \text{erf}\left(\frac{\beta}{2}\right) \right]$$

得

$$\text{erf}\left(\frac{\beta}{2}\right) = 1 - 0.2 = 0.8$$

查误差函数表得 $\text{erf}(0.9) = 0.796\,915$

因此

$$\frac{\beta}{2} = 0.9, \quad \beta = 1.8$$

得到判决规则,为

$$x \underset{H_0}{\overset{H_1}{\gtrless}} 1.8$$

由于 $\frac{1}{2} + 2\ln\lambda = 1.8, \ln\lambda = 0.65, \lambda = e^{0.65} = 1.92$。

3.7 M 元 检 测

前面讨论的二元信号检测问题,是在 H_0 和 H_1 两个假设之间进行选择。在实际应用中,还会遇到多元信号检测问题。如在数字通信系统中,常常通过传输 M 个信号来传递信息,这种情况就属于 M 元检测问题。

假设发送端有 M 个可能的输出 $s_1(t),s_2(t),\cdots,s_M(t)$,对应有 M 个假设,记作

$$\begin{cases} H_1: x(t)=s_1(t)+n(t) \\ H_2: x(t)=s_2(t)+n(t) \\ \qquad\qquad \vdots \\ H_M: x(t)=s_M(t)+n(t) \end{cases} \tag{3.57}$$

从中选择一个并假设为真,即为 M 择 1 假设检验,或称为 M 元检测。

3.7.1 M 元检测的 Bayes 准则

Bayes 准则是使判决的平均风险达到极小的准则。要利用 Bayes 准则,各类假设的先验概率和各种判决的代价函数必须已知。设 C_{ij} 为 H_j 假设为真而选择了 H_i 假设的代价,$P(H_j)$ 为 H_j 假设的先验概率,则平均风险为

$$R = \sum_{i=1}^{M} \sum_{j=1}^{M} C_{ij} P(D_i \mid H_j) P(H_j) \tag{3.58}$$

Bayes 准则是使平均风险 R 最小,即在给定样本 x 的情况下,选择 H_i 假设为真所产生的风险比选择 $H_j(j \neq i)$ 假设为真所产生的风险小。

在观测样本为 x 的条件下,选择 H_i 假设为真的条件代价为

$$C_i = \sum_{j=1}^{M} C_{ij} P(H_j \mid x) \tag{3.59}$$

其中,$P(H_j \mid x)$ 表示给定观测样本 x 后,H_j 假设为真的概率,亦称 H_j 假设的后验概率。

如在二元检测中

$$C_0 = C_{00} P(H_0 \mid x) + C_{01} P(H_1 \mid x) \tag{3.60}$$

$$C_1 = C_{10} P(H_0 \mid x) + C_{11} P(H_1 \mid x) \tag{3.61}$$

Bayes 准则的判决规则是选择最小 C_k 所对应的那个 H_k 假设为真,即若有

$$C_k < C_i, \quad i=1,2,\cdots,k-1,k+1,\cdots,M \tag{3.62}$$

则选择 H_k 假设为真。

根据条件概率乘法公式,有

$$P(H_j \mid x) = \frac{f(x \mid H_j) P(H_j)}{f(x)} \tag{3.63}$$

式中,$f(x)$ 为输入样本 x 的先验概率密度函数。

有

$$C_i = \sum_{j=1}^{M} C_{ij} \frac{f(x \mid H_j) P(H_j)}{f(x)} \tag{3.64}$$

令

$$L_i = \sum_{j=1}^{M} C_{ij} f(x \mid H_j) P(H_j)$$

则

$$C_i = \frac{L_i}{f(x)} \tag{3.65}$$

由于 $f(x)$ 与假设无关，因而选择 C_i 最小等价于选择 L_i 最小。即 Bayes 检验变为计算 L_i，并判决 L_i 为最小 L_k 对应的那个 H_k 假设为真，其接收机结构形式如图 3.10 所示。

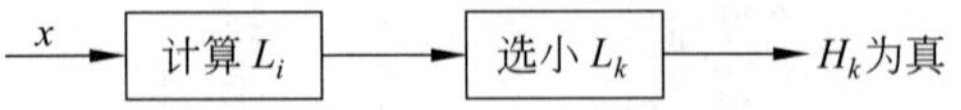

$$x \longrightarrow \boxed{计算 L_i} \longrightarrow \boxed{选小 L_k} \longrightarrow H_k 为真$$

图 3.10　Bayes 准则下的 M 元检测接收机形式

3.7.2　M 元检测的最大后验概率准则

采用 Bayes 准则，必须同时知道各假设的先验概率和各种错误代价。当代价函数未知时，一般假定正确判决无代价，错误判决代价相等且为 1，即 $C_{ii}=0$，$C_{ij}=1(i \neq j)$，在此情况下，Bayes 准则等效为最大后验概率准则。

将 $C_{ii}=0$，$C_{ij}=1(i \neq j)$ 代入式(3.59)中，得

$$C_i = \sum_{\substack{j=1 \\ j \neq i}}^{M} P(H_j \mid x) \tag{3.66}$$

由于 C_i 的和式中恰好缺少 $P(H_i \mid x)$，因而有

$$C_k - C_i = \sum_{\substack{j=1 \\ j \neq k}}^{M} P(H_j \mid x) - \sum_{\substack{j=1 \\ j \neq i}}^{M} P(H_j \mid x) = P(H_i \mid x) - P(H_k \mid x) \tag{3.67}$$

因此，选择所有 C_i 中最小者 C_k，等价于选择所有 $P(H_i \mid x)$ 中的最大者 $P(H_k \mid x)$，即选择与最大后验概率 $P(H_k \mid x)$ 所对应的那个 H_k 假设为真，则为最大后验概率准则。其接收机结构形式如图 3.11 所示。

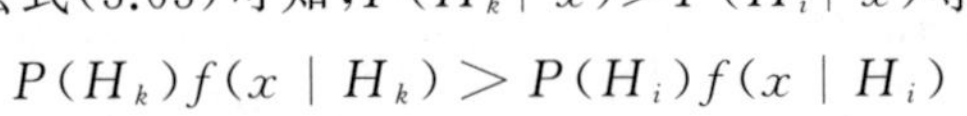

$$x \longrightarrow \boxed{计算 P(H_i|x)} \longrightarrow \boxed{选大} \longrightarrow H_k 为真$$

图 3.11　最大后验概率准则下的 M 元检测接收机形式

3.7.3　M 元检测的最大似然检验准则

根据条件概率乘法公式(3.63)可知，$P(H_k \mid x) > P(H_i \mid x)$ 等价于

$$P(H_k) f(x \mid H_k) > P(H_i) f(x \mid H_i) \tag{3.68}$$

当先验概率 $P(H_i)$ 未知时，无法使用最大后验概率准则，一般假定各假设的先验概率相等，即 $P(H_i)=1/M$，此时，$P(H_i)f(x \mid H_i)$ 最大等效于 $f(x \mid H_i)$ 最大，称为最大似然准则。相应的判决设备称为最大似然处理器，或称为最大似然准则的接收机，如图 3.12 所示。

【例 3.6】　根据 n 维输入矢量 $x=[x_1,x_2,\cdots,x_n]$ 设计一种最佳检测器，n 维输入矢量 $x=[x_1,x_2,\cdots,x_n]$ 中的任意两个元素 x_i 和 x_j 是独立的，对下述 4 种假设做出判决：H_1

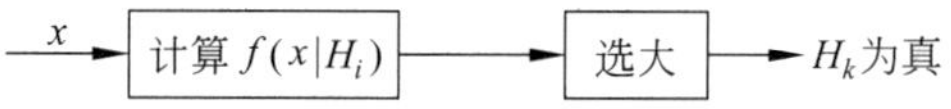

图 3.12 最大似然准则下的 M 元检测接收机形式

表示均值为 1，H_2 表示均值为 2，H_3 表示均值为 3，H_4 表示均值为 4，各假设下的条件概率密度函数是高斯的，方差为 σ^2，假定所有假设的先验概率相等，且 $C_{ij}=1(i\neq j)$，$C_{ii}=0$。

解：根据先验概率相等，且 $C_{ij}=1(i\neq j)$，$C_{ii}=0$ 的条件，四元假设检验可按最大似然准则来设计。

4 种假设可表示为

$$H_1: x_i = 1 + n_i \quad i=1,2,\cdots,n$$
$$H_2: x_i = 2 + n_i \quad i=1,2,\cdots,n$$
$$H_3: x_i = 3 + n_i \quad i=1,2,\cdots,n$$
$$H_4: x_i = 4 + n_i \quad i=1,2,\cdots,n$$

n 维输入矢量 $\boldsymbol{x}=(x_1,x_2,\cdots,x_n)$ 中的任意两个元素 x_i 和 x_j 是独立的，因此在各种假设下的似然函数可表示为

$$f(\boldsymbol{x}\mid H_k) = \left(\frac{1}{\sqrt{2\pi}\,\sigma}\right)^n e^{-\sum\limits_{i=1}^{n}\frac{(x_i-k)^2}{2\sigma^2}}, \quad k=1,2,3,4$$

选择 $f(\boldsymbol{x}\mid H_k)$ 最大等效为选择 $\sum\limits_{i=1}^{n}\dfrac{(x_i-k)^2}{2\sigma^2}$ 最小，由于

$$\sum_{i=1}^{n}\frac{(x_i-k)^2}{2\sigma^2} = \frac{1}{2\sigma^2}\sum_{i=1}^{n}x_i^2 - \frac{1}{\sigma^2}\sum_{i=1}^{n}kx_i + \frac{n}{2\sigma^2}k^2$$
$$= \frac{1}{2\sigma^2}\sum_{i=1}^{n}x_i^2 - \frac{n}{2\sigma^2}\left[\frac{2}{n}\sum_{i=1}^{n}kx_i - k^2\right]$$
$$= \frac{1}{2\sigma^2}\sum_{i=1}^{n}x_i^2 - \frac{n}{2\sigma^2}\left[2k\bar{x} - k^2\right]$$

上式中，$\dfrac{1}{n}\sum\limits_{i=1}^{n}x_i=\bar{x}$，$\bar{x}$ 表示 x 的算术平均值。上式中的第一项与选择何种假设无关，所以选择 $\sum\limits_{i=1}^{n}\dfrac{(x_i-k)^2}{2\sigma^2}$ 最小，又等效为选择 $2k\bar{x}-k^2$ 最大。

即判决准则变为比较 $2\bar{x}-1$、$4\bar{x}-4$、$6\bar{x}-9$、$8\bar{x}-16$，并选择其中最大者所对应的假设 H_k 为真。

假定 $f(x\mid H_1)$ 最大，则必有

$$\begin{cases} 2\bar{x}-1 \geqslant 4\bar{x}-4 \\ 2\bar{x}-1 \geqslant 6\bar{x}-9 \\ 2\bar{x}-1 \geqslant 8\bar{x}-16 \end{cases}$$

等价于选择 H_1 的区域 D_1 满足条件

$$\bar{x} \leqslant 1.5$$

假定 $f(x\mid H_2)$ 最大，则必有

$$\begin{cases} 4\bar{x}-4 \geqslant 2\bar{x}-1 \\ 4\bar{x}-4 \geqslant 6\bar{x}-9 \\ 4\bar{x}-4 \geqslant 8\bar{x}-16 \end{cases}$$

等价于选择 H_2 的区域 D_2 满足条件

$$1.5 \leqslant \bar{x} \leqslant 2.5$$

假设 $f(x|H_3)$ 最大,则必有

$$\begin{cases} 6\bar{x}-9 \geqslant 2\bar{x}-1 \\ 6\bar{x}-9 \geqslant 4\bar{x}-4 \\ 6\bar{x}-9 \geqslant 8\bar{x}-16 \end{cases}$$

等价于选择 H_3 的区域 D_3 满足条件

$$2.5 \leqslant \bar{x} \leqslant 3.5$$

假设 $f(x|H_4)$ 最大,则必有

$$\begin{cases} 8\bar{x}-16 \geqslant 2\bar{x}-1 \\ 8\bar{x}-16 \geqslant 4\bar{x}-4 \\ 8\bar{x}-16 \geqslant 6\bar{x}-9 \end{cases}$$

等价于选择 H_4 的区域 D_4 满足条件

$$\bar{x} \geqslant 3.5$$

$\bar{x}$ 服从高斯分布,其方差为 σ^2/n,均值分别为 1、2、3、4,即 $\bar{x}$ 的条件分布密度函数为

$$f(\bar{x} \mid H_k) = \frac{\sqrt{n}}{\sqrt{2\pi}\sigma} \mathrm{e}^{-\frac{n(\bar{x}-k)^2}{2\sigma^2}}$$

如图 3.13 所示。

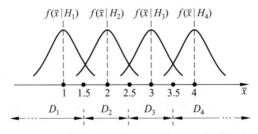

图 3.13 $\bar{x}$ 的条件概率密度函数及判决域的划分

从图可以看出,M 元假设检验的实质是把输入空间划分成 M 个区域,并在各个区域判决相应的假设为真。

本 章 小 结

本章主要介绍 5 种判决准则,它们都属于似然比检验,表达式均为

$$l(x) = \frac{f(x \mid H_1)}{f(x \mid H_0)} \underset{H_0}{\overset{H_1}{\gtrless}} l_0$$

只是所取门限值 l_0 不同而已。

（1）最大后验概率准则和最小错误概率准则的门限值 $l_0 = \dfrac{P(H_0)}{P(H_1)}$；

（2）最小风险 Bayes 准则的门限值 $l_0 = \dfrac{(C_{10} - C_{00})P(H_0)}{(C_{01} - C_{11})P(H_1)}$；

（3）极大极小准则的门限值 $l_0 = \dfrac{(C_{10} - C_{00})q_0}{(C_{01} - C_{11})(1 - q_0)}$；

（4）Neyman-Pearson 准则的门限值 $l_0 = \lambda$，即拉格朗日乘数。

其中，除 Bayes 准则外，其余 4 种准则都可以看作 Bayes 准则的派生准则或特例。

（1）最大后验概率准则是从信息论观点出发，后验概率谁大谁为真的准则，等效为 $C_{10} - C_{00} = C_{01} - C_{11}$ 条件下的 Bayes 准则。

（2）最小错误概率准则是假设正确判决不花代价（$C_{00} = C_{11} = 0$），错误判决代价相等（$C_{01} = C_{10} = 1$）条件下的 Bayes 准则，也称为理想观测者准则。

（3）极大极小准则是使可能出现的最大风险极小化的一种判决准则，是选择最不利先验概率的 Bayes 准则。

（4）Neyman-Pearson 准则是给定虚警概率情况下，使漏报概率尽可能小的判决准则，等效为 $C_{00} = C_{11} = 0$，$C_{10}P(H_0) = \lambda$，$C_{01}P(H_1) = 1$ 条件下的 Bayes 准则。

另外，这 5 种判决准则的适用范围不同。

（1）当先验概率和代价函数均已知时，使用 Bayes 准则；

（2）当先验概率已知，代价函数未知时，使用最大后验概率准则或最小错误概率准则；

（3）当先验概率未知，代价函数已知时，使用极大极小准则；

（4）当先验概率和代价函数均未知时，使用 Neyman-Pearson 准则。

因此，在使用过程中，要根据实际情况和给定条件，综合分析，选择使用。

思　考　题

1. 最大后验概率准则和最小错误概率准则为何称为理想观测者准则？

2. 极大极小准则中的 q_0 如何求得？

3. 如何确定 Neyman-Pearson 准则中的拉格朗日乘数 λ？

4. 试述最大后验概率准则、Bayes 准则、最小错误概率准则、极大极小准则和 Neyman-Pearson 准则的异同点。

5. 如何理解最大后验概率准则、最小错误概率准则、极大极小准则和 Neyman-Pearson 准则都是 Bayes 准则的特例？

习　　题

1. 在二元数字通信系统中，发送端等概发送 2V 和 0V 的脉冲信号，信道上叠加的噪声服从均值为零，方差为 σ^2 的正态分布，试用最大后验概率准则对接收信号进行判决。

2. 在存在加性噪声的情况下，测量只能为 1V 或 0V 的直流电压。设噪声均值为 0、均方根电压为 $\sigma = 2$V，代价函数为 $C_{01} = 2$，$C_{10} = 1$，$C_{00} = C_{11} = 0$。信号存在的先验概率 $P =$

0.2。试确定 Bayes 准则下的门限值 β，并计算出相应的平均风险。

3. 只用一次观测值 x 对下面两个假设做出选择，H_0：样本 x 为零均值，方差 σ_0^2 的高斯变量；H_1：样本 x 为零均值，方差 σ_1^2 的高斯变量，且 $\sigma_1^2 > \sigma_0^2$。

（1）根据观测结果，确定判决区域 D_0 和 D_1。

（2）画出似然比接收机的框图。

（3）求两类错误概率 $P(D_0 | H_1)$ 和 $P(D_1 | H_0)$。

4. 根据一次观测，用极大极小准则对下面两个假设做出判断：

$$H_0 : x(t) = n(t)$$
$$H_1 : x(t) = 1 + n(t)$$

设 $n(t)$ 为具有零均值和功率 σ^2 的高斯过程，且 $C_{01} = C_{10} = 1, C_{00} = C_{11} = 0$。试求判决门限 β，以及与 β 相应的各假设先验概率。

5. 若上题中，$C_{01} = 6, C_{10} = 3, C_{00} = C_{11} = 0$，

（1）每个假设的先验概率为何值时达到极大极小风险？

（2）根据一次观测的判决区域如何？

6. 设两个假设分别为

$$H_0 : x(t) = n(t)$$
$$H_1 : x(t) = 2 + n(t)$$

其中，$n(t)$ 是均值为 0、方差为 2 的高斯白噪声。根据 M 个独立样本 $x_i (i = 1, 2, \cdots, M)$，应用 Neyman-Pearson 准则进行检验。令 $P(D_1 | H_0) = 0.05$，试求

（1）判决门限 β；

（2）相应的检测概率 $P(D_1 | H_1)$。

7. 在二元假设检验问题中，两假设下的接收信号分别为

$$H_1 : x(t) = r_1^2 + r_2^2$$
$$H_0 : x(t) = r_1$$

其中，r_1 和 r_2 是独立同分布的高斯随机变量，均值为 0，方差为 1。求 Bayes 最佳判决公式。

8. 设观测信号 x 在两种假设下的分布如图 3.14 所示，求 Bayes 判决公式。

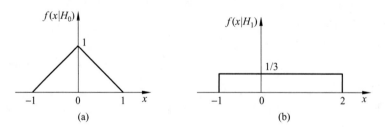

(a)　　　　　　　　　　(b)

图 3.14　第 8 题图

计算机仿真

下面进行最小风险 Bayes 准则的仿真。

1）仿真假设

在存在加性噪声的情况下，测量只能为 1V 或 0V 的直流电压。设噪声均值为 0、均方

根电压为 $\sigma = 2\text{V}$,代价函数为 $C_{01} = 2, C_{10} = 1, C_{00} = C_{11} = 0$。信号存在的先验概率 $P = 0.2$。试确定 Bayes 准则下的漏报概率和检测概率,并计算出相应的平均风险。

2）程序代码

```
clc; clear
%设定参数
INTER=100;                          %重复实验次数
NUM=50;                             %每次实验观测次数
sample=10;                          %每次观测取样点数
v0=0;                               %不发送信号
am=2;
v1=am;                              %发送幅值为 am 的信号
mean=0;                             %高斯噪声均值
var=2;                              %高斯噪声方差
PH0=0.1;
PH1=1-PH0;                          %已知先验概率
%基于 Bayes 准则
c00=0;                              %代价因子
c11=0;
c10=1;
c01=2;
l1=PH0 * (c10-c00)/(PH1 * (c01-c11));    %似然比检测门限
la1=var/(sample * am) * log(l1)+am/2;   %检测门限
p10=zeros(1,INTER);                 %虚警概率
p11=zeros(1,INTER);                 %检测概率
for i=1:INTER
n0=0;                               %在未发送信号情况下,观测到信号的次数
n1=0;                               %在发送信号情况下,观测到信号的次数
for i1=1:NUM
noise=sqrt(var) * randn(1,sample)+mean;    %产生噪声
x0=v0+noise;                        %不发送信号时的观测值
x1=v1+noise;                        %发送信号时的观测值
m0=sum(x0)/sample;                  %不发送信号时的检验统计量
m1=sum(x1)/sample;                  %发送信号时的检验统计量
%基于 Bayes 准则
if m0>la1                           %在未发送信号情况下,观测到信号
n0=n0+1;
end
if m1>la1                           %在发送信号情况下,观测到信号
n1=n1+1;
end
```

```
p10(i)=n0/NUM;                         %计算检测概率
p11(i)=n1/NUM;                         %计算虚警概率
C1=PH0 * (c00. * (1-p10)+c10. * p10)+PH1 * (c11. * p11+c01. * (1-p11));
                                       %基于贝叶斯准则
end
end
xx=1:INTER;
figure(1)
plot(xx,p10,'b-o');hold on
title('漏报概率')
xlabel('实验次数'),ylabel('概率大小');
figure(2)
plot(xx,p11,'b- * ');hold on
title('检测概率')
xlabel('实验次数'),ylabel('概率大小');
figure(3)
plot(xx,C1);hold on
title('平均风险')
xlabel('实验次数'),ylabel('平均风险大小');
```

3) 仿真结果

漏报概率、检测概率和平均风险的仿真结果如图 3.15 到图 3.17 所示。

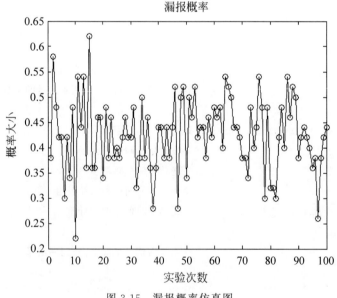

图 3.15 漏报概率仿真图

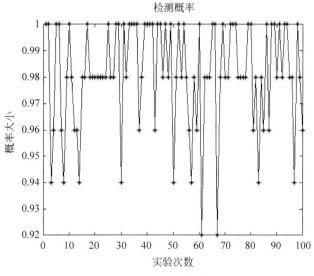

图 3.16　检测概率仿真图

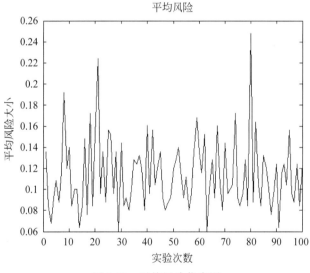

图 3.17　平均风险仿真图

知 识 扩 展

1. 乔治·奈曼(Jerzy Neyman，1894—1981)

美国统计学家,假设检验统计理论的创始人之一。他于 1894 年 4 月 16 日生于俄国宾杰里,1981 年 8 月 5 日卒于美国伯克利。奈曼先后在波兰(1921—1934 年)、英国(1934—1938 年)、美国(1938—1981 年)工作,精通俄语、波兰语、乌克兰语、法语、德语、拉丁语、英语 7 种语言。在 1928—1938 年期间与 E. S. 皮尔逊(E. S. Pearson)发表了一系列文章,合著了《统计假设试验理论》,建立了假设检验的一种严格的数学理论。

2. 埃贡·夏普·皮尔逊(Egon Sharpe Pearson,1895—1980)

英国统计学家,是数理统计学的创立者卡尔·皮尔逊(Karl Pearson)之子,人称小皮尔逊。他于1895年8月11日生于伦敦汉普斯特德,1980年6月12日卒于苏塞克斯米德赫斯特。1926年与乔治·奈曼(J. Neyman)相识后,通过8年的鸿雁传书和4年的一起工作,合著了《统计假设试验理论》,一同完成了永载史册的内曼-皮尔逊理论。著有《统计方法在工业标准化和质量控制中的应用》(1936年),编辑出版了其父1921—1933年在伦敦大学学院的讲稿《十七世纪和十八世纪的统计史》(1979年)。

第4章 确知信号的检测

本章提要

本章介绍高斯白噪声背景下确知信号检测接收机的设计方法,评价检测性能。分析常用的相干相移键控系统、相干频移键控系统和相干启闭键控系统的检测性能,讨论匹配滤波器和广义匹配滤波器的设计方法和基本性质。同时,还介绍高斯色噪声背景下确知信号的检测。

第3章介绍经典检测的基本理论,在此基础上,第4~7章利用第3章的理论,针对不同的应用环境具体分析信号检测的理论与方法。

为了阐明这几章所讲述的内容,先简要介绍涉及的信号与噪声类型。信号按确知程度,可分为确知信号、随机参量信号、随机信号。加性噪声按其统计特性,可分为高斯噪声和非高斯噪声;按功率谱密度函数又可分为白噪声和色噪声等。

按照以上分类,信道中的信号类型可以表示为如图4.1所示。

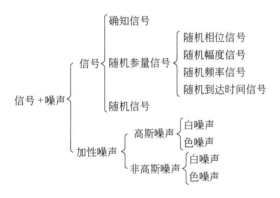

图4.1 信号与噪声的类型

本章将讨论高斯白噪声和高斯色噪声中确知信号的检测。所谓确知信号,是指其波形和全部参量都已知的信号。对于正弦信号,如果它的幅度、频率、相位及到达时间都是已知的,则该正弦信号就是一个确知信号。

4.1 高斯白噪声下二元确知信号的检测

4.1.1 接收机的结构形式

本节将讨论高斯白噪声中二元确知信号的检测。所谓白噪声是指功率谱密度函数在所有频率上都为常数 $N_0/2$,相应的自相关函数为 $(N_0/2)\delta(t)$ 的噪声。显然白噪声的平均功率是无限的,是一种理想的噪声模型。在实际应用中,只要对所关心的信号频带而言,噪声的功率谱在一个足够宽的频带上是"平坦"的,就认为白噪声的假定是合理的。高斯白噪声中确知信号的检测虽然是较为简单的理想情况,但是相当多的实际系统接近这种理想情况,而且这种理想系统的性能还可以作为其他非理想系统性能的比较标准。

首先考虑一个简单的二元数字通信系统。发送端发送信号 $s_0(t)$ 和 $s_1(t)$ 分别代表 0 码和 1 码,接收机接收到的信号 $x(t)$ 是 $s_0(t)$ 或 $s_1(t)$ 与 $n(t)$ 的混合信号,且 $n(t)$ 为均值为 0、方差为 σ^2、功率谱密度函数为 $N_0/2$ 的高斯白噪声。

设计一个最佳检测系统(即接收机)对 $x(t)$ 进行处理,以便在下述两个假设中做出选择。

$$H_0: x(t)=s_0(t)+n(t), \quad 0 \leqslant t \leqslant T \tag{4.1}$$

$$H_1: x(t)=s_1(t)+n(t), \quad 0 \leqslant t \leqslant T \tag{4.2}$$

根据第 3 章所述,最佳接收机结构如图 4.2 所示,由似然比计算器与一门限比较器组成。

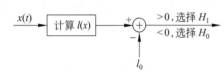

图 4.2 最佳接收机结构

根据前面的介绍,最佳检测可以根据不同的准则进行,但不管哪一种准则,判决的规则都是似然比 $l(x)$ 与某一门限 l_0 作比较,各种准则的差异在于采用不同的门限值。因此,先不考虑采用什么准则,而是从似然比 $l(x)$ 的分析入手来研究最佳接收机结构。

由经典检测理论可知,运用假设检验理论来解决噪声中信号的检测问题,涉及的观测数据都是离散的。但在二元数字通信系统中,接收机接收到的信号波形是连续的,因此首先需要将观测到的波形离散化,然后才能计算似然比。在实际检测中,仅用一次取样并不能得到良好的检测性能,一般在 $(0,T)$ 内取 N 个样本,当 $N \rightarrow \infty$ 时,便成为连续取样情况,其判决规则也就变为用连续函数表示,即可充分利用连续输出波形 $x(t)$ 所提供的信息。

在 k 时刻,即 $t=t_k(0 \leqslant t_k \leqslant T)$ 时,有

$$x(t_k)=s_i(t_k)+n(t_k) \quad i=0,1; k=1,2,\cdots,N \tag{4.3}$$

简记为

$$x_k=s_{ik}+n_k \quad i=0,1; k=1,2,\cdots,N \tag{4.4}$$

似然比为

$$l(\boldsymbol{x})=\frac{f(x_1,x_2,\cdots,x_N \mid H_1)}{f(x_1,x_2,\cdots,x_N \mid H_0)} \tag{4.5}$$

由于噪声取样值 n_k 是均值为 0、方差为 σ^2 的高斯随机变量,x_k 的条件均值为

$$E[x_k \mid H_i]=E[(s_{ik}+n_k) \mid H_i]=E[s_{ik} \mid H_i]=s_{ik} \tag{4.6}$$

x_k 的条件方差为

$$\mathrm{Var}[x_k \mid H_i]=E[[x_k-E[x_k]]^2 \mid H_i]=E[n_k^2 \mid H_i]=\mathrm{Var}[n_k]=\sigma^2 \tag{4.7}$$

故 x_k 的条件概率密度函数为

$$f(x_k \mid H_i)=\frac{1}{\sqrt{2\pi}\sigma}\mathrm{e}^{-\frac{(x_k-s_{ik})^2}{2\sigma^2}} \tag{4.8}$$

假定噪声为带限白噪声,其功率谱密度函数为

$$G_n(\omega)=\begin{cases} \dfrac{N_0}{2}, & |\omega|<\Omega \\ 0, & 其他 \end{cases} \tag{4.9}$$

相应的自相关函数为

$$R_n(\tau) = E[n(t)n(t+\tau)] = \frac{N_0\Omega}{2\pi}\frac{\sin\Omega\tau}{\Omega\tau} \tag{4.10}$$

由于噪声均值为零,所以 $R_n(0) = E[n^2(t)]$ 也就是带限白噪声的方差,为

$$\sigma^2 = R_n(0) = \frac{N_0\Omega}{2\pi} \tag{4.11}$$

带限白噪声的功率谱密度函数和自相关函数如图 4.3 所示。

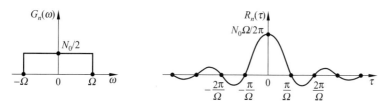

图 4.3   带限白噪声的功率谱密度函数和自相关函数

由图可见,当 $\tau = \pm k\pi/\Omega$ 时,$R_n(\tau) = 0$,说明接收信号按 $\tau = k\pi/\Omega$ 的时间间隔进行抽样,得到的各样本是不相关的,又由于是高斯分布的,所以它们又是统计独立的。

设取样间隔为 $\Delta t = \pi/\Omega$,取样值相互独立,则在观测时间 $(0,T)$ 内,取样数目为

$$N = \frac{T}{\Delta t} = \frac{T\Omega}{\pi} \tag{4.12}$$

将 $\Delta t = \pi/\Omega$ 代入式(4.11),可得

$$\sigma^2 = \frac{N_0\Omega}{2\pi} = \frac{N_0}{2\Delta t} \tag{4.13}$$

则在 H_0 假设下,$\boldsymbol{x}$ 的 N 维条件概率密度函数,即似然函数为

$$
\begin{aligned}
f(x_1, x_2, \cdots, x_N \mid H_0) &= \left(\frac{1}{\sqrt{2\pi}\sigma}\right)^N e^{-\sum\limits_{k=1}^{N}\frac{(x_k - s_{0k})^2}{2\sigma^2}} \\
&= \left(\frac{1}{\sqrt{2\pi}\sigma}\right)^N e^{-\frac{1}{N_0}\sum\limits_{k=1}^{N}(x_k - s_{0k})^2\Delta t}
\end{aligned} \tag{4.14}
$$

为了在观测时间 T 不变的情况下,使样数 N 趋于无穷,可令 Δt 趋于 0,带限频率 $\Omega = \pi/\Delta t$ 趋于无穷大,噪声方差 $\sigma^2 = N_0/2\Delta t$ 也相应增大,带限白噪声变为理想白噪声。这样,就得到了"连续抽样",即连续信号的似然函数。

$$
\begin{aligned}
f(\boldsymbol{x} \mid H_0) &= \lim_{\Delta t \to 0}\left(\frac{1}{\sqrt{2\pi}\sigma}\right)^N e^{-\frac{1}{N_0}\sum\limits_{k=1}^{N}(x_k - s_{0k})^2\Delta t} \\
&= F e^{-\frac{1}{N_0}\int_0^T[x(t) - s_0(t)]^2 dt}
\end{aligned} \tag{4.15}
$$

其中,$F = \lim\limits_{\Delta t \to 0}\left(\dfrac{1}{\sqrt{2\pi}\sigma}\right)^N$ 为常数。同理可得,在 H_1 假设下,x 的似然函数为

$$f(\boldsymbol{x} \mid H_1) = F e^{-\frac{1}{N_0}\int_0^T[x(t) - s_1(t)]^2 dt} \tag{4.16}$$

得到似然比 $l(\boldsymbol{x})$ 为

$$l(\boldsymbol{x}) = \frac{f(\boldsymbol{x} \mid H_1)}{f(\boldsymbol{x} \mid H_0)} = e^{-\frac{1}{N_0}\int_0^T[x(t) - s_1(t)]^2 dt + \frac{1}{N_0}\int_0^T[x(t) - s_0(t)]^2 dt}$$

$$= \mathrm{e}^{\frac{2}{N_0}\left[\int_0^T x(t)s_1(t)\mathrm{d}t - \int_0^T x(t)s_0(t)\mathrm{d}t\right] + \frac{1}{N_0}\int_0^T \left[s_0^2(t) - s_1^2(t)\right]\mathrm{d}t} \tag{4.17}$$

故判决规则为

$$\frac{2}{N_0}\int_0^T x(t)s_1(t)\mathrm{d}t - \frac{2}{N_0}\int_0^T x(t)s_0(t)\mathrm{d}t + \frac{1}{N_0}\int_0^T \left[s_0^2(t) - s_1^2(t)\right]\mathrm{d}t \underset{H_0}{\overset{H_1}{\gtrless}} \ln l_0 \tag{4.18}$$

即

$$\int_0^T x(t)s_1(t)\mathrm{d}t - \int_0^T x(t)s_0(t)\mathrm{d}t \underset{H_0}{\overset{H_1}{\gtrless}} \frac{N_0}{2}\ln l_0 + \frac{1}{2}\int_0^T \left[s_1^2(t) - s_0^2(t)\right]\mathrm{d}t \tag{4.19}$$

令

$$\frac{N_0}{2}\ln l_0 + \frac{1}{2}\int_0^T \left[s_1^2(t) - s_0^2(t)\right]\mathrm{d}t = \frac{N_0}{2}\ln l_0 + \frac{1}{2}(E_1 - E_0) = \beta \tag{4.20}$$

式中, $E_i = \int_0^T s_i^2(t)\mathrm{d}t$ 称为信号能量。

故判决规则又可写为

$$\int_0^T x(t)s_1(t)\mathrm{d}t - \int_0^T x(t)s_0(t)\mathrm{d}t \underset{H_0}{\overset{H_1}{\gtrless}} \beta \tag{4.21}$$

对应的接收机模型如图 4.4 所示,这就是人们熟知的相关接收机,它通过计算接收波形 $x(t)$ 与信号 $s_1(t)$ 和 $s_0(t)$ 的互相关,相减后再与门限 β 比较,最后做出判决。

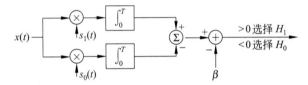

图 4.4　二元确知信号检测的最佳接收机结构图

4.1.2　接收机的检测性能

在信号检测理论中,研究系统的检测性能通常是在给定信号与噪声条件下,研究系统的平均风险或各类判决概率与输入信噪比的关系。在二元通信系统中,通常研究系统的平均错误概率与输入信噪比的关系。

为了便于计算二元通信系统中相关接收机的性能,首先假定两类假设的先验概率相等;而且假定正确判决不付出代价,错误判决付出相等的代价。Bayes 准则就等效为最小错误概率准则,门限值 $l_0 = P(H_0)/P(H_1) = 1$,由式(4.20)可以得出 $\beta = (E_1 - E_0)/2$。判决公式(4.21)可以重新表述为

$$\int_0^T x(t)s_1(t)\mathrm{d}t - \int_0^T x(t)s_0(t)\mathrm{d}t \underset{H_0}{\overset{H_1}{\gtrless}} \frac{E_1 - E_0}{2} = \beta \tag{4.22}$$

令检测统计量 I 为

$$I = \int_0^T x(t)s_1(t)\mathrm{d}t - \int_0^T x(t)s_0(t)\mathrm{d}t \tag{4.23}$$

则判决规则变为

$$I \underset{H_0}{\overset{H_1}{\gtrless}} \beta \tag{4.24}$$

两种错误判决的概率分别为

$$P(D_1 \mid H_0) = \int_\beta^\infty f(I \mid H_0) \mathrm{d}I \tag{4.25}$$

$$P(D_0 \mid H_1) = \int_{-\infty}^\beta f(I \mid H_1) \mathrm{d}I \tag{4.26}$$

平均错误概率 P_e 为

$$P_e = P(H_0)P(D_1 \mid H_0) + P(H_1)P(D_0 \mid H_1)$$

$$= \frac{1}{2}\int_\beta^\infty f(I \mid H_0)\mathrm{d}I + \frac{1}{2}\int_{-\infty}^\beta f(I \mid H_1)\mathrm{d}I \tag{4.27}$$

要计算平均错误概率,首先需要计算出 I 的概率密度函数。由式(4.23)可见,I 是 $x(t)$ 线性运算的结果,故 I 也是高斯变量,只需计算出 I 的均值和方差。在 H_0 假设下,I 的条件均值为

$$E[I \mid H_0] = E\left[\int_0^T [s_0(t) + n(t)]s_1(t)\mathrm{d}t - \int_0^T [s_0(t) + n(t)]s_0(t)\mathrm{d}t\right]$$

$$= E\left[\int_0^T s_0(t)s_1(t)\mathrm{d}t\right] + E\left[\int_0^T n(t)s_1(t)\mathrm{d}t\right] - E\left[\int_0^T s_0^2(t)\mathrm{d}t\right] - E\left[\int_0^T n(t)s_0(t)\mathrm{d}t\right]$$

$$= \int_0^T s_0(t)s_1(t)\mathrm{d}t - \int_0^T s_0^2(t)\mathrm{d}t \tag{4.28}$$

令 $R = \int_0^T s_0(t)s_1(t)\mathrm{d}t$ 表示两个信号的时间互相关,且 $\int_0^T s_0^2(t)\mathrm{d}t = E_0$,则上式可以写为

$$E[I \mid H_0] = R - E_0 \tag{4.29}$$

I 的条件方差为

$$\mathrm{Var}[I \mid H_0] = E[[I - E(I \mid H_0)]^2 \mid H_0] \tag{4.30}$$

其中

$$[I - E[I \mid H_0]] \mid H_0 = \int_0^T [s_0(t) + n(t)]s_1(t)\mathrm{d}t - \int_0^T [s_0(t) + n(t)]s_0(t)\mathrm{d}t -$$

$$\int_0^T s_0(t)s_1(t)\mathrm{d}t + \int_0^T s_0^2(t)\mathrm{d}t$$

$$= \int_0^T [s_1(t) - s_0(t)]n(t)\mathrm{d}t \tag{4.31}$$

$$\mathrm{Var}[I \mid H_0] = E[[I - E(I \mid H_0)]^2 \mid H_0]$$

$$= E\left[\int_0^T [s_1(t) - s_0(t)]n(t)\mathrm{d}t \int_0^T [s_1(\tau) - s_0(\tau)]n(\tau)\mathrm{d}\tau\right]$$

$$= \int_0^T\int_0^T E[n(t)n(\tau)][s_1(t) - s_0(t)][s_1(\tau) - s_0(\tau)]\mathrm{d}t\,\mathrm{d}\tau \tag{4.32}$$

因为

$$E[n(t)n(\tau)] = R(t - \tau) = \frac{N_0}{2}\delta(t - \tau) \tag{4.33}$$

故

$$\mathrm{Var}[I \mid H_0] = \frac{N_0}{2}\int_0^T [s_1(t) - s_0(t)]^2\mathrm{d}t = \frac{N_0}{2}[E_1 + E_0 - 2R] = \sigma_I^2 \tag{4.34}$$

同理,可求得

$$E[I \mid H_1] = E_1 - R \tag{4.35}$$

$$\mathrm{Var}[I \mid H_1] = \frac{N_0}{2}[E_1 + E_0 - 2R] = \sigma_I^2 \tag{4.36}$$

定义两信号的平均能量为 $E = [E_1 + E_0]/2$,两信号的时间相关系数为 $r = R/E = \frac{1}{E}\int_0^T s_0(t)s_1(t)\mathrm{d}t(\mid r \mid \leqslant 1)$。则 I 的方差可写为

$$\sigma_I^2 = N_0 E(1-r) \tag{4.37}$$

故两种假设下检测统计量 I 的条件概率密度函数为

$$f(I \mid H_0) = \frac{1}{\sqrt{2\pi}\sigma_I} \mathrm{e}^{-\frac{[I-(R-E_0)]^2}{2\sigma_I^2}} \tag{4.38}$$

$$f(I \mid H_1) = \frac{1}{\sqrt{2\pi}\sigma_I} \mathrm{e}^{-\frac{[I-(E_1-R)]^2}{2\sigma_I^2}} \tag{4.39}$$

得第一类错误概率为

$$P(D_1 \mid H_0) = \int_\beta^\infty \frac{1}{\sqrt{2\pi}\sigma_I} \mathrm{e}^{-\frac{[I-(R-E_0)]^2}{2\sigma_I^2}} \mathrm{d}I \tag{4.40}$$

令 $u = \dfrac{I-(R-E_0)}{\sqrt{2}\sigma_I}$,得 $\mathrm{d}u = \dfrac{1}{\sqrt{2}\sigma_I}\mathrm{d}I$,代入上式得

$$P(D_1 \mid H_0) = \int_{\frac{\beta-(R-E_0)}{\sqrt{2}\sigma_I}}^\infty \frac{1}{\sqrt{\pi}} \mathrm{e}^{-u^2} \mathrm{d}u \tag{4.41}$$

由式(4.22)和式(4.37)得

$$\frac{\beta-(R-E_0)}{\sqrt{2}\sigma_I} = \frac{\dfrac{E_1-E_0}{2}-(R-E_0)}{\sqrt{2N_0 E(1-r)}} = \frac{E-R}{\sqrt{2N_0 E(1-r)}} = \sqrt{\frac{E(1-r)}{2N_0}} \tag{4.42}$$

得

$$\begin{aligned}
P(D_1 \mid H_0) &= \int_{\sqrt{\frac{E(1-r)}{2N_0}}}^\infty \frac{1}{\sqrt{\pi}} \mathrm{e}^{-u^2} \mathrm{d}u \\
&= \frac{1}{2}\left\{\frac{2}{\sqrt{\pi}}\int_0^\infty \mathrm{e}^{-u^2}\mathrm{d}u - \frac{2}{\sqrt{\pi}}\int_0^{\sqrt{\frac{E(1-r)}{2N_0}}} \mathrm{e}^{-u^2}\mathrm{d}u\right\} \\
&= \frac{1}{2}\left[1 - \mathrm{erf}\left(\sqrt{\frac{E(1-r)}{2N_0}}\right)\right]
\end{aligned} \tag{4.43}$$

第二类错误概率为

$$P(D_0 \mid H_1) = \int_{-\infty}^\beta \frac{1}{\sqrt{2\pi}\sigma_I} \mathrm{e}^{-\frac{[I-(E_1-R)]^2}{2\sigma_I^2}} \mathrm{d}I \tag{4.44}$$

令 $v = \dfrac{I-(E_1-R)}{\sqrt{2}\sigma_I}$,得 $\mathrm{d}v = \dfrac{1}{\sqrt{2}\sigma_I}\mathrm{d}I$,并将式(4.22)和式(4.37)代入上式,得

$$P(D_0 \mid H_1) = \int_{-\infty}^{\frac{\beta-(E_1-R)}{\sqrt{2}\sigma_I}} \frac{1}{\sqrt{\pi}} \mathrm{e}^{-v^2} \mathrm{d}v = 1 - \int_{\frac{\beta-(E_1-R)}{\sqrt{2}\sigma_I}}^\infty \frac{1}{\sqrt{\pi}} \mathrm{e}^{-v^2} \mathrm{d}v$$

$$= 1 - \frac{1}{2} \left\{ \frac{2}{\sqrt{\pi}} \int_0^\infty e^{-v^2} dv - \frac{2}{\sqrt{\pi}} \int_0^{\frac{\beta-(E_1-R)}{\sqrt{2}\sigma_I}} e^{-v^2} dv \right\}$$

$$= 1 - \frac{1}{2} \left[1 - \mathrm{erf}\left(\frac{\beta-(E_1-R)}{\sqrt{2}\sigma_I} \right) \right] \tag{4.45}$$

$$= \frac{1}{2} \left[1 - \mathrm{erf}\left(\sqrt{\frac{E(1-r)}{2N_0}} \right) \right]$$

可见,两类错误概率相等,平均错误概率为

$$P_e = P(H_0)P(D_1 \mid H_0) + P(H_1)P(D_0 \mid H_1)$$

$$= P(D_1 \mid H_0) = P(D_0 \mid H_1) = \frac{1}{2} \left[1 - \mathrm{erf}\left(\sqrt{\frac{E(1-r)}{2N_0}} \right) \right] \tag{4.46}$$

接收机的性能主要取决于输入信噪比和信号之间的时间互相关系数 r,而与传输信号的具体波形无关。当输入信噪比 E/N_0 增加时,平均错误概率减少。当 E/N_0 给定时,$(1-r)$ 越大,平均错误概率越小。最优的信号形式为 $r=-1$,即 $s_0(t)=-s_1(t)$,此系统称为理想二元通信系统。

4.2　3 种常用系统性能评价

在二元通信系统中,二元信号一般采用正弦波,发射端和接收端信号相位同步,为相干系统。下面分别讨论常用的 3 种二元数字通信系统的检测性能。

4.2.1　相干相移键控系统

在相干相移键控系统(Coherent Phase-Shift Keying,CPSK)中,二元信号是相位相差 180°的正弦波,即

$$s_0(t) = A\sin\omega_c t, \quad 0 \leqslant t \leqslant T \tag{4.47}$$

$$s_1(t) = A\sin(\omega_c t + \pi) = -A\sin\omega_c t, \quad 0 \leqslant t \leqslant T \tag{4.48}$$

可见,$s_0(t)=-s_1(t)$,得到 $r=-1$,且两信号的能量相等 $E_1=E_0$,所以它是一个理想的二元通信系统。由式(4.20)得判决门限

$$\beta = \frac{1}{2}(E_1 - E_0) = 0 \tag{4.49}$$

将 $s_0(t)=-s_1(t)$ 和 $\beta=0$ 代入判别公式(4.22),得

$$2\int_0^T x(t)s_1(t)dt \underset{H_0}{\overset{H_1}{\gtrless}} 0 \tag{4.50}$$

即

$$\int_0^T x(t)s_1(t)dt \underset{H_0}{\overset{H_1}{\gtrless}} 0 \tag{4.51}$$

其检测接收机如图 4.5 所示。

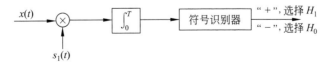

图 4.5　相干相移键控系统检测接收机

将 $E_1=E_0=E$、$r=-1$ 代入式(4.46),得到系统平均错误概率为

$$P_{e1}=\frac{1}{2}\left[1-\mathrm{erf}\left(\sqrt{\frac{E(1-r)}{2N_0}}\right)\right]=\frac{1}{2}\left[1-\mathrm{erf}\left(\sqrt{\frac{E}{N_0}}\right)\right] \tag{4.52}$$

平均错误概率是输入信噪比的函数。

4.2.2 相干频移键控系统

在相干频移键控系统(coherent frequency-shift Keying,CFSK)中,二元信号的形式如下:

$$s_0(t)=A\sin\omega_0 t, \quad 0\leqslant t\leqslant T \tag{4.53}$$

$$s_1(t)=A\sin\omega_1 t, \quad 0\leqslant t\leqslant T \tag{4.54}$$

当选择 $\omega_0+\omega_1=\dfrac{m\pi}{T}$,$\omega_1-\omega_0=\dfrac{n\pi}{T}$,且 $\omega_1 T=k\pi$,$\omega_0 T=l\pi$(m、n、k、l 为整数)时,两信号的时间互相关系数为

$$\begin{aligned}
r&=\frac{1}{E}\int_0^T s_1(t)s_0(t)\mathrm{d}t=\frac{A^2}{E}\int_0^T \sin\omega_1 t\sin\omega_0 t\,\mathrm{d}t\\
&=\frac{A^2}{2E}\left[\int_0^T \cos(\omega_1-\omega_0)t\,\mathrm{d}t-\int_0^T \cos(\omega_1+\omega_0)t\,\mathrm{d}t\right]\\
&=\frac{A^2}{2E}\left[\int_0^T \cos\frac{n\pi}{T}t\,\mathrm{d}t-\int_0^T \cos\frac{m\pi}{T}t\,\mathrm{d}t\right]=0
\end{aligned} \tag{4.55}$$

容易证明,当 ω_0 和 ω_1 满足上述关系时,两个信号能量相等,即

$$E_0=\int_0^T s_0^2(t)\mathrm{d}t=\int_0^T A^2\sin^2\omega_0 t\,\mathrm{d}t=\frac{A^2}{2}\int_0^T\left[1-\cos2\omega_0 t\right]\mathrm{d}t=\frac{1}{2}A^2 T \tag{4.56}$$

同理

$$E_1=\int_0^T s_1^2(t)\mathrm{d}t=\frac{1}{2}A^2 T \tag{4.57}$$

得

$$\beta=\frac{1}{2}(E_1-E_0)=0 \tag{4.58}$$

判决公式为

$$\int_0^T x(t)s_1(t)\mathrm{d}t-\int_0^T x(t)s_0(t)\mathrm{d}t \underset{H_0}{\overset{H_1}{\gtrless}} 0 \tag{4.59}$$

其检测接收机如图 4.6 所示。

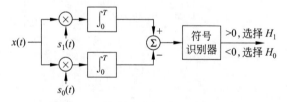

图 4.6 相干频移键控系统检测接收机

平均错误概率为

$$P_{e2} = \frac{1}{2}\left[1 - \mathrm{erf}\left(\sqrt{\frac{E(1-r)}{2N_0}}\right)\right] = \frac{1}{2}\left[1 - \mathrm{erf}\left(\sqrt{\frac{E}{2N_0}}\right)\right] \qquad (4.60)$$

在同样的 P_e 下,CFSK 系统所需的输入信噪比 CPSK 系统大 3dB,这是由于二者的 $1-r$ 多一倍的缘故。

4.2.3　相干启闭键控系统

在相干启闭键控系统(coherent on-off keying,COOK)中,二元信号的形式为

$$s_0(t) = 0, \quad 0 \leqslant t \leqslant T \qquad (4.61)$$

$$s_1(t) = A\sin\omega_1 t, \quad 0 \leqslant t \leqslant T \qquad (4.62)$$

显然 $r=0$,两个信号的能量分别为

$$E_0 = 0, E_1 = \int_0^T s_1^2(t)\mathrm{d}t = \int_0^T [A\sin\omega_1 t]^2 \mathrm{d}t \qquad (4.63)$$

代入式(4.22),得判决公式为

$$\int_0^T x(t)s_1(t)\mathrm{d}t \underset{H_0}{\overset{H_1}{\gtrless}} \frac{E_1}{2} = \beta \qquad (4.64)$$

其检测接收机如图 4.7 所示。

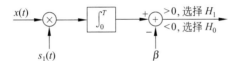

图 4.7　相干启闭键控系统检测接收机

平均错误概率为

$$P_{e3} = \frac{1}{2}\left[1 - \mathrm{erf}\left(\sqrt{\frac{E(1-r)}{2N_0}}\right)\right] = \frac{1}{2}\left[1 - \mathrm{erf}\left(\sqrt{\frac{E_1}{4N_0}}\right)\right] \qquad (4.65)$$

在 $s_1(t)$ 信号能量相等,P_e 相同的情况下,COOK 系统所需的输入信噪比 CFSK 系统大 3dB,CFSK 系统所需的输入信噪比 CPSK 系统大 3dB。即若令 $E_1 = E$,查误差函数表,可求得 3 种系统的平均错误概率,见表 4.1。

表 4.1　3 种系统的平均错误概率比较

E/N_0	0	1	2	4	8	16
$\mathrm{erf}\left(\sqrt{\dfrac{E}{N_0}}\right)$	0	0.84	0.95	0.995	0.9999	$0.9\cdots9$
$\mathrm{erf}\left(\sqrt{\dfrac{E}{2N_0}}\right)$	0	0.68	0.84	0.95	0.995	0.9999
$\mathrm{erf}\left(\sqrt{\dfrac{E}{4N_0}}\right)$	0	0.52	0.68	0.84	0.95	0.995
P_{e1}	1/2	0.08	0.025	0.0025	5×10^{-5}	5×10^{-9}
P_{e2}	1/2	0.16	0.08	0.025	25×10^{-4}	5×10^{-5}
P_{e3}	1/2	0.24	0.16	0.08	25×10^{-3}	25×10^{-4}

由上表也可以看出,在相同信噪比情况下,3 种系统的性能依次降低 3dB,即为了得到

同样的检测性能,3 种系统的信噪比应依次增加一倍,即增加 3dB。

4.3　高斯白噪声下多元确知信号的检测

4.3.1　接收机的结构形式

前面研究了高斯白噪声中二元确知信号的检测。在实际工程应用中,经常遇到 $M(M>2)$ 元信号的检测问题。如在数字通信系统中,为了提高通信系统的有效性,常常采用 M 元信号,这种情况下,接收端需要判断收到的信号是 M 个可能信号中的哪一个,这就是多元确知信号的检测问题。

假设在 $(0,T)$ 时间间隔内,接收到的信号波形 $x(t)$ 中包含有 M 个信号 $s_i(t)(i=1,2,\cdots,M)$ 中的一个和均值为 0、功率谱密度函数为 $N_0/2$ 的加性高斯白噪声。设 M 个信号具有相同的能量,且信号彼此正交,即

$$\int_0^T s_i(t)s_j(t)\mathrm{d}t=\begin{cases}E, & i=j\\ 0, & i\neq j\end{cases} \tag{4.66}$$

因为要在 M 个确知信号中做出选择,故需要 M 个假设。即

$$\begin{cases}H_1: x(t)=s_1(t)+n(t), & 0\leqslant t\leqslant T\\ H_2: x(t)=s_2(t)+n(t), & 0\leqslant t\leqslant T\\ \quad\vdots\\ H_M: x(t)=s_M(t)+n(t), & 0\leqslant t\leqslant T\end{cases} \tag{4.67}$$

由于假定各类假设的先验概率相等,且各种错误判决的代价相等,根据第 3 章的讨论,Bayes 准则转化为最大似然准则。即若 $f(\boldsymbol{x}\mid H_j)$ 最大,则判定 H_j 假设为真。将式(4.15)推广到 M 元的情况,显然有

$$f(\boldsymbol{x}\mid H_j)=F\mathrm{e}^{-\frac{1}{N_0}\int_0^T[x(t)-s_j(t)]^2\mathrm{d}t} \tag{4.68}$$

显然,似然函数随着指数中积分项的减小而增大。因此等效的判决规则为若 $\int_0^T[x(t)-s_j(t)]^2\mathrm{d}t$ 最小,则选择相应的 H_j 假设为真。即

$$\int_0^T[x(t)-s_j(t)]^2\mathrm{d}t=\int_0^T x^2(t)\mathrm{d}t+\int_0^T s_j^2(t)\mathrm{d}t-2\int_0^T x(t)s_j(t)\mathrm{d}t \tag{4.69}$$

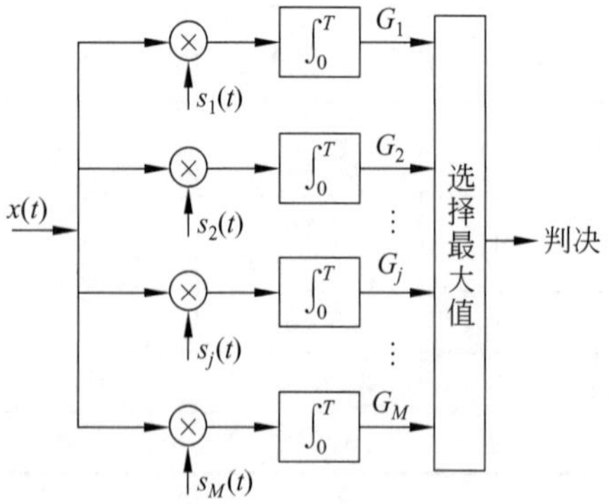

由于上式中第一项和第二项的积分同选择哪个假设为真无关,所以判决规则为

$$G_j=\int_0^T x(t)s_j(t)\mathrm{d}t \tag{4.70}$$

若 G_j 为最大,则选择相应的 H_j 假设为真。对应的接收机如图 4.8 所示。

4.3.2* 接收机的检测性能

由于各类假设的先验概率和各种错误判决的代价函数相等,因此各类假设的错误判决概率相等,且平均错误概率等于某一类假设的错误判

图 4.8　M 元信号的相关接收机

决概率。

不失一般性,以 H_1 假设为真条件下的错误概率来计算平均错误概率。以 D_1 代表正确判决区域,以 $\overline{D}$ 代表错误判决区域,则有

$$P_e = P(\overline{D} \mid H_1) = 1 - P(D_1 \mid H_1) = 1 - P\{\text{所有 } G_j < G_1, j \neq 1\} \qquad (4.71)$$

检验统计量 G_j 是高斯随机变量,只要求出其均值和方差,就可以写出其概率密度函数。用 $E_1[\cdot]$ 表示 H_1 假设为真时的均值,$\text{Var}[\cdot]$ 表示 H_1 假设为真时的方差,则

$$E_1[G_j] = E\left[\int_0^T x(t)s_j(t)dt\right] = E\left[\int_0^T [s_1(t) + n(t)]s_j(t)dt\right] = \begin{cases} E, & j = 1 \\ 0, & j \neq 1 \end{cases} \qquad (4.72)$$

$$\begin{aligned}
\text{Var}[G_1] &= E\left[\left[\int_0^T [s_1(t) + n(t)]s_1(t)dt - E[G_1]t\right]^2\right] \\
&= E\left[\left[\int_0^T [s_1(t) + n(t)]s_1(t)dt - Et\right]^2\right] \\
&= E\left[\left[\int_0^T n(t)s_1(t)dt t\right]^2\right] = E\left[\int_0^T \int_0^T n(t)s_1(t)n(\tau)s_1(\tau)dt d\tau\right] \\
&= \int_0^T \int_0^T E[n(t)n(\tau)]s_1(t)s_1(\tau)dt d\tau
\end{aligned} \qquad (4.73)$$

将 $E[n(t)n(\tau)] = R_n(t - \tau) = \begin{cases} \dfrac{N_0}{2}, & t = \tau \\ 0, & t \neq \tau \end{cases}$

代入上式得

$$\text{Var}[G_1] = \frac{N_0}{2}\int_0^T s_1^2(t)dt = \frac{N_0 E}{2} \qquad (4.74)$$

$$\begin{aligned}
\text{Var}[G_j] &= E\left[\left[\int_0^T [s_1(t) + n(t)]s_j(t)dt t\right]^2\right] \\
&= E\left[\left[\int_0^T s_1(t)s_j(t)dt + \int_0^T n(t)s_j(t)dt\right]^2\right], \quad j \neq 1 \\
&= E\left[\left[\int_0^T n(t)s_j(t)dt\right]^2\right] = \frac{N_0 E}{2}
\end{aligned} \qquad (4.75)$$

所以在 H_1 假设为真情况下,G_1 和 G_j 的概率密度函数为

$$f(G_1 \mid H_1) = \frac{1}{\sqrt{\pi N_0 E}} e^{-\frac{(G_1 - E)^2}{N_0 E}} \qquad (4.76)$$

$$f(G_j \mid H_1) = \frac{1}{\sqrt{\pi N_0 E}} e^{-\frac{G_j^2}{N_0 E}}, \quad j \neq 1 \qquad (4.77)$$

由于在 H_1 假设下各 G_j 互不相关,又是高斯随机变量,所以 G_j 是统计独立的。因此,在 H_1 假设为真的条件下,$(G_1, G_2, \cdots, G_M)$ 的联合概率密度函数是各个 G_j 概率密度函数的乘积,即

$$f(G_1, G_2, \cdots, G_M \mid H_1) = f(G_1 \mid H_1)f(G_2 \mid H_1)\cdots f(G_M \mid H_1) \qquad (4.78)$$

由式(4.77)可知,除 $f(G_1 \mid H_1)$ 外,其余 $f(G_2 \mid H_1), \cdots, f(G_M \mid H_1)$ 的表示形式均一样,因此,平均错误概率为

$$P_e = 1 - P\{\text{所有 } G_j < G_1, j \neq 1\}$$

$$= 1 - \int_{-\infty}^{\infty} \left[\int_{-\infty}^{G_1} \cdots \int_{-\infty}^{G_1} f(G_1, G_2, \cdots, G_M \mid H_1) \, \mathrm{d}G_2 \, \mathrm{d}G_2 \cdots \mathrm{d}G_M \right] \mathrm{d}G_1$$

$$= 1 - \int_{-\infty}^{\infty} f(G_1 \mid H_1) \left[\int_{-\infty}^{G_1} f(G_2 \mid H_1) \, \mathrm{d}G_2 \right]^{M-1} \mathrm{d}G_1 \tag{4.79}$$

将式(4.76)和式(4.77)代入上式,可得

$$P_e = 1 - \int_{-\infty}^{\infty} \frac{1}{\sqrt{\pi N_0 E}} \mathrm{e}^{-\frac{(G_1-E)^2}{N_0 E}} \left[\int_{-\infty}^{G_1} \frac{1}{\sqrt{\pi N_0 E}} \mathrm{e}^{-\frac{G_2^2}{N_0 E}} \, \mathrm{d}G_2 \right]^{M-1} \mathrm{d}G_1 \tag{4.80}$$

令 $G_1 = \sqrt{\dfrac{N_0 E}{2}}\, x$, $G_2 = \sqrt{\dfrac{N_0 E}{2}}\, y$,代入上式得

$$P_e = 1 - \int_{-\infty}^{\infty} \frac{1}{\sqrt{2\pi}} \mathrm{e}^{-\frac{\left(\sqrt{\frac{N_0 E}{2}}\, x - E\right)^2}{N_0 E}} \left[\int_{-\infty}^{\sqrt{\frac{N_0 E}{2}}\, x} \frac{1}{\sqrt{\pi N_0 E}} \mathrm{e}^{-\frac{G_2^2}{N_0 E}} \, \mathrm{d}G_2 \right]^{M-1} \mathrm{d}x$$

$$= 1 - \int_{-\infty}^{\infty} \frac{1}{\sqrt{2\pi}} \mathrm{e}^{-\frac{\left(x - \sqrt{\frac{2E}{N_0}}\right)^2}{2}} \left[\int_{-\infty}^{x} \frac{1}{\sqrt{2\pi}} \mathrm{e}^{-\frac{y^2}{2}} \, \mathrm{d}y \right]^{M-1} \mathrm{d}x \tag{4.81}$$

由上式可以做出平均错误概率 P_e 随 E/N_0 变化的曲线,如图 4.9 所示。由图可见,若保持 E/N_0 不变,当 M 增大时,P_e 迅速增大。若要保持 P_e 不变,则当 M 增大时,E/N_0 也要相应地增大。

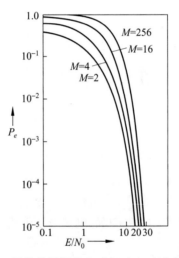

图 4.9 平均错误概率 P_e 随 E/N_0 变化的曲线

4.4* 高斯色噪声中确知信号的检测

高斯白噪声是一种理想化的噪声模型,实际中的噪声有时是功率谱密度函数不平坦的高斯色噪声。这种情况下,均匀间隔采样所得到的样本不是统计独立的。因此,不能直接用各样本的分布写出其多维似然函数的形式。解决这个问题的方法之一就是利用接收信号的卡亨南-洛维(Karhunen-Loève)展开式的系数作为样本,它们是统计独立的。或者是将接收到的信号先通过一个白化滤波器,使输入该滤波器的色噪声变为白噪声,然后再按白噪声

中信号检测的方法进行处理,称为白化处理法。本节主要讨论卡亨南-洛维展开法。

4.4.1　Karhunen-Loève 展开法

在二元信号检测的情况下,两个假设对应的接收信号分别为

$$H_0: x(t) = s_0(t) + n(t), \quad 0 \leqslant t \leqslant T \tag{4.82}$$

$$H_1: x(t) = s_1(t) + n(t), \quad 0 \leqslant t \leqslant T \tag{4.83}$$

其中,$x(t)$是接收信号,$s_0(t)$和$s_1(t)$是发送的确知信号,$n(t)$是均值为 0、自相关函数为 $R_n(\tau)$的高斯色噪声。

利用 Karhunen-Loève(卡亨南-洛维)正交展开式(2.73),将 $x(t)$ 表示为

$$x(t) = \lim_{N \to \infty} \sum_{k=1}^{N} x_k g_k(t) \tag{4.84}$$

根据式(2.75),展开式的系数为

$$x_k = \int_0^T x(t) g_k(t) \mathrm{d}t \tag{4.85}$$

其中,特征函数 $g_k(t)$是下面积分方程的解:

$$\int_0^T g_k(u) R_n(t-u) \mathrm{d}u = \lambda_k g_k(t) \tag{4.86}$$

由于 $R_n(t-u)$是实对称核,所以特征函数 $g_k(t)$为实函数。

由第 2 章可知,系数 x_k 是互不相关的,且其方差等于 λ_k。由于 x_k 是由高斯随机信号 $x(t)$作线性变换得到的,所以 x_k 也属于高斯分布,统计独立。因此,只要确定了各个 x_k 的均值和方差,就能得到其概率密度函数。而各个 x_k 的联合概率密度函数等于各个概率密度函数的乘积。

4.4.2　接收机的结构形式

下面计算在 $H_i(i=0,1)$假设下,系数 x_k 的均值和方差:

$$
\begin{aligned}
E[x_k \mid H_0] &= E\left[\int_0^T [s_0(t) + n(t)] g_k(t) \mathrm{d}t\right] \\
&= E\left[\int_0^T s_0(t) g_k(t) \mathrm{d}t + \int_0^T n(t) g_k(t) \mathrm{d}t\right] = \int_0^T s_0(t) g_k(t) \mathrm{d}t
\end{aligned}
\tag{4.87}
$$

$$
\begin{aligned}
E[x_k \mid H_1] &= E\left[\int_0^T [s_1(t) + n(t)] g_k(t) \mathrm{d}t\right] \\
&= E\left[\int_0^T s_1(t) g_k(t) \mathrm{d}t + \int_0^T n(t) g_k(t) \mathrm{d}t\right] = \int_0^T s_1(t) g_k(t) \mathrm{d}t
\end{aligned}
\tag{4.88}
$$

令

$$\int_0^T s_0(t) g_k(t) \mathrm{d}t = s_{0k}, \quad \int_0^T s_1(t) g_k(t) \mathrm{d}t = s_{1k} \tag{4.89}$$

得

$$E[x_k \mid H_0] = s_{0k}, \quad E[x_k \mid H_1] = s_{1k} \tag{4.90}$$

由式(2.80)及其推导过程可知,x_k 的方差等于特征值 λ_k,且 λ_k 对两个假设都相同。于是似然函数为

$$f(x_1, x_2, \cdots, x_N \mid H_1) = \prod_{k=1}^{N} \frac{1}{\sqrt{2\pi\lambda_k}} \mathrm{e}^{-\frac{(x_k - s_{1k})^2}{2\lambda_k}} \tag{4.91}$$

$$f(x_1, x_2, \cdots, x_N \mid H_0) = \prod_{k=1}^{N} \frac{1}{\sqrt{2\pi\lambda_k}} e^{-\frac{(x_k - s_{0k})^2}{2\lambda_k}} \tag{4.92}$$

似然比为

$$l(\boldsymbol{x}) = \frac{f(x_1, x_2, \cdots, x_N \mid H_1)}{f(x_1, x_2, \cdots, x_N \mid H_0)} = \frac{\prod_{k=1}^{N} \frac{1}{\sqrt{2\pi\lambda_k}} e^{-\frac{(x_k - s_{1k})^2}{2\lambda_k}}}{\prod_{k=1}^{N} \frac{1}{\sqrt{2\pi\lambda_k}} e^{-\frac{(x_k - s_{0k})^2}{2\lambda_k}}}$$

$$= e^{\sum_{k=1}^{N} \frac{-1}{2\lambda_k}(x_k^2 - 2x_k s_{1k} + s_{1k}^2) + \sum_{k=1}^{N} \frac{1}{2\lambda_k}(x_k^2 - 2x_k s_{0k} + s_{0k}^2)}$$

$$= e^{\frac{1}{2}\sum_{k=1}^{N} \frac{s_{1k}}{\lambda_k}(2x_k - s_{1k}) - \frac{1}{2}\sum_{k=1}^{N} \frac{s_{0k}}{\lambda_k}(2x_k - s_{0k})} \tag{4.93}$$

两边取自然对数,得

$$\ln l(\boldsymbol{x}) = \frac{1}{2}\sum_{k=1}^{N} \frac{s_{1k}}{\lambda_k}(2x_k - s_{1k}) - \frac{1}{2}\sum_{k=1}^{N} \frac{s_{0k}}{\lambda_k}(2x_k - s_{0k}) \tag{4.94}$$

将式(4.85)和式(4.89)代入上式,得

$$\ln l(\boldsymbol{x}) = \frac{1}{2}\sum_{k=1}^{N} \frac{s_{1k}}{\lambda_k}\left[2\int_0^T x(t)g_k(t)\mathrm{d}t - \int_0^T s_1(t)g_k(t)\mathrm{d}t \right] -$$

$$\frac{1}{2}\sum_{k=1}^{N} \frac{s_{0k}}{\lambda_k}\left[2\int_0^T x(t)g_k(t)\mathrm{d}t - \int_0^T s_0(t)g_k(t)\mathrm{d}t \right]$$

$$= \int_0^T \left[x(t) - \frac{1}{2}s_1(t) \right] \sum_{k=1}^{N} \frac{s_{1k}g_k(t)}{\lambda_k}\mathrm{d}t -$$

$$\int_0^T \left[x(t) - \frac{1}{2}s_0(t) \right] \sum_{k=1}^{N} \frac{s_{0k}g_k(t)}{\lambda_k}\mathrm{d}t \tag{4.95}$$

当 $N \rightarrow \infty$ 时

$$\lim_{N \rightarrow \infty} \ln l(\boldsymbol{x}) = \int_0^T \left[x(t) - \frac{1}{2}s_1(t) \right] \sum_{k=1}^{\infty} \frac{s_{1k}g_k(t)}{\lambda_k}\mathrm{d}t - \int_0^T \left[x(t) - \frac{1}{2}s_0(t) \right] \sum_{k=1}^{\infty} \frac{s_{0k}g_k(t)}{\lambda_k}\mathrm{d}t$$

$$= \int_0^T \left[x(t) - \frac{1}{2}s_1(t) \right] h_1(t)\mathrm{d}t - \int_0^T \left[x(t) - \frac{1}{2}s_0(t) \right] h_0(t)\mathrm{d}t \tag{4.96}$$

其中

$$h_1(t) = \sum_{k=1}^{\infty} \frac{s_{1k}g_k(t)}{\lambda_k} \tag{4.97}$$

$$h_0(t) = \sum_{k=1}^{\infty} \frac{s_{0k}g_k(t)}{\lambda_k} \tag{4.98}$$

在式(4.97)两边同乘以噪声的自相关函数 $R_n(t-u)$,并在区间 $(0, T)$ 上对 u 积分,得

$$\int_0^T R_n(t-u)h_1(u)\mathrm{d}u = \sum_{k=1}^{\infty} \frac{s_{1k}}{\lambda_k}\int_0^T R_n(t-u)g_k(u)\mathrm{d}u \tag{4.99}$$

根据式(2.81)和式(2.73)可知

$$\int_0^T R_n(t-u)h_1(u)\mathrm{d}u = \sum_{k=1}^{\infty} s_{1k}g_k(t) = s_1(t) \tag{4.100}$$

所以, $h_1(t)$ 是积分方程

$$\int_0^T R_n(t-u)h_1(u)\,\mathrm{d}u = s_1(t) \tag{4.101}$$

的解,即 $h_1(t)$ 是确定的函数。

同理, $h_0(t)$ 是积分方程

$$\int_0^T R_n(t-u)h_0(u)\,\mathrm{d}u = s_0(t) \tag{4.102}$$

的解, $h_0(t)$ 也是确定的函数。

将式(4.93)代入判决规则 $\lim\limits_{N \to \infty} \ln l(\boldsymbol{x}) \underset{H_0}{\overset{H_1}{\gtrless}} \ln l_0$,得

$$\int_0^T \left[x(t) - \frac{1}{2}s_1(t)\right]h_1(t)\,\mathrm{d}t - \int_0^T \left[x(t) - \frac{1}{2}s_0(t)\right]h_0(t)\,\mathrm{d}t \underset{H_0}{\overset{H_1}{\gtrless}} \ln l_0 \tag{4.103}$$

将上式变形,得等效的判决规则为

$$\int_0^T x(t)h_1(t)\,\mathrm{d}t - \int_0^T x(t)h_0(t)\,\mathrm{d}t$$

$$\underset{H_0}{\overset{H_1}{\gtrless}} \ln l_0 + \frac{1}{2}\left[\int_0^T s_1(t)h_1(t)\,\mathrm{d}t - \int_0^T s_0(t)h_0(t)\,\mathrm{d}t\right]$$

$$= \beta \tag{4.104}$$

实现上述判决规则的最佳接收机结构示于图 4.10 中。与高斯白噪声情况的接收机相比,色噪声情况下的本地信号 $h_1(t)$ 和 $h_0(t)$ 相当于白噪声情况下的本地信号 $s_1(t)$ 和 $s_0(t)$。实际上,若以白噪声的自相关函数 $R_n(t-u) = \dfrac{N_0}{2}\delta(t-u)$ 代入式(4.101)和式(4.102),就得到 $h_1(t) = \dfrac{2}{N_0}s_1(t)$ 和 $h_0(t) = \dfrac{2}{N_0}s_0(t)$,由此可见,白噪声情况下信号的检测是色噪声情况下的特例。

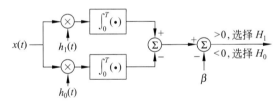

图 4.10　色噪声情况下信号检测的最佳接收机结构图

【**例 4.1**】　考虑如下二元假设检验问题。

$$H_0: x(t) = n(t)$$
$$H_1: x(t) = s_1(t) + n(t)$$

其中, $s(t)$ 为确知信号, $n(t)$ 为高斯色噪声,其功率谱密度函数 $G_n(\omega) = \dfrac{2k\sigma^2}{\omega^2 + k^2}$。试对其进行判别。

解:把观测时间扩展为 $(-\infty, \infty)$,由式(4.101)和式(4.102)可得

$$\int_{-\infty}^{\infty} R_n(t-u)h_1(u)\,\mathrm{d}u = R_n(t) * h_1(t) = s_1(t)$$

$$\int_{-\infty}^{\infty} R_n(t-u)h_0(u)\,\mathrm{d}u = R_n(t) * h_0(t) = 0$$

对上式进行傅里叶变换，可得

$$S_1(\omega) = G_n(\omega) H_1(\omega)$$

得

$$H_1(\omega) = \frac{S_1(\omega)}{G_n(\omega)} = \frac{\omega^2 + k^2}{2k\sigma^2} S_1(\omega)$$

利用傅里叶变换的微分性质对上式进行傅里叶反变换，得

$$h_1(t) = \frac{1}{2k\sigma^2}\left(-\frac{d^2}{dt^2} + k^2\right) s_1(t)$$

由于 $h_0(t) = 0$，则判决门限 β 可由式（4.104）求得，为

$$\beta = \ln l_0 + \frac{1}{2}\left[\int_0^T s_1(t) h_1(t)\,\mathrm{d}t - \int_0^T s_0(t) h_0(t)\,\mathrm{d}t\right]$$

$$= \ln l_0 + \frac{1}{2}\int_0^T s_1(t) h_1(t)\,\mathrm{d}t$$

由于是近似解，最佳接收机实际上是准最佳接收机，其结构如图 4.11 所示。

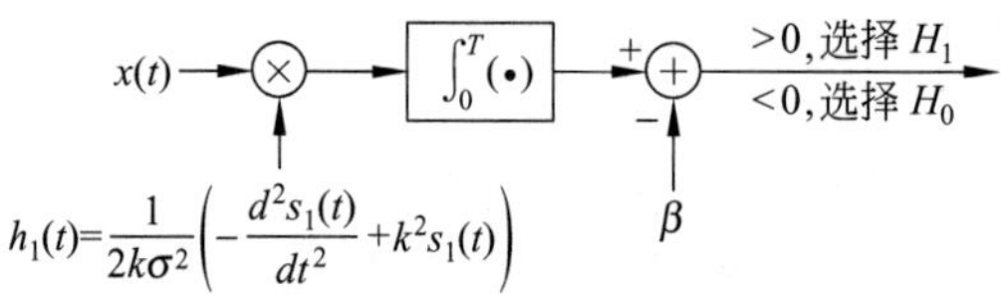

图 4.11　例 4.1 的准最佳接收机

4.4.3　接收机的检测性能

令检测统计量

$$G = \int_0^T \left[x(t) - \frac{1}{2}s_1(t)\right] h_1(t)\,\mathrm{d}t - \int_0^T \left[x(t) - \frac{1}{2}s_0(t)\right] h_0(t)\,\mathrm{d}t \tag{4.105}$$

根据上述判决规则式（4.103），得

$$G \underset{H_0}{\overset{H_1}{\gtrless}} \ln l_0 \tag{4.106}$$

要想求出错误概率，必须首先确定 G 的概率密度函数。由检测统计量 G 的表达式可知，统计量 G 是对高斯随机过程 $x(t)$ 作线性运算得到的，所以 G 也服从高斯分布。其数学期望和方差为

$$E[G \mid H_1] = E\left[\left[\int_0^T \left(x(t) - \frac{1}{2}s_1(t)\right) h_1(t)\,\mathrm{d}t - \int_0^T \left(x(t) - \frac{1}{2}s_0(t)\right) h_0(t)\,\mathrm{d}t\right]\Bigg| H_1\right]$$

$$= E\left[\int_0^T \left[s_1(t) + n(t) - \frac{1}{2}s_1(t)\right] h_1(t)\,\mathrm{d}t\right] -$$

$$\quad E\left[\int_0^T \left[s_1(t) + n(t) - \frac{1}{2}s_0(t)\right] h_0(t)\,\mathrm{d}t\right]$$

$$= \frac{1}{2}\int_0^T s_1(t) h_1(t)\,\mathrm{d}t + \frac{1}{2}\int_0^T \left[2s_1(t) - s_0(t)\right] h_0(t)\,\mathrm{d}t$$

$$\tag{4.107}$$

$$E[G \mid H_0] = E\left[\left[\int_0^T \left(x(t) - \frac{1}{2}s_1(t)\right)h_1(t)\mathrm{d}t - \int_0^T \left(x(t) - \frac{1}{2}s_0(t)\right)h_0(t)\mathrm{d}t\right]\middle| H_0\right]$$

$$= E\left[\int_0^T \left[s_0(t) + n(t) - \frac{1}{2}s_1(t)\right]h_1(t)\mathrm{d}t\right] -$$

$$E\left[\int_0^T \left[s_0(t) + n(t) - \frac{1}{2}s_0(t)\right]h_0(t)\mathrm{d}t\right]$$

$$= -\frac{1}{2}\int_0^T s_0(t)h_0(t)\mathrm{d}t + \frac{1}{2}\int_0^T [2s_0(t) - s_1(t)]h_1(t)\mathrm{d}t$$

$$(4.108)$$

其中,$h_1(t)$ 和 $h_0(t)$ 是积分方程

$$\int_0^T R_n(t - u)h_j(u)\mathrm{d}u = s_j(t), \quad j = 0,1 \tag{4.109}$$

的解。上式两边同乘以 $R_n^{-1}(z-t)$,并在区间 $(0,T)$ 上对 t 积分,即

$$\int_0^T h_j(u)\left[\int_0^T R_n^{-1}(z-t)R_n(t-u)\mathrm{d}t\right]\mathrm{d}u = \int_0^T s_j(t)R_n^{-1}(z-t)\mathrm{d}t, \quad j = 0,1$$

$$(4.110)$$

将反核的定义式 $\int_0^T R_n^{-1}(t_1,t_2)R_n(t_2,t_3)\mathrm{d}t_2 = \delta(t_1 - t_3)$ 代入上式左边的内积分中,得

$$h_j(z) = \int_0^T s_j(t)R_n^{-1}(z-t)\mathrm{d}t, \quad j = 0,1 \tag{4.111}$$

将上式代入式(4.107)和式(4.108)中,得

$$E[G \mid H_1] = \frac{1}{2}\int_0^T\int_0^T s_1(t)s_1(x)R_n^{-1}(t-x)\mathrm{d}t\,\mathrm{d}x -$$

$$\frac{1}{2}\int_0^T\int_0^T [2s_1(t) - s_0(t)]s_0(x)R_n^{-1}(t-x)\mathrm{d}t\,\mathrm{d}x$$

$$= \frac{1}{2}\int_0^T\int_0^T [s_1(t) - s_0(t)]R_n^{-1}(t-x)[s_1(x) - s_0(x)]\mathrm{d}t\,\mathrm{d}x \tag{4.112}$$

$$E[G \mid H_0] = -\frac{1}{2}\int_0^T\int_0^T s_0(t)s_0(x)R_n^{-1}(t-x)\mathrm{d}t\,\mathrm{d}x +$$

$$\frac{1}{2}\int_0^T\int_0^T [2s_0(t) - s_1(t)]s_1(x)R_n^{-1}(t-x)\mathrm{d}t\,\mathrm{d}x$$

$$= -\frac{1}{2}\int_0^T\int_0^T [s_1(t) - s_0(t)]R_n^{-1}(t-x)[s_1(x) - s_0(x)]\mathrm{d}t\,\mathrm{d}x \tag{4.113}$$

在 H_1 假设为真的情况下,检测统计量 G 的方差为

$$\mathrm{Var}[G \mid H_1] = E[[G - E(G \mid H_1)]^2 \mid H_1] = E\left[\left[\int_0^T n(t)(h_1(t) - h_0(t))\mathrm{d}t\right]^2\right]$$

$$= \int_0^T\int_0^T E[n(t)n(u)][h_1(t) - h_0(t)][h_1(u) - h_0(u)]\mathrm{d}t\,\mathrm{d}u$$

$$= \int_0^T\int_0^T R_n(t-u)[h_1(t) - h_0(t)][h_1(u) - h_0(u)]\mathrm{d}t\,\mathrm{d}u$$

$$= \int_0^T [h_1(t) - h_0(t)]\left\{\int_0^T R_n(t-u)[h_1(u) - h_0(u)]\mathrm{d}u\right\}\mathrm{d}t$$

$$= \int_0^T [s_1(t) - s_0(t)][h_1(t) - h_0(t)]\mathrm{d}t$$

$$= \int_0^T \int_0^T \left[s_1(t) - s_0(t) \right] R_n^{-1}(t-x) \left[s_1(x) - s_0(x) \right] \mathrm{d}x\,\mathrm{d}t \tag{4.114}$$

同理

$$\mathrm{Var}(G \mid H_0) = \int_0^T \int_0^T \left[s_1(t) - s_0(t) \right] R_n^{-1}(t-x) \left[s_1(x) - s_0(x) \right] \mathrm{d}x\,\mathrm{d}t \tag{4.115}$$

令

$$\int_0^T \int_0^T \left[s_1(t) - s_0(t) \right] R_n^{-1}(t-x) \left[s_1(x) - s_0(x) \right] \mathrm{d}x\,\mathrm{d}t = \sigma_G^2 \tag{4.116}$$

则有

$$\mathrm{Var}[G \mid H_1] = \mathrm{Var}[G \mid H_0] = \sigma_G^2 \tag{4.117}$$

$$E[G \mid H_1] = -E[G \mid H_0] = \frac{\sigma_G^2}{2} \tag{4.118}$$

这样,检测统计量 G 在两个假设下的概率密度函数分别为

$$f(G \mid H_1) = \left(\frac{1}{2\pi\sigma_G^2} \right)^{1/2} \mathrm{e}^{-\frac{(G-\sigma_G^2/2)^2}{2\sigma_G^2}} \tag{4.119}$$

$$f(G \mid H_0) = \left(\frac{1}{2\pi\sigma_G^2} \right)^{1/2} \mathrm{e}^{-\frac{(G+\sigma_G^2/2)^2}{2\sigma_G^2}} \tag{4.120}$$

假定两类假设的先验概率相等,正确判决不花代价,错误判决代价相等,Bayes 准则等效为最小错误概率准则,此时 $l_0 = 1$,$\ln l_0 = 0$。由式(4.106)可知,G 的判决门限为 0。所以,平均错误概率等于某种假设下的错误概率,即

$$P_e = P(D_1 \mid H_0) = P(D_0 \mid H_1) = \int_0^\infty f(G \mid H_0) \mathrm{d}G = \int_0^\infty \frac{1}{\sqrt{2\pi}\,\sigma_G} \mathrm{e}^{-\frac{\left(G+\sigma_G^2/2 \right)^2}{2\sigma_G^2}} \mathrm{d}G$$

$$= \int_0^\infty \frac{1}{\sqrt{\pi}} \mathrm{e}^{-\frac{(G+\sigma_G^2/2)^2}{2\sigma_G^2}} \mathrm{d} \frac{G + \frac{\sigma_G^2}{2}}{\sqrt{2}\,\sigma_G} = \int_{\frac{\sigma_G}{2\sqrt{2}}}^\infty \frac{1}{\sqrt{\pi}} \mathrm{e}^{-t^2}\,\mathrm{d}t$$

$$= \frac{1}{2} \left\{ \frac{2}{\sqrt{\pi}} \int_0^\infty \mathrm{e}^{-t^2}\,\mathrm{d}t \right\} - \frac{1}{2} \left\{ \frac{2}{\sqrt{\pi}} \int_0^{\frac{\sigma_G}{2\sqrt{2}}} \mathrm{e}^{-t^2}\,\mathrm{d}t \right\} = \frac{1}{2} \left[1 - \mathrm{erf}\left(\frac{\sigma_G}{2} \right) \right] \tag{4.121}$$

上式与白噪声中平均错误概率的计算公式(式(4.46))相比,除以 $\sigma_G/2$ 代替了 $\sqrt{E(1-r)/N_0}$ 外,其余都相同。从检测统计量 G 的表达式(4.105)中可以看到,求 σ_G 需要 $h_1(t)$ 和 $h_0(t)$,因而需要解形如式(4.111)的积分方程,这是十分烦琐的。

白噪声是色噪声的一个特例,在白噪声的情况下,$R_n(t-u) = N_0\delta(t-u)/2$,代入式(4.111)中,可以得到

$$h_1(t) = \frac{2}{N_0} s_1(t) \tag{4.122}$$

$$h_0(t) = \frac{2}{N_0} s_0(t) \tag{4.123}$$

由式(4.118)和式(4.114),可以得到

$$\sigma_G^2 = 2E[G \mid H_1] = \int_0^T \int_0^T \left[s_1(t) - s_0(t) \right] \frac{2}{N_0} \delta(t-x) \left[s_1(x) - s_0(x) \right] \mathrm{d}t\,\mathrm{d}x$$

$$= \frac{2}{N_0} \int_0^T \left[s_1^2(t) + s_0^2(t) \right] \mathrm{d}t - \frac{4}{N_0} \int_0^T s_1(t) s_0(t) \mathrm{d}t \tag{4.124}$$

将信号平均能量和两信号相关系数的计算公式 $E = \frac{1}{2} \int_0^T \left[s_1^2(t) + s_0^2(t) \right] \mathrm{d}t$ 和 $r = \frac{1}{E} \int_0^T s_1(t) s_0(t) \mathrm{d}t$ 代入上式中，得到

$$\sigma_G^2 = \frac{4E}{N_0} - \frac{4Er}{N_0} = \frac{4}{N_0} E(1 - r) \tag{4.125}$$

代入式(4.121)，得

$$P_e = \frac{1}{2} \left[1 - \mathrm{erf} \left(\sqrt{\frac{E}{N_0}(1 - r)} \right) \right] \tag{4.126}$$

与式(4.46)相同。

4.4.4 最佳信号波形

由平均错误概率的计算公式(4.121)可以看到，平均错误概率随着 σ_G^2 的增大而单调减小。由式(4.112)和式(4.118)可知，σ_G^2 与信号的波形有关，所以为了得到最好的性能，必须寻求一对信号的波形 $s_1(t)$ 和 $s_0(t)$，在信号平均能量固定的约束条件下，使 σ_G^2 达到最大值。这种信号 $s_1(t)$ 和 $s_0(t)$ 称为最佳信号波形，它可以用变分法来求得。

设 $s_1(t)$ 和 $s_0(t)$ 的约束条件为平均能量为固定值 E，即

$$\frac{1}{2} \int_0^T \left[s_1^2(t) + s_0^2(t) \right] \mathrm{d}t = E \tag{4.127}$$

现在的问题是一个求条件极值的问题。用拉格朗日乘数法构造一个辅助函数

$$F = \sigma_G^2 - 2\mu E \tag{4.128}$$

其中，μ 为拉格朗日乘子。要求 σ_G^2 达到最大值，相当于在 E 为常数的约束下，使 F 极大化。将式(4.114)、式(4.117)和式(4.127)代入上式中，可得

$$F = \int_0^T \int_0^T \left[s_1(t) - s_0(t) \right] R_n^{-1}(t - x) \left[s_1(x) - s_0(x) \right] \mathrm{d}x \, \mathrm{d}t -$$
$$\mu \int_0^T \left[s_1^2(t) + s_0^2(t) \right] \mathrm{d}t \tag{4.129}$$

令 $y_1(t)$ 和 $y_0(t)$ 分别代表 $s_1(t)$ 和 $s_0(t)$ 的最佳波形，所以在区间 $(0, T)$ 上，$s_1(t)$ 和 $s_0(t)$ 可以表示为

$$\begin{cases} s_1(t) = y_1(t) + \alpha_1 \beta_1(t) \\ s_0(t) = y_0(t) + \alpha_0 \beta_0(t) \end{cases} \tag{4.130}$$

其中，α_1 和 α_0 是任意乘数，$\beta_1(t)$ 和 $\beta_0(t)$ 是定义在区间 $(0, T)$ 上的任意函数。这样，

$$F = \int_0^T \int_0^T \left[y_1(t) + \alpha_1 \beta_1(t) - y_0(t) - \alpha_0 \beta_0(t) \right] R_n^{-1}(t - x) \times$$
$$\left[y_1(x) + \alpha_1 \beta_1(x) - y_0(x) - \alpha_0 \beta_0(x) \right] \mathrm{d}x \, \mathrm{d}t -$$
$$\mu \int_0^T \left\{ \left[y_1(t) + \alpha_1 \beta_1(t) \right]^2 + \left[y_0(t) + \alpha_0 \beta_0(t) \right]^2 \right\} \mathrm{d}t \tag{4.131}$$

利用变分法，可以得到两个联立方程：

$$\frac{\partial F(\alpha_1, \alpha_0 = 0)}{\partial \alpha_1}\Bigg|_{\alpha_1 = 0} = \int_0^T 2\beta_1(x) \left\{ \int_0^T [y_1(t) - y_0(t)] R_n^{-1}(t-x) dt - \mu y_1(x) \right\} dx = 0$$

$$(4.132)$$

$$\frac{\partial F(\alpha_1 = 0, \alpha_0)}{\partial \alpha_0}\Bigg|_{\alpha_0 = 0} = \int_0^T 2\beta_0(x) \left\{ \int_0^T [y_1(t) - y_0(t)] R_n^{-1}(t-x) dt + \mu y_0(x) \right\} dx = 0$$

$$(4.133)$$

由于 $\beta_j(t)$ 是在区间 $(0,T)$ 上的任意函数，所以要满足上两式等于 0，必有

$$\begin{cases} \int_0^T [y_1(t) - y_0(t)] R_n^{-1}(t-x) dt - \mu y_1(x) = 0 \\ \int_0^T [y_1(t) - y_0(t)] R_n^{-1}(t-x) dt + \mu y_0(x) = 0 \end{cases}$$

$$(4.134)$$

比较上两式，就可以得到最佳信号波形 $y_1(t)$ 和 $y_0(t)$ 之间的关系为

$$y_1(t) = -y_0(t) \tag{4.135}$$

也就是说信号之间的相关系数 $r = -1$，这与白噪声情况下最佳二元信号检测系统的结果相同。

上式只给出了两个信号之间的关系，还需要确定其函数形式。为此将上式代入式 (4.134)，得

$$2\int_0^T y_1(t) R_n^{-1}(t-x) dt = \mu y_1(x) \tag{4.136}$$

上式两边同乘以 $R_n(\tau-x)$，并在区间 $(0,T)$ 上对 x 积分，可得

$$2\int_0^T \int_0^T y_1(t) R_n^{-1}(t-x) R_n(\tau-x) dt dx = \mu \int_0^T y_1(x) R_n(\tau-x) dx \tag{4.137}$$

利用反核的性质，可以完成上式左边的积分，得

$$\frac{2}{\mu} y_1(\tau) = \int_0^T y_1(x) R_n(\tau-x) dx \tag{4.138}$$

由上式可以看出，最佳信号波形 $y_1(t)$ 是以噪声自相关函数 $R_n(\tau-x)$ 为核的积分方程的一个特征函数，对应的特征值是 $2/\mu$。然而 μ 是一个不定乘子，为了确定应该选择哪一个特征函数作为最佳信号波形 $y_1(t)$，可以将 $y_1(t) = -y_0(t)$ 代入 σ_G^2 的表达式（式 (4.114)）中，得到

$$\sigma_G^2 = \mathrm{Var}(G \mid H_1) = 4\int_0^T \int_0^T y_1(t) R_n^{-1}(t-x) y_1(x) dt dx$$

$$= 2\mu \int_0^T y_1^2(t) dt = 2\mu E \tag{4.139}$$

其中，E 是信号的平均能量，在求解过程中应保持常数，在此约束条件下，使 μ 最大就是使 σ_G^2 最大。因此，应取对应于最小特征值 $2/\mu$ 的那个特征函数作为 $y_1(t)$，然后再取 $y_0(t) = -y_1(t)$。

如果在高斯白噪声情况下，其自相关函数为

$$R_n(t-x) = \frac{N_0}{2} \delta(t-x) \tag{4.140}$$

将上式代入积分方程（式 (4.138)），得到积分方程的解是

$$\frac{N_0}{2} y_1(\tau) = \frac{2}{\mu} y_1(\tau) \tag{4.141}$$

可见,全体特征值都等于 $N_0/2$,而特征函数可以是任意函数,最佳信号波形只需满足 $y_0(t) = -y_1(t)$ 即可,而 $y_1(t)$ 可以任意选择,这个结论与白噪声中得到的结论相同。

4.5 匹配滤波器

在高斯白噪声二元确知信号检测中,平均错误概率 P_e 与信噪比 E/N_0 有关,信噪比越大,平均错误概率越小。在通信系统中,信噪比是一个很重要的指标,一般来说,信噪比越大,系统的整体性能越好,因此常常用信噪比最大作为设计最佳接收机的一个准则。匹配滤波器是 1943 年诺斯(D.D.North)首先提出来的,是一种最佳线性滤波器,其设计原则是以带噪声的观测信号作为滤波器的输入时,使滤波器输出信号的瞬时功率与噪声的平均功率之比为最大。

4.5.1 最大信噪比准则

设滤波器的输入信号为 $x(t) = s(t) + n(t)$。其中,$s(t)$ 为持续时间 $(0,t_0)$ 的确知信号,$n(t)$ 为均值为零的广义平稳噪声,其自相关函数为 $R_n(\tau)$,滤波器的冲激响应为 $h(t)$。

在 t_0 时刻,滤波器的输出信号与噪声分量分别为

$$s_0(t_0) = \int_0^{t_0} h(t)s(t_0 - t)\mathrm{d}t \tag{4.142}$$

$$n_0(t_0) = \int_0^{t_0} h(t)n(t_0 - t)\mathrm{d}t \tag{4.143}$$

由于输入噪声均值为 0,所以输出噪声均值也为 0,输出噪声的方差即噪声平均功率,为

$$\mathrm{Var}[n_0(t_0)] = E[n_0^2(t_0)] = E\left[\int_0^{t_0} h(t)n(t_0 - t)\mathrm{d}t \int_0^{t_0} h(\tau)n(t_0 - \tau)\mathrm{d}\tau\right]$$

$$= \int_0^{t_0}\int_0^{t_0} h(t)h(\tau)R_n(t - \tau)\mathrm{d}\tau\mathrm{d}t \tag{4.144}$$

则在 t_0 时刻输出的信噪比为

$$\mathrm{SNR}(t_0) = \frac{s_0^2(t_0)}{\mathrm{Var}[n_0(t_0)]} = \frac{\left[\int_0^{t_0} h(t)s(t_0 - t)\mathrm{d}t\right]^2}{\int_0^{t_0}\int_0^{t_0} h(t)h(\tau)R_n(t - \tau)\mathrm{d}\tau\mathrm{d}t} \tag{4.145}$$

使输出信噪比 $\mathrm{SNR}(t_0)$ 最大,等效为在 $s_0(t_0)$ 为常数的约束条件下,使输出噪声平均功率 $\mathrm{Var}[n_0(t)]$ 为最小。根据拉格朗日乘数法,首先构造目标函数为

$$J = \mathrm{Var}[n_0(t_0)] - \mu s_0(t_0) = \int_0^{t_0}\int_0^{t_0} h(t)h(\tau)R_n(t - \tau)\mathrm{d}\tau\mathrm{d}t - \mu\int_0^{t_0} h(t)s(t_0 - t)\mathrm{d}t$$

$$\tag{4.146}$$

式中,μ 为拉格朗日乘子。

设 $h_0(t)$ 是能使 J 达到极小的最佳滤波器冲激响应,则任意滤波器的冲激响应可表示为

$$h(t) = h_0(t) + \alpha\beta(t) \tag{4.147}$$

式中,α 为任意常数,$\beta(t)$ 为定义在区间 $(0,t_0)$ 上的任意函数。把上式代入式(4.146),得到 J 为 α 的函数,表达式如下:

$$J(\alpha) = \int_0^{t_0}\int_0^{t_0} [h_0(t) + \alpha\beta(t)][h_0(\tau) + \alpha\beta(\tau)]R_n(t - \tau)\mathrm{d}\tau\mathrm{d}t -$$

$$\mu \int_0^{t_0} [h_0(t) + \alpha\beta(t)] s(t_0 - t) \mathrm{d}t \tag{4.148}$$

显然，对于任意给定的 $\beta(t)$，$J(\alpha)$ 应在 $\alpha = 0$ 处达到极小值，即 $h_0(t)$ 应满足如下方程

$$\left. \frac{\partial J(\alpha)}{\partial \alpha} \right|_{\alpha=0} = 0 \tag{4.149}$$

$$\begin{aligned}
\frac{\partial J(\alpha)}{\partial \alpha} &= \int_0^{t_0} \int_0^{t_0} \{\beta(t)[h_0(\tau) + \alpha\beta(\tau)] + \beta(\tau)[h_0(t) + \\
&\quad \alpha\beta(t)]\} R_n(t - \tau) \mathrm{d}\tau \mathrm{d}t - \mu \int_0^{t_0} \beta(t) s(t_0 - t) \mathrm{d}t \\
&= \int_0^{t_0} \int_0^{t_0} [\beta(t)h_0(\tau) + \beta(\tau)h_0(t) + 2\alpha\beta(t)\beta(\tau)] R_n(t - \tau) \mathrm{d}\tau \mathrm{d}t - \\
&\quad \mu \int_0^{t_0} \beta(t) s(t_0 - t) \mathrm{d}t \\
&= \int_0^{t_0} \left\{ \int_0^{t_0} [\beta(t)h_0(\tau) + \beta(\tau)h_0(t) + 2\alpha\beta(t)\beta(\tau)] R_n(t - \tau) \mathrm{d}\tau - \right. \\
&\quad \left. \mu\beta(t) s(t_0 - t) \right\} \mathrm{d}t
\end{aligned} \tag{4.150}$$

当 $\alpha = 0$ 时，上式变为

$$\left. \frac{\partial J(\alpha)}{\partial \alpha} \right|_{\alpha=0} = \int_0^{t_0} \beta(t) \left[\int_0^{t_0} 2h_0(\tau) R_n(t - \tau) \mathrm{d}\tau - \mu s(t_0 - t) \right] \mathrm{d}t = 0 \tag{4.151}$$

由于 $\beta(t)$ 的任意性，上式等效为

$$\int_0^{t_0} 2h_0(\tau) R_n(t - \tau) \mathrm{d}\tau - \mu s(t_0 - t) = 0 \tag{4.152}$$

$$\int_0^{t_0} h_0(\tau) R_n(t - \tau) \mathrm{d}\tau = \frac{\mu}{2} s(t_0 - t) \tag{4.153}$$

由于 μ 为拉格朗日乘子，μ 的变化仅仅改变滤波器的增益，对信号和噪声的影响是一致的，故可令 $\mu/2 = 1$，因此使输出信噪比最大的最佳滤波器冲激响应可通过求解下列积分方程得到

$$\int_0^{t_0} h_0(\tau) R_n(t - \tau) \mathrm{d}\tau = s(t_0 - t) \tag{4.154}$$

上式即为匹配滤波器的普通形式。

将上式代入式(4.145)，得到匹配滤波器输出的最大信噪比，为

$$\begin{aligned}
\mathrm{SNR}_{\max} &= \frac{\left[\int_0^{t_0} h_0(t) s(t_0 - t) \mathrm{d}t \right]^2}{\int_0^{t_0} \int_0^{t_0} h_0(t) h_0(\tau) R_n(t - \tau) \mathrm{d}\tau \mathrm{d}t} = \frac{\left[\int_0^{t_0} h_0(t) s(t_0 - t) \mathrm{d}t \right]^2}{\int_0^{t_0} h_0(t) s(t_0 - t) \mathrm{d}t} \\
&= \int_0^{t_0} h_0(t) s(t_0 - t) \mathrm{d}t
\end{aligned} \tag{4.155}$$

4.5.2 白噪声背景下的匹配滤波器

1. 匹配滤波器的时域特性

如果观测噪声是平稳白噪声，相应自相关函数为

$$R_n(\tau) = \frac{N_0}{2} \delta(\tau) \tag{4.156}$$

将上式代入求解匹配滤波器冲激响应的积分方程(式(4.154)),可得

$$\int_0^{t_0} h_0(\tau) \frac{N_0}{2}\delta(t-\tau)\mathrm{d}\tau = \frac{N_0}{2}h_0(t) = s(t_0-t) \tag{4.157}$$

$$h_0(t) = \frac{2}{N_0}s(t_0-t), \quad 0 \leqslant t \leqslant t_0 \tag{4.158}$$

上式即为白噪声情况下匹配滤波器的冲激响应。根据式(4.155)和式(4.158),匹配滤波器的输出信噪比为

$$\mathrm{SNR}_{\mathrm{max}} = \int_0^{t_0} \frac{2}{N_0}s^2(t_0-t)\mathrm{d}t \tag{4.159}$$

令 $\tau = t_0 - t$,则 $\mathrm{d}\tau = -\mathrm{d}t$,上式变为

$$\mathrm{SNR}_{\mathrm{max}} = -\int_{t_0}^0 \frac{2}{N_0}s^2(\tau)\mathrm{d}\tau = \int_0^{t_0} \frac{2}{N_0}s^2(\tau)\mathrm{d}\tau = \frac{2E}{N_0} \tag{4.160}$$

由上式可以看出,输出信噪比仅与输入信号的能量和噪声的功率谱密度函数有关,而与输入信号的波形和噪声的幅度分布无关。

应用式(4.158),可得出匹配滤波器在 t_0 时刻的输出为

$$x_0(t_0) = \int_0^{t_0} h_0(t)x(t_0-t)\mathrm{d}t = \int_0^{t_0} \frac{2}{N_0}s(t_0-t)x(t_0-t)\mathrm{d}t$$

$$= \int_0^{t_0} \frac{2}{N_0}s(\tau)x(\tau)\mathrm{d}\tau \tag{4.161}$$

从匹配滤波器的输出信噪比和输出信号表达式可以看出,匹配滤波器与相关接收机是完全等效的。由图 4.4 描述的二元信号相关接收机也可以用匹配滤波器等效构成,如图 4.12 所示。

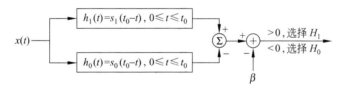

图 4.12 二元确知信号检测的最佳接收机结构图

相关接收机和匹配滤波器各有特点,采用哪个合适要根据具体情况而定。一般来说,相关接收机需要一个本地相干信号 $s(t)$,而且要求它和接收信号 $x(t)$ 中的有用信号严格同步,这一点是难以实现的。匹配滤波器不需要本地相干信号,因此结构比较简单,但其冲激响应与有用信号的匹配往往难以精确做到。

2. 匹配滤波器的频域特性

输入信号 $s(t)$ 的傅里叶变换为

$$S(\mathrm{j}\omega) = \int_{-\infty}^{\infty} s(t)\mathrm{e}^{-\mathrm{j}\omega t}\mathrm{d}t = \int_0^{t_0} s(t)\mathrm{e}^{-\mathrm{j}\omega t}\mathrm{d}t \tag{4.162}$$

对 $h_0(t)$ 也进行傅里叶变换,得到滤波器的传输函数为

$$H(\mathrm{j}\omega) = \int_{-\infty}^{\infty} h_0(t)\mathrm{e}^{-\mathrm{j}\omega t}\mathrm{d}t \tag{4.163}$$

将匹配滤波器冲激响应的式(4.158)代入上式,可得

$$H(j\omega) = \int_0^{t_0} \frac{2}{N_0} s(t_0 - t) e^{-j\omega t} dt \qquad (4.164)$$

令 $\tau = t_0 - t$，则 $d\tau = -dt$，上式变为

$$H(j\omega) = \frac{2}{N_0} \int_0^{t_0} s(\tau) e^{-j\omega(t_0 - \tau)} d\tau = \frac{2}{N_0} \int_0^{t_0} s(\tau) e^{-j\omega t_0} e^{j\omega\tau} d\tau$$

$$= \frac{2}{N_0} e^{-j\omega t_0} \int_0^{t_0} s(\tau) e^{j\omega\tau} d\tau = \frac{2}{N_0} S^*(j\omega) e^{-j\omega t_0} \qquad (4.165)$$

式中，

$$S^*(j\omega) = \int_0^{t_0} s(\tau) e^{j\omega\tau} d\tau \qquad (4.166)$$

即匹配滤波器的传输函数为信号频谱的共轭，并延迟时间 t_0，$2/N_0$ 为常数，反映线性滤波器的放大倍数，通常取 1，可见 $|H(j\omega)| = |S(j\omega)|$，匹配滤波器的幅频特性等于信号 $s(t)$ 的幅频特性，或者说二者是相匹配的。这也是把此种滤波器称为匹配滤波器的缘故。

【例 4.2】 假设信号为白噪声中的单个矩形脉冲，$s(t) = \begin{cases} 1, & 0 \leqslant t \leqslant t_0 \\ 0, & \text{其他} \end{cases}$，求与之相匹配的匹配滤波器的传输函数。

解：信号的频谱为

$$S(j\omega) = \int_{-\infty}^{\infty} s(t) e^{-j\omega t} dt = \int_0^{t_0} e^{-j\omega t} dt = \frac{1 - e^{-j\omega t_0}}{j\omega}$$

由式(4.165)得

$$H(j\omega) = \frac{2}{N_0} S^*(\omega) e^{-j\omega t_0} = \frac{2}{N_0} \frac{e^{j\omega t_0} - 1}{j\omega} e^{-j\omega t_0} = \frac{2}{j\omega N_0} [1 - e^{-j\omega t_0}]$$

3. 匹配滤波器的性质

性质 1：在所有的线性滤波器中，匹配滤波器输出的信噪比最大，$\mathrm{SNR_{max}} = 2E/N_0$，最大信噪比取决于输入信号的能量和白噪声的功率谱密度函数，而与输入信号的波形和白噪声的分布特性无关。

性质 2：匹配滤波器的幅频特性与输入信号的幅频特性一致，相频特性相反，并有一附加的相位项 $-\omega t_0$。

证明：令

$$S(j\omega) = |S(j\omega)| e^{j\varphi_s(\omega)} \qquad (4.167)$$

$$H(j\omega) = |H(j\omega)| e^{j\varphi_h(\omega)} \qquad (4.168)$$

其中，$\varphi_s(\omega)$、$\varphi_h(\omega)$ 分别为输入信号 $S(j\omega)$ 和匹配滤波器 $H(j\omega)$ 的相位。

由式(4.165)可知

$$H(j\omega) = |S(j\omega)| e^{-j\varphi_s(\omega)} e^{-j\omega t_0} = |S(j\omega)| e^{-j\varphi_s(\omega) - j\omega t_0}$$

$$= |S(j\omega)| e^{j[-\varphi_s(\omega) - \omega t_0]} \qquad (4.169)$$

比较式(4.169)和式(4.168)，有

$$|H(j\omega)| = |S(j\omega)| \qquad (4.170)$$

$$\varphi_h(\omega) = -\varphi_s(\omega) - \omega t_0 \qquad (4.171)$$

性质 3：匹配滤波器的输出信号在 $t = t_0$ 时刻瞬间功率达到最大。

证明：设匹配滤波器输入信号的傅里叶变换为 $S(j\omega)$，则滤波器输出信号 $s_0(t)$ 的傅里

叶变换为

$$S_0(\mathrm{j}\omega) = S(\mathrm{j}\omega)H(\mathrm{j}\omega) \tag{4.172}$$

将式(4.169)和式(4.167)代入上式,得

$$S_0(\mathrm{j}\omega) = |S(\mathrm{j}\omega)|^2 \mathrm{e}^{-\mathrm{j}\omega t_0} \tag{4.173}$$

对上式进行傅里叶反变换,得

$$s_0(t) = \frac{1}{2\pi}\int_{-\infty}^{\infty} S_0(\mathrm{j}\omega)\mathrm{e}^{\mathrm{j}\omega t}\,\mathrm{d}\omega = \frac{1}{2\pi}\int_{-\infty}^{\infty} |S(\mathrm{j}\omega)|^2 \mathrm{e}^{\mathrm{j}\omega(t-t_0)}\,\mathrm{d}\omega \tag{4.174}$$

由上式可知,当且仅当 $t=t_0$ 时,$s_0(t)$ 的不同频率分量全部同相,从而使积分结果达到最大值。

性质 4:滤波器输出信噪比达到最大的时刻 t_0,应等于原信号 $s(t)$ 的持续时间 T。

证明:由式(4.158)可知,白噪声情况下,物理可实现的匹配滤波器冲激响应是

$$h_0(t) = \frac{2}{N_0}s(t_0-t), \quad 0 \leqslant t \leqslant t_0 \tag{4.175}$$

输出信号中的有用信号成分为

$$s_0(t) = \int_0^{t_0} h_0(\tau)s(t-\tau)\,\mathrm{d}\tau \tag{4.176}$$

将式(4.175)代入上式,得

$$s_0(t) = \int_0^{t_0} \frac{2}{N_0}s(t_0-\tau)s(t-\tau)\,\mathrm{d}\tau \tag{4.177}$$

故

$$s_0(t_0) = \int_0^{t_0} \frac{2}{N_0}s(t_0-\tau)s(t_0-\tau)\,\mathrm{d}\tau = \frac{2}{N_0}\int_0^{t_0} s^2(t_0-\tau)\,\mathrm{d}\tau$$

$$= \frac{2}{N_0}\int_0^{t_0} s^2(u)\,\mathrm{d}u \tag{4.178}$$

显然若输入信号 $s(t)$ 的持续时间为 $(0,T)$,应选择 $t_0=T$,可使 $s_0(t_0)$ 达到最大值,从而使输出信噪比达到最大值。综上所述,选择不同的 t_0,匹配滤波器的输出有不同的极大值,此极大值随 t_0 单调地增长,当 $t_0=T$ 时,此极大值达到最大。对于持续时间有限的信号,选取 $t_0>T$ 是没有必要的,因为它不会进一步改善滤波器的输出信噪比,而只会徒然延迟做出判决的时间,从而降低检测系统的工作效率。

性质 5:匹配滤波器对波形相同而幅值不同的时延信号具有适应性。

证明:设匹配滤波器输入信号 $s(t)$ 的傅里叶变换为 $S(\mathrm{j}\omega)$,则匹配滤波器的传输函数为

$$H(\mathrm{j}\omega) = S^*(\mathrm{j}\omega)\mathrm{e}^{-\mathrm{j}\omega t_0} \tag{4.179}$$

设 $s_1(t) = As(t-\tau)$,则其傅里叶变换为

$$S_1(\mathrm{j}\omega) = AS(\mathrm{j}\omega)\mathrm{e}^{-\mathrm{j}\omega\tau} \tag{4.180}$$

对于 $s_1(t)$,使输出信噪比在 $t=t_1$ 时刻达到最大值的匹配滤波器的传输函数为

$$H_1(\mathrm{j}\omega) = S_1^*(\mathrm{j}\omega)\mathrm{e}^{-\mathrm{j}\omega t_1} = AS^*(\mathrm{j}\omega)\mathrm{e}^{\mathrm{j}\omega\tau}\mathrm{e}^{-\mathrm{j}\omega t_1} = AS^*(\mathrm{j}\omega)\mathrm{e}^{-\mathrm{j}\omega(t_1-\tau)} \tag{4.181}$$

根据性质 4 可知,滤波器输出信噪比达到最大的时刻应等于原信号 $s(t)$ 的持续时间。$s_1(t)$ 是 $s(t)$ 的延迟,所以若 $s(t)$ 的持续时间为 t_0,则 $s_1(t)$ 的持续时间必为 $t_0+\tau$,即 $t_1 = t_0+\tau$。

将 $t_1 = t_0+\tau$ 代入上式,得

$$H_1(j\omega) = AS^*(j\omega)e^{-j\omega t_0} \tag{4.182}$$

比较式(4.179)和式(4.182),得

$$H_1(j\omega) = AH(j\omega) \tag{4.183}$$

可见,两个滤波器之间除表示相对放大量的常数 A 外,它们的传输函数完全相同。所以与输入信号 $s(t)$ 匹配的滤波器对于信号 $s_1(t)$ 来说也是匹配的,只是输出信噪比达到最大的时刻延迟了一个 τ。

性质 6:匹配滤波器对频移信号不具备适应性。

证明:设频移信号 $s_2(t) = s(t)e^{-j\omega_a t}$,则其频谱函数为

$$S_2(j\omega) = S[j(\omega + \omega_a)] \tag{4.184}$$

如 $S(j\omega)$ 代表雷达固定目标回波信号的频谱,$S_2(j\omega)$ 代表有径向速度的运动目标回波频谱,ω_a 为多普勒(Doppler)频移。对应于 $s_2(t)$ 的匹配滤波器的传输函数为

$$H_2(j\omega) = S^*[j(\omega + \omega_a)]e^{-j\omega t_0} \tag{4.185}$$

令 $\omega' = \omega + \omega_a$,则 $\omega = \omega' - \omega_a$,得

$$H_2(j\omega) = S^*(j\omega')e^{-j\omega' t_0 + j\omega_a t_0} = H(j\omega')e^{j\omega_a t_0} \tag{4.186}$$

显然,$H_2(j\omega)$ 与原信号 $s(t)$ 的匹配滤波器 $H(j\omega)$ 是不同的,即匹配滤波器对频移信号不具备适应性。

4.6　广义匹配滤波器

本节将讨论在色噪声情况中,如何根据最大输出信噪比准则,寻找一种线性非时变滤波器,它能使滤波器的输出信噪比在抽样时刻达到最大值。这种在色噪声背景下的匹配滤波器称为广义匹配滤波器。

根据式(4.154)可知,匹配滤波器的冲激响应满足积分方程

$$\int_0^{t_0} h(\tau)R_n(t-\tau)d\tau = s(t_0 - t) \tag{4.187}$$

当噪声为色噪声时,求解出的 $h(t)$ 即为广义匹配滤波器的冲激响应。

4.6.1　积分方程的近似解法

首先将积分限从 $(0, t_0)$ 扩展为 $(-\infty, \infty)$,这样积分方程(4.187)可以看作如下卷积运算:

$$h(t) * R_n(t) = s(t_0 - t) \tag{4.188}$$

对上式取傅里叶变换,得

$$H(j\omega)G_n(j\omega) = S^*(j\omega)e^{-j\omega t_0} \tag{4.189}$$

即

$$H(j\omega) = \frac{S^*(j\omega)e^{-j\omega t_0}}{G_n(j\omega)} \tag{4.190}$$

式中,$G_n(j\omega)$ 为色噪声的功率谱。

$H(j\omega)$ 就是广义匹配滤波器的传输函数,这个最佳解是通过将式(4.187)的积分限从 $(0, t_0)$ 扩展为 $(-\infty, \infty)$ 而推导而来的,这就相当于 $h(t)$ 是定义在 $(-\infty, \infty)$ 的量,所以这

样得到的最佳系统是非物理可实现的。只有用非实时方式处理信号时,才可用非物理可实现的滤波器来处理。

对于白噪声,$G_n(\omega)=N_0/2$,代入式(4.190),可得到白噪声背景下的匹配滤波器的传输函数为

$$H(j\omega)=\frac{2}{N_0}S^*(j\omega)e^{-j\omega t_0} \tag{4.191}$$

与 4.5 节所推导的结果一致,这样就验证了白噪声为色噪声的特例。

4.6.2 预白化方法

所谓预白化方法,是将含有色噪声的输入信号先通过一个白化滤波器,使色噪声变为白噪声,然后再串接一个白噪声背景下的匹配滤波器,从而得到广义匹配滤波器。其结构如图 4.13 所示。接收信号为 $x(t)=s(t)+n(t)$,通过传输函数为 $H_1(j\omega)$ 的白化滤波器后,输出为有用信号 $s_1(t)$ 和白噪声 $n_1(t)$ 的混合,然后再把该混合信号输入到传输函数为 $H_0(j\omega)$ 的匹配滤波器中,所以广义匹配滤波器是由白化滤波器和白噪声下的匹配滤波器级联而成的,设其传输函数为 $H(j\omega)$,则有

$$H(j\omega)=H_1(j\omega)H_0(j\omega) \tag{4.192}$$

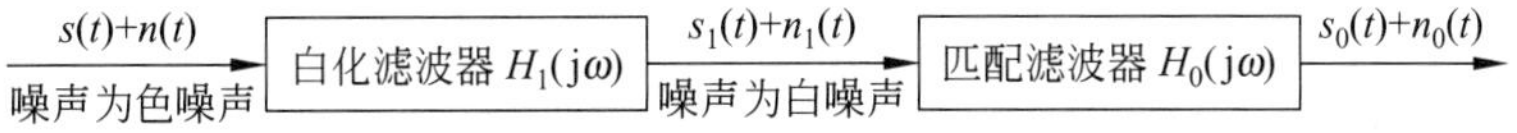

图 4.13 广义匹配滤波器原理图

令 $n_1(t)$ 是功率谱为 1 的白噪声,即 $G_{n1}(j\omega)=1$,则有

$$G_{n1}(j\omega)=G_n(j\omega)\mid H_1(j\omega)\mid^2=1 \tag{4.193}$$

其中,$G_n(j\omega)$ 为色噪声 $n(t)$ 的功率谱密度函数。上式可以写为

$$\mid H_1(j\omega)\mid^2=\frac{1}{G_n(j\omega)} \tag{4.194}$$

根据式(4.165)可知

$$H_0(j\omega)=S_1^*(j\omega)e^{-j\omega t_0} \tag{4.195}$$

由于

$$S_1(j\omega)=S(j\omega)H_1(j\omega) \tag{4.196}$$

将上式代入式(4.195),得

$$H_0(j\omega)=S^*(j\omega)H_1^*(j\omega)e^{-j\omega t_0} \tag{4.197}$$

将上式和式(4.194)代入式(4.192),得到广义匹配滤波器的传输函数为

$$H(j\omega)=H_1(j\omega)H_0(j\omega)=H_1(j\omega)H_1^*(j\omega)S^*(j\omega)e^{-j\omega t_0}$$
$$=\mid H_1(j\omega)\mid^2S^*(j\omega)e^{-j\omega t_0}=\frac{S^*(j\omega)e^{-j\omega t_0}}{G_n(j\omega)} \tag{4.198}$$

与式(4.190)相比较,可知这一结果与解积分方程得到的近似解完全一致。

4.6.3 白化滤波器的构成

设色噪声的功率谱密度函数 $G_n(j\omega)$ 为实函数,则 $G_n(j\omega)$ 可分解为

$$G_n(j\omega) = G_n^+(j\omega) \cdot G_n^-(j\omega) \tag{4.199}$$

式中,$G_n^+(j\omega)$的零极点均在 S 平面的左半面,$G_n^-(j\omega)$的零极点均在 S 平面的右半面。由于 $G_n(j\omega)$ 为实函数,所以其零、极点是成对共轭出现的,即在 S 平面上关于虚轴对称。所以出现在 S 平面左半面的零点(或极点),其在右半平面的对称点也一定是它的零点(或极点)。由此可见

$$G_n^-(j\omega) = [G_n^+(j\omega)]^* \tag{4.200}$$

$$G_n(j\omega) = G_n^+(j\omega) \cdot [G_n^+(j\omega)]^* = |G_n^+(j\omega)|^2 \tag{4.201}$$

根据式(4.194)得

$$|H_1(j\omega)|^2 = \frac{1}{G_n(j\omega)} = \frac{1}{|G_n^+(j\omega)|^2} \tag{4.202}$$

即

$$H_1(j\omega) = \frac{1}{G_n^+(j\omega)} \tag{4.203}$$

实际上,式(4.201)也可以表示为 $G_n(j\omega) = [G_n^-(j\omega)]^* G_n^-(j\omega)$,这样得到

$$H_1(j\omega) = \frac{1}{G_n^-(j\omega)} \tag{4.204}$$

$G_n^-(j\omega)$ 和 $G_n^+(j\omega)$ 都能使式(4.202)成立,但一般选择式(4.203),这是因为 $G_n^+(j\omega)$ 的零极点均在 S 平面的左半面,所以 $H_1(j\omega)$ 的零极点也全部在 S 平面的左半面,其逆变换是正时间函数,也就是说这样构造的白化滤波器是物理可实现滤波器。

将式(4.201)和式(4.203)代入式(4.193),可见白化滤波器输出的噪声功率谱密度函数为

$$G_{n1}(j\omega) = G_n(j\omega) |H_1(j\omega)|^2 = \frac{|G_n^+(j\omega)|^2}{|G_n^+(j\omega)|^2} = 1 \tag{4.205}$$

由此可见,白化滤波器输出的噪声成分确实是白噪声。

【例 4.3】 已知输入色噪声的功率谱密度函数为 $G_n(j\omega) = \dfrac{2(\omega^2+1)}{\omega^2+4}$,求白化滤波器的传输函数 $H_1(j\omega)$。

解:首先把 $G_n(j\omega)$ 写成因子乘式

$$G_n(j\omega) = G_n^+(j\omega) \cdot G_n^-(j\omega) = \left[\frac{\sqrt{2}(j\omega+1)}{(j\omega+2)}\right] \cdot \left[\frac{\sqrt{2}(j\omega-1)}{(j\omega-2)}\right]$$

则白化滤波器的传输函数为

$$H_1(j\omega) = \frac{1}{G_n^+(j\omega)} = \frac{(j\omega+2)}{\sqrt{2}(j\omega+1)}$$

本 章 小 结

本章在第 3 章经典检测理论的基础上,讨论了高斯噪声背景下确知信号的检测。

(1) 在高斯白噪声背景下,确知信号的检测也属于似然比检验。

似然函数为

$$f(\boldsymbol{x} \mid H_0) = F\mathrm{e}^{-\frac{1}{N_0}\int_0^T [x(t)-s_0(t)]^2 \mathrm{d}t}$$

$$f(\boldsymbol{x} \mid H_1) = F\mathrm{e}^{-\frac{1}{N_0}\int_0^T [x(t)-s_1(t)]^2 \mathrm{d}t}$$

似然比检验为

$$l(\boldsymbol{x}) = \mathrm{e}^{-\frac{1}{N_0}\left\{\int_0^T [s_1^2(t)-s_0^2(t)]-2x(t)[s_1(t)-s_0(t)]\right\}\mathrm{d}t} \underset{H_0}{\overset{H_1}{\gtrless}} l_0$$

即

$$I = \int_0^T x(t)[s_1(t)-s_0(t)]\mathrm{d}t \underset{H_0}{\overset{H_1}{\gtrless}} \frac{N_0}{2}\ln l_0 + \frac{1}{2}(E_1 - E_0) = \beta$$

第一类错误、第二类错误和平均错误概率均为

$$P_e = P(D_1 \mid H_0) = P(D_0 \mid H_1) = \frac{1}{2}\left[1 - \mathrm{erf}\left(\sqrt{\frac{E(1-r)}{N_0}}\right)\right]$$

在高斯白噪声背景下,确知信号的检测性能仅与信噪比和信号间的相关系数有关,而与信号的形状无关。

(2) 常用的三种通信系统,即相干相移键控系统、相干频移键控系统和相干启闭键控系统,其检测性能依次相差 3dB。

(3) 在高斯色噪声背景下,按照接收信号的卡亨南-洛维展开式的系数作为样本,求得似然函数,然后进行判决。

似然函数为

$$f(x_1, x_2, \cdots, x_N \mid H_1) = \prod_{k=1}^{N} \frac{1}{\sqrt{2\pi\lambda_k}} \mathrm{e}^{-\frac{(x_k - s_{1k})^2}{2\lambda_k}}$$

$$f(x_1, x_2, \cdots, x_N \mid H_0) = \prod_{k=1}^{N} \frac{1}{\sqrt{2\pi\lambda_k}} \mathrm{e}^{-\frac{(x_k - s_{0k})^2}{2\lambda_k}}$$

似然比检验为

$$\int_0^T x(t)h_1(t)\mathrm{d}t - \int_0^T x(t)h_0(t)\mathrm{d}t \underset{H_0}{\overset{H_1}{\gtrless}} \ln l_0 + \frac{1}{2}\left[\int_0^T s_1(t)h_1(t)\mathrm{d}t - \int_0^T s_0(t)h_0(t)\mathrm{d}t\right] = \beta$$

即

$$G = \int_0^T \left[x(t) - \frac{1}{2}s_1(t)\right]h_1(t)\mathrm{d}t - \int_0^T \left[x(t) - \frac{1}{2}s_0(t)\right]h_0(t)\mathrm{d}t \underset{H_0}{\overset{H_1}{\gtrless}} \ln l_0$$

第一类错误、第二类错误和平均错误概率均为

$$P_e = P(D_1 \mid H_0) = P(D_0 \mid H_1) = \frac{1}{2}\left[1 - \mathrm{erf}\left(\frac{\sigma_G}{2}\right)\right]$$

(4) 匹配滤波器为输出信噪比最大的线性滤波器,它可以简化相关接收机,不需要产生本地相干信号。匹配滤波器的冲激响应为积分方程 $\int_0^{t_0} h_0(\tau)R_n(t-\tau)\mathrm{d}\tau = s(t_0 - t)$ 的解。在高斯白噪声背景下,匹配滤波器的传输函数为 $H(\mathrm{j}\omega) = \frac{2}{N_0}S^*(\mathrm{j}\omega)\mathrm{e}^{-\mathrm{j}\omega t_0}$;在高斯色噪声背景下,广义匹配滤波器的传输函数为 $H(\mathrm{j}\omega) = \frac{S^*(\mathrm{j}\omega)\mathrm{e}^{-\mathrm{j}\omega t_0}}{G_n(\mathrm{j}\omega)}$。

思 考 题

1. 简述信号与噪声的分类方法。

2. 高斯白噪声下二元确知信号的最优形式是怎样的？为什么？

3. 高斯白噪声下多元确知信号的检测中，平均错误概率与哪些因素有关？并分析它们之间的关系。

4. 对高斯色噪声中的信号进行检测时，为什么不用等间隔抽样的方法，而是采用对接收信号进行卡亨南-洛维展开的方法？

5. 匹配滤波器的设计准则是什么？

6. 简述用预白化的方法对高斯色噪声中的信号进行检测的思想。

习 题

1. 已知发送端发送的信号分别为 $s_1(t) = A\sin\omega t$ 和 $s_0(t) = -A\sin\omega t$，$0 \leqslant t \leqslant T$，试利用最小错误概率准则设计一台接收机，对如下假设做出判决，并画出接收机的结构形式。

$$H_0: x(t) = s_0(t) + n(t)$$
$$H_1: x(t) = s_1(t) + n(t)$$

信道上叠加的噪声 $n(t)$ 服从均值为 0、功率谱密度函数为 $N_0/2$ 的高斯白噪声。

2. 现有两个假设

$$H_0: x(t) = B\cos(\omega_2 t + \varphi) + n(t)$$
$$H_1: x(t) = A\cos\omega_1 t + B\cos(\omega_2 t + \varphi) + n(t)$$

其中，A、B、ω_1、ω_2、φ 均为确知常数，$n(t)$ 为功率谱密度函数为 $N_0/2$ 的高斯白噪声，试设计似然比接收机。

3. 输入信号为

$$s(t) = \begin{cases} a, & 0 \leqslant t \leqslant T \\ 0, & \text{其他} \end{cases}$$

试求在白噪声背景下，其匹配滤波器的冲激响应、传输函数、输出信号波形和输出峰值信噪比。

4. 二元通信系统中，在每种假设下传送的信号为

$$H_0: x(t) = A\sin\omega_0 t + n(t), \quad 0 \leqslant t \leqslant T$$
$$H_1: x(t) = A\sin 2\omega_0 t + n(t), \quad 0 \leqslant t \leqslant T$$

假设两种信号是等概率发送的，$n(t)$ 均值为 0，功率谱密度函数为 $N_0/2$ 的白噪声。试用最小错误概率准则确定最佳接收机形式，并计算平均错误概率。

5. 设信号

$$s(t) = \begin{cases} A, & 0 \leqslant t < \infty \\ 0, & t < 0 \end{cases}$$

求与该信号匹配的滤波器的冲激响应。

计算机仿真

1. 相干相移键控系统检测接收机的仿真

1) 仿真假设

设发送的二进制序列为 0101011001，$s_0(t)=A\sin(\omega_1 t+\theta_0)$，$s_1(t)=A\sin(\omega_1 t+\theta_1)$，$A=1$，$\omega_1=4\pi$，$\theta_0=0$，$\theta_1=\pi$，叠加均值为 0、功率谱密度函数为 $\frac{N_0}{2}=0.01$ 的高斯白噪声。

2) 程序代码

```
%相干相移键控系统
clear all
close all
A=1;                        %信号幅值
i=10;                       %码元个数
j=10000;                    %每个码元周期内分为 j 个微分单元
N0=0.02;                    %功率谱密度函数 N0/2
t=linspace(0,10,j);        %0~10 个码元产生 10000 个点行向量,即 10000 份
fc=2;                       %信号频率
fm=i/4;                     %码元速率
T=1./fm;                    %码元周期
x=[0 1 0 1 0 1 1 0 0 1];   %发送序列
a=round(x);
st=t;
for n=1:i
if a(n)<1;
for m=j/i*(n-1)+1:j/i*n
st(m)=0;
end
else
for m=j/i*(n-1)+1:j/i*n
st(m)=1;
end
end
end
figure(1);
subplot(221);
plot(t,st);
axis([0,10,-0.2,1.2]);
title('发送序列');
s0=A.*sin(2*pi*fc*t);           %0 码发送信号
s1=A.*sin(2*pi*fc*t+pi);        %1 码发送信号
Energy0=trapz(s0.*s0)*(T/j);    %0 码信号能量
Energy1=trapz(s1.*s1)*(T/j);    %1 码信号能量
```

```
Beta=(Energy1-Energy0)/2;                      %判决门限
nn=wgn(1,j,10 * log(2 * pi * fc * 2 * (N0/2)));   %白噪声
e_2psk1=st.* s1;
e_2psk0=(~st).* s0;
e_2psk=e_2psk0+e_2psk1;                         %调制
subplot(222);
plot(t,e_2psk);
axis([0,10,-1,1]);
title('2PSK 频带信号');
xn=e_2psk+nn;                                   %叠加白噪声
subplot(223);
plot(t,xn);
axis([0,10,-1,1]);
title('已调 2PSK 噪声信号');
at1=xn.* s1;                                    %x(t) * s1
at0=xn.* s0;                                    %x(t) * s0
for m=1:i
Judgement1(m)=trapz(at1(((m-1) * (j/i)+1):((m-1) * (j/i)+1000))) * (T/(j/i));
                                               %%梯形积分运算

end
for m=1:i
Judgement0(m)=trapz(at0(((m-1) * (j/i)+1):((m-1) * (j/i)+1000))) * (T/(j/i));
                                               %%梯形积分运算

end
Judgement=Judgement1-Judgement0;
for m=1:i
if Judgement(m)>Beta
for j=(m-1) * 1000+1:(m-1) * 1000+1000
at(1,j)=1;
end
else
for j=(m-1) * 1000+1:(m-1) * 1000+1000
at(1,j)=0;
end
end
end
subplot(224);
plot(t,at);
axis([0,10,-0.2,1.2]);
title('2PSK 判决信号');
```

3) 仿真结果

相干相移键控系统检测接收机的仿真结果如图 4.14 所示。

2. 相干频移键控系统检测接收机的仿真

1) 仿真假设

设发送的二进制序列为 0101011001，$s_0(t)=A\sin\omega_1 t$，$s_1(t)=A\sin\omega_2 t$，$A=1$，$\omega_1=4\pi$，

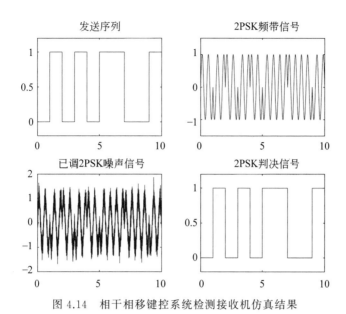

图4.14 相干相移键控系统检测接收机仿真结果

$\omega_2 = 8\pi$,叠加均值为0、功率谱密度函数为$\dfrac{N_0}{2} = 0.01$的高斯白噪声。

2）程序代码

```
%相干频移键控系统
clear all; close all; clc
A=1;                            %信号幅值
i=10;                           %码元个数
j=10000;                        %每个码元周期内分为 j 个微分单元
N0=0.02;                        %功率谱密度函数 N0/2
t=linspace(0,10,j);             %0～10 个码元产生 10000 个点行向量,即 10000 份
fc=2;                           %信号频率
fm=i/4;                         %码元速率
T=1./fm;                        %码元周期
x=[0 1 0 1 0 1 1 0 0 1];        %发送序列
a=round(x);
st=t;
for n=1:i
if a(n)<1;
for m=j/i * (n-1)+1:j/i * n
st(m)=0;
end
else
for m=j/i * (n-1)+1:j/i * n
st(m)=1;
end
end
end
```

```
figure(1);
subplot(221);
plot(t,st);
axis([0,10,-0.2,1.2]);
title('二进制基带信号');
s0=A.*sin(2*pi*fc*t);                          %0码发送信号
s1=A.*sin(4*pi*fc*t);                          %1码发送信号
Energy0=trapz(s0.*s0)*(T/j);                   %0码信号能量
Energy1=trapz(s1.*s1)*(T/j);                   %1码信号能量
Beta=(Energy1-Energy0)/2;                      %判决门限
nn=wgn(1,j,10*log(2*pi*fc*2*(N0/2)));          %白噪声
e_2fsk1=st.*s1;
e_2fsk0=(~st).*s0;
e_2fsk=e_2fsk0+e_2fsk1;                        %调制
subplot(222);
plot(t,e_2fsk);
axis([0,10,-1,1]);
title('2FSK频带信号');
xn=e_2fsk+nn;                                  %叠加白噪声
subplot(223);
plot(t,xn);
axis([0,10,-1,1]);
title('已调2FSK噪声信号');
at1=xn.*s1;                                    %x(t)*s1
at0=xn.*s0;                                    %x(t)*s0
for m=1:i
Judgement1(m)=trapz(at1(((m-1)*(j/i)+1):((m-1)*(j/i)+1000)))*(T/(j/i));
                                              %%梯形积分运算
end
for m=1:i
Judgement0(m)=trapz(at0(((m-1)*(j/i)+1):((m-1)*(j/i)+1000)))*(T/(j/i));
                                              %%梯形积分运算
end
Judgement=Judgement1-Judgement0;
for m=1:i
if Judgement(m)>Beta
for j=(m-1)*1000+1:(m-1)*1000+1000
at(1,j)=1;
end
else
for j=(m-1)*1000+1:(m-1)*1000+1000
at(1,j)=0;
end
end
end
```

```
subplot(224);
plot(t,at);
axis([0,10,-0.2,1.2]);
title('2FSK 判决信号');
```

3) 仿真结果

相干频移键控系统检测接收机的仿真结果如图 4.15 所示。

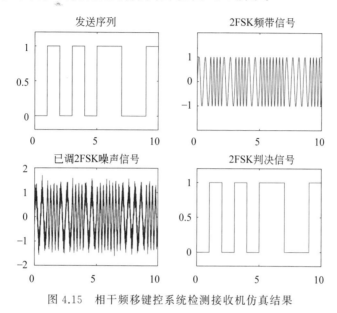

图 4.15　相干频移键控系统检测接收机仿真结果

3. 相干启闭键控系统检测接收机的仿真

1) 仿真假设

设发送的二进制序列为 0101011001，$s_0(t)=0$，$s_1(t)=A\sin\omega_1 t$，$A=1$，$\omega_1=4\pi$，叠加均值为 0、功率谱密度函数为 $\dfrac{N_0}{2}=0.01$ 的高斯白噪声。

2) 程序代码

```
%相干启闭键控系统
clear all;close all;clc
A=1;                              %信号幅值
i=10;                            %码元个数
j=10000;                         %每个码元周期内分为 j 个微分单元
N0=0.02;                         %功率谱密度函数 N0/2=0.01
t=linspace(0,10,j);             %0～10 个码元产生 10000 个点行向量,即 10000 份
fc=2;                           %信号频率
fm=i/4;                         %码元速率
T=1./fm;                        %码元周期
x=[0 1 0 1 0 1 1 0 0 1];        %发送序列
a=round(x);
st=t;
```

```
for n=1:i
if a(n)<1;
for m=j/i*(n-1)+1:j/i*n
st(m)=0;
end
else
for m=j/i*(n-1)+1:j/i*n
st(m)=1;
end
end
end
figure(1);
subplot(221);
plot(t,st);
axis([0,10,-0.2,1.2]);
title('发送序列');
nn=wgn(1,j,10*log(2*pi*fc*2*(N0/2)));        %添加白噪声
s0=0;                                        %0码发送信号
s1=A.*sin(2*pi*fc*t);                        %1码发送信号
Energy=trapz(s1.*s1)*(T/j);                  %信号能量
Beta=Energy/2;                               %判决门限
e_2ask=st.*s1;                               %调制
subplot(222);
plot(t,e_2ask);
axis([0,10,-2,2]);
title('2ASK 频带信号');
xn=e_2ask+nn;                                %叠加白噪声
%xn=e_2ask;
subplot(223);
plot(t,xn);
axis([0,10,-2,2]);
title('已调噪声信号');
at=xn.*s1;                                   %相关解调
for m=1:i
Judgement(m)=trapz(at(((m-1)*(j/i)+1):((m-1)*(j/i)+1000)))*(T/(j/i));
                                             %%梯形积分运算
end
%at1=trapz(at(9001:10000))*(T/(j/i));        %0.5A^2T
for m=1:i
if Judgement(m)>Beta
for j=(m-1)*1000+1:(m-1)*1000+1000
at(1,j)=1;
end
else
 for j=(m-1)*1000+1:(m-1)*1000+1000
```

```
at(1,j)=0;
end
end
end
subplot(224);
plot(t,at);
axis([0,10,-0.2,1.2]);
title('2ASK判决信号');
```

3）仿真结果

相干启闭键控系统检测接收机仿真结果如图 4.16 所示。

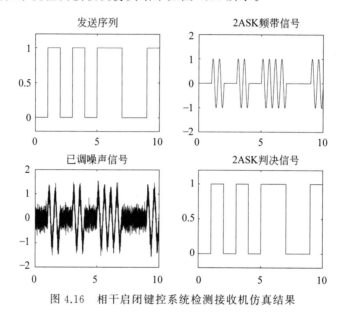

图 4.16　相干启闭键控系统检测接收机仿真结果

4. COOK、CFSK 和 CPSK 3 种系统的性能比较曲线

1）仿真假设

根据 $P_{e1}=\dfrac{1}{2}\left[1-\mathrm{erf}\left(\sqrt{\dfrac{E}{N_0}}\right)\right]$、$P_{e2}=\dfrac{1}{2}\left[1-\mathrm{erf}\left(\sqrt{\dfrac{E}{2N_0}}\right)\right]$、$P_{e3}=\dfrac{1}{2}\left[1-\mathrm{erf}\left(\sqrt{\dfrac{E}{4N_0}}\right)\right]$ 进行

仿真，设 $\dfrac{E}{N_0}$ 的取值区间是 0～16。

2）程序代码

```
clc
clear all
EN0=0:1:16;
pe1=0.5*(1-erf(sqrt(EN0)));
pe2=0.5*(1-erf(sqrt(0.5*EN0)));
pe3=0.5*(1-erf(sqrt(0.25*EN0)));
plot(EN0,pe1,'k',EN0,pe2,'b--o',EN0,pe3,'c-*')
xlabel('E/N_0')
```

```
ylabel('Pe')
legend('2PSK','2FSK','2ASK')
grid on
```

3）仿真结果

COOK、CFSK 和 CPSK 系统的性能比较仿真结果如图 4.17 所示。

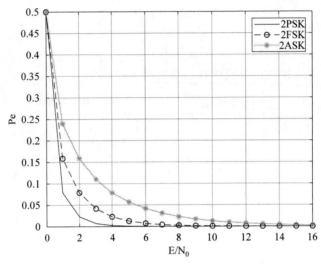

图 4.17　COOK、CFSK 和 CPSK 系统的性能比较曲线

5. 四进制信号相关接收机的仿真

1）仿真假设

设四进制信号分别为 $s_i(t)=A\sin\omega_i t$（$i=1,2,3,4$），$\omega_1=4\pi$，$\omega_2=8\pi$，$\omega_3=16\pi$，$\omega_2=32\pi$，叠加均值为 0、功率谱密度函数为 $N_0/2=0.001$ 的加性高斯白噪声。

2）程序代码

```
%多元确知信号检测
clear all;close all;clc
A=1;                          %信号幅值
i=10;                         %码元个数
j=10000;                      %每个码元周期内分为 j 个微分单元
N0=0.002;                     %功率谱密度函数 N0/2
t=linspace(0,10,j);          %0~10 个码元产生 10000 个点行向量,即 10000 份
fc=2;                         %信号频率
fm=i/4;                       %码元速率
T=1./fm;                      %码元周期
M=4;                          %多元信号进制数
%x=(M-1)*(rand(1,i));         %产生多元确知信号检测
a=round(x);
st=t;
for n=1:i
  if a(n)<1;
```

```matlab
for m=j/i*(n-1)+1:j/i*n
st(m)=0;
end
elseif a(n)<2;
for m=j/i*(n-1)+1:j/i*n
st(m)=1;
end
elseif a(n)<3;
for m=j/i*(n-1)+1:j/i*n
st(m)=2;
end
else
for m=j/i*(n-1)+1:j/i*n
st(m)=3;
end
end
end
figure(1);
subplot(221);
plot(t,st);
axis([0,10,-0.2,3.2]);
title('多元确知信号');
s0=A.*sin(2*pi*fc*t);                              %0码发送信号
s1=A.*sin(4*pi*fc*t);                              %1码发送信号
s2=A.*sin(8*pi*fc*t);                              %2码发送信号
s3=A.*sin(16*pi*fc*t);                             %3码发送信号
nn=wgn(1,j,10*log(2*pi*fc*2*(N0/2)));             %白噪声
e_Mfsk=(st==0).*s0+(st==1).*s1+(st==2).*s2+(st==3).*s3;   %调制
subplot(222);
plot(t,e_Mfsk);
axis([0,10,-1.2,1.2]);
title('多进制频带信号');
xn=e_Mfsk+nn;                                     %叠加白噪声
subplot(223);
plot(t,xn);
axis([0,10,-1.5,1.5]);
title('接收噪声信号');
at0=xn.*s0;                                       %x(t)*s0
at1=xn.*s1;                                       %x(t)*s1
at2=xn.*s2;                                       %x(t)*s2
at3=xn.*s3;                                       %x(t)*s3
for m=1:i
Judgement0(m)=trapz(at0(((m-1)*(j/i)+1):((m-1)*(j/i)+1000)))*(T/(j/i));
                                                 %%梯形积分运算
end
```

```
for m=1:i
Judgement1(m)=trapz(at1(((m-1)*(j/i)+1):((m-1)*(j/i)+1000)))*(T/(j/i));
                                                              %%梯形积分运算
end
for m=1:i
Judgement2(m)=trapz(at2(((m-1)*(j/i)+1):((m-1)*(j/i)+1000)))*(T/(j/i));
                                                              %%梯形积分运算
end
for m=1:i
Judgement3(m)=trapz(at3(((m-1)*(j/i)+1):((m-1)*(j/i)+1000)))*(T/(j/i));
                                                              %%梯形积分运算
end
for m=1:i
if Judgement0(m)==max([Judgement0(m),Judgement1(m),Judgement2(m),Judgement3
(m)])
for j=(m-1)*1000+1:(m-1)*1000+1000
at(1,j)=0;
end
elseif Judgement1(m)==max([Judgement0(m),Judgement1(m),Judgement2(m),
Judgement3(m)])
for j=(m-1)*1000+1:(m-1)*1000+1000
at(1,j)=1;
end
elseif Judgement2(m)==max([Judgement0(m),Judgement1(m),Judgement2(m),
Judgement3(m)])
for j=(m-1)*1000+1:(m-1)*1000+1000
at(1,j)=2;
end
else
for j=(m-1)*1000+1:(m-1)*1000+1000
at(1,j)=3;
end
end
end
subplot(224);
plot(t,at);
axis([0,10,-0.2,3.2]);
title('多元确知信号的判决信号');
```

3) 仿真结果

仿真结果如图 4.18 所示。

6. 匹配滤波器的仿真

1) 仿真假设

设发送的二进制序列为 0101011001，$s_0(t)=0$，$s_1(t)=A\sin\omega_1 t$，$A=1$，$\omega_1=60\pi$，信号

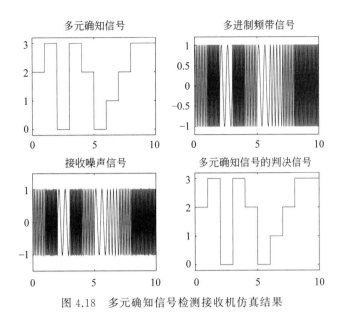

图 4.18　多元确知信号检测接收机仿真结果

持续时间为 $(0,2)$，选择 $t_0 = T = 2$。叠加均值为 0、功率谱密度函数为 $\dfrac{N_0}{2} = 0.001$ 的高斯白噪声。

2）程序代码

```
%Matched_Filter
clear all; close all; clc;
%%参数设定
fc=30;                                              %频率
N0=0.02;                                            %功率谱密度函数 N0/2
A=3;
to=2;                                               %观测时间长度
dt=0.01;                                            %采样时间间隔
fs=1/dt;                                            %采样频率
t=0:dt:to;                                          %%200个数
t1=0:dt:2*to;
st2=3*sin(2*pi*fc*t);                              %正弦信号
nt2=wgn(1,length(t),10*log(2*pi*fc*2*(N0/2)));    %白噪声
xt2=st2+nt2;                                        %正弦信号+噪声
ht2=3*sin(2*pi*fc*(to-t));                         %匹配滤波器冲激响应
yt2=conv2(xt2,ht2);                                %匹配滤波器输出
figure;
subplot(221); plot(t,st2);
axis([0,4,-10,10]); xlabel('t/s'); ylabel('s(t)/v'); title('有用信号');
subplot(222); plot(t,ht2);
axis([0,4,-10,10]); xlabel('t/s'); ylabel('h(t)/v'); title('匹配滤波器冲激响应');
subplot(223); plot(t,xt2);
```

```
axis([0,4,-10,10]); xlabel('t/s'); ylabel('x(t)/v'); title('匹配滤波器输入信号');
subplot(224); plot(t1,yt2);
xlabel('t/s'); ylabel('y(t)/v'); title('匹配滤波器输出信号');
figure;
subplot(321); N =length(t);
spectrum_st2 =fftshift(fft(st2,N));                          %正弦信号频谱
freq_st2 =-fs/2:fs/(N-1):fs/2;
plot(freq_st2,abs(spectrum_st2));
xlabel('频率/Hz'); ylabel('幅度'); title('有用信号的幅度谱');
subplot(322); plot(freq_st2,angle(spectrum_st2));
xlabel('频率/Hz'); ylabel('相位/弧度'); title('有用信号的相位谱');
subplot(323); N =length(t);
spectrum_ht2 =fftshift(fft(ht2,N));                          %匹配滤波器频谱(传输函数)
freq_ht2 =-fs/2:fs/(N-1):fs/2;
plot(freq_ht2,abs(spectrum_ht2));
xlabel('频率/Hz'); ylabel('幅度'); title('匹配滤波器的幅频特性');
subplot(324); plot(freq_ht2,angle(spectrum_ht2));
xlabel('频率/Hz'); ylabel('相位/弧度'); title('匹配滤波器的相频特性');
subplot(325);
spectrum_yt2 =fftshift(fft(yt2,N));                          %匹配滤波器输出信号频谱
freq_yt2 =(-N/2:N/2-1) * fs/N;
plot(freq_yt2,abs(spectrum_yt2));
xlabel('频率/Hz'); ylabel('幅度'); title('匹配滤波器输出信号的幅度谱');
subplot(326); plot(freq_yt2,angle(spectrum_yt2));
xlabel('频率/Hz'); ylabel('相位/弧度'); title('匹配滤波器输出信号的相位谱');
```

3) 仿真结果

图 4.19 给出匹配滤波器的仿真波形,图 4.20 给出匹配滤波器的频谱特性。

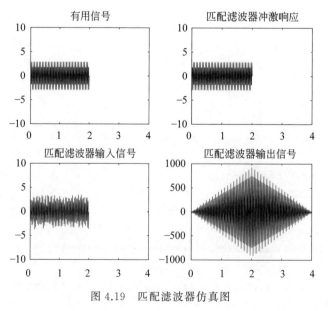

图 4.19　匹配滤波器仿真图

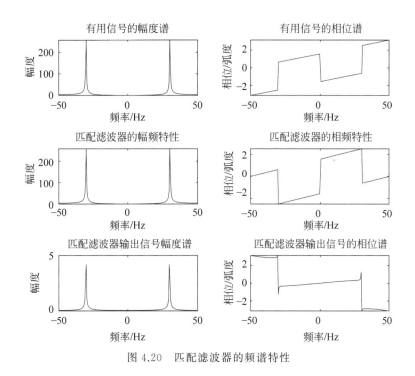

图 4.20　匹配滤波器的频谱特性

知 识 扩 展

1. 匹配滤波器发展简史

20 世纪 40 年代,苏联数学家科尔莫戈罗夫(Андрей Николаевич Колмогоров)和美国数学家维纳(Norbert Wiener)提出了最佳滤波理论。1943 年,诺斯(D. O. North)在一篇未公开发表的技术报告中提出以输出最大信噪比为准则的匹配滤波器理论,随后在雷达、通信、声呐等系统中获得广泛应用,极大地提高了雷达检测性能,故又称为 North 滤波器。但这篇报告(*An analysis of the factors which determine signal/noise discrimination in pulsed-carrier systems*)直到 1963 年 7 月才刊登在 *PIEEE* 杂志上;1946 年,苏联无线电专家卡切里尼科夫(В.А.Котельников)发表《潜在抗干扰性理论》,提出错误判决概率为最小的理想接收机理论;1953 年,乌尔柯维兹(H. Urkowitz)把匹配滤波器理论推广到色噪声场合,提出"白化滤波器"和"逆滤波器"的概念,用于解决杂波中信号的检测问题;1961 年,曼那斯(Manasse)研究了白噪声和杂波干扰同时存在条件下的最佳滤波器。随后,匹配滤波理论被应用到三维图像序列、运动目标检测、直扩码分多址系统等诸多领域。

2. 约瑟夫·路易斯·拉格朗日(Joseph-Louis Lagrange,1736—1813)

法国著名数学家、物理学家。他于 1736 年 1 月 25 日生于意大利都灵,1813 年 4 月 10 日卒于法国巴黎。在数学、力学和天文学三个学科中都有历史性的重大贡献,拿破仑曾称赞其为"一座高耸在数学界的金字塔"。一生著作颇丰,去世后,法兰西研究院集中了他留在学院内的全部著作,编辑出版了 14 卷《拉格朗日文集》,由 J.A.塞雷(Serret)主编,1867 年出第 1 卷,到 1892 年才印出第 14 卷。

第5章 随机参量信号的检测

本章提要

本章讨论复合假设检验中的 Bayes 准则、Neyman-Pearson 准则和最大似然检验准则，分析随机相位、振幅、频率和时延信号的检测原理及检测性能。

第 4 章讨论了确知信号的检测，假定携带信息的信号所包含的参量在接收端是完全已知的。但在实际中，尽管发射机发送的信号是确知的，但由于信道的畸变，使得接收到的信号参量是随机变化的。数字通信中常用正弦信号作为信息的载体，其主要参量包括振幅、频率、初相位和时延，在很多情况下正弦信号到达接收端时，其参量发生了变化。因此，把含有随机或未知参量的信号称为随机参量信号，一般表示为 $s(t)=s(t,\alpha_1,\alpha_2,\cdots,\alpha_M)=s(t,\pmb{\alpha})$，其中 $\alpha_1,\alpha_2,\cdots,\alpha_M$ 为信号 $s(t)$ 的随机参量或未知参量，如在雷达回波情况下，α_1 可以表示相位 θ，α_2 可以表示回波幅度 A 等。

5.1 复合假设检验

一般来说，接收机接收到的信号是由噪声和有用信号混合而成的随机信号。如果有用信号的所有参量都是已知的，那么混合信号的随机性是由噪声引起的。如果有用信号含有 M 个随机参量 $\alpha_1,\alpha_2,\cdots,\alpha_M$，表示为 $s(t)=s(t,\pmb{\alpha})$，则混合信号的随机性不仅由噪声决定，而且由噪声和随机参量信号共同决定。这样，混合信号的概率密度函数中就含有未知参量，这种在概率密度函数中含有未知参量的假设称为复合假设。而在概率密度函数中不含有未知参量的假设，称为简单假设。由此可见，简单假设检验是解决单个确知信号的存在问题，而复合假设检验则是解决依赖于一组参数的信号的存在问题。

在许多实际情况中，还需要对有用信号所包含的未知参量进行估计，这属于信号参量估计问题，将在第 8 章中进行介绍。本章只考虑信号有无的判断，即仅限于讨论二元复合假设检验问题，但是所用的方法可以推广到多个假设检验的情况。

5.1.1 复合假设检验的 Bayes 准则

设 $\pmb{\alpha}=[\alpha_1,\alpha_2,\cdots,\alpha_M]^{\mathrm{T}}$ 表示与 H_1 假设有关的随机参量矢量，设 $\pmb{\beta}=[\beta_1,\beta_2,\cdots,\beta_M]^{\mathrm{T}}$ 表示与 H_0 假设有关的随机参量矢量，$f(\pmb{\alpha})$ 和 $f(\pmb{\beta})$ 分别表示 $\pmb{\alpha}$ 和 $\pmb{\beta}$ 的先验概率密度函数，对于代价因子，它们可能是 $\pmb{\alpha}$、$\pmb{\beta}$ 的函数，但 C_{00} 和 C_{10} 只是 $\pmb{\beta}$ 的函数而与 $\pmb{\alpha}$ 无关，记作 $C_{00}(\pmb{\beta})$、$C_{10}(\pmb{\beta})$，C_{11} 和 C_{01} 只是 $\pmb{\alpha}$ 的函数而与 $\pmb{\beta}$ 无关，记作 $C_{11}(\pmb{\alpha})$、$C_{01}(\pmb{\alpha})$。

在复合假设情况下，由于信号参量的随机性，观测样本矢量 $\pmb{x}$ 的概率密度函数不仅同假设有关，而且还依赖于观测期间随机参量的取值。在两类假设下，分别记作 $f(\pmb{x}|\pmb{\alpha},H_1)$、$f(\pmb{x}|\pmb{\beta},H_0)$，称为条件似然函数。判决空间 $\pmb{D}$ 划分为区域 D_0 和 D_1，观测信号落在区域 D_0 就选择 H_0 假设为真，观测信号落在区域 D_1 就选择 H_1 假设为真。

考虑到信号参量是随机的,每个随机参量都有自己的概率密度分布,总的平均风险应该是 Bayes 风险对每个参量可能的取值作统计平均的结果,因此可以表示为

$$R = P(H_0) \left[\iint_{D_0} \int_{\{\boldsymbol{\beta}\}} f(\boldsymbol{x} \mid \boldsymbol{\beta}, H_0) f(\boldsymbol{\beta}) C_{00}(\boldsymbol{\beta}) \mathrm{d}\boldsymbol{\beta} \mathrm{d}\boldsymbol{x} + \right.$$

$$\left. \int_{D_1} \int_{\{\boldsymbol{\beta}\}} f(\boldsymbol{x} \mid \boldsymbol{\beta}, H_0) f(\boldsymbol{\beta}) C_{10}(\boldsymbol{\beta}v) \mathrm{d}\boldsymbol{\beta} \mathrm{d}\boldsymbol{x} \right] +$$

$$P(H_1) \left[\iint_{D_1} \int_{\{\boldsymbol{\alpha}\}} f(\boldsymbol{x} \mid \boldsymbol{\alpha}, H_1) f(\boldsymbol{\alpha}) C_{11}(\boldsymbol{\alpha}) \mathrm{d}\boldsymbol{\alpha} \mathrm{d}\boldsymbol{x} + \right.$$

$$\left. \int_{D_0} \int_{\{\boldsymbol{\alpha}\}} f(\boldsymbol{x} \mid \boldsymbol{\alpha}, H_1) f(\boldsymbol{\alpha}) C_{01}(\boldsymbol{\alpha}) \mathrm{d}\boldsymbol{\alpha} \mathrm{d}\boldsymbol{x} \right] \tag{5.1}$$

由于

$$\int_{D_0} f(\boldsymbol{x} \mid \boldsymbol{\alpha}, H_1) \mathrm{d}\boldsymbol{x} = 1 - \int_{D_1} f(\boldsymbol{x} \mid \boldsymbol{\alpha}, H_1) \mathrm{d}\boldsymbol{x}$$

$$\int_{D_0} f(\boldsymbol{x} \mid \boldsymbol{\beta}, H_0) \mathrm{d}\boldsymbol{x} = 1 - \int_{D_1} f(\boldsymbol{x} \mid \boldsymbol{\beta}, H_0) \mathrm{d}\boldsymbol{x} \tag{5.2}$$

代入式(5.1),得

$$R = P(H_0) \int_{\{\boldsymbol{\beta}\}} \left[1 - \int_{D_1} f(\boldsymbol{x} \mid \boldsymbol{\beta}, H_0) \mathrm{d}\boldsymbol{x} \right] f(\boldsymbol{\beta}) C_{00}(\boldsymbol{\beta}) \mathrm{d}\boldsymbol{\beta} +$$

$$P(H_0) \int_{D_1} \int_{\{\boldsymbol{\beta}\}} f(\boldsymbol{x} \mid \boldsymbol{\beta}, H_0) f(\boldsymbol{\beta}) C_{10}(\boldsymbol{\beta}) \mathrm{d}\boldsymbol{\beta} \mathrm{d}\boldsymbol{x} +$$

$$P(H_1) \int_{D_1} \int_{\{\boldsymbol{\alpha}\}} f(\boldsymbol{x} \mid \boldsymbol{\alpha}, H_1) f(\boldsymbol{\alpha}) C_{11}(\boldsymbol{\alpha}) \mathrm{d}\boldsymbol{\alpha} \mathrm{d}\boldsymbol{x} +$$

$$P(H_1) \int_{\{\boldsymbol{\alpha}\}} \left[1 - \int_{D_1} f(\boldsymbol{x} \mid \boldsymbol{\alpha}, H_1) \mathrm{d}\boldsymbol{x} \right] f(\boldsymbol{\alpha}) C_{01}(\boldsymbol{\alpha}) \mathrm{d}\boldsymbol{\alpha}$$

$$= P(H_0) \int_{\{\boldsymbol{\beta}\}} f(\boldsymbol{\beta}) C_{00}(\boldsymbol{\beta}) \mathrm{d}\boldsymbol{\beta} + P(H_1) \int_{\{\boldsymbol{\alpha}\}} f(\boldsymbol{\alpha}) C_{01}(\boldsymbol{\alpha}) \mathrm{d}\boldsymbol{\alpha} +$$

$$P(H_0) \int_{D_1} \int_{\{\boldsymbol{\beta}\}} f(\boldsymbol{x} \mid \boldsymbol{\beta}, H_0) f(\boldsymbol{\beta}) [C_{10}(\boldsymbol{\beta}) - C_{00}(\boldsymbol{\beta})] \mathrm{d}\boldsymbol{\beta} \mathrm{d}\boldsymbol{x} -$$

$$P(H_1) \int_{D_1} \int_{\{\boldsymbol{\alpha}\}} f(\boldsymbol{x} \mid \boldsymbol{\alpha}, H_1) f(\boldsymbol{\alpha}) [C_{01}(\boldsymbol{\alpha}) - C_{11}(\boldsymbol{\alpha})] \mathrm{d}\boldsymbol{\alpha} \mathrm{d}\boldsymbol{x} \tag{5.3}$$

根据 Bayes 准则,选择能使上式达到最小的区域为 D_1。上式中前两项与 D_1 的选择无关,故选择使第 3、4 项的总被积函数为负值的区域为 D_1,就可使 R 达到最小。

由于正确判决的代价总是小于错误判决的代价,即 $C_{10}(\boldsymbol{\beta}) > C_{00}(\boldsymbol{\beta})$,$C_{01}(\boldsymbol{\alpha}) > C_{11}(\boldsymbol{\alpha})$。得判决规则为,若

$$P(H_1) \int_{\{\boldsymbol{\alpha}\}} f(\boldsymbol{x} \mid \boldsymbol{\alpha}, H_1) f(\boldsymbol{\alpha}) [C_{01}(\boldsymbol{\alpha}) - C_{11}(\boldsymbol{\alpha})] \mathrm{d}\boldsymbol{\alpha} >$$

$$P(H_0) \int_{\{\boldsymbol{\beta}\}} f(\boldsymbol{x} \mid \boldsymbol{\beta}, H_0) f(\boldsymbol{\beta}) [C_{10}(\boldsymbol{\beta}) - C_{00}(\boldsymbol{\beta})] \mathrm{d}\boldsymbol{\beta} \tag{5.4}$$

则判决 H_1 假设为真,即

$$\frac{\int_{\{\boldsymbol{\alpha}\}} f(\boldsymbol{x} \mid \boldsymbol{\alpha}, H_1) f(\boldsymbol{\alpha}) [C_{01}(\boldsymbol{\alpha}) - C_{11}(\boldsymbol{\alpha})] \mathrm{d}\boldsymbol{\alpha}}{\int_{\{\boldsymbol{\beta}\}} f(\boldsymbol{x} \mid \boldsymbol{\beta}, H_0) f(\boldsymbol{\beta}) [C_{10}(\boldsymbol{\beta}) - C_{00}(\boldsymbol{\beta})] \mathrm{d}\boldsymbol{\beta}} \mathop{\gtrless}_{H_0}^{H_1} \frac{P(H_0)}{P(H_1)} \tag{5.5}$$

当各代价因子与未知参量$\boldsymbol{\alpha}$、$\boldsymbol{\beta}$无关时，即$C_{00}(\boldsymbol{\beta})=C_{00}$，$C_{10}(\boldsymbol{\beta})=C_{10}$，$C_{11}(\boldsymbol{\alpha})=C_{11}$，$C_{01}(\boldsymbol{\alpha})=C_{01}$，上式可变为

$$l(\boldsymbol{x})=\frac{\displaystyle\int_{(\boldsymbol{\alpha})}f(\boldsymbol{x}\mid\boldsymbol{\alpha},H_1)f(\boldsymbol{\alpha})\mathrm{d}\boldsymbol{\alpha}}{\displaystyle\int_{(\boldsymbol{\beta})}f(\boldsymbol{x}\mid\boldsymbol{\beta},H_0)f(\boldsymbol{\beta})\mathrm{d}\boldsymbol{\beta}}\underset{H_0}{\overset{H_1}{\gtrless}}\frac{P(H_0)(C_{10}-C_{00})}{P(H_1)(C_{01}-C_{11})}=l_0 \tag{5.6}$$

由于

$$f(\boldsymbol{x}\mid\boldsymbol{\alpha},H_1)f(\boldsymbol{\alpha})=f(\boldsymbol{x},\boldsymbol{\alpha}\mid H_1) \tag{5.7}$$

$$\int_{(\boldsymbol{\alpha})}f(\boldsymbol{x},\boldsymbol{\alpha}\mid H_1)\mathrm{d}\boldsymbol{\alpha}=f(\boldsymbol{x}\mid H_1) \tag{5.8}$$

$$f(\boldsymbol{x}\mid\boldsymbol{\beta},H_0)f(\boldsymbol{\beta})=f(\boldsymbol{x},\boldsymbol{\beta}\mid H_0) \tag{5.9}$$

$$\int_{(\boldsymbol{\beta})}f(\boldsymbol{x},\boldsymbol{\beta}\mid H_0)\mathrm{d}\boldsymbol{\beta}=f(\boldsymbol{x}\mid H_0) \tag{5.10}$$

式(5.6)又可变为

$$l(\boldsymbol{x})=\frac{f(\boldsymbol{x}\mid H_1)}{f(\boldsymbol{x}\mid H_0)}\underset{H_0}{\overset{H_1}{\gtrless}}\frac{P(H_0)(C_{10}-C_{00})}{P(H_1)(C_{01}-C_{11})} \tag{5.11}$$

由以上推导可以看出，当先验概率密度函数$f(\boldsymbol{\alpha})$、$f(\boldsymbol{\beta})$已知，且代价函数与未知参量无关时，复合假设下 Bayes 准则同简单假设下 Bayes 准则有相同的似然比检验形式。复合假设检验时的似然比$l(\boldsymbol{x})$是对所有可能未知参量$\boldsymbol{\alpha}$、$\boldsymbol{\beta}$取平均而求得的。

在复合假设情况下，漏报概率和虚警概率分别为

$$P(D_0\mid\boldsymbol{\alpha},H_1)=\int_{D_0}f(\boldsymbol{x}\mid\boldsymbol{\alpha},H_1)\mathrm{d}\boldsymbol{x} \tag{5.12}$$

$$P(D_1\mid\boldsymbol{\beta},H_0)=\int_{D_1}f(\boldsymbol{x}\mid\boldsymbol{\beta},H_0)\mathrm{d}\boldsymbol{x} \tag{5.13}$$

从式(5.12)和式(5.13)中，可以看到虚警概率$P(D_1\mid\boldsymbol{\beta},H_0)$和漏报概率$P(D_0\mid\boldsymbol{\alpha},H_1)$分别是随机参量$\boldsymbol{\alpha}$、$\boldsymbol{\beta}$的函数。为了消除随机参量带来的不确定性，应对随机参量求统计平均，从而得到平均虚警概率和平均漏报概率分别为

$$\begin{aligned}P(D_1\mid H_0)&=\int_{(\boldsymbol{\beta})}P(D_1\mid\boldsymbol{\beta},H_0)f(\boldsymbol{\beta})\mathrm{d}\boldsymbol{\beta}\\&=\int_{D_1}\int_{(\boldsymbol{\beta})}f(\boldsymbol{x}\mid\boldsymbol{\beta},H_0)f(\boldsymbol{\beta})\mathrm{d}\boldsymbol{\beta}\mathrm{d}\boldsymbol{x}\end{aligned} \tag{5.14}$$

$$\begin{aligned}P(D_0\mid H_1)&=\int_{(\boldsymbol{\alpha})}P(D_0\mid\boldsymbol{\alpha},H_1)f(\boldsymbol{\alpha})\mathrm{d}\boldsymbol{\alpha}\\&=\int_{D_0}\int_{(\boldsymbol{\alpha})}f(\boldsymbol{x}\mid\boldsymbol{\alpha},H_1)f(\boldsymbol{\alpha})\mathrm{d}\boldsymbol{\alpha}\mathrm{d}\boldsymbol{x}\end{aligned} \tag{5.15}$$

很多情况下，H_0假设是简单假设，H_1假设是复合假设。若代价因子与未知参量无关，则 Bayes 准则的判决规则为

$$l(\boldsymbol{x})=\frac{\displaystyle\int_{(\boldsymbol{\alpha})}f(\boldsymbol{x}\mid\boldsymbol{\alpha},H_1)f(\boldsymbol{\alpha})\mathrm{d}\boldsymbol{\alpha}}{f(\boldsymbol{x}\mid H_0)}\underset{H_0}{\overset{H_1}{\gtrless}}\frac{P(H_0)(C_{10}-C_{00})}{P(H_1)(C_{01}-C_{11})} \tag{5.16}$$

由于H_0是简单假设，此时的虚警概率和平均虚警概率一样，即

$$P(D_1\mid H_0)=\int_{D_1}f(\boldsymbol{x}\mid H_0)\mathrm{d}\boldsymbol{x} \tag{5.17}$$

在 Bayes 准则中,不仅要求知道代价函数和各种假设的先验概率,还要知道随机参量的先验密度函数。当代价函数和先验概率均未知时,可采用 Neyman-Pearson 准则。

5.1.2 复合假设检验的 Neyman-Pearson 准则

在雷达检测中,H_0 假设是简单假设,H_1 假设是复合假设,而且一般来说先验概率和代价因子都是未知的,此时可以采用奈曼-皮尔逊准则。根据式(3.54),此时设判决门限为 λ_0,则判决公式为

$$l(\boldsymbol{x}) = \frac{\int_{(\boldsymbol{a})} f(\boldsymbol{x} \mid \boldsymbol{a}, H_1) f(\boldsymbol{a}) \mathrm{d}\boldsymbol{a}}{f(\boldsymbol{x} \mid H_0)} \underset{H_0}{\overset{H_1}{\gtrless}} \lambda_0 \tag{5.18}$$

λ_0 应由约束条件

$$P(D_1 \mid H_0) = \int_{D_1} f(\boldsymbol{x} \mid H_0) \mathrm{d}\boldsymbol{x} = \int_{\lambda_0}^{\infty} f(\boldsymbol{x} \mid H_0) \mathrm{d}\boldsymbol{x} = A(\text{常数}) \tag{5.19}$$

求得。

奈曼-皮尔逊准则是在 $P(D_1|H_0)$ 给定的条件下,选择判决区域 D_0 和 D_1,使 $P(D_0 \mid \boldsymbol{a}, H_1)$ 达到极小。但由于漏报概率是随机参量 $\boldsymbol{a}$ 的函数,所以无法避开随机参量的先验概率密度函数 $f(\boldsymbol{a})$。

一种最简单的情况就是在给定 $P(D_1|H_0)$ 条件下,不论 $\boldsymbol{a}$ 为何值,判决区域 D_0 和 D_1 的划分,总可以使 $P(D_0|\boldsymbol{a}, H_1)$ 达到最小,即对一切 $\boldsymbol{a}$ 值均最佳,故对任何先验分布 $f(\boldsymbol{a})$ 均为最佳,这种检验称为一致最大势检验。此时,$f(\boldsymbol{a})$ 未知不影响判决过程。

【例 5.1】 设观测矢量 $\boldsymbol{x} = (x_1, x_2, \cdots, x_n)$ 的分量 x_i 为独立的具有方差 σ^2 的高斯随机变量,在 H_0 假设下其均值为 0,在 H_1 假设下其均值 $a > 0$(a 为随机参量)。利用奈曼-皮尔逊准则划分判决区域。

解：两种假设下的联合概率密度函数分别为

$$f(\boldsymbol{x} \mid H_0) = \left(\frac{1}{\sqrt{2\pi}\sigma}\right)^n \mathrm{e}^{-\sum_{i=1}^{n} \frac{x_i^2}{2\sigma^2}}$$

$$f(\boldsymbol{x} \mid a, H_1) = \left(\frac{1}{\sqrt{2\pi}\sigma}\right)^n \mathrm{e}^{-\sum_{i=1}^{n} \frac{(x_i-a)^2}{2\sigma^2}}$$

$$l(\boldsymbol{x} \mid a) = \frac{f(\boldsymbol{x} \mid a, H_1)}{f(\boldsymbol{x} \mid H_0)} = \mathrm{e}^{\frac{a}{\sigma^2}\sum_{i=1}^{n} x_i - \frac{na^2}{2\sigma^2}} \underset{H_0}{\overset{H_1}{\gtrless}} l_0$$

$$\ln l(\boldsymbol{x} \mid a) = \frac{a}{\sigma^2}\sum_{i=1}^{n} x_i - \frac{na^2}{2\sigma^2} \underset{H_0}{\overset{H_1}{\gtrless}} \ln l_0$$

$$\sum_{i=1}^{n} x_i \underset{H_0}{\overset{H_1}{\gtrless}} \frac{na}{2} + \frac{\sigma^2}{a}\ln l_0$$

令 $\bar{x} = \frac{1}{n}\sum_{i=1}^{n} x_i$ 为一统计检验量,得

$$\bar{x} \underset{H_0}{\overset{H_1}{\gtrless}} \frac{a}{2} + \frac{\sigma^2}{an}\ln l_0 = \beta$$

统计量 $\bar{x}$ 是 n 个高斯随机变量的线性组合,故它也服从高斯分布,其均值在 H_1 和 H_0

假设下分别为 a 和 0,方差为 σ^2/n,即

$$f(\bar{x} \mid H_0) = \frac{\sqrt{n}}{\sqrt{2\pi}\sigma} e^{-\frac{n\bar{x}^2}{2\sigma^2}}$$

$$f(\bar{x} \mid a, H_1) = \frac{\sqrt{n}}{\sqrt{2\pi}\sigma} e^{-\frac{n(\bar{x}-a)^2}{2\sigma^2}}$$

$$P(D_1 \mid H_0) = \int_{\beta}^{\infty} f(\bar{x} \mid H_0) \mathrm{d}\bar{x}$$

根据给定的 $P(D_1|H_0)$,便可求出 β 值,从而划分判决区域 D_0 和 D_1,它与 a 无关。

5.1.3 复合假设检验的最大似然检验准则

在先验概率密度函数 $f(\boldsymbol{\alpha})$ 和 $f(\boldsymbol{\beta})$ 未知,且不存在一致最大势检验的情况下,可采用最大似然检验。即先找出使条件似然函数 $f(\boldsymbol{x}|\boldsymbol{\alpha},H_1)$ 达到最大的 $\boldsymbol{\alpha}$ 值,记作 $\hat{\boldsymbol{\alpha}}$,使 $f(\boldsymbol{x}|\boldsymbol{\beta},H_0)$ 达到最大的 $\boldsymbol{\beta}$ 值,记作 $\hat{\boldsymbol{\beta}}$。$\hat{\boldsymbol{\alpha}}$ 和 $\hat{\boldsymbol{\beta}}$ 称为随机参量 $\boldsymbol{\alpha}$ 和 $\boldsymbol{\beta}$ 的最大似然估计量。

利用这些最大似然估计量,就可以构成广义似然比进行信号检测,即

$$l(\boldsymbol{x}) = \frac{f(\boldsymbol{x} \mid \boldsymbol{\alpha}, H_1)}{f(\boldsymbol{x} \mid \boldsymbol{\beta}, H_0)} = \frac{f(\boldsymbol{x} \mid \hat{\boldsymbol{\alpha}}, H_1)}{f(\boldsymbol{x} \mid \hat{\boldsymbol{\beta}}, H_0)} \tag{5.20}$$

由于用估计量 $\hat{\boldsymbol{\alpha}}$ 和 $\hat{\boldsymbol{\beta}}$ 代替了随机参量 $\boldsymbol{\alpha}$ 和 $\boldsymbol{\beta}$ 的真实值,检测结果可能不是最佳的,但一般接近最佳。

5.2 随机相位信号的检测

在随机参量信号检测中,最常见的随机参量信号是相位。如许多通信系统中,接收信号的相位不仅取决于发射信号的初相,而且还取决于路径上的延时。故一般无法预先确定,通常假设相位 θ 在区间 $(0,2\pi)$ 上均匀分布。相位均匀分布意味着完全缺乏相位信息,是一种最不利的分布。

5.2.1 最佳检测系统的结构

设发送端发送的二元信号为

$$s_0(t) = 0, \quad 0 \leqslant t \leqslant T \tag{5.21}$$

$$s_1(t) = A\sin(\omega t + \theta), \quad 0 \leqslant t \leqslant T \tag{5.22}$$

式中,振幅 A、频率 ω 及到达时间 T 是已知的,相位 θ 是随机变量,其先验概率密度函数 $f(\theta)$ 服从均匀分布,即

$$f(\theta) = \begin{cases} \dfrac{1}{2\pi}, & 0 \leqslant \theta \leqslant 2\pi \\ 0, & 其他 \end{cases} \tag{5.23}$$

则接收端对应的两个假设为

$$H_0: x(t) = s_0(t) + n(t) = n(t), \quad 0 \leqslant t \leqslant T \tag{5.24}$$

$$H_1: x(t) = s_1(t) + n(t) = A\sin(\omega t + \theta) + n(t), \quad 0 \leqslant t \leqslant T \tag{5.25}$$

式中，$n(t)$ 为信道上叠加的均值为 0，功率谱密度函数为 $N_0/2$ 的高斯白噪声。

对于高斯白噪声中随机参量信号的似然函数，可以通过类似 4.1 节的讨论，采用"连续抽样"的方法得到，也可以直接利用 4.1 节的结果，根据式(4.15)和式(4.16)，可得

$$f(\boldsymbol{x} \mid H_0) = F\,\mathrm{e}^{-\frac{1}{N_0}\int_0^T [x(t)-s_0(t)]^2\,\mathrm{d}t} = F\,\mathrm{e}^{-\frac{1}{N_0}\int_0^T x^2(t)\,\mathrm{d}t} \tag{5.26}$$

$$f(\boldsymbol{x} \mid H_1,\theta) = F\,\mathrm{e}^{-\frac{1}{N_0}\int_0^T [x(t)-s_1(t)]^2\,\mathrm{d}t} = F\,\mathrm{e}^{-\frac{1}{N_0}\int_0^T [x(t)-A\sin(\omega t+\theta)]^2\,\mathrm{d}t} \tag{5.27}$$

式中，F 是常数。

$$
\begin{aligned}
f(\boldsymbol{x} \mid H_1) &= \int_{\{\theta\}} f(\boldsymbol{x} \mid H_1,\theta) f(\theta)\,\mathrm{d}\theta \\
&= F\int_0^{2\pi} \mathrm{e}^{-\frac{1}{N_0}\int_0^T [x^2(t)-2Ax(t)\sin(\omega t+\theta)+A^2\sin^2(\omega t+\theta)]\,\mathrm{d}t}\,\frac{1}{2\pi}\mathrm{d}\theta \\
&= F\,\mathrm{e}^{-\frac{1}{N_0}\int_0^T x^2(t)\,\mathrm{d}t} \int_0^{2\pi} \mathrm{e}^{-\frac{A^2}{N_0}\int_0^T \sin^2(\omega t+\theta)\,\mathrm{d}t}\,\mathrm{e}^{\frac{2A}{N_0}\int_0^T x(t)\sin(\omega t+\theta)\,\mathrm{d}t}\,\frac{1}{2\pi}\mathrm{d}\theta
\end{aligned} \tag{5.28}
$$

一般取 $T = k\pi/\omega$，则有

$$\int_0^T \sin^2(\omega t+\theta)\,\mathrm{d}t = \int_0^T \left[\frac{1}{2} - \frac{1}{2}\cos 2(\omega t+\theta)\right]\mathrm{d}t = \frac{T}{2} \tag{5.29}$$

将上式代入式(5.28)，可得

$$f(\boldsymbol{x} \mid H_1) = F\,\mathrm{e}^{-\frac{1}{N_0}\int_0^T x^2(t)\,\mathrm{d}t}\,\mathrm{e}^{-\frac{A^2 T}{2N_0}} \int_0^{2\pi} \mathrm{e}^{\frac{2A}{N_0}\int_0^T x(t)\sin(\omega t+\theta)\,\mathrm{d}t}\,\frac{1}{2\pi}\mathrm{d}\theta \tag{5.30}$$

一般情况下，代价函数与 θ 无关，根据 Bayes 准则得出判决规则为

$$l(\boldsymbol{x}) = \frac{f(\boldsymbol{x} \mid H_1)}{f(\boldsymbol{x} \mid H_0)} = \frac{\displaystyle\int_{\{\theta\}} f(\boldsymbol{x} \mid H_1,\theta) f(\theta)\,\mathrm{d}\theta}{f(\boldsymbol{x} \mid H_0)} \underset{H_0}{\overset{H_1}{\gtrless}} l_0 \tag{5.31}$$

由式(5.26)和式(5.30)，得似然比为

$$l(\boldsymbol{x}) = \mathrm{e}^{-\frac{A^2 T}{2N_0}}\,\frac{1}{2\pi}\int_0^{2\pi} \mathrm{e}^{\frac{2A}{N_0}\int_0^T x(t)\sin(\omega t+\theta)\,\mathrm{d}t}\,\mathrm{d}\theta \tag{5.32}$$

根据 $\sin(\omega t+\theta) = \sin\omega t\cos\theta + \cos\omega t\sin\theta$，可知

$$\int_0^T x(t)\sin(\omega t+\theta)\,\mathrm{d}t = \cos\theta\int_0^T x(t)\sin\omega t\,\mathrm{d}t + \sin\theta\int_0^T x(t)\cos\omega t\,\mathrm{d}t \tag{5.33}$$

令

$$
\begin{aligned}
x_c &= \int_0^T x(t)\sin\omega t\,\mathrm{d}t \\
x_s &= \int_0^T x(t)\cos\omega t\,\mathrm{d}t
\end{aligned} \tag{5.34}
$$

则式(5.33)可变为

$$
\begin{aligned}
\int_0^T x(t)\sin(\omega t+\theta)\,\mathrm{d}t &= x_c\cos\theta + x_s\sin\theta \\
&= \sqrt{x_c^2+x_s^2}\left[\frac{x_c}{\sqrt{x_c^2+x_s^2}}\cos\theta + \frac{x_s}{\sqrt{x_c^2+x_s^2}}\sin\theta\right] \\
&= \sqrt{x_c^2+x_s^2}\left[\cos\gamma\cos\theta + \sin\gamma\sin\theta\right] \\
&= \sqrt{x_c^2+x_s^2}\cos(\theta-\gamma) \\
&= M\cos(\theta-\gamma)
\end{aligned} \tag{5.35}
$$

式中，

$$M = \sqrt{x_c^2 + x_s^2} = \sqrt{\left(\int_0^T x(t)\sin\omega t\,\mathrm{d}t\right)^2 + \left(\int_0^T x(t)\cos\omega t\,\mathrm{d}t\right)^2}$$

$$\cos\gamma = \frac{x_c}{\sqrt{x_c^2 + x_s^2}} = \frac{x_c}{M}, \quad \sin\gamma = \frac{x_s}{\sqrt{x_c^2 + x_s^2}} = \frac{x_s}{M}$$

将式(5.35)代入式(5.32)，得到似然比

$$l(\boldsymbol{x}) = \mathrm{e}^{-\frac{A^2 T}{2N_0}} \frac{1}{2\pi} \int_0^{2\pi} \mathrm{e}^{\frac{2AM}{N_0}\cos(\theta-\gamma)} \,\mathrm{d}\theta = \mathrm{e}^{-\frac{A^2 T}{2N_0}} I_0\left[\frac{2AM}{N_0}\right] \tag{5.36}$$

其中，$I_0\left[\dfrac{2AM}{N_0}\right] = \dfrac{1}{2\pi} \int_0^{2\pi} \mathrm{e}^{\frac{2AM}{N_0}\cos(\theta-\gamma)} \,\mathrm{d}\theta$ 称为零阶修正贝塞尔函数。

于是判决规则变为

$$\mathrm{e}^{-\frac{A^2 T}{2N_0}} I_0\left[\frac{2AM}{N_0}\right] \underset{H_0}{\overset{H_1}{\gtrless}} l_0 \tag{5.37}$$

两边取对数，得

$$\ln I_0\left[\frac{2AM}{N_0}\right] \underset{H_0}{\overset{H_1}{\gtrless}} \frac{A^2 T}{2N_0} + \ln l_0 \tag{5.38}$$

可见，要组成最佳检测系统，就需要计算 $\ln I_0\left[\dfrac{2AM}{N_0}\right]$，较为复杂。由于 $I_0\left[\dfrac{2AM}{N_0}\right]$ 和 $\dfrac{2AM}{N_0}$ 以及 $\ln I_0\left[\dfrac{2AM}{N_0}\right]$ 和 $I_0\left[\dfrac{2AM}{N_0}\right]$ 均为单调变化，故上述判决可改写为

$$M \underset{H_0}{\overset{H_1}{\gtrless}} \beta \tag{5.39}$$

式中，M 称为检验统计量；β 为判决门限。检测系统如图 5.1 所示，这种接收机通常称为正交接收机。

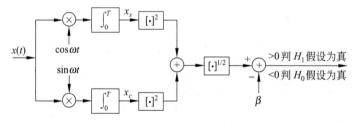

图 5.1　正交接收机原理框图

图 5.1 所示的正交接收机还可以进一步简化，设计一个与 $\sin\omega t$ 相匹配的滤波器，其冲激响应为

$$h(t) = \sin\omega(T-t), \quad 0 \leqslant t \leqslant T \tag{5.40}$$

当 $x(t)$ 输入该滤波器时，输出为

$$y(t) = \int_0^t x(\tau)h(t-\tau)\,\mathrm{d}\tau = \int_0^t x(\tau)\sin\omega(T-t+\tau)\,\mathrm{d}\tau$$

$$= \int_0^t x(\tau)[\sin\omega(T-t)\cos\omega\tau + \cos\omega(T-t)\sin\omega\tau]\,\mathrm{d}\tau$$

$$= \sin\omega(T - t)\int_0^t x(\tau)\cos\omega\tau\,\mathrm{d}\tau + \cos\omega(T - t)\int_0^t x(\tau)\sin\omega\tau\,\mathrm{d}\tau \qquad (5.41)$$

根据数学公式

$$a\sin x + b\cos x = \sqrt{a^2 + b^2}\left[\frac{a}{\sqrt{a^2 + b^2}}\sin x + \frac{b}{\sqrt{a^2 + b^2}}\cos x\right]$$
$$= \sqrt{a^2 + b^2}\,(\sin y\sin x + \cos y\cos x)$$
$$= M\cos(y - x) \qquad (5.42)$$

式中，$M = \sqrt{a^2 + b^2}$ 为 $a\sin x + b\cos x$ 的包络，角度 $y = \arctan\dfrac{a}{b}$。

对照式(5.42)，可知式(5.41)在 $t = T$ 时的包络为

$$M = \sqrt{\left(\int_0^T x(\tau)\cos\omega\tau\,\mathrm{d}\tau\right)^2 + \left(\int_0^T x(\tau)\sin\omega\tau\,\mathrm{d}\tau\right)^2} \qquad (5.43)$$

此式正好与式(5.35)中 M 的表达式一致，这说明使输入信号 $x(t)$ 通过与 $\sin\omega t$ 相匹配的滤波器，其后加上一个包络检波器，在 T 时刻的输出就是 M。匹配滤波器和包络检波器的组合常常称为非相干匹配滤波器，如图 5.2 所示。

图 5.2　非相干匹配滤波器原理框图

5.2.2　检测性能

由式(5.39)可知，判决的关键是计算检测统计量 M 的值，然后再与门限值 β 进行比较，检测器可以采用两种形式——正交接收机和非相干匹配滤波器，其区别仅在于计算 M 的方法不同。

要计算系统的检测性能，首先需要求出 M 的条件概率密度函数。但是 M 的条件概率密度函数不易直接求出，一般需要先求 x_c 和 x_s 的联合概率密度函数，然后通过 M 与 x_c、x_s 的关系，用雅可比变换来求出 M 的条件概率密度函数。

由于 $x(t)$ 服从高斯分布，而 x_c、x_s 都是 $x(t)$ 经过线性变换得到的，所以也是高斯随机变量，只要求出它们的条件数学期望及方差，便可确定它们的条件概率密度函数。

对于 H_1 假设及未知的初相 θ，考虑到高斯白噪声 $n(t)$ 的均值为零，则 x_c 的条件数学期望为

$$E[x_c \mid H_1, \theta] = E\left[\int_0^T [A\sin(\omega t + \theta) + n(t)]\sin\omega t\,\mathrm{d}t\right]$$
$$= E\left[\int_0^T A\sin(\omega t + \theta)\sin\omega t\,\mathrm{d}t + \int_0^T n(t)\sin\omega t\,\mathrm{d}t\right]$$
$$= E\left[\int_0^T \frac{A}{2}[\cos\theta - \cos(2\omega t + \theta)]\mathrm{d}t\right] + \int_0^T E[n(t)]\sin\omega t\,\mathrm{d}t$$
$$= \frac{AT}{2}\cos\theta \qquad (5.44)$$

同理，x_s 的条件数学期望为

$$E[x_s \mid H_1,\theta]=\frac{AT}{2}\sin\theta \tag{5.45}$$

考虑到白噪声 $n(t)$ 的自相关函数为 $\frac{N_0}{2}\delta(\tau)$，则 x_c 的条件方差为

$$
\begin{aligned}
\mathrm{Var}[x_c \mid H_1,\theta]&=E[(x_c-E[x_c \mid H_1,\theta])^2]\\
&=E\left[\left\{\int_0^T[A\sin(\omega t+\theta)+n(t)]\sin\omega t\,\mathrm{d}t-\frac{AT}{2}\cos\theta\right\}^2\right]\\
&=E\left[\left[\int_0^T n(t)\sin\omega t\,\mathrm{d}t\right]^2\right]\\
&=E\left[\int_0^T\int_0^T n(t)n(\tau)\sin\omega t\sin\omega\tau\,\mathrm{d}\tau\,\mathrm{d}t\right]\\
&=\int_0^T\int_0^T E[n(t)n(\tau)]\sin\omega t\sin\omega\tau\,\mathrm{d}\tau\,\mathrm{d}t\\
&=\int_0^T\int_0^T R_n(t-\tau)\sin\omega t\sin\omega\tau\,\mathrm{d}\tau\,\mathrm{d}t\\
&=\frac{N_0}{2}\int_0^T\sin^2\omega t\,\mathrm{d}t=\frac{N_0 T}{4}
\end{aligned}
\tag{5.46}
$$

同理，x_s 的条件方差为

$$\mathrm{Var}[x_s \mid H_1,\theta]=\frac{N_0 T}{4} \tag{5.47}$$

x_c 与 x_s 的条件方差相同，均用 σ_T^2 表示，即 $\sigma_T^2=N_0 T/4$。

x_c 和 x_s 的协方差为

$$
\begin{aligned}
&E[(x_c-E[x_c \mid H_1,\theta])(x_s-E[x_s \mid H_1,\theta])]\\
&=E\left[\int_0^T\int_0^T n(t)n(\tau)\cos\omega\tau\sin\omega t\,\mathrm{d}\tau\,\mathrm{d}t\right]\\
&=\int_0^T\int_0^T E[n(t)n(\tau)]\cos\omega\tau\sin\omega t\,\mathrm{d}\tau\,\mathrm{d}t\\
&=\int_0^T\int_0^T R(t-\tau)\cos\omega\tau\sin\omega t\,\mathrm{d}\tau\,\mathrm{d}t\\
&=\frac{N_0}{2}\int_0^T\cos\omega t\sin\omega t\,\mathrm{d}t=0
\end{aligned}
\tag{5.48}
$$

即 x_c 和 x_s 是互不相关的高斯随机变量，即相互独立，故 x_c 和 x_s 的联合概率密度函数为各自概率密度函数的乘积，即

$$f(x_c \mid H_1,\theta)=\frac{1}{\sqrt{2\pi}\sigma_T}\mathrm{e}^{-\frac{\left(x_c-\frac{AT}{2}\cos\theta\right)^2}{2\sigma_T^2}}$$

$$f(x_s \mid H_1,\theta)=\frac{1}{\sqrt{2\pi}\sigma_T}\mathrm{e}^{-\frac{\left(x_s-\frac{AT}{2}\sin\theta\right)^2}{2\sigma_T^2}}$$

$$f(x_c,x_s \mid H_1,\theta)=\frac{1}{2\pi\sigma_T^2}\mathrm{e}^{-\frac{1}{2\sigma_T^2}\left[\left(x_c-\frac{AT}{2}\cos\theta\right)^2+\left(x_s-\frac{AT}{2}\sin\theta\right)^2\right]} \tag{5.49}$$

现由变量 (x_c,x_s) 变换到变量 (M,γ)，其关系为

$$x_c=M\cos\gamma,\quad x_s=M\sin\gamma \tag{5.50}$$

变换的雅可比式是

$$J = \begin{vmatrix} \dfrac{\partial x_c}{\partial M} & \dfrac{\partial x_s}{\partial M} \\ \dfrac{\partial x_c}{\partial \gamma} & \dfrac{\partial x_s}{\partial \gamma} \end{vmatrix} = \begin{vmatrix} \cos\gamma & \sin\gamma \\ -M\sin\gamma & M\cos\gamma \end{vmatrix} = M \tag{5.51}$$

得

$$f(M,\gamma \mid H_1,\theta) = J f(x_c,x_s \mid H_1,\theta)$$

$$= \frac{M}{2\pi\sigma_T^2} e^{-\frac{1}{2\sigma_T^2}\left[x_c^2 - 2\cdot\frac{AT}{2}x_c\cos\theta + \left(\frac{AT}{2}\right)^2\cos^2\theta + x_s^2 - 2\cdot\frac{AT}{2}x_s\sin\theta + \left(\frac{AT}{2}\right)^2\sin^2\theta\right]} \Bigg|_{\substack{x_c = M\cos\gamma \\ x_s = M\sin\gamma}}$$

$$= \frac{M}{2\pi\sigma_T^2} e^{-\frac{1}{2\sigma_T^2}\left[M^2 + \left(\frac{AT}{2}\right)^2 - ATM\cos(\theta-\gamma)\right]} \tag{5.52}$$

其中，$\gamma = \arctan\left(\dfrac{x_s}{x_c}\right)(0 \leqslant \gamma \leqslant 2\pi)$。

$$f(M \mid H_1,\theta) = \int_0^{2\pi} f(M,\gamma \mid H_1,\theta)\mathrm{d}\gamma$$

$$= \int_0^{2\pi} \frac{M}{2\pi\sigma_T^2} e^{-\frac{1}{2\sigma_T^2}\left[M^2 + \left(\frac{AT}{2}\right)^2 - ATM\cos(\theta-\gamma)\right]} \mathrm{d}\gamma$$

$$= \frac{M}{\sigma_T^2} e^{-\frac{1}{2\sigma_T^2}\left[M^2 + \left(\frac{AT}{2}\right)^2\right]} \frac{1}{2\pi}\int_0^{2\pi} e^{\frac{ATM}{2\sigma_T^2}\cos(\theta-\gamma)} \mathrm{d}\gamma$$

$$= \frac{M}{\sigma_T^2} e^{-\frac{1}{2\sigma_T^2}\left[M^2 + \left(\frac{AT}{2}\right)^2\right]} I_0\left[\frac{ATM}{2\sigma_T^2}\right] \tag{5.53}$$

从上式可以看到，条件概率密度函数 $f(M \mid H_1,\theta)$ 与 θ 无关，所以 H_1 假设下的条件概率密度函数为

$$f(M \mid H_1) = \int_0^{2\pi} f(M \mid H_1,\theta) f(\theta)\mathrm{d}\theta$$

$$= \frac{M}{\sigma_T^2} e^{-\frac{1}{2\sigma_T^2}\left[M^2 + \left(\frac{AT}{2}\right)^2\right]} I_0\left[\frac{ATM}{2\sigma_T^2}\right] \tag{5.54}$$

为莱斯分布。

对于 H_0 假设，有 $A=0$，$I_0(0)=1$，代入上式，得

$$f(M \mid H_0) = \frac{M}{\sigma_T^2} e^{-\frac{M^2}{2\sigma_T^2}} \tag{5.55}$$

为瑞利分布。

虚警概率为

$$P_f = P(D_1 \mid H_0) = \int_\beta^\infty f(M \mid H_0)\mathrm{d}M = \int_\beta^\infty \frac{M}{\sigma_T^2} e^{-\frac{M^2}{2\sigma_T^2}}\mathrm{d}M$$

$$= -e^{-\frac{M^2}{2\sigma_T^2}}\bigg|_\beta^\infty = e^{\frac{-\beta^2}{2\sigma_T^2}} \tag{5.56}$$

检测概率为

$$P_D = P(D_1 \mid H_1) = \int_\beta^\infty f(M \mid H_1)\mathrm{d}M$$

$$=\int_\beta^\infty \frac{M}{\sigma_T^2} e^{-\frac{M^2+(AT/2)^2}{2\sigma_T^2}} I_0\left[\frac{ATM}{2\sigma_T^2}\right] \mathrm{d}M \tag{5.57}$$

令 $Z=M/\sigma_T$，$d=2E/N_0$（功率信噪比），其中 $E=\int s_1^2(t)\mathrm{d}t=A^2T/2$（信号能量），$\sigma_T^2=N_0T/4$，代入上式，

$$P_D=\int_{\beta/\sigma_T}^\infty Z e^{-\frac{Z^2+d}{2}} I_0[\sqrt{d}\,Z]\mathrm{d}Z \tag{5.58}$$

称为马库姆（Marcum）函数。

对虚警概率取对数，得

$$\ln P_f=-\frac{\beta^2}{2\sigma_T^2} \tag{5.59}$$

$$\beta=\sqrt{-2\sigma_T^2\ln P_f}=\pm\sigma_T\sqrt{-2\ln P_f} \tag{5.60}$$

由于 $M>0$，所以 β 取正值。若采用 Neyman-Pearson 准则，就可以根据给定的 P_f 求得门限值 β，由 β 和给定的信噪比又可算出检测概率。

5.3 随机相位和振幅信号的检测

5.3.1 最佳检测系统结构

设发送端发送的信号为

$$s_1(t)=A\sin(\omega t+\theta) \tag{5.61}$$

$$s_0(t)=0 \tag{5.62}$$

其中，振幅 A 及相位 θ 都是随机参量，它们在一次观测时间 $[0,T]$ 内为常数，在各次观测中随机取值。频率 ω 已知，A 和 θ 相互独立。相位服从均匀分布，幅度服从瑞利分布。即

$$f(\theta)=\begin{cases}\dfrac{1}{2\pi}, & 0\leqslant\theta\leqslant 2\pi\\[2mm] 0, & \text{其他}\end{cases} \tag{5.63}$$

$$f(A)=\begin{cases}\dfrac{A}{A_0^2}e^{-\frac{A^2}{2A_0^2}}, & A\geqslant 0\\[2mm] 0, & \text{其他}\end{cases} \tag{5.64}$$

则接收端对应的两个假设为

$$H_0: x(t)=n(t), \quad 0\leqslant t\leqslant T \tag{5.65}$$

$$H_1: x(t)=s(t)+n(t), \quad 0\leqslant t\leqslant T \tag{5.66}$$

式中，$n(t)$ 为信道上叠加的均值为 0、功率谱密度函数为 $N_0/2$ 的高斯白噪声。由于 H_0 是简单假设，H_1 是复合假设，根据式（5.16），可得似然比

$$l(\boldsymbol{x})=\frac{\displaystyle\int_{\{A\}}\int_{\{\theta\}} f(x\mid H_1,A,\theta)f(A)f(\theta)\mathrm{d}A\,\mathrm{d}\theta}{f(x\mid H_0)} \tag{5.67}$$

直接引用式（5.36），可以得出给定振幅 A 条件下随机相位信号的似然比

$$l(\boldsymbol{x}\mid A)=e^{-\frac{A^2T}{2N_0}} I_0\left[\frac{2AM}{N_0}\right] \tag{5.68}$$

上式中，振幅 A 为服从瑞利分布的随机参量，$l(x|A)$ 对 A 取统计平均得

$$l(x) = \int_{(A)} l(x \mid A) f(A) \mathrm{d}A = \int_0^\infty \mathrm{e}^{-\frac{A^2 T}{2N_0}} I_0\left[\frac{2AM}{N_0}\right] \frac{A}{A_0^2} \mathrm{e}^{-\frac{A^2}{2A_0^2}} \mathrm{d}A$$

$$= \int_0^\infty \frac{A}{A_0^2} \mathrm{e}^{-\frac{A^2}{2}\left[\frac{1}{A_0^2}+\frac{T}{N_0}\right]} I_0\left[\frac{2AM}{N_0}\right] \mathrm{d}A \tag{5.69}$$

利用积分公式

$$\int_0^\infty x \mathrm{e}^{-ax^2} I_0(x) \mathrm{d}x = \frac{1}{2a} \mathrm{e}^{\frac{1}{4a}} \tag{5.70}$$

令 $x = \dfrac{2AM}{N_0}, a = \dfrac{N_0(N_0 + TA_0^2)}{8A_0^2 M^2}$，得

$$\int_0^\infty \frac{2AM}{N_0} \mathrm{e}^{-\frac{A^2 N_0 + TA_0^2 A^2}{2A_0^2 N_0}} I_0\left[\frac{2AM}{N_0}\right] \mathrm{d}\left[\frac{2AM}{N_0}\right] = \frac{4M^2}{N_0^2} \int_0^\infty A \mathrm{e}^{-\frac{A^2}{2}\left[\frac{1}{A_0^2}+\frac{T}{N_0}\right]} I_0\left[\frac{2AM}{N_0}\right] \mathrm{d}A$$

$$= \frac{4A_0^2 M^2}{N_0(N_0 + TA_0^2)} \mathrm{e}^{\frac{2A_0^2 M^2}{N_0(N_0 + TA_0^2)}} \tag{5.71}$$

将上式代入 $l(x)$ 的表达式(5.69)，可得

$$l(x) = \int_0^\infty \frac{A}{A_0^2} \mathrm{e}^{-\frac{A^2}{2}\left[\frac{1}{A_0^2}+\frac{T}{N_0}\right]} I_0\left[\frac{2AM}{N_0}\right] \mathrm{d}A = \frac{1}{A_0^2} \frac{N_0^2}{4M^2} \cdot \frac{4A_0^2 M^2}{N_0(N_0 + TA_0^2)} \mathrm{e}^{\frac{2A_0^2 M^2}{N_0(N_0 + TA_0^2)}}$$

$$= \frac{N_0}{N_0 + TA_0^2} \mathrm{e}^{\frac{2A_0^2 M^2}{N_0(N_0 + TA_0^2)}} \tag{5.72}$$

取自然对数，得

$$\ln l(x) = \ln \frac{N_0}{N_0 + TA_0^2} + \frac{2A_0^2 M^2}{N_0(N_0 + TA_0^2)} \tag{5.73}$$

得判决规则为

$$\ln l(x) \underset{H_0}{\overset{H_1}{\gtrless}} \ln l_0 \tag{5.74}$$

即

$$M \underset{H_0}{\overset{H_1}{\gtrless}} \sqrt{\frac{N_0(N_0 + TA_0^2)}{2A_0^2} \ln\left[\frac{l_0(N_0 + TA_0^2)}{N_0}\right]} = \beta \tag{5.75}$$

可见，最佳检测系统的结构与随机相位信号检测系统一致，只是判决门限取值不同。

5.3.2 检测性能

检测统计量 M 的条件概率密度函数已在5.2.2节中求出，直接应用其结论，最佳检测系统的虚警概率由式(5.56)给出：

$$P_f = P(D_1 \mid H_0) = \int_\beta^\infty f(M \mid H_0) \mathrm{d}M = \mathrm{e}^{-\frac{\beta^2}{2\sigma_T^2}} \tag{5.76}$$

其中，$\sigma_T^2 = N_0 T/4$。

根据式(5.57)，可得最佳检测系统的检测概率随 A 变化的关系式

$$P_D(A) = P(D_1 \mid H_1, A) = \int_\beta^\infty f(M \mid H_1, A) \mathrm{d}M$$

$$= \int_\beta^\infty \frac{M}{\sigma_T^2} \mathrm{e}^{-\frac{M^2 + (AT/2)^2}{2\sigma_T^2}} I_0\left[\frac{MAT}{2\sigma_T^2}\right] \mathrm{d}M \tag{5.77}$$

A 服从瑞利分布,其概率密度函数如式(5.64)所示,所以 $P_D(A)$ 对 A 取统计平均就得到系统的平均检测概率 P_D:

$$
\begin{aligned}
P_D &= \int_{\{A\}} P_D(A) f(A) \mathrm{d}A \\
&= \int_0^\infty \int_\beta^\infty \frac{M}{\sigma_T^2} \mathrm{e}^{-\frac{M^2+(AT/2)^2}{2\sigma_T^2}} I_0\left[\frac{MAT}{2\sigma_T^2}\right] \frac{A}{A_0^2} \mathrm{e}^{-\frac{A^2}{2A_0^2}} \mathrm{d}M \mathrm{d}A \\
&= \int_\beta^\infty \frac{M}{\sigma_T^2} \mathrm{e}^{-\frac{M^2}{2\sigma_T^2}} \left\{ \int_0^\infty \frac{A}{A_0^2} \mathrm{e}^{-\frac{A^2T^2A_0^2/4+A^2\sigma_T^2}{2\sigma_T^2A_0^2}} I_0\left[\frac{MAT}{2\sigma_T^2}\right] \mathrm{d}A \right\} \mathrm{d}M
\end{aligned} \tag{5.78}
$$

将 $\sigma_T^2 = N_0 T/4$ 代入上式中

$$
P_D = \int_\beta^\infty \frac{4M}{N_0 T} \mathrm{e}^{-\frac{2M^2}{N_0 T}} \int_0^\infty \frac{A}{A_0^2} \mathrm{e}^{-\frac{A^2}{2}\left[\frac{1}{A_0^2}+\frac{T}{N_0}\right]} I_0\left[\frac{2AM}{N_0}\right] \mathrm{d}A \mathrm{d}M \tag{5.79}
$$

将式(5.70)的结论代入上式,得

$$
\begin{aligned}
P_D &= \int_\beta^\infty \frac{4M}{N_0 T} \mathrm{e}^{-\frac{2M^2}{N_0 T}} \frac{N_0}{N_0+TA_0^2} \mathrm{e}^{\frac{2A_0^2M^2}{N_0(N_0+TA_0^2)}} \mathrm{d}M \\
&= \frac{4}{T(N_0+TA_0^2)} \int_\beta^\infty M \mathrm{e}^{-\frac{2M^2}{T(N_0+TA_0^2)}} \mathrm{d}M \\
&= \mathrm{e}^{-\frac{2\beta^2}{T(N_0+TA_0^2)}}
\end{aligned} \tag{5.80}
$$

对 P_f、P_D 取对数,得

$$
\ln P_f = -\frac{\beta^2}{2\sigma_T^2} = -\frac{2\beta^2}{N_0 T} \tag{5.81}
$$

$$
\ln P_D = -\frac{2\beta^2}{T(N_0+TA_0^2)} = \frac{N_0}{N_0+TA_0^2} \ln P_f \tag{5.82}
$$

$$
P_D = P_f^{\frac{N_0}{N_0+TA_0^2}} \tag{5.83}
$$

在观测时间 $[0,T]$,若信号振幅 A 为恒值,则其信号能量为 $E = \frac{A^2}{2} T$。现由于 A 为随机变量,故信号的平均能量为

$$
\begin{aligned}
\bar{E} &= \int_0^\infty E f(A) \mathrm{d}A = \int_0^\infty \frac{A^2 T}{2} \cdot \frac{A}{A_0^2} \mathrm{e}^{-\frac{A^2}{2A_0^2}} \mathrm{d}A = \int_0^\infty \frac{A^2 T}{2} \mathrm{e}^{-\frac{A^2}{2A_0^2}} \mathrm{d}\left[\frac{A^2}{2A_0^2}\right] \\
&= TA_0^2 \int_0^\infty \frac{A^2}{2A_0^2} \mathrm{e}^{-\frac{A^2}{2A_0^2}} \mathrm{d}\left[\frac{A^2}{2A_0^2}\right] = TA_0^2
\end{aligned} \tag{5.84}
$$

将上式代入式(5.83),得

$$
P_D = P_f^{\frac{N_0}{N_0+\bar{E}}} = P_f^{\frac{1}{1+\bar{E}/N_0}} \tag{5.85}
$$

上式描述了检测概率、虚警概率和平均能量信噪比三者之间的关系。

5.4 随机频率信号的检测

随机频率信号在实际中也经常遇到。如被运动目标反射的雷达回波信号,其频率与发射信号的频率相差一个多普勒频移 $\omega_D = 2v\omega/c$,式中 ω 是发射信号频率,v 是目标相对于接收机的径向速度,c 是电磁波的传播速度。如果 v 是未知的,那么回波信号的频率也是未知的。一般假定它是一个随机变量,这就构成一个随机频率信号。

5.4.1　随机相位和频率信号的检测

设发送端发送的信号为

$$s_1(t) = A\sin(\omega t + \theta) \tag{5.86}$$

$$s_0(t) = 0 \tag{5.87}$$

式中,振幅 A 是确知的,相位 θ 是服从均匀分布的随机变量,频率 ω 也是随机变量,其先验概率密度函数为 $f(\omega)(\omega_l \leqslant \omega \leqslant \omega_h)$。

则接收端对应的两个假设为

$$H_0: x(t) = s_0(t) + n(t) = n(t), \quad 0 \leqslant t \leqslant T \tag{5.88}$$

$$H_1: x(t) = s_1(t) + n(t), \quad 0 \leqslant t \leqslant T \tag{5.89}$$

式中,$n(t)$ 为信道上迭加的均值为 0、功率谱密度函数为 $N_0/2$ 的高斯白噪声。

直接利用式(5.36),可以得出给定 ω 条件下随机相位的似然比为

$$l(\boldsymbol{x} \mid \omega) = \mathrm{e}^{-\frac{A^2 T}{2N_0}} I_0 \left[\frac{2AM}{N_0} \right] = \mathrm{e}^{-\frac{E}{N_0}} I_0 \left[\frac{2AM}{N_0} \right] \tag{5.90}$$

式中,$E = A^2 T/2$ 为信号能量,M 为 ω 的函数,如下式所示:

$$M^2 = \left[\int_0^T x(t) \sin\omega t \, \mathrm{d}t \right]^2 + \left[\int_0^T x(t) \cos\omega t \, \mathrm{d}t \right]^2 \tag{5.91}$$

平均似然比为

$$l(\boldsymbol{x}) = \int_{\{\omega\}} l(\boldsymbol{x} \mid \omega) f(\omega) \mathrm{d}\omega = \int_{w_l}^{w_h} l(\boldsymbol{x} \mid \omega) f(\omega) \mathrm{d}\omega \tag{5.92}$$

要计算此积分,必须知道 $f(\omega)$,但实际上是难以精确知道的,故可用间隔任意小的离散概率函数来代替概率密度函数,从而用求和来近似代替积分。

$$f(\omega) = \sum_{i=1}^m P(\omega_i) \delta(\omega - \omega_i) \tag{5.93}$$

式中,$P(\omega_i) = f(\omega_i)\Delta\omega, \Delta\omega = (\omega_h - \omega_l)/m, \omega_i = \omega_l + i\Delta\omega (i = 1, 2, \cdots, m), \omega_m = \omega_l + m\Delta\omega = \omega_h$,则

$$l(\boldsymbol{x}) = \sum_{i=1}^m l(\boldsymbol{x} \mid \omega_i) f(\omega_i) \Delta\omega = \sum_{i=1}^m l(\boldsymbol{x} \mid \omega_i) P(\omega_i)$$

$$= \mathrm{e}^{-\frac{E}{N_0}} \sum_{i=1}^m I_0 \left[\frac{2AM_i}{N_0} \right] P(\omega_i) \tag{5.94}$$

故频率未知、相位服从均匀分布、振幅恒定信号的最佳接收机结构如图 5.3 所示,由 m 个并列的通道组成。频率划分越细,m 越大,接收机结构越复杂。

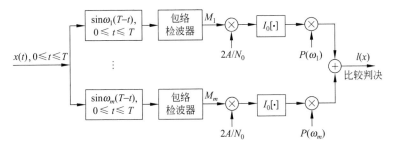

图 5.3　频率未知振幅恒定信号的最佳接收机结构图

对于小信噪比,零阶修正贝塞尔函数近似为

$$I_0\left[\frac{2AM_i}{N_0}\right] \approx 1 + \left(\frac{A}{N_0}M_i\right)^2 \tag{5.95}$$

假定频率的先验概率分布是均匀的,即 $P(\omega_i)=1/m$,代表一种最不利的分布,则此时似然比为

$$l(\pmb{x}) = \mathrm{e}^{-\frac{E}{N_0}}\sum_{i=1}^{m}\left\{1+\left[\frac{A}{N_0}M_i\right]^2\right\}\frac{1}{m} = \mathrm{e}^{-\frac{E}{N_0}} + \frac{1}{m}\mathrm{e}^{-\frac{E}{N_0}}\sum_{i=1}^{m}\left[\frac{A}{N_0}M_i\right]^2$$

$$= \mathrm{e}^{-\frac{E}{N_0}} + \frac{1}{m}\left[\frac{A}{N_0}\right]^2\mathrm{e}^{-\frac{E}{N_0}}\sum_{i=1}^{m}M_i^2 \tag{5.96}$$

故判决规则为

$$\sum_{i=1}^{m}M_i^2 \underset{H_0}{\overset{H_1}{\gtrless}} \frac{mN_0^2}{A^2}\left[l_0\mathrm{e}^{\frac{E}{N_0}}-1\right] = \beta \tag{5.97}$$

得到小信噪比情况下频率和相位均匀分布信号的最佳接收机如图 5.4 所示。

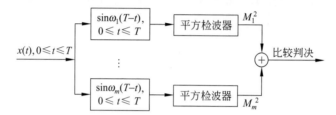

图 5.4　小信噪比情况下频率和相位均匀分布信号的最佳接收机

5.4.2　随机相位和频率、振幅瑞利衰减信号的检测

下面讨论振幅、相位和频率均是随机变量的情况,其中振幅 A 服从瑞利分布。根据式(5.72)所示的随机相位和振幅信号的似然比公式,可以得出给定 ω 条件下随机相位和振幅信号的似然比:

$$l(\pmb{x}\mid\omega) = \frac{N_0}{N_0+TA_0^2}\mathrm{e}^{\frac{2A_0^2M^2}{N_0(N_0+TA_0^2)}} \tag{5.98}$$

其中,M 是 ω 的函数,如式(5.91)所示。令 $\eta=A_0^2T/N_0$,上式可变为

$$l(\pmb{x}\mid\omega) = \frac{1}{1+\eta}\mathrm{e}^{\frac{2A_0^2M^2}{N_0^2(1+\eta)}} \tag{5.99}$$

$$l(\pmb{x}) = \int_{(\omega)}l(\pmb{x}\mid\omega)f(\omega)\mathrm{d}\omega \tag{5.100}$$

把频率的先验概率密度函数近似表示成离散形式,得

$$l(\pmb{x}) = \sum_{i=1}^{m}l(\pmb{x}\mid\omega_i)P(\omega_i) = \frac{1}{1+\eta}\sum_{i=1}^{m}P(\omega_i)\mathrm{e}^{\frac{2A_0^2M_i^2}{N_0^2(1+\eta)}} \tag{5.101}$$

最佳接收机与振幅确知情况下的图 5.3 十分相似,如图 5.5 所示。

对于两个等概率频率信号的检测,有 $P(\omega)=1/2$。

$$l(\pmb{x}) = \frac{1}{1+\eta}\sum_{i=1}^{2}\frac{1}{2}\mathrm{e}^{\left[\frac{2A_0^2}{N_0}\right]\frac{M_i^2}{1+\eta}} \tag{5.102}$$

判决规则为

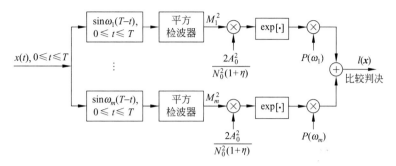

图 5.5 频率未知振幅为瑞利分布信号的最佳接收机

$$l(\boldsymbol{x}) \underset{H_0}{\overset{H_1}{\gtrless}} l_0 \tag{5.103}$$

$$\frac{1}{2(1+\eta)} \sum_{i=1}^{2} \mathrm{e}^{\left[\frac{2A_0^2}{N_0^2}\right]\frac{M_i^2}{1+\eta}} \underset{H_0}{\overset{H_1}{\gtrless}} l_0 \tag{5.104}$$

$$\mathrm{e}^{\left[\frac{2A_0^2}{N_0^2}\right]\frac{M_1^2}{1+\eta}} + \mathrm{e}^{\left[\frac{2A_0^2}{N_0^2}\right]\frac{M_2^2}{1+\eta}} \underset{H_0}{\overset{H_1}{\gtrless}} 2(1+\eta)l_0 \tag{5.105}$$

令

$$Q_i = \sqrt{\frac{2A_0^2}{N_0^2(1+\eta)}}\, M_i, \quad i=1,2 \tag{5.106}$$

得

$$\mathrm{e}^{Q_1^2} + \mathrm{e}^{Q_2^2} \underset{H_0}{\overset{H_1}{\gtrless}} 2(1+\eta)l_0 = \beta \tag{5.107}$$

对于 3 种不同门限值 $\beta(3,100,10000)$，用 Q_1 和 Q_2 表示的判决区域如图 5.6 所示。Q_2 是根据给定的 β 代入不同的 Q_1 值计算出来的，当 β 值较大时，由图可以看出判决区域接近正方形，故可以考虑以平行于坐标轴的虚线近似作为判决边界。采用近似边界进行判决，只要 Q_1、Q_2 之一超过 β_Q，就判 H_1 假设为真，即判决规则为

$$\max(Q_1,Q_2) \underset{H_0}{\overset{H_1}{\gtrless}} \beta_Q \tag{5.108}$$

显然 $Q_1=0$、$Q_2=\beta_Q$ 在判决边界线上，满足关系式 $\mathrm{e}^{Q_1^2}+\mathrm{e}^{Q_2^2}=\beta$，即

$$\mathrm{e}^0 + \mathrm{e}^{\beta_Q^2} = \beta \tag{5.109}$$

由上式可以解得

$$\beta_Q = \sqrt{\ln(\beta-1)} \tag{5.110}$$

因为 Q_i 正比于 M_i，又可写为

$$\max(M_1,M_2) \underset{H_0}{\overset{H_1}{\gtrless}} \beta_M$$

上面的结论可以推广到 m 个频率的情况，最佳接收机的近似形式是 m 个匹配滤波器和包络检波器的组合，并选择最大者与门限 β_M 进行比较，判决规则变为

$$\max(M_1,M_2,\cdots,M_m) \underset{H_0}{\overset{H_1}{\gtrless}} \beta_M \tag{5.111}$$

最佳接收机结构如图 5.7 所示，可以看到与图 5.5 所示的接收机相比结构上得到了大大的简化。

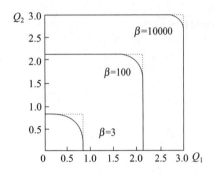

图 5.6　检测随机频率信号的判决区域

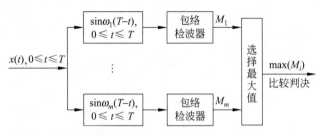

图 5.7　图 5.5 最佳接收机的近似形式

5.4.3　一种多元信号的检测方法

设信号频率是 M 个可能值之一(如果频率是连续随机变量,就用一组离散值作它的近似,相应地,用一组离散概率来近似其概率密度函数),每个离散频率 ω_i 对应一个 H_i 假设,即

$$
\begin{cases}
H_0: x(t) = n(t), & 0 \leqslant t \leqslant T \\
H_1: x(t) = A\sin(\omega_1 t + \theta_1), & 0 \leqslant t \leqslant T \\
\quad\vdots \\
H_M: x(t) = A\sin(\omega_M t + \theta_M), & 0 \leqslant t \leqslant T
\end{cases}
\tag{5.112}
$$

假定各假设下相位都是均匀分布的,为简化分析,还假定各频率等概出现,因而 $P(\omega_i) = 1/M(i = 1, 2, \cdots, M)$。利用式(5.36),可以得出第 H_i 个假设与 H_0 假设的似然比为

$$
l_i(\boldsymbol{x} \mid \omega) = \mathrm{e}^{-\frac{E}{N_0}} I_0\left[\frac{2AM_i}{N_0}\right], \quad i = 1, 2, \cdots, M
\tag{5.113}
$$

式中, $E = A^2 T/2, M_i^2 = \left[\int_0^T x(t)\sin\omega_i t\, \mathrm{d}t\right]^2 + \left[\int_0^T x(t)\cos\omega_i t\, \mathrm{d}t\right]^2$。

判决规则为如果没有一个 $l_i(\boldsymbol{x}|\omega)$ 大于门限值,就选择 H_0 假设为真,否则选择对应于最大 $l_i(\boldsymbol{x}|\omega)$ 的那个 H_i 假设为真。由于 $l_i(\boldsymbol{x}|\omega)$ 是 M_i 的单调增函数,故可以用 M_i 作为检测统计量,判决规则变为如果没有一个 M_i 超过判决门限,则选择 H_0 假设为真,否则选择与最大 M_i 相对应的 H_i 假设为真。完成这一功能的接收机结构与图 5.7 所示的系统相同。这就说明,所有频率等概出现时的多元信号检测最佳接收机,与由所有频率信号组成一个复合假设时的二元随机频率信号近似最佳接收机相同。

5.5　随机时延信号的检测

上面所研究的问题都限于信号的到达时间是已知的情况,本节将讨论信号的到达时间未知的情况,称为随机时延信号。

5.5.1　随机相位和时延信号的检测

对于随机相位和时延信号,两种假设分别为

$$H_0: x(t) = n(t), \quad 0 \leqslant t \leqslant T \tag{5.114}$$

$$H_1: x(t) = s(t-\tau) + n(t), \quad 0 \leqslant t \leqslant T \tag{5.115}$$

式中,信号 $s(t) = A\sin(\omega t + \theta)$,$A$、$\omega$ 为常数。θ 在 $[0, 2\pi]$ 上服从均匀分布,到达时间 τ 的概率密度函数 $f(\tau)$ 定义在 $0 \leqslant \tau \leqslant \tau_0$。

根据所示的式(5.36)随机相位信号检测的似然比公式,可以得到 τ 给定条件下的似然比,为

$$l(\boldsymbol{x} \mid \tau) = \mathrm{e}^{-\frac{E}{N_0}} I_0 \left[\frac{2AM(\tau+T)}{N_0} \right] \tag{5.116}$$

式中,$E = A^2 T/2$ 为信号能量,M 为 τ 的函数。

$$M^2(\tau+T) = \left[\int_{\tau}^{\tau+T} x(t)\sin\omega(t-\tau)\mathrm{d}t \right]^2 + \left[\int_{\tau}^{\tau+T} x(t)\cos\omega(t-\tau)\mathrm{d}t \right]^2 \tag{5.117}$$

则平均似然比为

$$l(\boldsymbol{x}) = \int_0^{\tau_0} l(\boldsymbol{x} \mid \tau) f(\tau) \mathrm{d}\tau = \int_0^{\tau_0} \mathrm{e}^{-\frac{E}{N_0}} I_0 \left[\frac{2A}{N_0} M(\tau+t) \right] f(\tau) \mathrm{d}\tau \tag{5.118}$$

与随机频率信号相似,把到达时间量化为一组等概率的离散时延 τ_i(其中 $i=1,2,\cdots,m$),$P(\tau_i) = 1/m$,代入上式,得

$$l(\boldsymbol{x}) = \frac{1}{m} \mathrm{e}^{-\frac{E}{N_0}} \sum_{i=1}^{m} I_0 \left[\frac{2A}{N_0} M(\tau_i+T) \right] \tag{5.119}$$

考虑到 $\frac{1}{m}\mathrm{e}^{-\frac{E}{N_0}}$ 为一常数,可以移入门限中,因此最佳接收机形式如图 5.8 所示。

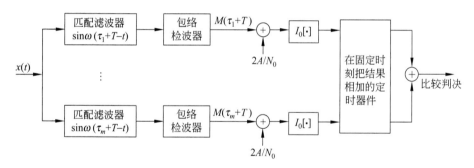

图 5.8 随机时延信号最佳接收机形式

同随机频率信号的检测类似,考虑到 $I_0\left[\dfrac{2A}{N_0}M(\tau_i+T)\right]$ 是 $M(\tau_i+T)$ 的单调函数,故可选择 $\max(M(\tau_i+T))$ 与门限值比较进行判决,接收机的结构可以得到进一步简化,如图 5.9 所示。

也可以采用多元信号检测方法来确定信号是否存在,并识别到达时间,此时假设是

$$\begin{cases} H_0: x(t) = n(t), & 0 \leqslant t \leqslant T \\ H_1: x(t) = s(t-\tau_1) + n(t), & 0 \leqslant t \leqslant T \\ \quad\quad\quad \vdots \\ H_m: x(t) = s(t-\tau_m) + n(t), & 0 \leqslant t \leqslant T \end{cases} \tag{5.120}$$

对于信号 $s(t) = A\sin(\omega t + \theta)$(其中 $0 \leqslant t \leqslant T$)和等概率到达时间的情况,选择非相干

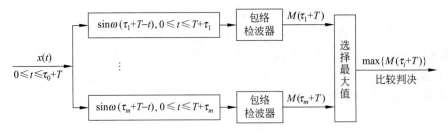

图 5.9　图 5.8 最佳接收机的简化形式

匹配滤波器输出 $M(\tau_i + T)$ 的最大值,然后同门限值比较。如果小于门限则选择 H_0 假设为真,否则选择对应于 $M(\tau_i + T)$ 最大值的 H_i 假设为真。显然此时最佳接收机结构与图 5.9 完全相同。

考虑到匹配滤波器对于时延信号具有适应性(即如果滤波器对某一确知信号是匹配的,则它对该信号的时延信号仍然匹配),则如图 5.9 所示的多路系统可用图 5.10 的单路系统实现。对于瑞利起伏信号也可以作同样的处理。这正是一般雷达系统测量目标回波到达时间的典型框图。

图 5.10　既检测信号又估计到达时间的最佳接收机

5.5.2　随机相位、频率和时延信号的检测

对于随机相位、频率和时延信号,可以利用离散频率和时延的多元假设检验方法。假设

$$H_0: x(t) = n(t), \quad 0 \leqslant t \leqslant T \tag{5.121}$$

$$H_{ij}: x(t) = s(t - \tau_i, \omega_j) + n(t), \quad 0 \leqslant t \leqslant T \tag{5.122}$$

其中,$0 \leqslant \tau_i \leqslant \tau_0, \omega_l \leqslant \omega_j \leqslant \omega_h (i = 1, 2, \cdots, n; j = 1, 2, \cdots, m), s(t - \tau_i, \omega_j) = A\sin[\omega_j(t - \tau_i) + \theta]$,即上式包含 $m \times n$ 种假设。假定频率和时延都被量化,条件似然比为

$$l(\boldsymbol{x} \mid \tau_i, \omega_j) = \mathrm{e}^{-\frac{E}{N_0}} I_0 \left[\frac{2AM_j(\tau_i + T)}{N_0} \right] \tag{5.123}$$

其中,$M_j^2(\tau_i + T) = \left[\int_{\tau_i}^{\tau_i + T} x(t)\sin\omega_j(t - \tau_i)\mathrm{d}t \right]^2 + \left[\int_{\tau_i}^{\tau_i + T} x(t)\cos\omega_j(t - \tau_i)\mathrm{d}t \right]^2$

接收机结构示于图 5.11。该接收机不仅能检测信号的存在与否,而且还可以估计其频率和时延。

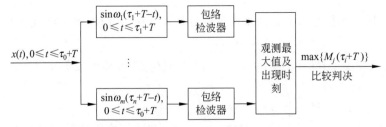

图 5.11　随机相位、频率和时延信号的最佳接收机

本 章 小 结

(1) 随机参量信号检测中的 3 个基本准则如下。

① Bayes 准则：$l(\boldsymbol{x}) = \dfrac{\displaystyle\int_{(\boldsymbol{\alpha})} f(\boldsymbol{x} \mid \boldsymbol{\alpha}, H_1) f(\boldsymbol{\alpha}) [C_{01}(\boldsymbol{\alpha}) - C_{11}(\boldsymbol{\alpha})] \mathrm{d}\boldsymbol{\alpha}}{\displaystyle\int_{(\boldsymbol{\beta})} f(\boldsymbol{x} \mid \boldsymbol{\beta}, H_0) f(\boldsymbol{\beta}) [C_{10}(\boldsymbol{\beta}) - C_{00}(\boldsymbol{\beta})] \mathrm{d}\boldsymbol{\beta}} \underset{H_0}{\overset{H_1}{\gtrless}} \dfrac{P(H_0)}{P(H_1)} = l_0$，

在大多数情况下，H_0 假设是简单假设，H_1 假设是复合假设。代价因子与未知参量无关时，

判决规则变为 $l(\boldsymbol{x}) = \dfrac{\displaystyle\int_{(\boldsymbol{\alpha})} f(\boldsymbol{x} \mid \boldsymbol{\alpha}, H_1) f(\boldsymbol{\alpha}) \mathrm{d}\boldsymbol{\alpha}}{f(\boldsymbol{x} \mid H_0)} \underset{H_0}{\overset{H_1}{\gtrless}} \dfrac{P(H_0)(C_{10} - C_{00})}{P(H_1)(C_{01} - C_{11})}$。

适用于代价函数，各种假设的先验概率和随机参量的先验概率密度函数均已知的情况。

② Neyman-Pearson 准则：

$$l(\boldsymbol{x}) = \dfrac{\displaystyle\int_{(\boldsymbol{\alpha})} f(\boldsymbol{x} \mid \boldsymbol{\alpha}, H_1) f(\boldsymbol{\alpha}) \mathrm{d}\boldsymbol{\alpha}}{f(\boldsymbol{x} \mid H_0)} \underset{H_0}{\overset{H_1}{\gtrless}} \lambda_0$$

适用于代价函数和先验概率均未知的情况。

③ 最大似然检验准则：

$$l(\boldsymbol{x}) = \frac{f(\boldsymbol{x} \mid \boldsymbol{\alpha}, H_1)}{f(\boldsymbol{x} \mid \boldsymbol{\beta}, H_0)} = \frac{f(\boldsymbol{x} \mid \hat{\boldsymbol{\alpha}}, H_1)}{f(\boldsymbol{x} \mid \hat{\boldsymbol{\beta}}, H_0)}$$

适用于代价函数、先验概率和随机参量的先验概率密度函数均未知的情况。

(2) 随机相位信号的检测。

检测原理为

$$M = \sqrt{\left[\int_0^T x(t) \sin\omega t \, \mathrm{d}t\right]^2 + \left[\int_0^T x(t) \cos\omega t \, \mathrm{d}t\right]^2} \underset{H_0}{\overset{H_1}{\gtrless}} \beta$$

虚警和检测概率为

$$P_f = P(D_1 \mid H_0) = \mathrm{e}^{-\frac{\beta^2}{2\sigma_T^2}},$$

$$P_D = P(D_1 \mid H_1) = \int_\beta^\infty \frac{M}{\sigma_T^2} \mathrm{e}^{-\frac{M^2 - (AT/2)^2}{2\sigma_T^2}} I_0 \left[\frac{ATM}{2\sigma_T^2}\right] \mathrm{d}M$$

(3) 随机相位和振幅信号的检测。

检测原理为 $M \underset{H_0}{\overset{H_1}{\gtrless}} \sqrt{\dfrac{N_0(N_0 + TA_0^2)}{2A_0^2} \ln\left[\dfrac{l_0(N_0 + TA_0^2)}{N_0}\right]} = \beta$，同随机相位信号的检测基

本一样，只是门限值不同而已。

虚警和检测概率为

$$P_f = P(D_1 \mid H_0) = \mathrm{e}^{-\frac{\beta^2}{2\sigma_T^2}}, \quad P_D = P(D_1 \mid H_1) = \mathrm{e}^{-\frac{2\beta^2}{T(N_0 + TA_0^2)}}$$

(4) 随机相位和频率信号的检测。

似然比检验为

$$l(\boldsymbol{x}) = \mathrm{e}^{-\frac{E}{N_0}} \sum_{i=1}^m I_0\left[\frac{2AM_i}{N_0}\right] P(\omega_i)$$

（5）随机相位、频率和振幅信号的检测。

似然比检验为

$$l(\boldsymbol{x}) = \frac{1}{1+\eta} \sum_{i=1}^{m} P(\omega_i) \mathrm{e}^{\frac{2A_0^2 M_i^2}{N_0^2(1+\eta)}}$$

（6）随机相位和时延信号的检测。

似然比检验为

$$l(\boldsymbol{x}) = \sum_{i=1}^{m} I_0 \left[\frac{2A}{N_0} M(\tau_i + T) \right]$$

（7）随机相位、时延和频率信号的检测。

似然比检验为

$$l(\boldsymbol{x} \mid \tau_i, \omega_j) = I_0 \left[\frac{2A M_j(\tau_i + T)}{N_0} \right]$$

思 考 题

1. 什么是复合假设和简单假设？有何区别？复合假设检验和简单假设检验各适用于何种场合？

2. 什么是随机参量信号，其似然比检验的核心是什么？

3. 在随机参量信号检测中，振幅、相位一般服从何种分布？

4. 在随机参量信号检测中，频率、时延的分布一般如何处理？

5. 何谓多普勒频移，试分析各种情况下的多普勒频移。

习 题

1. 考虑检测问题：

$$H_0: x(t) = B\cos(\omega_2 t + \varphi) + n(t), \qquad\qquad 0 \leqslant t \leqslant T$$

$$H_1: x(t) = A\cos\omega_1 t + B\cos(\omega_2 t + \varphi) + n(t), \quad 0 \leqslant t \leqslant T$$

其中，A、B、ω_1 和 ω_2 为已知常数。$n(t)$ 是高斯白噪声，φ 在 $(0, 2\pi)$ 上服从均匀分布。

（a）求判决公式及最佳接收机结构形式。

（b）如果 $\int_0^T \cos\omega_1 t \cos\omega_2 t \mathrm{d}t = \int_0^T \cos\omega_1 t \sin\omega_2 t \mathrm{d}t = 0$，证明最佳接收机可用 $\int_0^T x(t) \cos\omega_1 t \mathrm{d}t$ 作为检测统计量并对此加以讨论。

2. 假定上题中 A_i 的概率密度函数是

$$f(A_i) = (1-p)\delta(A_i) + p \frac{A_i}{A_0^2} \mathrm{e}^{-\frac{A_i^2}{2A_0^2}}$$

求似然比及其在 A_0 趋于 0 时的形式。

3. 推导高斯白噪声中检测随机频率和随机时延信号的判决规则，并画出最佳接收机结构。设频率和到达时间均匀分布并且统计独立。

4. 考虑如下形式的窄带信号的检测问题。设信号 $s(t) = Af(t)\cos(\omega_0 t + \theta)(0 \leqslant t \leqslant T)$，$2\pi/\omega_0 \ll T$，其中包络 $f(t)$ 是慢变化的，相位在 $(-\pi, \pi)$ 上服从均匀分布；加性噪声是功率谱密度函数为 $N_0/2$ 的高斯白噪声。当简单二元随机相位信号检测时，证明相位的非相干匹配滤波器由脉冲响应为 $h(t) = f(T-t)\cos\omega_0(T-t)$ 的线性滤波器后接一个包络检波器组成。

计算机仿真

1. 随机相位信号检测正交接收机的仿真

1）仿真假设

设发送的二进制序列为 0101011001，$s_0(t) = 0$，$s_1(t) = \sin(4\pi t + \theta)$，相位 θ 服从 $[0, 2\pi]$ 均匀分布。叠加均值为 0、功率谱密度函数为 $\dfrac{N_0}{2} = 0.01$ 的高斯白噪声。按图 5.1 所示的正交接收机进行仿真。

2）程序代码

```
clear all; close all ;clc
A=1;                          %信号幅值
i=10;                         %码元个数
j=10000;                      %每个码元周期内分为 j 个微分单元
N0=0.002;                     %
t=linspace(0,10,j);           %0～10 个码元产生 10000 个点行向量,即 10000 份
l0=1;                         %等概发送,判决门限
fc=2;                         %信号频率
fm=i/4;                       %码元速率
T=1./fm;                      %码元周期
x=(rand(1,i));
a=round(x);
st=t;
for n=1:i
if a(n)<1;
for m=j/i*(n-1)+1:j/i*n
st(m)=0;
end
else
for m=j/i*(n-1)+1:j/i*n
st(m)=1;
end
end
end
figure(1);
subplot(221);
plot(t,st);
```

```matlab
axis([0,10,-0.2,1.2]);
title('二进制基带信号');
s0=0;                                              %0码发送信号
s1=A.*sin(2*pi*fc*t+rand*2*pi);                    %1码发送信号,相位theta是随机变量
xn=st.*s1;
subplot(222);
plot(t,xn);
axis([0,10,-1,1]);
title('2ASK随机相位频带信号');
nn=wgn(1,j,10*log(2*pi*fc*2*(N0/2)));              %添加白噪声
xn=xn+nn;                                          %经过高斯白噪声信道接收信号
subplot(223);
plot(t,xn);
axis([0,10,-1,1]);
title('2ASK随机相位频带噪声信号');
s=sin(2*pi*fc*t);                                  %sin(wt)
c=cos(2*pi*fc*t);                                  %cos(wt)
ats=xn.*s;                                         %x(t)*sin(wt)
atc=xn.*c;                                         %x(t)*cos(wt)
for m=1:i
xc(m)=trapz(ats(((m-1)*(j/i)+1):((m-1)*(j/i)+1000)))*(T/(j/i));
                                                   %%梯形积分运算
end
for m=1:i
xs(m)=trapz(atc(((m-1)*(j/i)+1):((m-1)*(j/i)+1000)))*(T/(j/i));
                                                   %%梯形积分运算
end
M=sqrt(xs.*xs+xc.*xc);
Beta=(A.^2*T)/(2*N0)+log(10);                      %判决门限
Judgement=log(besseli(0,(2*A*M/N0)));              %besseli零阶修正贝塞尔函数
for m=1:i
if Judgement(m)>Beta
for j=(m-1)*1000+1:(m-1)*1000+1000
at(1,j)=1;
end
else
for j=(m-1)*1000+1:(m-1)*1000+1000
at(1,j)=0;
end
end
end
subplot(224);
plot(t,at);
axis([0,10,-0.2,1.2]);
title('2ASK随机相位判决信号');
```

3）仿真结果

随机相位信号检测接收机的仿真结果如图 5.12 所示。

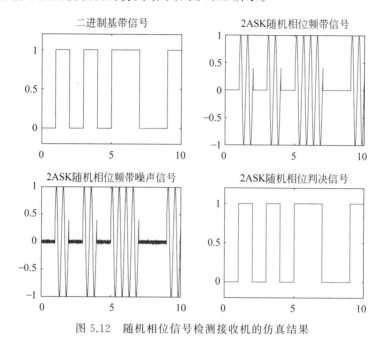

图 5.12　随机相位信号检测接收机的仿真结果

2. 随机相位和振幅信号检测接收机的仿真

1）仿真假设

设发送的二进制序列为 0101011001，$s_0(t)=0$，$s_1(t)=A\sin(4\pi t+\theta)$，振幅 A 服从瑞利分布，$A_0=2$，相位 θ 服从 $[0,2\pi]$ 均匀分布。叠加均值为 0、功率谱密度函数为 $\overline{\dfrac{N_0}{2}}=0.001$ 的高斯白噪声。按式（5.75）进行仿真。

2）程序代码

```
clear all; close all ;clc
A0=2;
r=rand(1,10000);                      %产生随机数 x～U(0,1)
A=sqrt(-(2*A0.^2).*log(1-r));         %产生服从 A0=2 的瑞利分布的随机数 A
l0=1;                                 %0\1 等概判决门限
i=10;                                 %码元个数
j=10000;                              %每个码元周期内分为 j 个微分单元
N0=0.002;                             %功率谱密度函数为
t=linspace(0,10,j);                   %0～10 个码元产生 10000 个点行向量,即 10000 份
l0=1;                                 %等概发送,判决门限
fc=2;                                 %信号频率
fm=i/4;                               %码元速率
T=1./fm;                              %码元周期
x=(rand(1,i));
a=round(x);
```

```matlab
st=t;
for n=1:i
if a(n)<1;
for m=j/i*(n-1)+1:j/i*n
st(m)=0;
end
else
for m=j/i*(n-1)+1:j/i*n
st(m)=1;
end
end
end
figure(1);
subplot(221);
plot(t,st);
axis([0,10,-0.2,1.2]);
title('二进制基带信号');
s0=0;                                                %0码发送信号
s1=A.*sin(2*pi*fc*t+rand*2*pi);                      %1码发送信号,相位 theta 是随机变量
xn=st.*s1;
subplot(222);
plot(t,xn);
axis([0,10,-10,10]);
title('2ASK 随机相位和振幅频带信号');
nn=wgn(1,j,10*log(2*pi*fc*2*(N0/2)));                %添加白噪声
xn=xn+nn;                                            %经过高斯白噪声信道接收信号
subplot(223);
plot(t,xn);
axis([0,10,-10,10]);
title('2ASK 随机相位和振幅频带噪声信号');
s=sin(2*pi*fc*t);                                    %sin(wt)
c=cos(2*pi*fc*t);                                    %cos(wt)
ats=xn.*s;                                           %x(t)*sin(wt)
atc=xn.*c;                                           %x(t)*cos(wt)
for m=1:i
xc(m)=trapz(ats(((m-1)*(j/i)+1):((m-1)*(j/i)+1000)))*(T/(j/i));
                                                     %%梯形积分运算
end
for m=1:i
xs(m)=trapz(atc(((m-1)*(j/i)+1):((m-1)*(j/i)+1000)))*(T/(j/i));
                                                     %%梯形积分运算
end
M=sqrt(xs.*xs+xc.*xc);
Beta=sqrt((N0*(N0+T*A0.^2))/(2*A0.^2).*log((l0*(N0+T*A0.^2))/N0));
                                                     %公式(5.75)
```

```
for m=1:i
if M(m)>Beta
for j=(m-1) * 1000+1:(m-1) * 1000+1000
at(1,j)=1;
end
else
for j=(m-1) * 1000+1:(m-1) * 1000+1000
at(1,j)=0;
end
end
end
subplot(224);
plot(t,at);
axis([0,10,-0.2,1.2]);
title('2ASK 随机相位和振幅判决信号');
```

3) 仿真结果

随机相位和振幅信号检测接收机的仿真结果如图 5.13 所示。

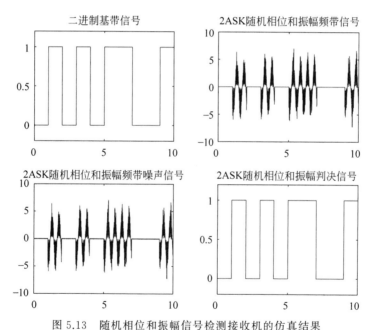

图 5.13　随机相位和振幅信号检测接收机的仿真结果

知 识 扩 展

1. 莱斯分布(Rice distribution)

莱斯分布是以美国科学家斯蒂芬·莱斯(Stephen O. Rice)的名字命名的一种连续概率

分布,其概率密度函数为 $f(z)=\dfrac{z}{\sigma^2}\mathrm{e}^{-\frac{z^2+A^2}{2\sigma^2}}I_0\left(\dfrac{Az}{\sigma^2}\right)(z\geqslant0)$。定义 $K=\dfrac{A^2}{2\sigma^2}$ 为莱斯因子,决定

了莱斯分布形式。当 $A \to 0$，$K \to 0$ 时，即小信噪比时，莱斯分布接近瑞利分布；当 $A \to \infty$，$K \to \infty$ 时，即大信噪比时，接近于高斯分布。

2. 瑞利分布（Rayleigh distribution）

瑞利分布是最常见的用于描述平坦衰落信号接收包络或独立多径分量接收包络统计时变特性的一种分布类型，两个正交高斯噪声信号之和的包络服从瑞利分布。以英国物理学家、化学家瑞利（John William Rayleigh）的名字命名。其概率密度函数为

$$f(z) = \frac{z}{\sigma^2} \mathrm{e}^{-\frac{z^2}{2\sigma^2}}$$

第6章 多重信号的检测

本章提要

本章讨论确知脉冲串信号和随机相位非相干脉冲串信号,以及随机振幅相位脉冲串信号的检测原理,分析其检测性能。

前面所讨论的确知信号和随机参量信号的检测,都是单个信号的处理。接收机根据一个时间间隔内接收到的单个信号,来判断信号是否存在或发送端发送的是哪一个信号。但在许多实际情况中,接收机处理的信号不止一个。如在雷达系统中,天线在做等速率旋转运动的同时,不断发射无线电波,当无线电波扫掠目标时,可能发射了 M 个脉冲信号,经目标反射后,到达接收机的是 M 个回波信号。通信系统中的分集技术也属于这种情况。二元数字系统中通过顺序重复发送 M 个"0"码或"1"码来提高系统的可靠性,这种技术称为时间分集。如果到达接收机的 M 个信号是由放置在空间距离足够远的 M 个天线接收并组合处理,称为空间分集。如果是被调制到 M 个不同的载波频率上,则称为频率分集。

在多重信号检测情况下,一般各个信号携带的信息是相同的,而各个信号上叠加的噪声一般可以认为统计独立,当把这些信号按照某种方式进行组合时,噪声平均功率由于统计独立将增加不多,而信号功率则增加很多,因此多重信号的信噪比将增大,这就是采用多重信号的好处。

多重信号的检测方法基本上与单个信号的相同,所不同的只是似然比要根据 M 个独立信号来构成。本章将从最简单的确知信号入手来讨论多重信号的检测问题,然后考虑随机相位信号和振幅信号的多重信号检测。

6.1 确知脉冲串信号的检测

波形及所有参数均已知的脉冲信号称为确知脉冲信号,若干确知脉冲信号的组合称为确知脉冲串信号。确知脉冲串信号是相干的,即各子脉冲间的相对相位为已知,且每一脉冲的全部参量均已知,如振幅、频率、初相位、脉宽等。

6.1.1 似然比检验和最优处理器

假定 M 个脉冲信号为 $s_1(t), s_2(t), \cdots, s_M(t)$,都是持续期为 $(0, T)$ 的确知信号。加性噪声样本为 $n_1(t), n_2(t), \cdots, n_M(t)$,噪声 $n_i(t)$ 是功率谱密度函数为 $N_0/2$ 的高斯白噪声。接收波形的样本 $x_i(t) = s_i(t) + n_i(t)(i=1,2,\cdots,M)$ 是相互独立的,根据这 M 个接收波形样本来判决目标是否存在。接收端的两个假设为

$$H_0 : x_i(t) = n_i(t), \qquad i = 1, 2, \cdots, M \text{ 且 } 0 \leqslant t \leqslant T \qquad (6.1)$$

$$H_1 : x_i(t) = s_i(t) + n_i(t), \quad i = 1, 2, \cdots, M \text{ 且 } 0 \leqslant t \leqslant T \qquad (6.2)$$

则似然比为

$$l(\boldsymbol{x}) = \frac{f(x_1, x_2, \cdots, x_M \mid H_1)}{f_0(x_1, x_2, \cdots, x_M \mid H_0)} \tag{6.3}$$

由于各接收样本统计独立,故似然比可写成

$$l(\boldsymbol{x}) = \frac{f(x_1 \mid H_1) f(x_2 \mid H_1) \cdots f(x_M \mid H_1)}{f(x_1 \mid H_0) f(x_2 \mid H_0) \cdots f(x_M \mid H_0)}$$

$$= \prod_{i=1}^{M} \frac{f(x_i \mid H_1)}{f(x_i \mid H_0)} = \prod_{i=1}^{M} l(x_i) \tag{6.4}$$

式中,$l(x_i)$ 是第 i 个信号的似然比,根据式(4.15)和式(4.16)得第 i 个信号的似然函数为

$$f(x_i \mid H_1) = F \cdot \mathrm{e}^{-\frac{1}{N_0} \int_0^T [x_i(t) - s_i(t)]^2 \mathrm{d}t} \tag{6.5}$$

$$f(x_i \mid H_0) = F \cdot \mathrm{e}^{-\frac{1}{N_0} \int_0^T [x_i(t)]^2 \mathrm{d}t} \tag{6.6}$$

$$l(x_i) = \frac{f(x_i \mid H_1)}{f(x_i \mid H_0)} = \mathrm{e}^{-\frac{1}{N_0} \int_0^T [s_i^2(t) - 2x_i(t) s_i(t)] \mathrm{d}t} = \mathrm{e}^{-\frac{1}{N_0} \int_0^T s_i^2(t) \mathrm{d}t} \, \mathrm{e}^{\frac{2}{N_0} \int_0^T x_i(t) s_i(t) \mathrm{d}t} \tag{6.7}$$

$$l(\boldsymbol{x}) = \prod_{i=1}^{M} \left\{ \mathrm{e}^{-\frac{1}{N_0} \int_0^T s_i^2(t) \mathrm{d}t} \, \mathrm{e}^{\frac{2}{N_0} \int_0^T x_i(t) s_i(t) \mathrm{d}t} \right\} = \prod_{i=1}^{M} \mathrm{e}^{-\frac{E_i}{N_0}} \prod_{i=1}^{M} \mathrm{e}^{\frac{2}{N_0} \int_0^T x_i(t) s_i(t) \mathrm{d}t}$$

$$= \mathrm{e}^{-\frac{1}{N_0} \sum_{i=1}^{M} E_i} \, \mathrm{e}^{\frac{2}{N_0} \sum_{i=1}^{M} \int_0^T x_i(t) s_i(t) \mathrm{d}t} \tag{6.8}$$

式中,$E_i = \int_0^T s_i^2(t) \mathrm{d}t$ 为第 i 个脉冲信号的能量。利用对数似然比,判决规则可写成

$$-\frac{1}{N_0} \sum_{i=1}^{M} E_i + \frac{2}{N_0} \sum_{i=1}^{M} \int_0^T x_i(t) s_i(t) \mathrm{d}t \underset{H_0}{\overset{H_1}{\gtrless}} \ln l_0 \tag{6.9}$$

等效为

$$\sum_{i=1}^{M} \int_0^T x_i(t) s_i(t) \mathrm{d}t \underset{H_0}{\overset{H_1}{\gtrless}} \frac{N_0}{2} \ln l_0 + \frac{1}{2} \sum_{i=1}^{M} E_i = \beta \tag{6.10}$$

最佳接收机的结构是单个脉冲时的扩展,需要 M 个相关器,将其输出累加后再与门限比较并判决,如图 6.1 所示。需要指出的是 M 个信号的出现时间无论在公式或图中都未明确说明,如果各个信号是顺序出现的,则在求和之前需要对它们施以适当的延时,以便在同一时刻相加。

图 6.1 的最佳接收机结构适用于空间分集和频率分集接收系统。实际应用中的一个特殊情况是 M 重信号是相同的,即 $s_i(t) = s(t)(i = 1, 2, \cdots, M)$,这时接收机只需要一个相关器后接累积器组成,如图 6.2 所示,适用于时间分集接收系统和雷达系统。

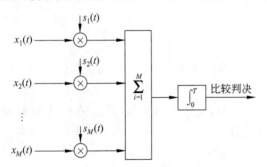

图 6.1 确知脉冲信号的相关接收机

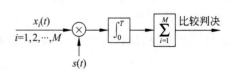

图 6.2 M 重相同确知信号的相关接收机

6.1.2 检测性能

设检验统计量为

$$G = \sum_{i=1}^{M} \int_0^T x_i(t) s_i(t) \mathrm{d}t \tag{6.11}$$

由于脉冲信号确知,噪声为统计独立的高斯白噪声,故 G 也服从高斯分布,只要计算出其均值和方差,就可写出其概率密度函数。

$$E[G \mid H_1] = E\left[\sum_{i=1}^{M} \int_0^T [s_i(t) + n_i(t)] s_i(t) \mathrm{d}t\right]$$

$$= \sum_{i=1}^{M} \int_0^T s_i^2(t) \mathrm{d}t = \sum_{i=1}^{M} E_i = E \tag{6.12}$$

其中,E 是 M 个信号的总能量。

$$E[G \mid H_0] = E\left[\sum_{i=1}^{M} \int_0^T n_i(t) s_i(t) \mathrm{d}t\right] = 0 \tag{6.13}$$

$$\mathrm{Var}[G \mid H_1] = E[[G - E(G \mid H_1)]^2 \mid H_1]$$

$$= E\left[\left[\sum_{i=1}^{M} \int_0^T [s_i(t) + n_i(t)] s_i(t) \mathrm{d}t - E\right]^2\right]$$

$$= E\left[\left[\sum_{i=1}^{M} \int_0^T s_i^2(t) \mathrm{d}t + \sum_{i=1}^{M} \int_0^T s_i(t) n_i(t) \mathrm{d}t - E\right]^2\right]$$

$$= E\left[\left[\sum_{i=1}^{M} \int_0^T s_i(t) n_i(t) \mathrm{d}t\right]^2\right]$$

$$= \sum_{i=1}^{M} \sum_{j=1}^{M} \int_0^T \int_0^T E[n_i(t) n_j(\tau)] s_i(t) s_j(\tau) \mathrm{d}t \mathrm{d}\tau \tag{6.14}$$

对于独立的白噪声样本函数 $E[n_i(t) n_j(t)] = \dfrac{N_0}{2} \delta_{ij}(t - \tau)$,代入上式可得

$$\mathrm{Var}[G \mid H_1] = \frac{N_0}{2} \sum_{i=1}^{M} \int_0^T s_i^2(t) \mathrm{d}t = \frac{N_0}{2} \sum_{i=1}^{M} E_i = \frac{N_0 E}{2} \tag{6.15}$$

$$\mathrm{Var}[G \mid H_0] = E[[G - E(G \mid H_0)]^2 \mid H_0]$$

$$= E\left[\left[\sum_{i=1}^{M} \int_0^T s_i(t) n_i(t) \mathrm{d}t\right]^2\right] = \frac{N_0 E}{2} \tag{6.16}$$

故两种假设下,G 的概率密度函数为

$$f(G \mid H_1) = \frac{1}{\sqrt{2\pi N_0 E/2}} \mathrm{e}^{-\frac{(G-E)^2}{N_0 E}} = \frac{1}{\sqrt{\pi N_0 E}} \mathrm{e}^{-\frac{(G-E)^2}{N_0 E}} \tag{6.17}$$

$$f(G \mid H_0) = \frac{1}{\sqrt{\pi N_0 E}} \mathrm{e}^{-\frac{G^2}{N_0 E}} \tag{6.18}$$

虚警概率为

$$P(D_1 \mid H_0) = \int_\beta^\infty \frac{1}{\sqrt{\pi N_0 E}} \mathrm{e}^{-\frac{G^2}{N_0 E}} \mathrm{d}G$$

$$\xlongequal{\diamondsuit \, t = G\sqrt{N_0 E}} \int_{\beta/\sqrt{N_0 E}}^{\infty} \frac{1}{\sqrt{\pi}} e^{-t^2} dt$$

$$= \frac{1}{2} \left\{ \frac{2}{\sqrt{\pi}} \int_0^{\infty} e^{-t^2} dt - \frac{2}{\sqrt{\pi}} \int_0^{\beta/\sqrt{N_0 E}} e^{-t^2} dt \right\}$$

$$= \frac{1}{2} \left[1 - \mathrm{erf}\left(\frac{\beta}{\sqrt{N_0 E}} \right) \right] \tag{6.19}$$

检测概率为

$$P(D_1 \mid H_1) = \int_{\beta}^{\infty} \frac{1}{\sqrt{\pi N_0 E}} e^{-\frac{(G-E)^2}{N_0 E}} dG \xlongequal{\diamondsuit \, t = (G-E)\sqrt{N_0 E}} \int_{(\beta-E)/\sqrt{N_0 E}}^{\infty} \frac{1}{\sqrt{\pi}} e^{-t^2} dt$$

$$= \frac{1}{2} \left[1 - \mathrm{erf}\left(\frac{\beta - E}{\sqrt{N_0 E}} \right) \right] \tag{6.20}$$

对于每个信号能量都相等的特殊情况，有 $E = \sum\limits_{i=1}^{M} E_i = M E_i$，所以信噪比 $10\lg(E/N_0) = 10\lg(M E_i / N_0) = 10\lg M + 10\lg(E_i / N_0)$，由此可见，信噪比随着信号重数 M 的增加而增加，每当信号重数增加一倍时，信噪比增加 3dB。

6.2　随机参量脉冲串信号的检测

在实际中，脉冲信号的幅度、初相、频率、脉冲宽度等参量都有可能是随机的，所以随机参量脉冲串信号是多种多样的。

6.2.1　随机相位非相干脉冲串信号的检测

如果脉冲串信号的初相是随机的，但各个脉冲信号的相位是一致的，则称为随机相位相干脉冲串信号。如果各个脉冲信号的相位变化均是随机的，且彼此独立变化，则称为随机相位非相干脉冲串信号。

1. 似然比检验和最优处理器

设发送端发送的二元信号为

$$s_0(t) = 0, \qquad\qquad 0 \leqslant t \leqslant T \tag{6.21}$$

$$s_1(t) = A\sin(\omega t + \theta), \quad 0 \leqslant t \leqslant T \tag{6.22}$$

式中，振幅 A、频率 ω 均为常数，θ 为 $[0, 2\pi]$ 上均匀分布的统计独立的随机变量。接收端的两种假设为

$$H_0: x_i(t) = n_i(t), \qquad\qquad i = 1, 2, \cdots, M \text{ 且 } 0 \leqslant t \leqslant T \tag{6.23}$$

$$H_1: x_i(t) = A\sin(\omega t + \theta_i) + n_i(t), \quad i = 1, 2, \cdots, M \text{ 且 } 0 \leqslant t \leqslant T \tag{6.24}$$

式中，$n_i(t)$ 是信道上叠加的均值为 0、功率谱密度函数为 $N_0/2$ 的高斯白噪声。

根据式(5.36)所示的随机相位信号检测似然比公式，可得

$$l_i(\boldsymbol{x}) = e^{-\frac{A^2 T}{2N_0}} I_0 \left[\frac{2AM_i}{N_0} \right] \tag{6.25}$$

$$M_i = \sqrt{ \left[\int_0^T x_i(t) \sin\omega t \, dt \right]^2 + \left[\int_0^T x_i(t) \cos\omega t \, dt \right]^2 } \tag{6.26}$$

由于 M 个脉冲信号统计独立,则总似然比为

$$l(\boldsymbol{x}) = \prod_{i=1}^{M} l_i(\boldsymbol{x}) = \mathrm{e}^{-\frac{MA^2 T}{2N_0}} \prod_{i=1}^{M} I_0 \left[\frac{2AM_i}{N_0} \right] \underset{H_0}{\overset{H_1}{\gtrless}} l_0 \tag{6.27}$$

取对数,得判决规则

$$-\frac{MA^2 T}{2N_0} + \sum_{i=1}^{M} \ln I_0 \left[\frac{2AM_i}{N_0} \right] \underset{H_0}{\overset{H_1}{\gtrless}} \ln l_0 \tag{6.28}$$

$$\sum_{i=1}^{M} \ln I_0 \left[\frac{2AM_i}{N_0} \right] \underset{H_0}{\overset{H_1}{\gtrless}} \ln l_0 + \frac{MA^2 T}{2N_0} = \beta \tag{6.29}$$

其接收机可用图 6.3 表示。

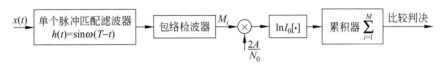

图 6.3 随机相位脉冲串信号的最佳接收机

对于小信噪比,近似有

$$I_0 \left[\frac{2AM_i}{N_0} \right] = 1 + \left[\frac{AM_i}{N_0} \right]^2 \tag{6.30}$$

$$\ln I_0 \left[\frac{2AM_i}{N_0} \right] = \ln \left\{ 1 + \left[\frac{AM_i}{N_0} \right]^2 \right\} = \left[\frac{AM_i}{N_0} \right]^2 \tag{6.31}$$

得判决规则为

$$\sum_{i=1}^{M} M_i^2 \underset{H_0}{\overset{H_1}{\gtrless}} \left[\frac{N_0}{A} \right]^2 \beta \tag{6.32}$$

故在小信噪比情况下,最佳接收机可用单个脉冲匹配滤波器、平方律检波器和累积器来近似实现,如图 6.4 所示。

```
x(t) → [单个脉冲匹配滤波器 h(t)=sinω(T-t)] → [平方检波器] →Mᵢ²→ [累积器 Σᵢ₌₁ᴹ] → 比较判决
```

图 6.4 小信噪比时随机相位脉冲串信号的最佳接收机近似形式

对于大信噪比,近似有

$$I_0 \left[\frac{2AM_i}{N_0} \right] \approx \frac{\mathrm{e}^{\frac{2AM_i}{N_0}}}{\sqrt{\frac{4\pi AM_i}{N_0}}} \tag{6.33}$$

故

$$\ln I_0 \left[\frac{2AM_i}{N_0} \right] = \frac{2AM_i}{N_0} - \frac{1}{2} \ln \left[\frac{4\pi AM_i}{N_0} \right] \approx \frac{2AM_i}{N_0} \tag{6.34}$$

判决规则为

$$\sum_{i=1}^{M} M_i \underset{H_0}{\overset{H_1}{\gtrless}} \frac{N_0}{2A} \beta \tag{6.35}$$

最佳接收机的形式如图 6.5 所示。

$$\xrightarrow{x(t)} \boxed{\substack{\text{单个脉冲匹配滤波器} \\ h(t)=\sin\omega(T-t)}} \rightarrow \boxed{\text{线性检波器}} \xrightarrow{M_i} \boxed{\text{累积器} \sum_{i=1}^{M}} \xrightarrow{\text{比较判决}}$$

图 6.5　大信噪比时随机相位脉冲串信号的最佳接收机近似形式

2. 平方律检波器的检测性能

从上面的分析可以看到,小信噪比与大信噪比情况下的最优处理器非常相似,区别在于前者包含一个平方律检波器,后者则包含一个包络检波器。包络检波器检测性能的理论分析比较困难,这主要是因为数学上尚未找到瑞利(或莱斯)变量和的概率密度分布的严格形式,一般需要用格拉姆-查理(Gram-Charlier)级数来近似求解。而平方律检波器在理论分析上较为容易。因此,经常是根据平方律检波器的假设进行分析。

为了分析方便,采用归一化检验统计量

$$B = \sum_{i=1}^{M} \frac{M_i^2}{\sigma_T^2} \tag{6.36}$$

式中,$\sigma_T^2 = N_0 T/4$,$M_i^2 = x_{ci}^2 + x_{si}^2$,$x_{ci} = \int_0^T x_i(t)\cos\omega t\,\mathrm{d}t$,$x_{si} = \int_0^T x_i(t)\sin\omega t\,\mathrm{d}t$

根据随机相位信号检测性能的分析,由式(5.44)~式(5.48)可知,对于 θ_i 的给定值,在两种假设下 x_{ci} 和 x_{si} 都是方差为 σ_T^2 的高斯变量。在假设 H_0 下,二者的均值都是 0;在假设 H_1 下,x_{ci} 的均值为 $\frac{AT}{2}\cos\theta_i$,x_{si} 的均值为 $\frac{AT}{2}\sin\theta_i$。

由于 $M_i^2/\sigma_T^2 = (x_{ci}/\sigma_T)^2 + (x_{si}/\sigma_T)^2$,在假设 H_1 下,x_{ci}/σ_T 和 x_{si}/σ_T 是均值分别为 $\frac{AT}{2\sigma_T}\cos\theta_i$ 和 $\frac{AT}{2\sigma_T}\sin\theta_i$,方差都是 1 的高斯变量。所以在假设 H_1 下当 θ_i 给定时,B 服从 $2M$ 个自由度的非中心 χ^2 分布,其条件密度函数为

$$f(B \mid H_1) = \frac{1}{2}\left[\frac{B}{\nu}\right]^{-\frac{M-1}{2}} \mathrm{e}^{-\frac{B}{2}-\frac{\nu}{2}} I_{M-1}\left[(B\nu)^{\frac{1}{2}}\right] \tag{6.37}$$

式中,ν 为非中心参量,为所有 x_{ci}/σ_T 和 x_{si}/σ_T 的均值平方和,即

$$\nu = \sum_{i=1}^{M} \frac{A^2 T^2}{4\sigma_T^2}(\cos^2\theta_i + \sin^2\theta_i) = \sum_{i=1}^{M} \frac{A^2 T^2}{4\sigma_T^2} = \frac{MA^2 T^2}{4\sigma_T^2} = \frac{2ME}{N_0} \tag{6.38}$$

在假设 H_0 下,x_{ci}/σ_T 和 x_{si}/σ_T 是均值为 0,方差为 1 的高斯变量。所以,B 服从 $2M$ 个自由度的中心 χ^2 分布,其条件密度函数为

$$f(B \mid H_0) = \frac{B^{M-1} \mathrm{e}^{-B/2}}{2^M \Gamma(M)} \tag{6.39}$$

由式(6.32)和式(6.36)可以看出,当检测门限为

$$G_T = \left[\frac{N_0^2}{A^2}\right]\frac{\beta}{\sigma_T^2} = \frac{4N_0}{A^2 T}\beta \tag{6.40}$$

虚警概率为

$$P_f = P(D_1 \mid H_0) = \int_{G_T}^{\infty} f(B \mid H_0)\,\mathrm{d}B$$

$$= 1 - \int_{-\infty}^{G_T} f(B \mid H_0)\,\mathrm{d}B = 1 - \int_0^{G_T}\left[\frac{B^{M-1}\mathrm{e}^{-\frac{B}{2}}}{2^M \Gamma(M)}\right]\mathrm{d}B$$

$$= 1 - I\left[\frac{G_T}{2M^{1/2}}, M-1\right] \tag{6.41}$$

式中，$I\left[\dfrac{G_T}{2M^{1/2}}, M-1\right]$ 是不完全 Γ 函数的皮尔逊形式。

检测概率为

$$P_D = \int_{G_T}^{\infty} f(B \mid H_1)\mathrm{d}B = \int_{G_T}^{\infty} \frac{1}{2}\left[\frac{B}{\nu}\right]^{\frac{M-1}{2}} \mathrm{e}^{-\frac{B}{2}-\frac{\nu}{2}} I_{M-1}\left[(B\nu)^{1/2}\right]\mathrm{d}B$$

$$= Q_M\left\{\left[\frac{2M\varepsilon}{N_0}\right]^{1/2}, G_T^{1/2}\right\} \tag{6.42}$$

式中，$Q_M(\alpha,\beta) = \int_{\beta}^{\infty} z\left(\dfrac{z}{\alpha}\right)^{M-1} \mathrm{e}^{-\frac{z^2+\alpha^2}{2}} I_{M-1}(\alpha z)\mathrm{d}z$ 为广义马库姆 Q 函数。

当给定脉冲积累数 M 和虚警概率 P_f 后，可求出门限值 G_T，从而得到检测概率 P_D。

6.2.2 随机振幅和相位脉冲串信号的检测

1. 似然比检验和最优处理器

假设

$$H_0 : x_i(t) = n_i(t), \qquad\qquad i = 1,2,\cdots,M \text{ 且 } 0 \leqslant t \leqslant T \tag{6.43}$$

$$H_1 : x_i(t) = A_i\sin(\omega t + \theta_i) + n_i(t), \quad i = 1,2,\cdots,M \text{ 且 } 0 \leqslant t \leqslant T \tag{6.44}$$

式中，$n_i(t)$ 是均值为 0、功率谱密度函数为 $N_0/2$ 的高斯白噪声；信号频率 ω 为常数，振幅 A_i 和相位 θ_i 为未知参量，θ_i 服从 $[0,2\pi]$ 上的均匀分布，A_i 服从瑞利分布。

根据第 5.3 节的推导，由式(5.72)可得

$$l_i(\boldsymbol{x}) = \frac{N_0}{N_0 + TA_0^2}\mathrm{e}^{\frac{2A_0^2 M_i^2}{N_0(N_0+TA_0^2)}} \tag{6.45}$$

$$l(\boldsymbol{x}) = \prod_{i=1}^{M} l_i(\boldsymbol{x}) = \left[\frac{N_0}{N_0 + TA_0^2}\right]^M \mathrm{e}^{\frac{2A_0^2}{N_0(N_0+TA_0^2)}\sum\limits_{i=1}^{M} M_i^2} \tag{6.46}$$

判决规则为

$$\ln l(\boldsymbol{x}) = M\ln\left[\frac{N_0}{N_0 + TA_0^2}\right] + \frac{2A_0^2}{N_0(N_0 + TA_0^2)}\sum_{i=1}^{M} M_i^2 \mathop{\gtrless}\limits_{H_0}^{H_1} \ln l_0 \tag{6.47}$$

$$\sum_{i=1}^{M} M_i^2 \mathop{\gtrless}\limits_{H_0}^{H_1} \frac{N_0(N_0 + TA_0^2)}{2A_0^2}\ln\left[l_0\left(\frac{N_0 + TA_0^2}{N_0}\right)^M\right] = \beta \tag{6.48}$$

由判决公式可以看出，最佳接收机结构与图 6.4 相同。

2. 检测性能

为了分析方便，采用归一化检测统计量

$$B = \sum_{i=1}^{M} \frac{M_i^2}{\sigma_T^2} \tag{6.49}$$

式中，$\sigma_T^2 = N_0 T/4$，$M_i^2 = x_{ci}^2 + x_{si}^2$，$x_{ci} = \int_0^T x_i(t)\sin\omega t\,\mathrm{d}t$，$x_{si} = \int_0^T x_i(t)\cos\omega t\,\mathrm{d}t$。

根据式(5.44)～式(5.48)可知，可以证明，在 A_i 和 θ_i 未知情况下，x_{ci}、x_{si} 的条件均值和方差为

$$E[x_{ci} \mid H_1, A_i, \theta_i] = \frac{A_i T}{2} \cos\theta_i \tag{6.50}$$

$$E[x_{si} \mid H_1, A_i, \theta_i] = \frac{A_i T}{2} \sin\theta_i \tag{6.51}$$

$$\mathrm{Var}[x_{ci} \mid H_1, A_i, \theta_i] = \mathrm{Var}[x_{si} \mid H_1, A_1, \theta_i] = \frac{N_0 T}{4} = \sigma_T^2 \tag{6.52}$$

$$E[[x_{ci} - E(x_{ci} \mid H_1, A_i, \theta_i)][x_{si} - E(x_{si} \mid H_1, A_i, \theta_i)]] = 0 \tag{6.53}$$

这说明 x_{ci} 和 x_{si} 是不相关的,又由于都是高斯变量,所以也是统计独立的,x_{ci} 和 x_{si} 的联合概率密度函数可以表示为各自密度函数的乘积。即

$$f(x_{ci}, x_{si} \mid H_1, A_i, \theta_i) = f(x_{ci} \mid H_1, A_i, \theta_i) \times f(x_{si} \mid H_1, A_i, \theta_i)$$

$$= \frac{1}{2\pi\sigma_T^2} e^{-\frac{1}{2\sigma_T^2}\left[\left(x_{ci} - \frac{A_i T}{2}\cos\theta_i\right)^2 + \left(x_{si} - \frac{A_i T}{2}\sin\theta_i\right)^2\right]} \tag{6.54}$$

现在把 x_{ci} 和 x_{si} 变换到新变量 $\xi_i = M_i^2$ 和 θ_0,由 $M_i^2 = x_{ci}^2 + x_{si}^2$ 可知变换关系为

$$x_{ci} = \sqrt{\xi_i} \cos\theta_0, \quad x_{si} = \sqrt{\xi_i} \sin\theta_0 \tag{6.55}$$

变换的雅可比式为

$$J = \begin{vmatrix} \dfrac{\partial x_{ci}}{\partial \xi_i} & \dfrac{\partial x_{si}}{\partial \xi_i} \\[2mm] \dfrac{\partial x_{ci}}{\partial \theta_0} & \dfrac{\partial x_{si}}{\partial \theta_0} \end{vmatrix} = \frac{1}{2} \tag{6.56}$$

从而得到 ξ_i 和 θ_0 的联合密度函数为

$$f(\xi_i, \theta_0 \mid H_1, A_i, \theta_i) = \frac{1}{4\pi\sigma_T^2} e^{-\frac{1}{2\sigma_T^2}\left[\xi_i - A_i T\sqrt{\xi_i}\cos(\theta_i - \theta_0) + \frac{A_i^2 T^2}{4}\right]} \tag{6.57}$$

$$f(\xi_i \mid H_1, A_i, \theta_i) = \int_0^{2\pi} f(\xi_i, \theta_0 \mid H_1, A_i, \theta_i)\,\mathrm{d}\theta_0$$

$$= \frac{1}{4\pi\sigma_T^2} e^{-\frac{1}{2\sigma_T^2}\left[\xi_i + \frac{A_i^2 T^2}{4}\right]} \int_0^{2\pi} e^{\frac{A_i T\sqrt{\xi_i}\cos(\theta_i - \theta_0)}{2\sigma_T^2}}\,\mathrm{d}\theta_0$$

$$= \frac{1}{2\sigma_T^2} e^{-\frac{1}{2\sigma_T^2}\left[\xi_i + \frac{A_i^2 T^2}{4}\right]} I_0\left(\frac{A_i T\sqrt{\xi_i}}{2\sigma_T^2}\right) \tag{6.58}$$

上式已与 θ_i 无关,以 M_i^2 代替 ξ_i,得到

$$f(M_i^2 \mid H_1, A_i) = \frac{1}{2\sigma_T^2} e^{-\frac{1}{2\sigma_T^2}\left[M_i^2 + \frac{A_i^2 T^2}{4}\right]} I_0\left(\frac{A_i T M_i}{2\sigma_T^2}\right) \tag{6.59}$$

下面计算 $f(M_i^2 \mid H_1)$

$$f(M_i^2 \mid H_1) = \int_0^\infty f(M_i^2 \mid H_1, A_i) f(A_i)\,\mathrm{d}A_i$$

$$= \int_0^\infty f(M_i^2 \mid H_1, A_i) \frac{A_i}{A_0^2} e^{-\frac{A_i^2}{2A_0^2}}\,\mathrm{d}A_i \tag{6.60}$$

利用 $\sigma_T^2 = N_0 T/4$,以及式(5.32),不难导出

$$f(M_i^2 \mid H_1) = \frac{2}{T(N_0 + TA_0^2)} e^{-\frac{2M_i^2}{T(N_0 + TA_0^2)}} \tag{6.61}$$

可见，M_i^2 服从指数分布，令参量 $a = \dfrac{2}{T(N_0 + TA_0^2)}$，则 $f(M_i^2 \mid H_1)$ 可写为

$$f(M_i^2 \mid H_1) = \begin{cases} a\,\mathrm{e}^{-aM_i^2}, & M_i^2 \geqslant 0 \\ 0, & \text{其他} \end{cases} \tag{6.62}$$

其特征函数为

$$C_{M_i^2}(\mathrm{j}\omega) = \int_{-\infty}^{\infty} f(M_i^2 \mid H_1)\,\mathrm{e}^{\mathrm{j}\omega M_i^2}\,\mathrm{d}M_i^2 = \frac{a}{a - \mathrm{j}\omega} \tag{6.63}$$

则 $\displaystyle\sum_{i=1}^{M} M_i^2 = \eta$ 的特征函数为 M_i^2 的特征函数之积，即

$$C_\eta(\mathrm{j}\omega) = \prod_{i=1}^{M} C_{M_i^2}(\mathrm{j}\omega) = \frac{a^M}{(a - \mathrm{j}\omega)^M} \tag{6.64}$$

故 η 的密度函数为

$$f(\eta \mid H_1) = \frac{1}{2\pi}\int_{-\infty}^{\infty} C_\eta(\mathrm{j}\omega)\,\mathrm{e}^{-\mathrm{j}\omega\eta}\,\mathrm{d}\omega = \frac{1}{2\pi}\int_{-\infty}^{\infty} \frac{a^M}{(a - \mathrm{j}\omega)^M}\,\mathrm{e}^{-\mathrm{j}\omega\eta}\,\mathrm{d}\omega$$

$$= \frac{a^M}{(M-1)!}\,\eta^{M-1}\,\mathrm{e}^{-a\eta} \tag{6.65}$$

最后得到 $B = \eta/\sigma_T^2$ 的密度函数为

$$f(B \mid H_1) = \frac{(a\sigma_T^2)^M}{(M-1)!}\,B^{M-1}\,\mathrm{e}^{-aB\sigma_T^2}$$

$$= \frac{B^{M-1}}{\Gamma(M)}\left[\frac{N_0}{2(N_0 + TA_0^2)}\right]^M \mathrm{e}^{-\frac{N_0 B}{2(N_0 + TA_0^2)}} \tag{6.66}$$

式中，$\Gamma(M) = (M-1)!$。

用 $d = 2E/N_0 = A_0^2 T/N_0$ 代表信号的平均功率信噪比，则上式可以写为

$$f(B \mid H_1) = \frac{B^{M-1}\,\mathrm{e}^{-\frac{B}{2(1+d)}}}{\Gamma(M)\left[2(1+d)\right]^M}, \quad B \geqslant 0 \tag{6.67}$$

假设 H_0 为真时的密度函数可以通过令上式中的 $d = 0$ 而得到，即

$$f(B \mid H_0) = \frac{B^{M-1}\,\mathrm{e}^{-\frac{B}{2}}}{\Gamma(M) 2^M}, \quad B \geqslant 0 \tag{6.68}$$

这是 $2M$ 个自由度的 χ^2 变量的密度函数，它和振幅无衰落情况下的式(6.39)相同。

由判决公式(式(6.28))知，判决门限为

$$G_T = \ln\left[l_0\left(\frac{N_0 + TA_0^2}{N_0}\right)^M\right] \cdot \frac{N_0(N_0 + TA_0^2)}{2A_0^2} \tag{6.69}$$

所以虚警概率为

$$P_f = P(D_1 \mid H_0) = \int_{G_T}^{\infty} f(B \mid H_0)\,\mathrm{d}B = 1 - \int_{-\infty}^{G_T} f(B \mid H_0)\,\mathrm{d}B$$

$$= 1 - \int_0^{G_T}\left[\frac{B^{M-1}\,\mathrm{e}^{-\frac{B}{2}}}{2^M\Gamma(M)}\right]\mathrm{d}B = 1 - I\left[\frac{G_T}{2M^{1/2}}, M-1\right] \tag{6.70}$$

漏报概率为

$$P_M = P(D_0 \mid H_1) = \int_0^{G_T} f(B \mid H_1)\,\mathrm{d}B$$

$$= \int_0^{G_T} \frac{B^{M-1} e^{-\frac{B}{2(1+d)}}}{\Gamma(M) \left[2(1+d)\right]^M} dB \tag{6.71}$$

令 $s = \dfrac{B}{1+d}$，上式可化为

$$P_M = \int_0^{G_T} \frac{s^{M-1} e^{-\frac{s}{2}}}{\Gamma(M) 2^M} ds = I\left(\frac{G_T}{2 \sqrt{M}(1+d)}, M-1\right) \tag{6.72}$$

检测概率为

$$P_D = 1 - P_M = 1 - I\left(\frac{G_T}{2 \sqrt{M}(1+d)}, M-1\right) \tag{6.73}$$

式中，$I(\alpha, \beta)$ 为皮尔逊完全 Γ 函数。

本 章 小 结

(1) 确知脉冲串信号的检测。

似然函数为

$$f(\boldsymbol{x} \mid H_0) = \prod_{i=1}^{M} F e^{-\frac{1}{N_0} \int_0^T [x_i(t)]^2 dt}$$

$$f(\boldsymbol{x} \mid H_1) = \prod_{i=1}^{M} F e^{-\frac{1}{N_0} \int_0^T [x_i(t) - s_i(t)]^2 dt}$$

检测原理为

$$G = \sum_{i=1}^{M} \int_0^T x_i(t) s_i(t) dt \underset{H_0}{\overset{H_1}{\gtrless}} \frac{N_0}{2} \ln l_0 + \frac{1}{2} \sum_{i=1}^{M} E_i = \beta$$

虚警概率为

$$P(D_1 \mid H_0) = \frac{1}{2}\left[1 - \operatorname{erf}\left(\frac{\beta}{\sqrt{N_0 E}}\right)\right]$$

检测概率为

$$P(D_1 \mid H_1) = \frac{1}{2}\left[1 - \operatorname{erf}\left(\frac{\beta - E}{\sqrt{N_0 E}}\right)\right]$$

(2) 随机相位非相干脉冲串信号的检测。

检测原理为

$$\sum_{i=1}^{M} \ln I_0\left[\frac{2AM_i}{N_0}\right] \underset{H_0}{\overset{H_1}{\gtrless}} \ln l_0 + \frac{MA^2 T}{2N_0} = \beta$$

虚警概率为

$$P(D_1 \mid H_0) = 1 - I\left[\frac{G_T}{2M^{1/2}}, M-1\right]$$

检测概率为

$$P(D_1 \mid H_1) = Q_M\left\{\left[\frac{2M\varepsilon}{N_0}\right]^{1/2}, G_T^{1/2}\right\}$$

(3) 随机振幅和相位脉冲串信号的检测。

检测原理为

$$\sum_{i=1}^{M} M_i^2 \underset{H_0}{\overset{H_1}{\gtrless}} \frac{N_0(N_0+TA_0^2)}{2A_0^2} \ln\left[l_0\left(\frac{N_0+TA_0^2}{N_0}\right)^M\right] = \beta$$

虚警概率为

$$P(D_1 \mid H_0) = 1 - I\left[\frac{G_T}{2M^{1/2}}, M-1\right]$$

检测概率为

$$P(D_1 \mid H_1) = 1 - I\left(\frac{G_T}{2\sqrt{M}(1+d)}, M-1\right)$$

思 考 题

1. 为何要进行多重信号的检测?
2. 何谓分集接收、时间分集、空间分集和频率分集?
3. 何谓随机相位相干脉冲串信号和随机相位非相干脉冲串信号?

习 题

1. 考虑如下检测问题,其假设是

$$H_0: x_i(t) = n_i(t), \qquad i=1,2,\cdots,m \text{ 且 } 0 \leqslant t \leqslant T$$
$$H_1: x_i(t) = s(t) + n_i(t), \quad i=1,2,\cdots,m \text{ 且 } 0 \leqslant t \leqslant T$$

设 $s(t) = A\sin(\omega_c t + \theta)$, θ 在 $(0, 2\pi)$ 上服从均匀分布, $n_i(t)$ 是功率谱密度函数为 $N_0/2$ 的高斯白噪声,并设所有其他参数都已知,试分析似然比接收机的形式。

2. 考虑如下检测问题,其假设是

$$H_0: x_i(t) = n_i(t), \qquad\qquad i=1,2,\cdots,m \text{ 且 } 0 \leqslant t \leqslant T$$
$$H_1: x_i(t) = A_i\sin(\omega_c t + \theta_i) + n_i(t), \quad i=1,2,\cdots,m \text{ 且 } 0 \leqslant t \leqslant T$$

其中, $n_i(t)$ 是功率谱密度函数为 $N_0/2$ 的高斯白噪声,且 $n_i(t)$ 与 $n_j(t)$ 在 $i\neq j$ 时不相关。相位 θ_i 在 $(0, 2\pi)$ 上服从均匀分布, θ_i 和 θ_j 在 $i\neq j$ 时不相关。

设 A_i 是离散随机变量,并且 $P(A_i=0) = 1-p$, $P(A_i=A_0) = p$,求似然比。当 A_0 趋于 0 时,似然比的渐进形式如何?

计算机仿真

1. M 重相同确知信号相关接收机的仿真

1) 仿真假设

设发送的二进制序列为 0101011001,接收到的 10 个相同确知信号和叠加噪声信号分别为 $s_1(t), s_2(t), \cdots, s_{10}(t) = A\sin\omega t$ ($A=1$、$\omega=4\pi$)、$n_1(t), n_2(t), \cdots, n_{10}(t)$,信号持续期时间为 $(0, T)$。加性噪声为功率谱密度函数 $\frac{N_0}{2} = 0.01$ 的高斯白噪声。

2）程序代码

```
%M重相同确知正弦脉冲串的相关接收机
clear all;close all;clc
A=1;                          %信号幅值
l0=1                          %等概发送门限
M=10;                         %接收波形样本数
i=10;                         %码元个数
j=10000;                      %每个码元周期内分为j个微分单元
N0=0.02;                      %功率谱密度函数N0/2
t=linspace(0,10,j);          %0～10个码元产生10000个点行向量,即10000份
fc=2;                         %信号频率
fm=i/4;                       %码元速率
T=1./fm;                      %码元周期
x=(rand(1,i));
a=round(x);
st=t;
for n=1:i
if a(n)<1;
for m=j/i*(n-1)+1:j/i*n
st(m)=0;
end
else
for m=j/i*(n-1)+1:j/i*n
st(m)=1;
end
end
end
figure(1);
subplot(221);
plot(t,st);
axis([0,10,-0.2,1.2]);
title('基带信号');
nn1=wgn(1,j,10*log(2*pi*fc*2*(N0/2)));          %n1白噪声
nn2=wgn(1,j,10*log(2*pi*fc*2*(N0/2)));          %n2白噪声
nn3=wgn(1,j,10*log(2*pi*fc*2*(N0/2)));          %n3白噪声
nn4=wgn(1,j,10*log(2*pi*fc*2*(N0/2)));          %n4白噪声
nn5=wgn(1,j,10*log(2*pi*fc*2*(N0/2)));          %n5白噪声
nn6=wgn(1,j,10*log(2*pi*fc*2*(N0/2)));          %n6白噪声
nn7=wgn(1,j,10*log(2*pi*fc*2*(N0/2)));          %n7白噪声
nn8=wgn(1,j,10*log(2*pi*fc*2*(N0/2)));          %n8白噪声
nn9=wgn(1,j,10*log(2*pi*fc*2*(N0/2)));          %n9白噪声
nn10=wgn(1,j,10*log(2*pi*fc*2*(N0/2)));         %n10白噪声
s0=0;                         %0码发送信号
s1=A.*sin(2*pi*fc*t);         %1码发送信号
Energy=M*trapz(s1.*s1)*(T/j); %信号能量
Beta=(N0/2)*log(l0)+Energy/2; %判决门限
```

```matlab
e_2ask=st.*s1;                              %调制
subplot(222);
plot(t,e_2ask);
axis([0,10,-1,1]);
title('频带信号');
xn1=e_2ask+nn1;                             %叠加白噪声 n1
xn2=e_2ask+nn2;                             %叠加白噪声 n2
xn3=e_2ask+nn3;                             %叠加白噪声 n3
xn4=e_2ask+nn4;                             %叠加白噪声 n4
xn5=e_2ask+nn5;                             %叠加白噪声 n5
xn6=e_2ask+nn6;                             %叠加白噪声 n6
xn7=e_2ask+nn7;                             %叠加白噪声 n7
xn8=e_2ask+nn8;                             %叠加白噪声 n8
xn9=e_2ask+nn9;                             %叠加白噪声 n9
xn10=e_2ask+nn10;                           %叠加白噪声 n10
subplot(223);
plot(t,xn1,t,xn2,t,xn3,t,xn4,t,xn5,t,xn6,t,xn7,t,xn8,t,xn9,t,xn10);
axis([0,10,-2,2]);
title('M重接收信号,M=10');
at1=xn1.*s1;                                %相关解调
at2=xn2.*s1;
at3=xn3.*s1;
at4=xn4.*s1;
at5=xn5.*s1;
at6=xn6.*s1;
at7=xn7.*s1;
at8=xn8.*s1;
at9=xn9.*s1;
at10=xn10.*s1;
for m=1:i
Judgement1(m)=trapz(at1(((m-1)*(j/i)+1):((m-1)*(j/i)+1000)))*(T/(j/i));
                                            %%梯形积分运算
end
for m=1:i
Judgement2(m)=trapz(at2(((m-1)*(j/i)+1):((m-1)*(j/i)+1000)))*(T/(j/i));
                                            %%梯形积分运算
end
for m=1:i
Judgement3(m)=trapz(at3(((m-1)*(j/i)+1):((m-1)*(j/i)+1000)))*(T/(j/i));
                                            %%梯形积分运算
end
for m=1:i
Judgement4(m)=trapz(at4(((m-1)*(j/i)+1):((m-1)*(j/i)+1000)))*(T/(j/i));
                                            %%梯形积分运算
end
```

```
for m=1:i
Judgement5(m)=trapz(at5(((m-1)*(j/i)+1):((m-1)*(j/i)+1000)))*(T/(j/i));
                                            %%梯形积分运算

end
for m=1:i
Judgement6(m)=trapz(at6(((m-1)*(j/i)+1):((m-1)*(j/i)+1000)))*(T/(j/i));
                                            %%梯形积分运算

end
for m=1:i
Judgement7(m)=trapz(at7(((m-1)*(j/i)+1):((m-1)*(j/i)+1000)))*(T/(j/i));
                                            %%梯形积分运算

end
for m=1:i
Judgement8(m)=trapz(at8(((m-1)*(j/i)+1):((m-1)*(j/i)+1000)))*(T/(j/i));
                                            %%梯形积分运算

end
for m=1:i
Judgement9(m)=trapz(at9(((m-1)*(j/i)+1):((m-1)*(j/i)+1000)))*(T/(j/i));
                                            %梯形积分运算

end
for m=1:i
Judgement10(m)=trapz(at10(((m-1)*(j/i)+1):((m-1)*(j/i)+1000)))*(T/(j/i));
                                            %%梯形积分运算

end
Judgement=Judgement1+Judgement2+Judgement3+Judgement4+...
Judgement5+Judgement6+Judgement7+Judgement8+Judgement9+Judgement10;
for m=1:i
if Judgement(m)>Beta
for j=(m-1)*1000+1:(m-1)*1000+1000
at(1,j)=1;
end
else
for j=(m-1)*1000+1:(m-1)*1000+1000
at(1,j)=0;
end
end
end
subplot(224);
plot(t,at);
axis([0,10,-0.2,1.2]);
title('判决信号');
```

3）仿真结果

M 重相同确知信号相关接收机的仿真结果如图 6.6 所示。

2. 随机相位脉冲串信号最佳接收机的仿真

1）仿真假设

设发送的二进制序列为 0101011001，接收到的 10 个随机相位信号和叠加噪声信号分

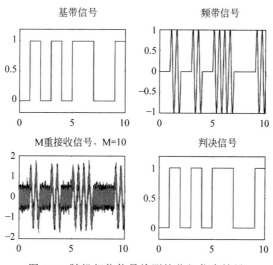

图 6.6　随机相位信号检测接收机仿真结果

别为 $s_i(t)=A\sin(\omega t+\theta_i)$ 和 $n_i(t)(i=1,2,\cdots,10)$，$A=1$、$\omega=4\pi$。加性噪声为功率谱密度函数 $N_0/2=0.02$ 的高斯白噪声，θ_i 服从 $[0,2\pi]$ 上的均匀分布。

2）程序代码

```
%M重随机相位正弦脉冲串的最佳接收机
clear all;close all;clc
A=1;                             %信号幅值
l0=1                             %等概发送门限
M_s=10;                          %接收波形样本数
i=10;                            %码元个数
j=10000;                         %每个码元周期内分为j个微分单元
N0=0.04;                         %功率谱密度函数N0/2
t=linspace(0,10,j);              %0~10个码元产生10000个点行向量,即10000份
fc=2;                            %信号频率
fm=i/4;                          %码元速率
T=1./fm;                         %码元周期
%x=(rand(1,i));                  %方法1,随机产生
x=[0 1 0 1 0 1 1 0 0 1];         %发送序列
a=round(x);
st=t;
for n=1:i
if a(n)<1;
for m=j/i*(n-1)+1:j/i*n
st(m)=0;
end
else
for m=j/i*(n-1)+1:j/i*n
st(m)=1;
end
end
```

```
end
end
figure(1);
subplot(221);
plot(t,st);
axis([0,10,-0.2,1.2]);
title('基带信号');
nn1=wgn(1,j,10*log(2*pi*fc*2*(N0/2)));        %n1 白噪声
nn2=wgn(1,j,10*log(2*pi*fc*2*(N0/2)));        %n2 白噪声
nn3=wgn(1,j,10*log(2*pi*fc*2*(N0/2)));        %n3 白噪声
nn4=wgn(1,j,10*log(2*pi*fc*2*(N0/2)));        %n4 白噪声
nn5=wgn(1,j,10*log(2*pi*fc*2*(N0/2)));        %n5 白噪声
nn6=wgn(1,j,10*log(2*pi*fc*2*(N0/2)));        %n6 白噪声
nn7=wgn(1,j,10*log(2*pi*fc*2*(N0/2)));        %n7 白噪声
nn8=wgn(1,j,10*log(2*pi*fc*2*(N0/2)));        %n8 白噪声
nn9=wgn(1,j,10*log(2*pi*fc*2*(N0/2)));        %n9 白噪声
nn10=wgn(1,j,10*log(2*pi*fc*2*(N0/2)));       %n10 白噪声
s0=0;                                         %0 码发送信号
s1=A.*sin(2*pi*fc*t+rand*2*pi);               %1 码发送信号,相位是随机信号
s2=A.*sin(2*pi*fc*t+rand*2*pi);
s3=A.*sin(2*pi*fc*t+rand*2*pi);
s4=A.*sin(2*pi*fc*t+rand*2*pi);
s5=A.*sin(2*pi*fc*t+rand*2*pi);
s6=A.*sin(2*pi*fc*t+rand*2*pi);
s7=A.*sin(2*pi*fc*t+rand*2*pi);
s8=A.*sin(2*pi*fc*t+rand*2*pi);
s9=A.*sin(2*pi*fc*t+rand*2*pi);
s10=A.*sin(2*pi*fc*t+rand*2*pi);
Beta=M_s*(A.^2*T)/(2*N0)+log(10);             %判决门限;
e_2ask1=st.*s1;                               %调制
e_2ask2=st.*s2;
e_2ask3=st.*s3;
e_2ask4=st.*s4;
e_2ask5=st.*s5;
e_2ask6=st.*s6;
e_2ask7=st.*s7;
e_2ask8=st.*s8;
e_2ask9=st.*s9;
e_2ask10=st.*s10;
subplot(222);
plot(t,e_2ask1);
axis([0,10,-1,1]);
title('频带信号');
xn1=e_2ask1+nn1;                              %叠加白噪声 n1
xn2=e_2ask2+nn2;                              %叠加白噪声 n2
```

```matlab
xn3=e_2ask3+nn3;                                        %叠加白噪声 n3
xn4=e_2ask4+nn4;                                        %叠加白噪声 n4
xn5=e_2ask5+nn5;                                        %叠加白噪声 n5
xn6=e_2ask6+nn6;                                        %叠加白噪声 n6
xn7=e_2ask7+nn7;                                        %叠加白噪声 n7
xn8=e_2ask8+nn8;                                        %叠加白噪声 n8
xn9=e_2ask9+nn9;                                        %叠加白噪声 n9
xn10=e_2ask10+nn10;                                     %叠加白噪声 n10
subplot(223);
plot(t,xn1,t,xn2,t,xn3,t,xn4,t,xn5,t,xn6,t,xn7,t,xn8,t,xn9,t,xn10);
axis([0,10,-3,3]);
title('随机相位脉冲串,M=10');
at1=xn1.*s1;                                            %相关解调
at2=xn2.*s1;
at3=xn3.*s1;
at4=xn4.*s1;
at5=xn5.*s1;
at6=xn6.*s1;
at7=xn7.*s1;
at8=xn8.*s1;
at9=xn9.*s1;
at10=xn10.*s1;
s=sin(2*pi*fc*t);                                       %sin(wt)
c=cos(2*pi*fc*t);                                       %cos(wt)
at1s=xn1.*s;                                            %x(t)*sin(wt)
at1c=xn1.*c;                                            %x(t)*cos(wt)
for m=1:i
xc1(m)=trapz(at1s(((m-1)*(j/i)+1):((m-1)*(j/i)+1000)))*(T/(j/i));
                                                        %%梯形积分运算
end
for m=1:i
xs1(m)=trapz(at1c(((m-1)*(j/i)+1):((m-1)*(j/i)+1000)))*(T/(j/i));
                                                        %%梯形积分运算
end
M1=sqrt(xs1.*xs1+xc1.*xc1);
at2s=xn2.*s;                                            %x(t)*sin(wt)
at2c=xn2.*c;                                            %x(t)*cos(wt)
for m=1:i
xc2(m)=trapz(at2s(((m-1)*(j/i)+1):((m-1)*(j/i)+1000)))*(T/(j/i));
                                                        %%梯形积分运算
end
for m=1:i
xs2(m)=trapz(at2c(((m-1)*(j/i)+1):((m-1)*(j/i)+1000)))*(T/(j/i));
                                                        %%梯形积分运算
end
```

```
M2=sqrt(xs2.*xs2+xc2.*xc2);
at3s=xn3.*s;                                    %x(t)*sin(wt)
at3c=xn3.*c;                                    %x(t)*cos(wt)
for m=1:i
xc3(m)=trapz(at3s(((m-1)*(j/i)+1):((m-1*(j/i)+1000))))*(T/(j/i));
                                                %%梯形积分运算
end
for m=1:i
xs3(m)=trapz(at3c(((m-1)*(j/i)+1):((m-1*(j/i)+1000))))*(T/(j/i));
                                                %%梯形积分运算
end
M3=sqrt(xs3.*xs3+xc3.*xc3);
at4s=xn4.*s;                                    %x(t)*sin(wt)
at4c=xn4.*c;                                    %x(t)*cos(wt)
for m=1:i
xc4(m)=trapz(at4s(((m-1)*(j/i)+1):((m-1*(j/i)+1000))))*(T/(j/i));
                                                %%梯形积分运算
end
for m=1:i
xs4(m)=trapz(at4c(((m-1)*(j/i)+1):((m-1*(j/i)+1000))))*(T/(j/i));
                                                %%梯形积分运算
end
M4=sqrt(xs4.*xs4+xc4.*xc4);
at5s=xn5.*s;                                    %x(t)*sin(wt)
at5c=xn5.*c;                                    %x(t)*cos(wt)
for m=1:i
xc5(m)=trapz(at5s(((m-1)*(j/i)+1):((m-1*(j/i)+1000))))*(T/(j/i));
                                                %%梯形积分运算
end
for m=1:i
xs5(m)=trapz(at5c(((m-1)*(j/i)+1):((m-1*(j/i)+1000))))*(T/(j/i));
                                                %%梯形积分运算
end
M5=sqrt(xs5.*xs5+xc5.*xc5);
at6s=xn6.*s;                                    %x(t)*sin(wt)
at6c=xn6.*c;                                    %x(t)*cos(wt)
for m=1:i
xc6(m)=trapz(at6s(((m-1)*(j/i)+1):((m-1*(j/i)+1000))))*(T/(j/i));
                                                %%梯形积分运算
end
for m=1:i
xs6(m)=trapz(at6c(((m-1)*(j/i)+1):((m-1*(j/i)+1000))))*(T/(j/i));
                                                %%梯形积分运算
end
M6=sqrt(xs6.*xs6+xc6.*xc6);
```

```
at7s=xn7. * s;                                    %x(t) * sin(wt)
at7c=xn7. * c;                                    %x(t) * cos(wt)
for m=1:i
xc7(m)=trapz(at7s(((m-1) * (j/i)+1):((m-1) * (j/i)+1000))) * (T/(j/i));
                                                  %%梯形积分运算
end
for m=1:i
xs7(m)=trapz(at7c(((m-1) * (j/i)+1):((m-1) * (j/i)+1000))) * (T/(j/i));
                                                  %%梯形积分运算
end
M7=sqrt(xs7. * xs7+xc7. * xc7);
at8s=xn8. * s;                                    %x(t) * sin(wt)
at8c=xn8. * c;                                    %x(t) * cos(wt)
for m=1:i
xc8(m)=trapz(at8s(((m-1) * (j/i)+1):((m-1) * (j/i)+1000))) * (T/(j/i));
                                                  %%梯形积分运算
end
for m=1:i
xs8(m)=trapz(at8c(((m-1) * (j/i)+1):((m-1) * (j/i)+1000))) * (T/(j/i));
                                                  %%梯形积分运算
end
M8=sqrt(xs8. * xs8+xc8. * xc8);
at9s=xn9. * s;                                    %x(t) * sin(wt)
at9c=xn9. * c;                                    %x(t) * cos(wt)
for m=1:i
xc9(m)=trapz(at9s(((m-1) * (j/i)+1):((m-1) * (j/i)+1000))) * (T/(j/i));
                                                  %%梯形积分运算
end
for m=1:i
xs9(m)=trapz(at9c(((m-1) * (j/i)+1):((m-1) * (j/i)+1000))) * (T/(j/i));
                                                  %%梯形积分运算
end
M9=sqrt(xs9. * xs9+xc9. * xc9);
at10s=xn10. * s;                                  %x(t) * sin(wt)
at10c=xn10. * c;                                  %x(t) * cos(wt)
for m=1:i
xc10(m)=trapz(at10s(((m-1) * (j/i)+1):((m-1) * (j/i)+1000))) * (T/(j/i));
                                                  %%梯形积分运算
end
for m=1:i
xs10(m)=trapz(at10c(((m-1) * (j/i)+1):((m-1) * (j/i)+1000))) * (T/(j/i));
                                                  %%梯形积分运算
end
M10=sqrt(xs10. * xs10+xc10. * xc10);
Judgement1=log(besseli(0,(2 * A * M1/N0)));       %besseli零阶修正贝塞尔函数
```

```
Judgement2=log(besseli(0,(2*A*M2/N0)));
Judgement3=log(besseli(0,(2*A*M3/N0)));
Judgement4=log(besseli(0,(2*A*M4/N0)));
Judgement5=log(besseli(0,(2*A*M5/N0)));
Judgement6=log(besseli(0,(2*A*M6/N0)));
Judgement7=log(besseli(0,(2*A*M7/N0)));
Judgement8=log(besseli(0,(2*A*M8/N0)));
Judgement9=log(besseli(0,(2*A*M9/N0)));
Judgement10=log(besseli(0,(2*A*M10/N0)));
Judgement=Judgement1+Judgement2+Judgement3+Judgement4+...
Judgement5+Judgement6+Judgement7+Judgement8+Judgement9+Judgement10;
for m=1:i
if Judgement(m)>Beta
for j=(m-1)*1000+1:(m-1)*1000+1000
at(1,j)=1;
end
else
for j=(m-1)*1000+1:(m-1)*1000+1000
at(1,j)=0;
end
end
end
subplot(224);
plot(t,at);
axis([0,10,-0.2,1.2]);
title('判决信号');
```

3) 仿真结果

M 重随机相位正弦脉冲串的最佳接收机的仿真结果如图 6.7 所示。

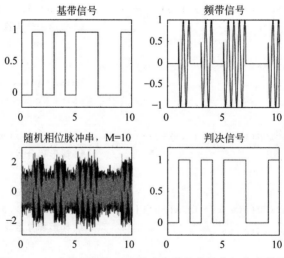

图 6.7　M 重随机相位正弦脉冲串的最佳接收机仿真结果

知 识 扩 展

1. 分集接收的概念

分集接收(diversity receive)又称为分散接收、集中处理。分散接收是使接收端能得到多个携带同一信息的、统计独立的衰落信号；集中处理是在接收端把收到的多个统计独立的衰落信号进行适当合并,降低衰落的影响,改善系统性能。

2. 分集方式的类型

分集方式有空间分集、频率分集、角度分集、极化分集、时间分集等多种。

(1) 空间分集(space diversity)。空间分集即天线分集(antenna diversity),是指接收端在不同位置上接收同一个信号,只要各位置间的距离达到一定程度,所接收到信号的衰落就是相互独立的,即到达接收机的 M 个信号是由放置在空间距离足够远的 M 个天线接收并组合处理。

(2) 频率分集(frequency diversity)。频率分集是将待发送的信息分别调制到不同的载波频率上发送,只要载波频率之间的间隔大到一定程度,则接收端所接收到信号的衰落是相互独立的。

(3) 角度分集(angle diversity)。角度分集是一种利用天线波束指向不同使信号不相关的原理构成的分集方法。由于地形地貌和建筑物等环境的不同,到达接收端的多径信号可能有不同的到达方向,因此在接收端如果使用方向性天线,使它们指向不同的信号到达方向,则各副天线接收到的信号是不相关的。

(4) 极化分集(polarisation diversity)。极化分集是一种分别采用水平和垂直极化波而构成的分集方法。水平和垂直极化波的相关性极小,尤其是短波电离层反射信道。

(5) 时间分集(time diversity)。时间分集是将同一信号在不同时间内多次发送,只要各次发送的时间间隔足够大,则各次发送信号所出现的衰落将是相互独立的。在二元数字通信系统中,就是通过顺序重复发送 M 个"0"码或"1"码来提高系统的可靠性。

第 7 章 序贯检测

本章提要

本章介绍序贯检测的基本概念,分析序贯检测的判决规则及其检测门限的确定方法,得出其平均取样数关系式,并举例比较序贯检测和固定取样数检测的性能差异。

序贯检测(sequential detection)又称为序列检测、序贯抽样检测、序贯概率比检验、瓦尔德(Wald)检测等,是由美国统计学家瓦尔德在第二次世界大战期间为军需品的检验而提出的。其特点在于观测样本的数目不是在检测之前确定,而是根据检测过程中观测样本的具体情况而确定的。在检测过程中,如果依据之前的观测样本序列就能够作出足够准确的判决,则检测过程结束;如果不能,顺序增加观测样本后再进行判决,直到检测结束为止。因此,序贯检测所需的观测样本数是一个随机变量。在满足给定的检测性能条件下,序贯检测可以减少观测样本数目,节省观测时间。

7.1 序贯检测的一般原理

本章之前讨论的检测方法都属于固定取样数的检测技术,用于检测的信号是在预先确定的观测时间内采样而来的,观测样本的数目(或称维数)是固定的。已经证明,观测样本数目越大,检测准确度越好,同时所需的时间代价也越大。

在实际应用中,人们发现固定取样数的检测方法在某些检测问题中表现得不够灵活。信噪比较大时,检测在短时间内即可达到所要求的检测性能,事先规定的检测时间或取样数就显得过长或过大,降低了检测速度;信噪比太小时,观测样本数又显得不足,难以达到检测准确度的要求。尤其在接收信噪比不稳定的应用场合,固定取样数的检测方法不能很好地平衡检测速度与检测准确度两者之间的关系,很难达到理想状态。序贯检测就是为了克服固定取样数检测的缺陷而提出来的。

区别于固定取样数的检测方法,序贯检测可能需要进行多次判决才能完成检测。在相继得到接收波形的 K 个采样值$(x_1, x_2, \cdots, x_K)$后,根据一定规则序贯检测做出的判决有如下 3 种可能:

(1) H_0 假设为真;

(2) H_1 假设为真;

(3) 不做出最终判决,顺序增加观测样本后,再进行一次判决。

如果做出前两种判决,检测过程宣告结束;如果做出最后一种判决,样本增加到 $K+1$ 维后继续进行以上判决过程,直到做出第一或第二种判决为止。由此可见,序贯检测中所要求的观测样本数 N 是一个随机变量,大小取决于观测样本所携带的信息量大小。一般来说,观测样本的信噪比大,所需数量就少,相对应的观测时间就短,反之亦然。

用 x_K 来表示由所有可能的 K 维样本$(x_1, x_2, \cdots, x_K)$组成的 K 维样本空间,如图 7.1

所示。在序贯检测中,对于每一个整数值 K,样本空间 x_K 都需要划分为相邻但互不包含的 3 部分,即 D_{K0}、D_{K1} 和 D_K。引入样本空间的概念,序贯检测的过程可以重新描述如下。

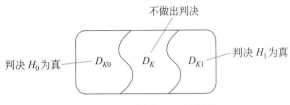

图 7.1　观测空间 x_K 的划分

第一阶段,获取第一个观测值 x_1,如果 x_1 处于 D_{10} 则判决 H_0 假设为真;如果 x_1 处于 D_{11},则判决 H_1 假设为真;如果 x_1 处于 D_1,则不做出最终判决。顺序获取第二个观测样本并与第一个观测样本组成二维观测样本 (x_1,x_2),检测转入下一个阶段。

第二阶段的检测结果取决于 (x_1,x_2) 落在 D_{20}、D_{21} 还是 D_2。如果 (x_1,x_2) 处于 D_{20} 则判决 H_0 假设为真,如果处于 D_{21} 则判决 H_1 假设为真,如果处于 D_2 则不做出最终判决,顺序获取第三个观测样本并与第一、二个样本联合组成三维观测样本 (x_1,x_2,x_3),检测进入下一个阶段。

第三阶段的检测结果又取决于 (x_1,x_2,x_3) 落在 D_{30}、D_{31} 还是 D_3。如果 (x_1,x_2,x_3) 处于 D_3,则这个过程会继续延续下去,直到第一或第二种判决做出时才会结束。

这样,序贯检测就完全可以通过定义 D_{K0}、D_{K1} 和 D_K 的划分来确定,K 为所有正整数。

7.2　序贯似然比检测

如果已知观测样本的似然函数形式,采用修正的奈曼-皮尔逊准则,可以得出序贯检测的判决规则为似然比与检测门限的比较,这种情况下的序贯检测称为序贯似然比检测 (sequential probability ratio test)。

7.2.1　判决规则

回顾固定样本数的检测方法,首先需要计算似然比 $l(x)$,然后与门限 l_0 比较,大于门限判定"H_1 假设为真",小于门限则判定"H_0 假设为真"。采用奈曼-皮尔逊准则,在仅给定虚警概率的限定条件下,最大化检测概率(或称最小化漏报概率)来确定检测规则,此时判决门限取决于给定的虚警概率。众所周知,在信噪比一定的条件下,检测概率和虚警概率都随着检测门限的增大而减小,因此二者存在一定的关联,不能独立选择。在更加苛刻的限定条件下,既要求虚警概率不大于 α 又同时要求漏报概率不大于 β,这种问题需要用两个门限才能满足检测要求。对虚警和漏报概率都进行限定的准则称为修正的奈曼-皮尔逊准则。序贯似然比检测就是采用修正的奈曼-皮尔逊准则,将序贯检测思想应用于似然比检测情况。

序贯似然比检测中,设定的两个判决门限 l_0 和 l_1 可以将判决域分割成 3 部分,如图 7.2 所示。判决过程的每一步都需要将似然比与两个门限相比较。在第 K 个阶段,用 x_K 表示 K 个独立同分布的观测样本值所构成的观测矢量,即 $x_K = [x_1, x_2, \cdots, x_K]$,判决

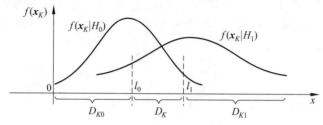

图 7.2 序贯似然比检测图示

规则可以描述为

$$l(\boldsymbol{x}_K) \leqslant l_0, \qquad H_0 \text{ 假设为真}$$

$$l(\boldsymbol{x}_K) \geqslant l_1, \qquad H_1 \text{ 假设为真}$$

$$l_0 < l(\boldsymbol{x}_K) < l_1, \quad \text{信息不充分,增加观测样本并转入下一检测阶段}$$

这样一直进行到第 N 阶段为止,其似然比大于 l_1 或小于 l_0,而相应地做出"H_1 假设为真"或"H_0 假设为真"的判决。

7.2.2 检测门限

在修正的奈曼-皮尔逊准则下,序贯检测是在给定虚警概率和漏报概率的条件下,从第一个观测数据开始进行似然比检测,检测的两个门限可以由虚警概率和漏报概率计算出来。下面推导这两个检测门限。

假设检测已进行到 K 阶段,在观测数据满足独立同分布的条件下,似然比计算如下:

$$l(\boldsymbol{x}_K) = \frac{f(\boldsymbol{x}_K \mid H_1)}{f(\boldsymbol{x}_K \mid H_0)} = \frac{f(x_1, x_2, \cdots, x_K \mid H_1)}{f(x_1, x_2, \cdots, x_K \mid H_0)} = \prod_{i=1}^{K} \frac{f(x_i \mid H_1)}{f(x_i \mid H_0)}$$

$$= \frac{f(x_K \mid H_1)}{f(x_K \mid H_0)} \prod_{i=1}^{K-1} \frac{f(x_i \mid H_1)}{f(x_i \mid H_0)} = l(\boldsymbol{x}_K) l(\boldsymbol{x}_{K-1}) \tag{7.1}$$

其初始条件为

$$l(\boldsymbol{x}_1) = l(x_1) \tag{7.2}$$

设给定的错误概率为

$$P(D_1 \mid H_0) = \alpha, \quad P(D_0 \mid H_1) = \beta \tag{7.3}$$

则有

$$\alpha = \int_{D_1} f(\boldsymbol{x}_K \mid H_0) \mathrm{d}\boldsymbol{x}_K \tag{7.4}$$

$$\beta = \int_{D_0} f(\boldsymbol{x}_K \mid H_1) \mathrm{d}\boldsymbol{x}_K \tag{7.5}$$

将似然比关系式(7.1)代入 H_0 假设为真的判决条件,得

$$l(\boldsymbol{x}_K) = \frac{f(\boldsymbol{x}_K \mid H_1)}{f(\boldsymbol{x}_K \mid H_0)} \leqslant l_0 \tag{7.6}$$

即

$$f(\boldsymbol{x}_K \mid H_1) \leqslant l_0 f(\boldsymbol{x}_K \mid H_0) \tag{7.7}$$

两端在 D_0 区域积分,得

$$\int_{D_0} f(\boldsymbol{x}_K \mid H_1)\mathrm{d}\boldsymbol{x}_K \leqslant \int_{D_0} l_0 f(\boldsymbol{x}_K \mid H_0)\mathrm{d}\boldsymbol{x}_K \tag{7.8}$$

上式左边等于 β，右边可变换为

$$\begin{aligned} \int_{D_0} l_0 f(\boldsymbol{x}_K \mid H_0)\mathrm{d}\boldsymbol{x}_K &= l_0 \int_{D_0} f(\boldsymbol{x}_K \mid H_0)\mathrm{d}\boldsymbol{x}_K \\ &= l_0 \left(1 - \int_{D_1} f(\boldsymbol{x}_K \mid H_0)\mathrm{d}\boldsymbol{x}_K\right) \\ &= l_0(1-\alpha) \end{aligned} \tag{7.9}$$

所以式(7.8)可变为

$$\beta \leqslant l_0(1-\alpha) \tag{7.10}$$

即

$$l_0 \geqslant \frac{\beta}{1-\alpha} \tag{7.11}$$

类似地可以得到

$$l_1 \leqslant \frac{1-\beta}{\alpha} \tag{7.12}$$

式(7.11)和式(7.12)所求得的只是 l_0 的下界和 l_1 的上界。因为似然比是随 K 变化的函数，准确确定 l_0 和 l_1 是很困难的。

在检测终止时，似然比通常不可能恰好达到门限值，而很可能要越过门限值，这种现象称为"越界"现象。一般来说，当接收信号信噪比较小且样本数较大时，增加一个样本值引起的似然比变化不大，"越界"现象可以忽略。即假定检测终止时，似然比恰好等于门限值 l_0 或 l_1。此时，式(7.11)和式(7.12)中的等号近似成立，即

$$l_0 \approx \frac{\beta}{1-\alpha} \tag{7.13}$$

$$l_1 \approx \frac{1-\beta}{\alpha} \tag{7.14}$$

为了计算简单，将采用对数似然比重新描述检测规则。

式(7.1)两边取对数可得

$$\ln l(\boldsymbol{x}_K) = \sum_{i=1}^{K-1} \ln l(x_i) + \ln l(x_K) \tag{7.15}$$

当需要的取样数较大时，似然比每增加一步增量 $\ln l(x_N)$ 很小，即"越界"现象不严重，在这种情况下，对应的门限是 $\ln l_0$ 和 $\ln l_1$ 为

$$\ln l_0 \approx \ln\left(\frac{\beta}{1-\alpha}\right) \tag{7.16}$$

$$\ln l_1 \approx \ln\left(\frac{1-\beta}{\alpha}\right) \tag{7.17}$$

检测规则可以描述为

$$\ln l(\boldsymbol{x}_K) \leqslant \ln\frac{\beta}{1-\alpha}, \qquad H_0 \text{ 假设为真}$$

$$\ln l(\boldsymbol{x}_K) \geqslant \ln\frac{1-\beta}{\alpha}, \qquad H_1 \text{ 假设为真}$$

$$\ln\frac{\beta}{1-\alpha} < \ln l(\boldsymbol{x}_K) < \ln\frac{1-\beta}{\alpha},$$信息不充分,增加观测样本转入下一检测阶段

检测过程如图 7.3 所示。

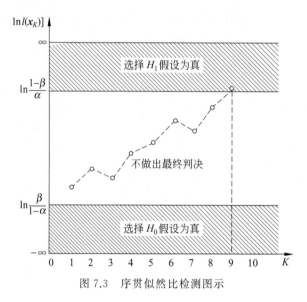

图 7.3   序贯似然比检测图示

应该指出,这里还必须要求 $\alpha \leqslant 0.5, \beta \leqslant 0.5$,否则出现门限 $\ln l_0$ 和 $\ln l_1$ 倒置现象,检测过程无法正常进行。在实际应用中,这个条件一般都是满足的。

7.2.3   平均取样数

当采用等间隔采样时(假定采样间隔恒定为 Δt),序贯检测的平均检测时间 T 与平均取样数 N 之间存在简单的比例关系,即

$$T = N \Delta t \tag{7.18}$$

所以研究平均取样数与研究平均检测时间是等效的。只需分别求出在 H_0 假设为真时的平均取样数 $E[N|H_0]$ 和 H_1 假设为真时的平均取样数 $E[N|H_1]$,就可以得到序贯检测总的平均取样数,为

$$E[N] = P(H_0)E[N \mid H_0] + P(H_1)E[N \mid H_1] \tag{7.19}$$

其中,$P(H_0)$ 和 $P(H_1)$ 分别为 H_0 假设为真和 H_1 假设为真的先验概率。

当 H_1 假设为真时,假设检测到 N 个取样时终止,则有 $\ln l(\boldsymbol{x}_N) \geqslant \ln l_1$,判决区域为 D_1;$\ln l(\boldsymbol{x}_N) \leqslant \ln l_0$,判决区域为 D_0。得到漏报概率和检测概率分别为

$$P(\ln l(\boldsymbol{x}_N) \leqslant \ln l_0 \mid H_1) = \beta \tag{7.20}$$

$$P(\ln l(\boldsymbol{x}_N) \geqslant \ln l_1 \mid H_1) = 1 - \beta \tag{7.21}$$

当 H_0 假设为真时,假设检测到 N 个取样时终止,则有 $\ln l(\boldsymbol{x}_N) \leqslant \ln l_0$,判决区域为 D_0;$\ln l(\boldsymbol{x}_N) \geqslant \ln l_1$ 判决区域为 D_1。得到正确概率和虚警概率分别为

$$P(\ln l(\boldsymbol{x}_N) \leqslant \ln l_0 \mid H_0) = 1 - \alpha \tag{7.22}$$

$$P(\ln l(\boldsymbol{x}_N) \geqslant \ln l_1 \mid H_0) = \alpha \tag{7.23}$$

在忽略"越界"现象的情况下,最终取样 $\boldsymbol{x}_N$ 的对数似然比 $\ln l(\boldsymbol{x}_N)$ 只取两个值,或者等

于 $\ln l_0$，或者等于 $\ln l_1$。因此，$\ln l(\boldsymbol{x}_N)$ 的条件数学期望为

$$E[\ln l(\boldsymbol{x}_N) \mid H_1] = (1-\beta)\ln l_1 + \beta \ln l_0 \tag{7.24}$$

$$E[\ln l(\boldsymbol{x}_N) \mid H_0] = \alpha \ln l_1 + (1-\alpha)\ln l_0 \tag{7.25}$$

假设各取样值满足独立同分布的条件，则有

$$\ln l(\boldsymbol{x}_N) = \ln\left[\prod_{k=1}^{N} l(x_k)\right] = \sum_{k=1}^{N} \ln l(x_k) = N\ln[l(x)] \tag{7.26}$$

式中，$l(x)$ 可以是任意一次观测的似然比。

在 H_1 假设为真的条件下，上式两边取数学期望，有

$$E[\ln l(\boldsymbol{x}_N) \mid H_1] = E[N\ln l(x) \mid H_1]$$
$$= E[N \mid H_1]E[\ln l(x) \mid H_1] \tag{7.27}$$

所以有

$$E[N \mid H_1] = \frac{E[\ln l(\boldsymbol{x}_N) \mid H_1]}{E[\ln l(x) \mid H_1]} \tag{7.28}$$

将式(7.24)代入上式，得到 H_1 假设为真时的平均取样数为

$$E[N \mid H_1] = \frac{(1-\beta)\ln l_1 + \beta \ln l_0}{E[\ln l(x) \mid H_1]} \tag{7.29}$$

类似地，可以推出 H_0 假设为真时的平均取样数为

$$E[N \mid H_0] = \frac{\alpha \ln l_1 + (1-\alpha)\ln l_0}{E[\ln l(x) \mid H_0]} \tag{7.30}$$

再将式(7.29)和式(7.30)代入式(7.19)，得到总的平均取样数为

$$E[N] = (1-p)\frac{\alpha \ln l_1 + (1-\alpha)\ln l_0}{E[\ln l(x) \mid H_0]} + p\frac{(1-\beta)\ln l_1 + \beta \ln l_0}{E[\ln l(x) \mid H_1]} \tag{7.31}$$

式中，$P(H_0) = 1-p$，$P(H_1) = p$。

7.2.4　判决终止的必然性

由序贯检测的判决规则可以看出，当 $\ln l_0 < \ln l(\boldsymbol{x}_K) < \ln l_1$ 时，不做出最终判决。那么，$\ln l(\boldsymbol{x}_K)$ 会不会在 $\ln l_0$ 和 $\ln l_1$ 之间不断徘徊？序贯检测的过程会不会永远不能结束呢？

Wald 证明：如果各观测样本之间是统计独立的，则检测经过有限次判决而最终结束的概率为 1。

下面来证明这一结论。

假设对于观测样本序列 $\boldsymbol{x}_K$ 仍未做出判决，则有 $\ln l_0 < \ln l(\boldsymbol{x}_K) < \ln l_1$；令 $C = |\ln l_0| + |\ln l_1|$，由于第 K 阶段仍未做出判决，因此，$\ln l(\boldsymbol{x}_i)(i=1,2,\cdots,K)$ 必然都落在 $(-C,C)$ 区间之内，而且以下不等式成立：

$$P(\ln l_0 < \ln l(\boldsymbol{x}_1) < \ln l_1) < P(-C < \ln l(x_1) < C) \tag{7.32}$$

$$P(\ln l_0 < \ln l(\boldsymbol{x}_2) < \ln l_1) = P(\ln l_0 < (\ln l(x_1) + \ln[l(x_2)]) < \ln l_1)$$
$$< P(-C < \ln l(x_1) < C)P(-C$$
$$< \ln l(x_2) < C) \tag{7.33}$$

$$\vdots$$

$$P(\ln l_0 < \ln l(\boldsymbol{x}_K) < \ln l_1) < \prod_{i=1}^{K} P(-C < \ln l(x_i) < C) \tag{7.34}$$

由于 $x_i(i=1,2,\cdots,K)$ 具有独立同分布的统计特性,所以

$$\prod_{i=1}^{K} P(-C < \ln l(x_i) < C) = [P(-C < \ln l(x) < C)]^K \tag{7.35}$$

式中,$\ln l(x)$ 可以是任意一次观测的对数似然比。

将上式代入式(7.34),可得

$$P(\ln l_0 < \ln l(\boldsymbol{x}_K) < \ln l_1) < [P(-C < \ln l(x) < C)]^K \tag{7.36}$$

一般来说,$0 < P(-C < \ln l(x) < C) < 1$,所以

$$\lim_{K\to\infty} P(\ln l_0 < \ln l(\boldsymbol{x}_K) < \ln l_1) < \lim_{K\to\infty} [P(-C < \ln[l(x)] < C)]^K = 0 \tag{7.37}$$

这说明,当 $K\to\infty$ 时,$\ln l(\boldsymbol{x}_N)$ 处于 $\ln l_0$ 和 $\ln l_1$ 之间的概率为 0,即序贯似然比检测以概率 1 结束。

虽然序贯似然比检测可以在有限次判决中结束,但一般都会规定一个取样数的上限值 K^*,如果取样数达到此值时仍不能做出判决,则强制转化为固定取样数的检测,以做出最终判决。这类序贯似然比检测称为截断的序贯似然比检测。

【例 7.1】 在二元数字通信系统中,两种假设下的观测信号分别为

$$H_1: x_i = 1 + n_i, \quad i = 1, 2, \cdots$$
$$H_0: x_i = n_i, \qquad i = 1, 2, \cdots$$

式中,观测噪声 n_i 是均值为 0、方差为 1 的高斯噪声,且各次观测统计独立。已知 $P(H_0) = P(H_1) = 0.5, P_F = \alpha = 0.1, P_M = \beta = 0.1$,试确定在此条件下的判决规则,并计算总的平均取样数。

解:单次观测所得随机变量 x 的似然函数为

$$f(x \mid H_1) = \frac{1}{\sqrt{2\pi}} e^{-\frac{(x-1)^2}{2}}$$

$$f(x \mid H_0) = \frac{1}{\sqrt{2\pi}} e^{-\frac{x^2}{2}}$$

得到似然比为

$$l(x) = \frac{f(x \mid H_1)}{f(x \mid H_0)} = e^{x - \frac{1}{2}}$$

对应的对数似然比为

$$\ln l(x) = \ln e^{x - \frac{1}{2}} = x - \frac{1}{2}$$

假定顺序得到取样,则第 N 步的对数似然比为

$$\ln[l(\boldsymbol{x}_N)] = \ln \frac{\left(\dfrac{1}{\sqrt{2\pi}}\right)^N e^{-\sum\limits_{i=1}^{N} \frac{(x_i-1)^2}{2}}}{\left(\dfrac{1}{\sqrt{2\pi}}\right)^N e^{-\sum\limits_{i=1}^{N} \frac{x_i^2}{2}}} = \sum_{i=1}^{N} x_i - \frac{N}{2}$$

两个检测门限值分别为

$$\ln l_0 = \ln\left(\frac{\beta}{1-\alpha}\right) = -2.197$$

$$\ln l_1 = \ln\left(\frac{1-\beta}{\alpha}\right) = 2.197$$

序贯似然比检测的判决规则如下：

$$\sum_{i=1}^{N} x_i - \frac{N}{2} \leqslant -2.197, \qquad H_0 \text{ 假设为真}$$

$$\sum_{i=1}^{N} x_i - \frac{N}{2} \geqslant 2.197, \qquad H_1 \text{ 假设为真}$$

$$-2.197 < \sum_{i=1}^{N_i} x_i - \frac{N}{2} < 2.197, \quad \text{增加一次观测，转入下一检测阶段}$$

$$E[\ln l(x) \mid H_1] = E\left[\left(x - \frac{1}{2}\right) \Big| H_1\right] = 1 - \frac{1}{2} = \frac{1}{2}$$

$$E[\ln l(x) \mid H_0] = E\left[\left(x - \frac{1}{2}\right) \Big| H_0\right] = 0 - \frac{1}{2} = -\frac{1}{2}$$

将各参数的取值分别代入式(7.29)和式(7.30)，得到

$$E[N \mid H_1] = \frac{(1-\beta)\ln l_1 + \beta \ln l_0}{E[\ln l(x) \mid H_1]} = 3.5$$

$$E[N \mid H_0] = \frac{\alpha \ln l_1 + (1-\alpha)\ln l_0}{E[\ln l(x) \mid H_0]} = 3.5$$

总的平均取样数为

$$E[N] = P(H_0)E[N \mid H_0] + P(H_1)E[N \mid H_1] = 3.5$$

因此取样数为 4 就可以达到预期的检测性能。

7.3　序贯检测的实例分析

序贯检测相对于固定取样数的检测所需的观测样本数最少，观测时间最短。下面举例说明序贯检测的这一特性，其比较条件是每次采样的信噪比相同，表征检测性能的虚警概率和漏报概率相同。

考虑在高斯噪声干扰下，确知信号序列的检测问题。此时的观测信号模型为

$$H_0: x(t) = n(t) \tag{7.38}$$

$$H_1: x(t) = a + n(t) \tag{7.39}$$

式中，a 表示恒定的电压信号，$n(t)$ 表示均值为 0、方差为 σ_n^2 的高斯白噪声。

其第 i 次采样为

$$H_0: x_i = n_i \tag{7.40}$$

$$H_1: x_i = a + n_i \tag{7.41}$$

假设各采样点的 n_i 独立，则 x_i 的似然函数分别为

$$f(x_i \mid H_0) = \frac{1}{\sqrt{2\pi}\,\sigma_n} e^{-\frac{x_i^2}{2\sigma_n^2}} \tag{7.42}$$

$$f(x_i \mid H_1) = \frac{1}{\sqrt{2\pi}\,\sigma_n} e^{-\frac{(x_i-a)^2}{2\sigma_n^2}} \tag{7.43}$$

对数似然比为

$$\ln l(x_i) = \ln \frac{f(x_i \mid H_1)}{f(x_i \mid H_0)} = \frac{a x_i}{\sigma_n^2} - \frac{a^2}{2\sigma_n^2} = \frac{a x_i}{\sigma_n^2} - \frac{\gamma}{2} \tag{7.44}$$

式中，$\gamma = \dfrac{a^2}{\sigma_n^2}$是功率信噪比。

由式(7.40)和式(7.41)可得，$E[x_i \mid H_1] = a$，$E[x_i \mid H_0] = 0$，所以有

$$E[\ln l(x) \mid H_1] = \frac{a}{\sigma_n^2}E[x_i \mid H_1] - \frac{\gamma}{2} = \frac{\gamma}{2} \tag{7.45}$$

$$E[\ln l(x) \mid H_0] = \frac{a}{\sigma_n^2}E[x_i \mid H_0] - \frac{\gamma}{2} = -\frac{\gamma}{2} \tag{7.46}$$

将上两式代入式(7.29)和式(7.30)，得

$$\begin{aligned}
E[N \mid H_1] &= \frac{(1-\beta)\ln l_1 + \beta \ln l_0}{E[\ln l(x) \mid H_1]} = \frac{(1-\beta)\ln l_1 + \beta \ln l_0}{\gamma/2} \\
&= \frac{2(1-\beta)\ln\dfrac{1-\beta}{\alpha} + 2\beta \ln\dfrac{\beta}{1-\alpha}}{\gamma}
\end{aligned} \tag{7.47}$$

$$\begin{aligned}
E[N \mid H_0] &= \frac{\alpha \ln l_1 + (1-\alpha)\ln l_0}{E[\ln l(x) \mid H_1]} = \frac{\alpha \ln l_1 + (1-\alpha)\ln l_0}{-\gamma/2} \\
&= -\frac{2\alpha l\ln\dfrac{1-\beta}{\alpha} + 2(1-\alpha)\ln\dfrac{\beta}{1-\alpha}}{\gamma}
\end{aligned} \tag{7.48}$$

在相等的取样时间间隔 Δt 条件下，有信号和无信号时序贯检测的平均检测时间分别为 $E[N \mid H_1]\Delta t$ 和 $E[N \mid H_0]\Delta t$。

下面推导，相同检测性能要求下，固定取样数检测方法所需的样本数 M。

若取检测统计量为 M 个独立的观测样本组成的序列 $\boldsymbol{x}_M = (x_1, x_2, \cdots, x_M)$，即判决规则为

$$l(x) = \frac{f(\boldsymbol{x}_M \mid H_1)}{f(\boldsymbol{x}_M \mid H_0)} = \frac{\left(\dfrac{1}{\sqrt{2\pi}\sigma_n}\right)^M e^{-\frac{1}{2\sigma_n^2}\sum\limits_{i=1}^{M}(x_i - a)^2}}{\left(\dfrac{1}{\sqrt{2\pi}\sigma_n}\right)^M e^{-\frac{1}{2\sigma_n^2}\sum\limits_{i=1}^{M}x_i^2}} = e^{\frac{a}{\sigma_n^2}\sum\limits_{i=1}^{M}x_i - \frac{Ma^2}{2\sigma_n^2}} \underset{H_0}{\overset{H_1}{\gtrless}} l_0 \tag{7.49}$$

式(7.49)两边取对数，可得

$$\sum_{i=1}^{M} x_i \underset{H_0}{\overset{H_1}{\gtrless}} \frac{Ma}{2} + \frac{\sigma_n^2}{a}\ln l_0 = \beta_0 \tag{7.50}$$

令 $y_M = \sum\limits_{i=1}^{M} x_i$，则检测规则可以表示为

$$y_M \underset{H_0}{\overset{H_1}{\gtrless}} \frac{Ma}{2} + \frac{\sigma_n^2}{a}\ln l_0 = \beta_0 \tag{7.51}$$

由于 $x_i(i=1,2,\cdots,M)$ 是独立同分布的高斯随机变量，故 y_M 也是高斯分布的随机变量，其均值和方差分别为

$$E[y_M \mid H_0] = E\left[\sum_{i=1}^{M} x_i \mid H_0\right] = 0 \tag{7.52}$$

$$E[y_M \mid H_1] = E\left[\sum_{i=1}^{M} x_i \mid H_1\right] = Ma \tag{7.53}$$

$$\mathrm{Var}[y_M] = M\sigma_n^2 \tag{7.54}$$

似然函数为

$$f(y_M \mid H_0) = \frac{1}{\sqrt{2\pi M}\sigma_n} e^{-\frac{y_M^2}{2M\sigma_n^2}} \tag{7.55}$$

$$f(y_M \mid H_1) = \frac{1}{\sqrt{2\pi M}\sigma_n} e^{-\frac{(y_M - Ma)^2}{2M\sigma_n^2}} \tag{7.56}$$

求得虚警概率和检测概率

$$P(D_1 \mid H_0) = \alpha = \int_{\beta_0}^{\infty} f(y_M \mid H_0)\mathrm{d}y_M = \frac{1}{2}\left[1 - \mathrm{erf}\left(\frac{\beta_0}{\sqrt{2M}\sigma_n}\right)\right] \tag{7.57}$$

$$P(D_1 \mid H_1) = 1 - \beta = \int_{\beta_0}^{\infty} f(y_M \mid H_1)\mathrm{d}y_M = \frac{1}{2}\left[1 - \mathrm{erf}\left(\frac{\beta_0 - Ma}{\sqrt{2M}\sigma_n}\right)\right] \tag{7.58}$$

从上两式中解出 β_0,分别为

$$\beta_0 = \sqrt{2M}\sigma_n \mathrm{erf}^{-1}(1 - 2\alpha) \tag{7.59}$$

$$\beta_0 = \sqrt{2M}\sigma_n \mathrm{erf}^{-1}(2\beta - 1) + Ma \tag{7.60}$$

以上两式中消去 β_0,可得

$$\begin{aligned} M &= \frac{2\sigma_n^2\left[\mathrm{erf}^{-1}(1 - 2\alpha) - \mathrm{erf}^{-1}(2\beta - 1)\right]^2}{a^2} \\ &= \frac{2\left[\mathrm{erf}^{-1}(1 - 2\alpha) + \mathrm{erf}^{-1}(1 - 2\beta)\right]^2}{\gamma} \end{aligned} \tag{7.61}$$

至此,得到了两种检测方法的平均取样数表达式。定义序贯检测的取样数缩短因子为序贯检测的平均观测样本数与固定样本检测的观测样本数之比,在两种假设下分别为

$$\frac{E[N \mid H_1]}{M} = \frac{(1 - \beta)\ln\dfrac{1 - \beta}{\alpha} + \beta\ln\dfrac{\beta}{1 - \alpha}}{\left[\mathrm{erf}^{-1}(1 - 2\alpha) + \mathrm{erf}^{-1}(1 - 2\beta)\right]^2} \tag{7.62}$$

$$\frac{E[N \mid H_0]}{M} = -\frac{\alpha\ln\dfrac{1 - \beta}{\alpha} + (1 - \alpha)\ln\dfrac{\beta}{1 - \alpha}}{\left[\mathrm{erf}^{-1}(1 - 2\alpha) + \mathrm{erf}^{-1}(1 - 2\beta)\right]^2} \tag{7.63}$$

在 $\alpha = 10^{-4}$ 和 $0.1 < \beta < 0.5$ 的条件下,上两式可以简化为

$$\frac{E[N \mid H_1]}{M} = \frac{(1 - \beta)\ln\dfrac{1 - \beta}{\alpha} + \beta\ln\beta}{\left[\mathrm{erf}^{-1}(1 - 2\alpha) + \mathrm{erf}^{-1}(1 - 2\beta)\right]^2} \tag{7.64}$$

$$\frac{E[N \mid H_0]}{M} = -\frac{\ln\beta}{\left[\mathrm{erf}^{-1}(1 - 2\alpha) + \mathrm{erf}^{-1}(1 - 2\beta)\right]^2} \tag{7.65}$$

将两类取样数缩短因子 $E[N \mid H_1]/M$ 和 $E[N \mid H_0]/M$ 与 β 的关系绘成曲线,如图 7.4 所示。

由图 7.4 可以看出:

(1) 在给定条件下,无论 β 为何值,序贯检测的平均取样数都比固定样本数检测的取样数少,都不超过固定取样数 M 的 70%,尤其是 H_0 假设为真时序贯检测的平均取样数仅占固定取样数 M 的 $10\% \sim 20\%$。

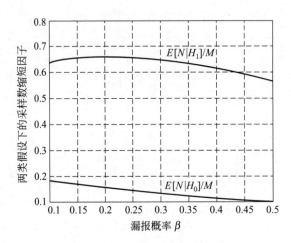

图 7.4   序贯检测的取样数缩短因子

（2）序贯检测相对于固定检测的缩短因子在 H_0 假设为真时比在 H_1 假设为真时的小。

（3）缩短因子在大部分范围内都是 β 的递减函数，即 β 越大，缩短因子越小，序贯检测的优越性越显著。

根据上述结论可知，序贯检测更适用于满足以下条件的场合：

（1）$\alpha \ll \beta$；

（2）H_0 假设为真的先验概率远大于 H_1 假设为真的先验概率，即 $P(H_0) \gg P(H_1)$。

雷达检测多属于这种情况，因此序贯检测适用于雷达系统。

本 章 小 结

序贯检测是指在那种事先不规定观测样本数目或观测时间，而留待检测过程中予以确定的检测。在保证检测性能的条件下，序贯检测可以节省观测时间，提高检测速度。

本章以二元信号检测为例，采用修正的 Neyman-Pearson 准则，说明了序贯检测的判决准则，表述如下：

$$\ln l(\pmb{x}_K) \leqslant \ln \frac{\beta}{1-\alpha}, \qquad\qquad H_0 \text{ 假设为真}$$

$$\ln l(\pmb{x}_K) \geqslant \ln \frac{1-\beta}{\alpha}, \qquad\qquad H_1 \text{ 假设为真}$$

$$\ln \frac{\beta}{1-\alpha} < \ln l(\pmb{x}_K) < \ln \frac{1-\beta}{\alpha}, \quad \text{信息不充分，增加观测样本转入下一检测阶段}$$

不同于固定样本数的检测方法，序贯检测有两个门限值，分别为

$$\ln l_0 \approx \ln\left(\frac{\beta}{1-\alpha}\right)$$

$$\ln l_1 \approx \ln\left(\frac{1-\beta}{\alpha}\right)$$

式中，α 为给定的虚警概率上限，β 为给定的漏报概率上限。

序贯检测的突出优点是高样本效率，与固定样本数检测相比，一般可节省样本数一半以

上。其缺点是结构比较复杂,一般需要多次判决且每次判决都要重新计算检验统计量。

思 考 题

1. 与固定观测样本数的检测方法相比,序贯检测的优越性体现在哪里?
2. 什么是"越界"现象,在什么条件下能够忽略?
3. 试述在修正奈曼-皮尔逊准则下,序贯检测的本质是什么?

习 题

1. 在二元数字通信系统中,两个假设下的观测波形 $x(t)$ 分别为
$$H_1: x_i = 1 + n_i, \quad i = 1, 2, \cdots$$
$$H_0: x_i = n_i, \quad i = 1, 2, \cdots$$
式中,n_i 是均值为 0、方差为 1 的高斯白噪声,要求虚警概率 $\alpha = 10^{-4}$,漏报概率 $\beta = 10^{-1}$,且 $P(H_0) = P(H_1) = 0.5$。求:
   (1) 序贯似然比检测的判决门限及判决规则;
   (2) 序贯似然比检测的平均观测取样数;
   (3) 若采用常规的固定样本数的似然比检测,求满足检测性能所要求的取样数。
2. 二元假设问题中,已知信号的观测模型为
$$H_0: x_k = y_k^0, \quad k = 1, 2, \cdots$$
$$H_1: x_k = y_k^1, \quad k = 1, 2, \cdots$$
此处 y_k^0 和 y_k^1 都是独立同分布的高斯随机变量,均值都是 0、方差分别为 $\sigma_0^2 = 1$ 和 $\sigma_1^2 = 4$。已知虚警概率 $\alpha = 0.01$,漏报概率 $\beta = 0.2$,$P(H_0) = 0.8$,$P(H_1) = 0.2$。如果采样序贯检测的方法所需的平均观测样本数为多少?

知 识 扩 展

多亚伯拉罕·瓦尔德(Abraham Wald,1902—1950)

　　罗马尼亚裔美国统计学家。他于 1902 年 10 月 31 日出生在罗马尼亚的克卢日,1950 年在印度讲学时飞机失事去世。主要从事数理统计研究,用数学方法使统计学精确化、严密化,取得很多成果。一是发展统计决策理论,提出一般判决问题,引入损失函数、风险函数、极小极大原则和最不利先验分布等重要概念。二是在第二次世界大战期间,为军需品的检验首次提出序贯概率比检验法。

第8章 经典估计理论

本章提要

本章介绍 Bayes 估计、最大后验概率估计、最大似然估计、最小二乘估计等经典估计准则,分析估计量的无偏性、一致性、充分性和有效性等性质。

8.1 引　言

估计理论的研究内容是如何从接收信号的观测值或观测波形出发,估计信号的未知参量或未知波形。这些未知参量可能是具有一定先验概率分布的随机变量,也可能是非随机的实变量,它们都包含着有用的信息。在某些通信系统中,接收机中的解调过程就是一种信号参量的估计过程。如在脉冲振幅调制(PAM)中,相继发送的高频脉冲的振幅包含着有用信息,对脉冲振幅的估计就是一个解调过程。也可以让这些高频脉冲的载波频率随调制信号的大小而变化(调频),在接收端对载波频率进行估计(鉴频),从而提取有用信息的过程也是一个解调过程。由于接收信号混杂着噪声,使得估计这些参量的精确度受到一定影响。于是希望找到一种方法来精确地估计信号的各种参量,如振幅、频率、时延等。这就是估计理论面临的主要任务。

假定接收信号的一组观测值为 $x_1, x_2, \cdots, x_n$,记为观测矢量 $\boldsymbol{x}$。它具有某种已知形式的统计分布,其中含有一定数目的未知参量 $\boldsymbol{\alpha}$。现要基于观测矢量 $\boldsymbol{x}$ 来估计这些未知参量。为此可以构造观测值的函数 $f(x_1, x_2, \cdots, x_n)$ 作为 $\boldsymbol{\alpha}$ 的估计量。由于 $\boldsymbol{x}$ 是随机矢量,作为 $\boldsymbol{x}$ 的函数,估计量也是随机变量。这里产生两个问题,一是对应某一观测矢量 $\boldsymbol{x}$,可以提出多个 $\boldsymbol{x}$ 的函数作为估计量,那么如何最佳地利用 $\boldsymbol{x}$ 来构成估计量,这就涉及"最佳"的含义是什么,以什么标准来说是"最佳",随着"最佳"准则的不同,存在着各种不同的构成估计量的方法,如 Bayes 估计、最大后验概率估计、最大似然估计等。二是一旦选定了最佳准则构成估计量后,如何来描述和评定估计量本身的统计性质。本章将就这两方面的问题进行讨论。首先讨论各种最佳准则以及构成各种统计量的相应方法,即估计量的构成问题;然后讨论估计量的统计性质,即估计量的评价问题。

8.2 Bayes 估计

8.2.1 代价函数的形式

在单参量 α 估计时,应用 Bayes 估计准则必须知道信号参量的先验分布函数 $f(\alpha)$ 以及每一对 $(\alpha, \hat{\alpha})$ 定义的代价函数 $C(\alpha, \hat{\alpha})$。通常将信号估计中的代价函数定义为信号参量估计值 $\hat{\alpha}$ 和真值 α 之差的某个函数。由于 α 的估计值与真值 α 不同,一般都要引入损失,故代价函数 $C(\alpha, \hat{\alpha})$ 为非负函数。在很多情况下,代价函数仅取决于估计误差 $\varepsilon = \alpha - \hat{\alpha}$,而且误差越大,代价越大。这种考虑在很多场合下是合理的,如炮瞄雷达测距误差越大,炮火的命中率越低,从而代价越大等。

常用的代价函数有绝对误差、平方误差、阱型误差和相对误差平方 4 种形式。

(1) 绝对误差形式。

$$C(\alpha,\hat{\alpha}) = |\alpha - \hat{\alpha}| \tag{8.1}$$

这种代价函数的代价随误差的绝对值线性变化,如图 8.1(a)所示。

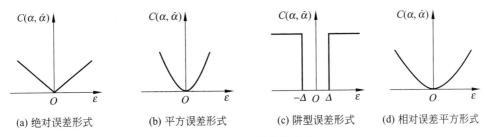

(a) 绝对误差形式　　(b) 平方误差形式　　(c) 阱型误差形式　　(d) 相对误差平方形式

图 8.1　代价函数曲线形式

(2) 平方误差形式。

$$C(\alpha,\hat{\alpha}) = (\alpha - \hat{\alpha})^2 \tag{8.2}$$

这种代价函数强调大误差的影响,代价随误差增加而更快增大,且由于数学处理方便,因而应用最为广泛,如图 8.1(b)所示。

(3) 阱型误差形式。

$$C(\alpha,\hat{\alpha}) = \begin{cases} K, & |\varepsilon| > \Delta \\ 0, & |\varepsilon| < \Delta \end{cases} \tag{8.3}$$

这种代价函数的特点是信号误差超过某个门限值后才付出代价,小于门限值时可以不付代价,并且付出的代价与误差大小无关,因此代价是均匀的。如在雷达应用的某些场合,小于门限值的误差几乎不带来任何后果,而大于这个门限值的误差可能意味着完全失去目标,因而其后果的严重性几乎完全一样。它在实际中是经常应用的,如图 8.1(c)所示。

(4) 相对误差平方形式。

$$C(\alpha,\hat{\alpha}) = \left[\frac{\alpha - \hat{\alpha}}{\alpha}\right]^2 \tag{8.4}$$

这种代价函数的代价正比于相对误差的平方,如图 8.1(d)所示。

8.2.2　Bayes 估计准则

设观测波形在观测时间$[0,T]$内可表示为

$$x(t) = s(t,\alpha) + n(t) \tag{8.5}$$

式中,$s(t,\alpha)$为接收信号波形,它依赖于单个待估计的未知量α,先验分布函数为$f(\alpha)$;$n(t)$表示信道上叠加的加性噪声;观测值(采样值)为$x_1,x_2,\cdots,x_n$,写成矢量形式$\boldsymbol{x} = (x_1, x_2,\cdots,x_n)$。观测矢量$\boldsymbol{x}$和未知量$\alpha$的联合概率密度函数可表示为

$$f(\boldsymbol{x},\alpha) = f(\boldsymbol{x}|\alpha)f(\alpha) = f(\alpha|\boldsymbol{x})f(\boldsymbol{x}) \tag{8.6}$$

给定观测矢量$\boldsymbol{x}$时,α的条件概率密度函数称为后验概率密度函数,记作$f(\alpha|\boldsymbol{x})$。一旦确定了代价函数和先验分布函数,则可求出平均代价或风险。总的平均代价称为风险,它

是条件风险对所有观测值 x 求平均的结果,即

$$R(\hat{\alpha}) = \int_{\{x\}} R(\hat{\alpha} \mid x) f(x) dx = \int_{\{x\}} \int_{\{a\}} C(\alpha, \hat{\alpha}) f(\alpha \mid x) f(x) dx d\alpha \qquad (8.7)$$

式中,$R(\hat{\alpha}|x)$ 是给定观测值后与估计值 $\hat{\alpha}$ 相联系的平均代价,称为条件代价或条件风险,即

$$R(\hat{\alpha} \mid x) = \int_{\{a\}} C(\alpha, \hat{\alpha}) f(\alpha \mid x) d\alpha \qquad (8.8)$$

Bayes 估计是使风险最小的估计方法,用 Bayes 估计得到的估计量称为 Bayes 估计量,而所求得的最小风险称为 Bayes 风险。

由于式(8.7)的内积分式及 $f(x)$ 均非负,所以使风险最小等价于使条件风险最小。因为 $C(\alpha, \hat{\alpha})$ 是凹函数,所以将 $R(\hat{\alpha}|x)$ 对 $\hat{\alpha}$ 求一阶偏导并令其为 0,即可得到 Bayes 估计量。

下面研究几种 Bayes 估计的特例。

1. 最小均方估计

把平方误差代价函数形式 $C(\alpha, \hat{\alpha}) = (\alpha - \hat{\alpha})^2$ 代入式(8.7),得

$$R(\hat{\alpha}) = \int_{\{x\}} \int_{-\infty}^{\infty} (\alpha - \hat{\alpha})^2 f(x, \alpha) d\alpha dx$$

$$= \int_{\{x\}} \left[\int_{-\infty}^{\infty} (\alpha - \hat{\alpha})^2 f(\alpha \mid x) d\alpha \right] f(x) dx \qquad (8.9)$$

可见,选用平方误差代价函数时,Bayes 准则转化为最小均方误差准则,此时的 Bayes 估计量 $\hat{\alpha}$ 称为最小均方误差估计量。

如前所述,由于[·]内为非负数,$f(x)$ 也为非负数,故 $R(\hat{\alpha})$ 最小与 $R(\hat{\alpha} \mid x)$ 最小是一致的。即 $R(\hat{\alpha} \mid x) = \int_{-\infty}^{\infty} (\alpha - \hat{\alpha})^2 f(\alpha \mid x) d\alpha$ 应取最小值。

对 $\hat{\alpha}$ 求一阶偏导并令其为 0,得

$$\frac{dR(\hat{\alpha} \mid x)}{d\hat{\alpha}} = \int_{-\infty}^{\infty} 2(\alpha - \hat{\alpha})(-1) f(\alpha \mid x) d\alpha = 0 \qquad (8.10)$$

$$\hat{\alpha} = \frac{\int_{-\infty}^{\infty} \alpha f(\alpha \mid x) d\alpha}{\int_{-\infty}^{\infty} f(\alpha \mid x) d\alpha} \qquad (8.11)$$

由于

$$\int_{-\infty}^{\infty} f(\alpha \mid x) d\alpha = 1$$

得

$$\hat{\alpha} = \int_{-\infty}^{\infty} \alpha f(\alpha \mid x) d\alpha = E[\alpha \mid x] \qquad (8.12)$$

由上式得出的 Bayes 估计量 $\hat{\alpha}$ 称为最小均方差估计量,等效为求 α 的条件均值或后验均值。

2. 条件中位数估计

将绝对值代价函数形式 $C(\alpha, \hat{\alpha}) = |\alpha - \hat{\alpha}|$ 代入式(8.8),得

$$R(\hat{\alpha} \mid \boldsymbol{x}) = \int_{-\infty}^{\infty} \mid \alpha - \hat{\alpha} \mid f(\alpha \mid \boldsymbol{x}) \mathrm{d}\alpha$$

$$= \int_{-\infty}^{\hat{\alpha}} (\hat{\alpha} - \alpha) f(\alpha \mid \boldsymbol{x}) \mathrm{d}\alpha + \int_{\hat{\alpha}}^{\infty} (\alpha - \hat{\alpha}) f(\alpha \mid \boldsymbol{x}) \mathrm{d}\alpha \tag{8.13}$$

对$\hat{\alpha}$求一阶偏导并令其为0,得

$$\frac{\mathrm{d}R(\hat{\alpha} \mid \boldsymbol{x})}{\mathrm{d}\hat{\alpha}} = \int_{-\infty}^{\hat{\alpha}} f(\alpha \mid \boldsymbol{x}) \mathrm{d}\alpha - \int_{\hat{\alpha}}^{\infty} f(\alpha \mid \boldsymbol{x}) \mathrm{d}\alpha = 0 \tag{8.14}$$

$$\int_{-\infty}^{\hat{\alpha}} f(\alpha \mid \boldsymbol{x}) \mathrm{d}\alpha = \int_{\hat{\alpha}}^{\infty} f(\alpha \mid \boldsymbol{x}) \mathrm{d}\alpha \tag{8.15}$$

上式意味着

$$P(\alpha > \hat{\alpha}) = P(\alpha < \hat{\alpha}) \tag{8.16}$$

即估计量$\hat{\alpha}$是条件分布$f(\alpha|\boldsymbol{x})$的中位数或称后验中值,记为$\hat{\alpha}_{\mathrm{med}}$,故对于绝对误差代价函数,Bayes 估计量就等于条件中位数。如果条件分布$f(\alpha|\boldsymbol{x})$是对称的,则$E(\alpha|\boldsymbol{x}) = \hat{\alpha}_{\mathrm{med}}$,此时条件中位数估计与最小均方估计一致。

8.3   最大后验估计

当无法确定代价函数时,可以使后验概率密度函数达到最大值,以此为准则来选择最佳估计量,称为最大后验估计。其估计量就是后验概率分布的众数(对应于后验分布的最大值)。

在数学上,要求出最大后验估计量,就必须知道$f(\alpha|\boldsymbol{x})$最大值的位置。如果$f(\alpha|\boldsymbol{x})$具有连续的一阶导数,则获得最大值位置的必要但不充分条件是将$f(\alpha|\boldsymbol{x})$对α求导并令其为0,即最大后验估计量应满足方程

$$\left. \frac{\partial f(\alpha \mid \boldsymbol{x})}{\partial \alpha} \right|_{\alpha = \hat{\alpha}} = 0 \tag{8.17}$$

由于对数是单调函数,故等效为求$\ln f(\alpha|\boldsymbol{x})$的最大值位置

$$\left. \frac{\partial \ln f(\alpha \mid \boldsymbol{x})}{\partial \alpha} \right|_{\alpha = \hat{\alpha}} = 0 \tag{8.18}$$

上式称为最大后验概率方程,在应用式(8.17)和式(8.18)时要检查一下所得解是否为最大值。

为了把观测矢量$\boldsymbol{x}$和先验知识的作用分开,可以把$f(\alpha|\boldsymbol{x})$写成式(8.6)的形式,从而有
$$\ln f(\alpha \mid \boldsymbol{x}) = \ln f(\boldsymbol{x} \mid \alpha) + \ln f(\alpha) - \ln f(\boldsymbol{x}) \tag{8.19}$$

或

$$\ln f(\alpha \mid \boldsymbol{x}) = \ln f(\boldsymbol{x}, \alpha) - \ln f(\boldsymbol{x}) \tag{8.20}$$

这样,最大后验估计量$\hat{\alpha}$也可用下列方程来确定:

$$\left. \frac{\partial \ln f(\boldsymbol{x} \mid \alpha)}{\partial \alpha} \right|_{\alpha = \hat{\alpha}} + \left. \frac{\partial \ln f(\alpha)}{\partial \alpha} \right|_{\alpha = \hat{\alpha}} - \left. \frac{\partial \ln f(\boldsymbol{x})}{\partial \alpha} \right|_{\alpha = \hat{\alpha}} = 0 \tag{8.21}$$

或

$$\left. \frac{\partial \ln f(\alpha, \boldsymbol{x})}{\partial \alpha_i} \right|_{\alpha_i = \hat{\alpha}_i} - \left. \frac{\partial \ln f(\boldsymbol{x})}{\partial \alpha_i} \right|_{\alpha_i = \hat{\alpha}_i} = 0 \tag{8.22}$$

由于 $f(\pmb{x})$ 与 α 无关,故

$$\frac{\partial \ln f(\pmb{x})}{\partial \alpha} = 0 \tag{8.23}$$

得到

$$\left.\frac{\partial \ln f(\pmb{x} \mid \alpha)}{\partial \alpha}\right|_{\alpha = \hat{\alpha}} + \left.\frac{\partial \ln f(\alpha)}{\partial \alpha}\right|_{\alpha = \hat{\alpha}} = 0 \tag{8.24}$$

$$\left.\frac{\partial \ln f(\alpha, \pmb{x})}{\partial \alpha_i}\right|_{\alpha_i = \hat{\alpha}_i} = 0 \tag{8.25}$$

可见,由 $f(\alpha|\pmb{x})$ 最大值所确定的估计值与由 $f(\pmb{x},\alpha)$ 最大值所确定的估计值是等效的。

在单参量的 Bayes 估计中,若采用均匀代价函数,即阱型误差函数形式,令 $k=1,\Delta \rightarrow 0$,此时 Bayes 估计变为最大后验估计。

$$R(\hat{\alpha} \mid \pmb{x}) = \int_{-\infty}^{\infty} C(\alpha, \hat{\alpha}) f(\alpha \mid \pmb{x}) \mathrm{d}\alpha$$

$$= \int_{-\infty}^{\hat{\alpha}-\Delta} f(\alpha \mid \pmb{x}) \mathrm{d}\alpha + \int_{\hat{\alpha}+\Delta}^{\infty} f(\alpha \mid \pmb{x}) \mathrm{d}\alpha$$

$$= \int_{-\infty}^{\infty} f(\alpha \mid \pmb{x}) \mathrm{d}\alpha - \int_{\hat{\alpha}-\Delta}^{\hat{\alpha}+\Delta} f(\alpha \mid \pmb{x}) \mathrm{d}\alpha$$

$$= 1 - \int_{\hat{\alpha}-\Delta}^{\hat{\alpha}+\Delta} f(\alpha \mid \pmb{x}) \mathrm{d}\alpha \tag{8.26}$$

当 $\Delta \rightarrow 0$ 时,使 $R(\hat{\alpha}|\pmb{x})$ 最小等效为选择 $\hat{\alpha}$ 使 $f(\alpha|\pmb{x})$ 达到最大,这就变为了最大后验估计。

8.4   最大似然估计

在很多情况下,把未知参数 α 作为随机变量来处理是不现实的,而必须作为非随机的实变量来处理,因此不存在 α 的先验分布。在这种情况下,采用最大似然估计作为 α 的最佳估计。最大似然估计的思想最早由德国数学家高斯(Gauss)于 1921 年提出,英国统计学家费希尔(Fisher)于 1822 年证明了最大似然估计的性质,且正式提出这一名称。

选取使似然函数 $f(\pmb{x}|\alpha)$ 最大的 $\hat{\alpha}$ 值作为 α 的估计量,称为最大似然估计。适用于未知参量的先验概率分布及代价函数均未知的情况。若 $x_1, x_2, \cdots, x_n$ 是随机变量 $\pmb{x}$ 的 n 个观测样值,这些随机变量是独立同分布的,则最大似然估计的数学表示式为

$$\left.\frac{\partial f(\pmb{x} \mid \alpha)}{\partial \alpha}\right|_{\alpha = \hat{\alpha}} = 0 \tag{8.27}$$

上式称为似然方程,由于对数 $\ln x$ 是 x 的单调递增函数,$\ln f(\pmb{x}|\alpha)$ 和 $f(\pmb{x}|\alpha)$ 在同一个 α 值上达到极大值,所以似然方程也可表示为

$$\left.\frac{\partial \ln f(\pmb{x} \mid \alpha)}{\partial \alpha}\right|_{\alpha = \hat{\alpha}} = 0 \tag{8.28}$$

根据条件概率分布的乘法公式

$$f(\pmb{x} \mid \alpha) = \frac{f(\alpha \mid \pmb{x}) f(\pmb{x})}{f(\alpha)} \tag{8.29}$$

$$\frac{\partial \ln f(\boldsymbol{x} \mid \alpha)}{\partial \alpha}\bigg|_{\alpha=\hat{\alpha}} = \frac{\partial \ln f(\alpha \mid \boldsymbol{x})}{\partial \alpha}\bigg|_{\alpha=\hat{\alpha}} + \frac{\partial \ln f(\boldsymbol{x})}{\partial \alpha}\bigg|_{\alpha=\hat{\alpha}} - \frac{\partial \ln f(\alpha)}{\partial \alpha}\bigg|_{\alpha=\hat{\alpha}} = 0 \qquad (8.30)$$

若 α 的先验概率密度函数在很宽的范围内足够平坦,或者对 α 的先验知识一无所知,则可认为 $f(\alpha)$ 在一定范围内是常数,即服从均匀分布。得

$$\frac{\partial \ln f(\alpha)}{\partial \alpha} = 0 \qquad (8.31)$$

根据上式和式(8.23),式(8.30)变为

$$\frac{\partial \ln f(\boldsymbol{x} \mid \alpha)}{\partial \alpha}\bigg|_{\alpha=\hat{\alpha}} = \frac{\partial \ln f(\alpha \mid \boldsymbol{x})}{\partial \alpha}\bigg|_{\alpha=\hat{\alpha}} = 0 \qquad (8.32)$$

即最大后验估计与最大似然估计是一致的。

最大似然估计是一种最常用的估计方法。既可用于要求的参量是非随机的,未知的情况;也可用于要求的参量是随机的,但先验概率密度函数未知的情况。

【例 8.1】 设有一个脉冲信号,幅度为 a,在均值为 0、方差为 σ^2 的加性高斯噪声背景下,进行 n 次独立观测。求幅度 a 和方差 σ^2 的最大似然估计量。

解:设观测值为 $\boldsymbol{x} = [x_1, x_2, \cdots, x_n]^{\mathrm{T}}$,接收信号观测值可写为

$$x_i = a + n_i, \quad i = 1, 2, \cdots, n$$

式中,n_i 为零均值高斯白噪声样本,n 为样本数。

它们的联合似然函数为

$$f(\boldsymbol{x} \mid a, \sigma^2) = \left(\frac{1}{\sqrt{2\pi\sigma^2}}\right)^n \prod_{i=1}^{n} \mathrm{e}^{-\frac{(x_i-a)^2}{2\sigma^2}} = \left(\frac{1}{\sqrt{2\pi\sigma^2}}\right)^n \mathrm{e}^{-\sum_{i=1}^{n}\frac{(x_i-a)^2}{2\sigma^2}}$$

$$\ln f(\boldsymbol{x} \mid a, \sigma^2) = -\frac{n}{2}\ln(2\pi) - \frac{n}{2}\ln\sigma^2 - \sum_{i=1}^{n}\frac{(x_i-a)^2}{2\sigma^2}$$

$$\frac{\partial \ln f(\boldsymbol{x} \mid a, \sigma^2)}{\partial a}\bigg|_{a=\hat{a}} = -\frac{1}{2\sigma^2}\sum_{i=1}^{n}2(x_i-a)(-1)\bigg|_{a=\hat{a}} = \frac{1}{\sigma^2}\sum_{i=1}^{n}(x_i-a)\bigg|_{a=\hat{a}} = 0$$

由此解得,a 的最大似然估计量为

$$\hat{a} = \frac{1}{n}\sum_{i=1}^{n}x_i$$

$$\frac{\partial \ln f(\boldsymbol{x} \mid a, \sigma^2)}{\partial \sigma^2}\bigg|_{\sigma^2=\hat{\sigma}^2} = -\frac{n}{2\sigma^2} + \frac{1}{2\sigma^4}\sum_{i=1}^{n}(x_i-a)^2\bigg|_{\sigma^2=\hat{\sigma}^2}$$

$$= \frac{1}{2\sigma^2}\left[-n + \frac{1}{\sigma^2}\sum_{i=1}^{n}(x_i-a)^2\right]\bigg|_{\sigma^2=\hat{\sigma}^2} = 0$$

由此解得,σ^2 的最大似然估计量为

$$\hat{\sigma}^2 = \frac{1}{n}\sum_{i=1}^{n}(x_i-\hat{a})^2$$

【例 8.2】 假若接收信号为 $x_i = a\cos(\omega_c i\Delta t + \theta) + n_i \ (i=1,2,\cdots,N)$。式中,$n_i$ 是均值为 0、方差为 σ^2 的高斯随机变量,a 为振幅,ω_c 是角频率,θ 是未知相位,Δt 是采样间隔。当噪声 n_i 相互独立时,求相位的最大似然估计量 $\hat{\theta}$。

解:由题意可知,$x_i \sim N[a\cos(\omega_c i\Delta t + \theta), \sigma^2]$,得联合概率密度函数为

$$f(\boldsymbol{x} \mid \theta) = \left(\frac{1}{\sqrt{2\pi}\sigma}\right)^{N} \mathrm{e}^{-\sum\limits_{i=1}^{N} \frac{[x_i - a\cos(\omega_c i \Delta t + \theta)]^2}{2\sigma^2}}$$

$$\ln f(\boldsymbol{x} \mid \theta) = -\frac{N}{2}\ln(2\pi\sigma^2) - \frac{1}{2\sigma^2}\sum_{i=1}^{N}\left[x_i - a\cos(\omega_c i \Delta t + \theta)\right]^2$$

$$\frac{\partial \ln f(\boldsymbol{x} \mid \theta)}{\partial \theta}\bigg|_{\theta=\hat{\theta}} = \frac{a}{\sigma^2}\sum_{i=1}^{N}\left[x_i - a\cos(\omega_c i \Delta t + \theta)\right]\sin(\omega_c i \Delta t + \theta)\bigg|_{\theta=\hat{\theta}} = 0$$

因此，$\hat{\theta}$ 必须满足下式：

$$\sum_{i=1}^{N} a\cos(\omega_c i \Delta t + \hat{\theta})\sin(\omega_c i \Delta t + \hat{\theta}) = \sum_{i=1}^{N} x_i \sin(\omega_c i \Delta t + \hat{\theta})$$

$$\sum_{i=1}^{N} \frac{a}{2}\sin 2(\omega_c i \Delta t + \hat{\theta}) = \sum_{i=1}^{N} x_i\left[\sin(\omega_c i \Delta t)\cos\hat{\theta} + \cos(\omega_c i \Delta t)\sin\hat{\theta}\right]$$

如果忽略二次项，即 $2\omega_c$ 项，则上式简化为

$$\sum_{i=1}^{N} x_i\left[\sin(\omega_c i \Delta t)\cos\hat{\theta} + \cos(\omega_c i \Delta t)\sin\hat{\theta}\right] = 0$$

$$\cos\hat{\theta}\sum_{i=1}^{N} x_i \sin(\omega_c i \Delta t) + \sin\hat{\theta}\sum_{i=1}^{N} x_i \cos(\omega_c i \Delta t) = 0$$

$$\tan\hat{\theta} = -\frac{\displaystyle\sum_{i=1}^{N} x_i \sin(\omega_c i \Delta t)}{\displaystyle\sum_{i=1}^{N} x_i \cos(\omega_c i \Delta t)}$$

由此解得，$\hat{\theta}$ 的最大似然估计量为

$$\hat{\theta} = -\arctan \frac{\displaystyle\sum_{i=1}^{N} x_i \sin(\omega_c i \Delta t)}{\displaystyle\sum_{i=1}^{N} x_i \cos(\omega_c i \Delta t)}$$

当 $\Delta t \to 0, N \to \infty$ 和 $N\Delta t \to T$ 时，$\hat{\theta}$ 可由下式求出：

$$\hat{\theta} = -\arctan \frac{\displaystyle\int_0^T x(t)\sin\omega_c t \, \mathrm{d}t}{\displaystyle\int_0^T x(t)\cos\omega_c t \, \mathrm{d}t}$$

8.5 最小二乘法估计

最小二乘估计是数理统计中最小二乘法在信号参量估计中的直接应用。最小二乘法由法国数学家勒让德(Legendre)于 1805 年在其著作《计算彗星轨道的新方法》的附录中进行了描述，包括最小二乘法的原理、做法和特点。1809 年，德国数学家高斯在著作《天体运动论》中也提出最小二乘法。

8.5.1 最小二乘法

设两个变量 x、y 具有下列未知函数关系：

$$y = f(x, \alpha) = f(x, \alpha_0, \alpha_1, \cdots, \alpha_m) \qquad (8.33)$$

式中，$\alpha_0, \alpha_1, \cdots, \alpha_m$ 为 $m+1$ 个未知参量。

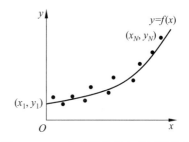

图 8.2 x、y 的观测值偏离其函数关系

x、y 的 N 次独立观测值分别为 (x_1, y_1)，(x_2, y_2)，$\cdots$，(x_N, y_N)。由于存在噪声干扰，使得观测值偏离 $y = f(x)$ 的表达式，如图 8.2 所示。需要根据这些观测值以某种最佳的方式来确定 x 与 y 之间的函数关系。为了解决这个问题，通常利用最小二乘法原理。

最小二乘法就是选择 $y = f(x, \alpha_0, \alpha_1, \cdots, \alpha_m)$ 中的 $\alpha_0, \alpha_1, \cdots, \alpha_m$，使得观测值 y_i 与对应的函数值 $f(x_i)$ 的偏差平方和达到最小。即

$$\sum_{i=1}^{N} [y_i - f(x_i, \alpha_0, \alpha_1, \cdots, \alpha_m)]^2 = \min \qquad (8.34)$$

将上式对各未知参量分别求导，并令其为 0，得

$$\begin{cases} \sum_{i=1}^{N} [y_i - f(x_i, \alpha_0, \alpha_1, \cdots, \alpha_m)] \dfrac{\partial f(x_i, \alpha_0, \alpha_1, \cdots, \alpha_m)}{\partial a_0} = 0 \\[2mm] \sum_{i=1}^{N} [y_i - f(x_i, \alpha_0, \alpha_1, \cdots, \alpha_m)] \dfrac{\partial f(x_i, \alpha_0, \alpha_1, \cdots, \alpha_m)}{\partial a_1} = 0 \\[2mm] \qquad\qquad\qquad\qquad \vdots \\[2mm] \sum_{i=1}^{N} [y - f(x_i, \alpha_0, \alpha_1, \cdots, \alpha_m)] \dfrac{\partial f(x_i, \alpha_0, \alpha_1, \cdots, \alpha_m)}{\partial a_m} = 0 \end{cases} \qquad (8.35)$$

解上述方程组，可求得 $m+1$ 个未知参量的估计值 $\hat{a}_0, \hat{a}_1, \cdots, \hat{a}_m$，得到 $f(x, \hat{a}_0, \hat{a}_1, \cdots, \hat{a}_m)$ 即是所求的 x、y 之间的函数关系，这个关系在最小二乘法意义上最佳地与观测数据相拟合。一般来说，上式的求解较难，仅当 $f(x, \hat{a}_0, \hat{a}_1, \cdots, \hat{a}_m)$ 是未知参数的线性函数时，才较容易求解。

8.5.2 线性信号模型的最小二乘法估计

设信号模型是线性的，即

$$x = c_1\alpha_1 + c_2\alpha_2 + \cdots + c_m\alpha_m \qquad (8.36)$$

其中，$c_1, c_2, \cdots, c_m$ 为变量，$\alpha_1, \alpha_2, \cdots, \alpha_m$ 为未知的待估计参量。

观测波形 y 可写为

$$y = x + n = c_1\alpha_1 + c_2\alpha_2 + \cdots + c_m\alpha_m + n \qquad (8.37)$$

式中，n 代表加性噪声。

若进行了 n 次观测，得到 n 个观测样本，则

$$y_k = c_{k1}\alpha_1 + c_{k2}\alpha_2 + \cdots + c_{km}\alpha_m + n_k, \quad k = 1, 2, \cdots, n \qquad (8.38)$$

写成矩阵形式为

$$\boldsymbol{y} = \boldsymbol{c\alpha} + \boldsymbol{n} \qquad (8.39)$$

其中，$\boldsymbol{y} = [y_1, y_2, \cdots, y_n]^{\mathrm{T}}$，$\boldsymbol{\alpha} = [\alpha_1, \alpha_2, \cdots, \alpha_m]^{\mathrm{T}}$，$\boldsymbol{n} = [n_1, n_2, \cdots, n_n]^{\mathrm{T}}$，

$$c = \begin{bmatrix} c_{11} & c_{12} & \cdots & c_{1m} \\ c_{21} & c_{22} & \cdots & c_{2m} \\ \vdots & \vdots & \ddots & \vdots \\ c_{n1} & c_{n2} & \cdots & c_{nm} \end{bmatrix}。$$

显然,当观测次数 n 大于或等于未知参量的个数 m 时,便可根据观测样本来估计未知参数。设 $\boldsymbol{\alpha}$ 的估计量为 $\hat{\boldsymbol{\alpha}}$,如果 $\hat{\boldsymbol{\alpha}}$ 能使下列代价函数达到最小,则称 $\hat{\boldsymbol{\alpha}}$ 是 $\boldsymbol{\alpha}$ 的最小二乘法估计值。即

$$R(\hat{\boldsymbol{\alpha}}) = \sum_{k=1}^{n} \left[y_k - \sum_{j=1}^{m} c_{kj} \hat{\alpha}_j \right]^2 = \min \tag{8.40}$$

可见,使 $R(\hat{\boldsymbol{\alpha}})$ 最小即是使观测样本与信号估计之偏差的平方和最小。

对上式中的各个未知参量求导,并令其为 0,得

$$\begin{cases} \dfrac{\partial R(\hat{\boldsymbol{\alpha}})}{\partial \alpha_1} = 0 \\[2mm] \dfrac{\partial R(\hat{\boldsymbol{\alpha}})}{\partial \alpha_2} = 0 \\ \quad \vdots \\ \dfrac{\partial R(\hat{\boldsymbol{\alpha}})}{\partial \alpha_m} = 0 \end{cases} \tag{8.41}$$

解联立方程组可求得最小二乘估计量 $\hat{\alpha}_1, \hat{\alpha}_2, \cdots, \hat{\alpha}_m$。

由以上讨论可知,最小二乘估计是把信号参量估计问题作为确定性的最优化问题来处理,完全不需要知道噪声和待估计参量的任何统计特性。

【例 8.3】 设 $y = f(x, a, b) = a + bx$,a、b 为待定参数,独立观测 x、y 各 n 次,得到 $x_1, x_2, \cdots, x_n$ 和 $y_1, y_2, \cdots, y_n$,试用最小二乘法估计 $\hat{a}$、$\hat{b}$。

解:根据最小二乘法原理,得

$$\begin{cases} \dfrac{\partial}{\partial a} \left\{ \sum_{i=1}^{n} \left[y_i - (a + bx_i) \right]^2 \right\} = 0 \\[3mm] \dfrac{\partial}{\partial b} \left\{ \sum_{i=1}^{n} \left[y_i - (a + bx_i) \right]^2 \right\} = 0 \end{cases}$$

$$\begin{cases} \sum_{i=1}^{n} \left[y_i - (a + bx_i) \right] = 0 \\[3mm] \sum_{i=1}^{n} \left[y_i - (a + bx_i) \right] x_i = 0 \end{cases}$$

解得

$$\begin{cases} \hat{a} = \dfrac{\sum_{i=1}^{n} y_i - \hat{b} \sum_{i=1}^{n} x_i}{n} \\[5mm] \hat{b} = \dfrac{n \sum_{i=1}^{n} x_i y_i - \sum_{i=1}^{n} x_i \sum_{i=1}^{n} y_i}{n \sum_{i=1}^{n} x_i^2 - \left(\sum_{i=1}^{n} x_i \right)^2} \end{cases}$$

8.6 估计量的性质

前面已经讨论了几种重要的估计准则,也就是几种构造估计量的方法。既然构造估计量的方法很多,并且对于同一个问题的同一个未知信号参数,可以用不同的方法来构造估计量,可能产生不同的结果,这就涉及评价估计量性能的标准。

本节讨论估计量的性质,实质上就是评价估计量好坏的一些性能指标。

接收波形或观测样本实际上是随机过程的一个样本函数。因此,利用接收波形或观测样本构造估计量,每一次所得的估计量都可能不同,即估计量是随机变量。既然估计量是随机变量,就具有均值、方差等数字特征。可以利用这些数字特征对估计量的性能进行比较、评价。

8.6.1 无偏性

由于样本的随机性,对于个别样本,其估计值可能偏大或偏小。但从平均值来看,一个好的估计量应该等于被估计参数。即 $\hat{a}$ 作为一个随机变量,它所取的值应集中在未知参数的真值或均值附近。

如果估计量 $\hat{a}$ 的均值(数学期望)等于被估计参量 α(一般为随机变量)的均值(数学期望),则称此估计量具有无偏性,为无偏估计量,数学表达式为

$$E[\hat{a}] = E[\alpha] \tag{8.42}$$

若被估计参量 α 为确定的,即 $E[\alpha] = \alpha$,则无偏性可表示为

$$E[\hat{a}] = \alpha \tag{8.43}$$

若 $\hat{a}$ 满足关系式 $\lim\limits_{n\to\infty} E[\hat{a}] = \alpha$(其中 n 为样本数),则称 $\hat{a}$ 为渐近无偏估计量。

无偏性是一个所期望的性能。但一般情况下,渐近无偏估计量也是非常有用的。

【例8.4】 现在来考虑一个线性平稳过程的自相关函数的两种估计量。

$$\hat{R}_1(l) = \frac{1}{N-l} \sum_{t=1}^{N-l} x(t)x(t+l)$$

$$\hat{R}_2(l) = \frac{1}{N} \sum_{t=1}^{N-l} x(t)x(t+l)$$

假定数据 $x(t)$ 是独立观测的,容易看出 $\hat{R}_1(l)$ 是 $R(l) = E[x(t)x(t+l)]$ 的一个无偏估计量,而 $\hat{R}_2(l)$ 是 $R(l)$ 的有偏估计量,因为

$$E[\hat{R}_1(l)] = \frac{1}{N-l} \sum_{t=1}^{N-l} E[x(t)x(t+l)] = R(l)$$

$$E[\hat{R}_2(l)] = \frac{1}{N} \sum_{t=1}^{N-l} E[x(t)x(t+l)] = \left(1 - \frac{l}{N}\right) R(l)$$

可以看到,$\hat{R}_2(l)$ 是有偏的,但它是渐进无偏的,即

$$\lim_{N\to\infty} E[\hat{R}_2(l)] = R(l)$$

若 $E[\hat{a}]$ 不等于 α,则称 $\hat{a}$ 为有偏估计量,差值 $b(\hat{a}) = E[\hat{a}] - \alpha$ 称为估计量的偏差或偏量。

估计量的无偏性保证了估计值分布在被估计量的真值或均值附近。

8.6.2　一致性

对于一个好的估计量,当样本数无限增大时,其值便趋近于被估量的真值。

设 $\hat{a}_n$ 是未知参量 α 的估计量,当观测样本数 $n \to \infty$ 时,估计量 $\hat{a}_n$ 依一定概率收敛于被估计参量 α,则称 $\hat{a}_n$ 为 α 的简单一致估计量。

即对任意给定的 $\varepsilon > 0$,有

$$\lim_{n \to \infty} P\{|\hat{a}_n - \alpha| < \varepsilon\} = 1 \tag{8.44}$$

或等价于

$$\lim_{n \to \infty} P\{|\hat{a}_n - \alpha| > \varepsilon\} = 0 \tag{8.45}$$

可以看出,简单一致估计量随着观测样本数的增加而变得更好,即估计误差(随机变量)$\varepsilon = \hat{a}_n - \alpha$ 的绝对值为任意小的概率,随着 n 的增加而趋近于 1。

若随着接收样本数的增加,估计均方误差的极限

$$\lim_{n \to \infty} E[(\hat{a}_n - \alpha)^2] = 0 \tag{8.46}$$

则称 $\hat{a}_n$ 为 α 的均方一致估计量。

若 $\hat{a}_n$ 为无偏估计量,则 $E[\varepsilon] = E[\hat{a}_n - \alpha] = E[\hat{a}_n] - E[\alpha] = 0$,即估计误差为零均值,均方误差 $E[\varepsilon^2] = E[(\hat{a}_n - \alpha)^2]$ 就是 ε 的方差。

均方一致估计量表明,随着接收样本数 n 的增加,均方一致估计量估计误差的方差减小。

以上的简单一致和均方一致是两种常用的一致性定义,两者并不矛盾。实际上,常用式(8.46)来检验估计量是否具有一致性。

8.6.3　充分性

设未知参量 α 的估计量为 $\hat{a} = \hat{a}(x)$,如果似然函数可以分解为下列乘积形式:

$$f(x \mid \alpha) = f(\hat{a} \mid \alpha) \cdot f(x) \tag{8.47}$$

其中,$f(\hat{a}|\alpha)$ 为 α 已知条件下,估计量 $\hat{a}$ 的概率密度函数,函数 $f(x)$ 与 α 无关,则称 $\hat{a}$ 具有充分性,为充分估计量。

充分估计量的意义是指没有别的估计量可以提供比充分估计量更多的关于被估计参量 α 的信息。

【例 8.5】　设有一个脉冲信号,幅度为 a,在均值为 0、方差为 σ^2 的加性高斯噪声背景下,进行 N 次独立观测。使用最大似然估计法估计该脉冲的幅度,并分析其是否具有无偏性、一致性和充分性。

解:根据最大似然估计法(例 8.1),可得

$$\hat{a} = \frac{1}{N} \sum_{i=1}^{N} x_i$$

$$E[\hat{a}] = E\left[\frac{1}{N} \sum_{i=1}^{N} x_i\right] = \frac{1}{N} E\left[\sum_{i=1}^{N} (a + n_i)\right] = a + \frac{1}{N} E\left[\sum_{i=1}^{N} n_i\right]$$

由于噪声是零均值的,故

$$E\left[\sum_{i=1}^{N} n_i\right] = 0$$

得 $E(\hat{a}) = a$，即 $\hat{a}$ 为 a 的无偏估计量。

由于

$$\varepsilon = \hat{a} - a = \frac{1}{N}\sum_{i=1}^{N} x_i - a = \frac{1}{N}\sum_{i=1}^{N}(a + n_i) - a = \frac{1}{N}\sum_{i=1}^{N} n_i$$

$$E[\varepsilon^2] = E\left[\frac{1}{N}\sum_{i=1}^{N} n_i\right]^2 = \frac{1}{N}E\left[\frac{1}{N}\sum_{i=1}^{N} n_i^2\right] = \frac{1}{N}\sigma^2$$

上式中，σ^2 是噪声样本的方差。

$$\lim_{N \to \infty} E[\varepsilon^2] = \lim_{N \to \infty} \frac{1}{N}\sigma^2 = 0$$

故 $\hat{a}$ 为 a 的均方一致估计量。

由于 $x_1, x_2, \cdots, x_N$ 均服从正态分布 $N(a, \sigma^2)$，且相互独立，其联合条件概率密度函数为

$$f(x \mid a) = \prod_{i=1}^{N} f(x_i \mid a) = \prod_{i=1}^{N} \frac{1}{\sqrt{2\pi}\sigma} \mathrm{e}^{-\frac{(x_i - a)^2}{2\sigma^2}} = \left(\frac{1}{\sqrt{2\pi}\sigma}\right)^N \mathrm{e}^{-\sum_{i=1}^{N}\frac{(x_i - a)^2}{2\sigma^2}}$$

由于

$$\begin{aligned}
\sum_{i=1}^{N}(x_i - a)^2 &= \sum_{i=1}^{N} x_i^2 - 2a\sum_{i=1}^{N} x_i + Na^2 \\
&= \sum_{i=1}^{N} x_i^2 - 2Na\hat{a} + Na^2 \\
&= \sum_{i=1}^{N} x_i^2 - N\hat{a}^2 + (N\hat{a}^2 - 2Na\hat{a} + Na^2) \\
&= \sum_{i=1}^{N} x_i^2 - N\hat{a}^2 + N(\hat{a} - a)^2
\end{aligned}$$

得

$$f(x \mid a) = \frac{\sqrt{N}}{\sqrt{2\pi}\sigma} \mathrm{e}^{-\frac{N(\hat{a} - a)^2}{2\sigma^2}} \frac{1}{\sqrt{N}}\left(\frac{1}{\sqrt{2\pi}\sigma}\right)^{N-1} \mathrm{e}^{-\frac{1}{2\sigma^2}\left(\sum_{i=1}^{N} x_i^2 - N\hat{a}^2\right)}$$

第一个因子是给定 a 时，估计量 $\hat{a}$ 的概率密度函数，$\hat{a} \sim N\left(a, \dfrac{\sigma^2}{N}\right)$；第二个因子与 a 无关，故 $\hat{a}$ 为 a 的充分估计量。

8.6.4　有效性

在符合一致性和无偏性的估计量中，应选择数值最集中的估计量。估计量 $\hat{a}$ 方差越小，说明估计值 $\hat{a}$ 相对于被估计值 α 的离散程度就越小，就更集中于 α 的均值附近。

设 $\hat{a}_1$、$\hat{a}_2$ 为未知参量 α 的两个无偏估计量，若它们的方差满足不等式 $\mathrm{Var}(\hat{a}_1) < \mathrm{Var}(\hat{a}_2)$，则称 $\hat{a}_1$ 比 $\hat{a}_2$ 更有效（个别书上也用优效）。

具有最小方差的无偏估计量称为有效估计量。

8.7 克拉默-拉奥不等式

克拉默-拉奥(Cramer-Rao)不等式又称克拉默-拉奥下限或克拉默-拉奥下界,是指在一定条件下,任何估计量都存在一个方差下限。这个不等式最初由英国统计学家费希尔提出,后由瑞典数学家克拉默(Cramer)和印度统计学家拉奥(Rao)进行了完整的推导,故用他们的名字命名,适用于估计非随机参量的情况。

8.7.1 克拉默-拉奥不等式的形式

设 $\hat{\alpha}$ 是未知参量 α 的估计量,$\boldsymbol{x}$ 为观测样本,似然函数 $f(\boldsymbol{x} \mid \alpha)$ 为条件概率密度函数,满足

$$\int f(\boldsymbol{x} \mid \alpha)\mathrm{d}\boldsymbol{x} = 1 \tag{8.48}$$

由于对于任意函数 $f(y)$,有

$$\frac{\mathrm{d}f(y)}{\mathrm{d}y} = \frac{\mathrm{d}\ln f(y)}{\mathrm{d}y}f(y) \tag{8.49}$$

将式(8.48)对 α 求导,并将求导和积分运算互换顺序,再利用上式,得

$$\frac{\partial}{\partial \alpha}\int f(\boldsymbol{x} \mid \alpha)\mathrm{d}\boldsymbol{x} = \int \frac{\partial f(\boldsymbol{x} \mid \alpha)}{\partial \alpha}\mathrm{d}\boldsymbol{x} = \int \frac{\partial \ln f(\boldsymbol{x} \mid \alpha)}{\partial \alpha}f(\boldsymbol{x} \mid \alpha)\mathrm{d}\boldsymbol{x}$$

$$= E\left[\frac{\partial \ln f(\boldsymbol{x} \mid \alpha)}{\partial \alpha}\right] = 0 \tag{8.50}$$

由于 α 与 $\boldsymbol{x}$ 无关,上式两边同乘 α,得

$$\int \alpha \frac{\partial \ln f(\boldsymbol{x} \mid \alpha)}{\partial \alpha}f(\boldsymbol{x} \mid \alpha)\mathrm{d}\boldsymbol{x} = E\left[\alpha \frac{\partial \ln f(\boldsymbol{x} \mid \alpha)}{\partial \alpha}\right] = 0 \tag{8.51}$$

设 $\hat{\alpha} = \hat{\alpha}(\boldsymbol{x})$ 为无偏估计量,其均值为

$$E[\hat{\alpha}] = \int \hat{\alpha}f(\boldsymbol{x} \mid \alpha)\mathrm{d}\boldsymbol{x} = \alpha \tag{8.52}$$

将 $E[\hat{\alpha}]$ 对 α 求导,得

$$\frac{\partial E[\hat{\alpha}]}{\partial \alpha} = \int \hat{\alpha}\frac{\partial f(\boldsymbol{x} \mid \alpha)}{\partial \alpha}\mathrm{d}\boldsymbol{x} = \int \hat{\alpha}\frac{\partial \ln f(\boldsymbol{x} \mid \alpha)}{\partial \alpha}f(\boldsymbol{x} \mid \alpha)\mathrm{d}\boldsymbol{x} = 1 \tag{8.53}$$

式(8.53)和式(8.51)相减,得

$$\frac{\partial E(\hat{\alpha})}{\partial \alpha} - E\left[\alpha \frac{\partial \ln f(\boldsymbol{x} \mid \alpha)}{\partial \alpha}\right]$$

$$= \int \hat{\alpha}\frac{\partial \ln f(\boldsymbol{x} \mid \alpha)}{\partial \alpha}f(\boldsymbol{x} \mid \alpha)\mathrm{d}\boldsymbol{x} - \int \alpha \frac{\partial \ln f(\boldsymbol{x} \mid \alpha)}{\partial \alpha}f(\boldsymbol{x} \mid \alpha)\mathrm{d}\boldsymbol{x}$$

$$= \int (\hat{\alpha} - \alpha)\frac{\partial \ln f(\boldsymbol{x} \mid \alpha)}{\partial \alpha}f(\boldsymbol{x} \mid \alpha)\mathrm{d}\boldsymbol{x} = 1 \tag{8.54}$$

根据施瓦茨(Schwarz)不等式

$$\left(\int g(y) \cdot h(y)\mathrm{d}y\right)^2 \leqslant \int g^2(y)\mathrm{d}y \cdot \int h^2(y)\mathrm{d}y \tag{8.55}$$

令

$$g(\boldsymbol{x})=(\hat{\alpha}-\alpha)\sqrt{f(\boldsymbol{x}\mid\alpha)}, \quad h(\boldsymbol{x})=\frac{\partial\ln f(\boldsymbol{x}\mid\alpha)}{\partial\alpha}\sqrt{f(\boldsymbol{x}\mid\alpha)} \tag{8.56}$$

将上式代入式(8.55),得

$$\int(\hat{\alpha}-\alpha)^2 f(\boldsymbol{x}\mid\alpha)\mathrm{d}\boldsymbol{x}\cdot\int\left(\frac{\partial\ln f(\boldsymbol{x}\mid\alpha)}{\partial\alpha}\right)^2 f(\boldsymbol{x}\mid\alpha)\mathrm{d}\boldsymbol{x}$$

$$\geqslant\left\{\int(\hat{\alpha}-\alpha)\sqrt{f(\boldsymbol{x}\mid\alpha)}\cdot\frac{\partial\ln f(\boldsymbol{x}\mid\alpha)}{\partial\alpha}\sqrt{f(\boldsymbol{x}\mid\alpha)}\mathrm{d}\boldsymbol{x}\right\}^2=1 \tag{8.57}$$

上式左边第一个因子是$\hat{\alpha}$的方差$\mathrm{Var}[\hat{\alpha}]$,第二个因子是数学期望$E\left[\left(\frac{\partial\ln f(x\mid\alpha)}{\partial\alpha}\right)^2\right]$。

即

$$\mathrm{Var}[\hat{\alpha}]\geqslant\frac{1}{E\left[\left(\frac{\partial\ln f(x\mid\alpha)}{\partial\alpha}\right)^2\right]} \tag{8.58}$$

上式称为克拉默-拉奥不等式。右端是无偏估计量$\hat{\alpha}$的方差下界,称为克拉默-拉奥下界。

8.7.2 几点讨论

(1) 克拉默-拉奥不等式的另一种形式。

由于$\int f(\boldsymbol{x}\mid\alpha)\mathrm{d}\boldsymbol{x}=1$,得$\frac{\partial f(\boldsymbol{x}\mid\alpha)}{\partial\alpha}$和$\frac{\partial^2 f(\boldsymbol{x}\mid\alpha)}{\partial\alpha^2}$存在且绝对可积。

$$\frac{\partial}{\partial\alpha}\int f(\boldsymbol{x}\mid\alpha)\mathrm{d}\boldsymbol{x}=\int\frac{\partial\ln f(\boldsymbol{x}\mid\alpha)}{\partial\alpha}f(\boldsymbol{x}\mid\alpha)\mathrm{d}\boldsymbol{x}=0 \tag{8.59}$$

$$\frac{\partial^2}{\partial\alpha^2}\int f(\boldsymbol{x}\mid\alpha)\mathrm{d}\boldsymbol{x}=\int\frac{\partial^2\ln f(\boldsymbol{x}\mid\alpha)}{\partial\alpha^2}f(\boldsymbol{x}\mid\alpha)\mathrm{d}\boldsymbol{x}+$$

$$\int\frac{\partial\ln f(\boldsymbol{x}\mid\alpha)}{\partial\alpha}\left(\frac{\partial\ln f(\boldsymbol{x}\mid\alpha)}{\partial\alpha}f(\boldsymbol{x}\mid\alpha)\right)\mathrm{d}\boldsymbol{x}=0 \tag{8.60}$$

得

$$\int\frac{\partial^2\ln f(\boldsymbol{x}\mid\alpha)}{\partial\alpha^2}f(\boldsymbol{x}\mid\alpha)\mathrm{d}\boldsymbol{x}=-\int\left(\frac{\partial\ln f(\boldsymbol{x}\mid\alpha)}{\partial\alpha}\right)^2 f(\boldsymbol{x}\mid\alpha)\mathrm{d}\boldsymbol{x} \tag{8.61}$$

即

$$E\left[\frac{\partial^2\ln f(\boldsymbol{x}\mid\alpha)}{\partial\alpha^2}\right]=-E\left[\left(\frac{\partial\ln f(\boldsymbol{x}\mid\alpha)}{\partial\alpha}\right)^2\right] \tag{8.62}$$

得到克拉默-拉奥不等式的另一种形式为

$$\mathrm{Var}[\hat{\alpha}]\geqslant-\frac{1}{E\left[\frac{\partial^2\ln f(\boldsymbol{x}\mid\alpha)}{\partial\alpha^2}\right]} \tag{8.63}$$

(2) 当$\hat{\alpha}$满足不等式$\frac{\partial\ln f(\boldsymbol{x}\mid\alpha)}{\partial\alpha}=k(\alpha)(\hat{\alpha}-\alpha)$时,$\hat{\alpha}$为$\alpha$的有效估计量。

在施瓦茨不等式中,当$g(y)$和$h(y)$线性相关,即$h(y)=kg(y)$时,式(8.55)取等号。

根据式(8.56),$g(\boldsymbol{x})=(\hat{\alpha}-\alpha)\sqrt{f(\boldsymbol{x}\mid\alpha)}$,$h(\boldsymbol{x})=\frac{\partial\ln f(\boldsymbol{x}\mid\alpha)}{\partial\alpha}\sqrt{f(\boldsymbol{x}\mid\alpha)}$,即当满足

$$\frac{\partial\ln f(\boldsymbol{x}\mid\alpha)}{\partial\alpha}=k(\alpha)(\hat{\alpha}-\alpha) \tag{8.64}$$

时,克拉默-拉奥不等式(式(8.58))变为等式,估计量$\hat{a}$的方差等于最小方差。$\hat{a}$为a的有效估计量。系数k可以是a的函数,但不能是$\boldsymbol{x}$或$\hat{a}$的函数。式(8.64)就是$\hat{a}$为有效估计量必须满足的条件。实际工作中常常用此条件检验一个无偏估计量是否为有效估计量。

【例8.6】 接着例8.5证明$\hat{a}=\dfrac{1}{N}\sum\limits_{i=1}^{N}x_i$为有效估计量。

解:已证明$\hat{a}$为a的无偏估计量,即$E[\hat{a}]=a$

$$f(\boldsymbol{x}\mid a)=\prod_{i=1}^{N}f(x_i\mid a)=\prod_{i=1}^{N}\frac{1}{\sqrt{2\pi}\sigma_n}\mathrm{e}^{-\frac{(x_i-a)^2}{2\sigma_n^2}}=\left(\frac{1}{\sqrt{2\pi}\sigma_n}\right)^N\mathrm{e}^{-\sum\limits_{i=1}^{N}\frac{(x_i-a)^2}{2\sigma_n^2}}$$

取对数得

$$\ln f(\boldsymbol{x}\mid a)=-\frac{N}{2}\ln(2\pi\sigma_n^2)-\frac{1}{2\sigma_n^2}\sum_{i=1}^{N}(x_i-a)^2$$

$$\frac{\partial}{\partial a}\ln f(\boldsymbol{x}\mid a)=\frac{1}{\sigma_n^2}\sum_{i=1}^{N}(x_i-a)=\frac{N}{\sigma_n^2}(\hat{a}-a)$$

即$k(a)=\dfrac{N}{\sigma_n^2}$为比例系数,故$\hat{a}$为有效估计量。

(3) 无偏有效估计量一定是最大似然估计量,但最大似然估计量不一定是有效估计量。

设$\hat{a}$为α的无偏有效估计量,则

$$\frac{\partial\ln f(\boldsymbol{x}\mid\alpha)}{\partial\alpha}=k(\alpha)(\hat{a}-\alpha) \tag{8.65}$$

设$\hat{a}_1$为α的最大似然估计量,则

$$\frac{\partial}{\partial\alpha}\ln f(\boldsymbol{x}\mid\alpha)\mid_{a=\hat{a}}=0 \tag{8.66}$$

由上述两式得

$$k(\hat{a}_1)(\hat{a}-\hat{a}_1)=0,\quad \hat{a}_1=\hat{a} \tag{8.67}$$

即有效估计量一定为最大似然估计量。

(4) 有效估计量的性质。

① 有效估计量的方差达到了最小方差界,即克拉默-拉奥下界。

② 有效估计量一定是充分估计量。

③ 无偏有效估计量一定是最大似然估计量。

8.8 估计的最小均方误差界

对于非随机量,当估计是无偏估计时,估计量的方差就是均方误差,$\sigma_a^2=E\left[(\hat{a}-E(\alpha))^2\right]$,估计量的最小方差限(克拉默-拉奥下界)就是最小均方误差界。

对于随机参量的估计,设α为待估计的随机参量,$\boldsymbol{x}$为观测样本,α的估计量为$\hat{a}(\boldsymbol{x})$。

假定:① $\dfrac{\partial f(\boldsymbol{x},\alpha)}{\partial\alpha}$,$\dfrac{\partial^2 f(\boldsymbol{x},\alpha)}{\partial\alpha^2}$对于$\boldsymbol{x}$、$\alpha$绝对可积。

② 估计误差的条件期望$E[(\hat{a}-\alpha)\mid\alpha]=\displaystyle\int_{-\infty}^{\infty}(\hat{a}-\alpha)f(\boldsymbol{x}\mid\alpha)\mathrm{d}\boldsymbol{x}$满足下式:

$$\lim_{\alpha \to \pm\infty} E\big[(\hat{\alpha} - \alpha) \mid \alpha\big] f(\alpha) = 0 \tag{8.68}$$

则估计均方误差满足下列不等式：

$$E\big[(\hat{\alpha} - \alpha)^2\big] \geqslant \frac{1}{E\left[\left(\dfrac{\partial}{\partial \alpha}\ln f(\boldsymbol{x}, \alpha)\right)^2\right]} = -\frac{1}{E\left[\dfrac{\partial^2}{\partial \alpha^2}\ln f(\boldsymbol{x}, \alpha)\right]} \tag{8.69}$$

式中，$f(\boldsymbol{x}, \alpha)$ 为观测样本与待估计参量的联合概率密度。

证明：由于

$$E\big[(\hat{\alpha} - \alpha) \mid \alpha\big] = \int_{-\infty}^{\infty} (\hat{\alpha} - \alpha) f(\boldsymbol{x} \mid \alpha) \mathrm{d}\boldsymbol{x} \tag{8.70}$$

上式两边同时乘以 $f(\alpha)$，得

$$f(\alpha) E\big[(\hat{\alpha} - \alpha) \mid \alpha\big] = \int_{-\infty}^{\infty} (\hat{\alpha} - \alpha) f(\boldsymbol{x} \mid \alpha) f(\alpha) \mathrm{d}\boldsymbol{x}$$

$$= \int_{-\infty}^{\infty} (\hat{\alpha} - \alpha) f(\boldsymbol{x}, \alpha) \mathrm{d}\boldsymbol{x} \tag{8.71}$$

上式两边对 α 求导，得

$$\frac{\partial(f(\alpha) E\big[(\hat{\alpha} - \alpha) \mid \alpha\big])}{\partial \alpha} = -\int_{-\infty}^{\infty} f(\boldsymbol{x}, \alpha) \mathrm{d}\boldsymbol{x} + \int_{-\infty}^{\infty} (\hat{\alpha} - \alpha) \frac{\partial f(\boldsymbol{x}, \alpha)}{\partial \alpha} \mathrm{d}\boldsymbol{x} \tag{8.72}$$

再对 α 积分，得

$$\int_{-\infty}^{\infty} \frac{\partial(f(\alpha) E\big[(\hat{\alpha} - \alpha) \mid \alpha\big])}{\partial \alpha} \mathrm{d}\alpha = -\int_{-\infty}^{\infty} \int_{-\infty}^{\infty} f(\boldsymbol{x}, \alpha) \mathrm{d}\alpha \mathrm{d}\boldsymbol{x} +$$

$$\int_{-\infty}^{\infty} \int_{-\infty}^{\infty} (\hat{\alpha} - \alpha) \frac{\partial f(\boldsymbol{x}, \alpha)}{\partial \alpha} \mathrm{d}\alpha \mathrm{d}\boldsymbol{x} \tag{8.73}$$

$$f(\alpha) E\big[(\hat{\alpha} - \alpha) \mid \alpha\big] \big|_{-\infty}^{\infty} = -1 + \int_{-\infty}^{\infty} \int_{-\infty}^{\infty} (\hat{\alpha} - \alpha) \frac{\partial f(\boldsymbol{x}, \alpha)}{\partial \alpha} \mathrm{d}\alpha \mathrm{d}\boldsymbol{x} \tag{8.74}$$

根据假定条件②，上式左端为 0，得

$$\int_{-\infty}^{\infty} \int_{-\infty}^{\infty} (\hat{\alpha} - \alpha) \frac{\partial f(\boldsymbol{x}, \alpha)}{\partial \alpha} \mathrm{d}\alpha \mathrm{d}\boldsymbol{x} = 1 \tag{8.75}$$

将 $\dfrac{\partial f(\boldsymbol{x}, \alpha)}{\partial \alpha} = \dfrac{\partial \ln f(\boldsymbol{x}, \alpha)}{\partial \alpha} f(\boldsymbol{x}, \alpha)$ 代入上式，得

$$\int_{-\infty}^{\infty} \int_{-\infty}^{\infty} (\hat{\alpha} - \alpha) \frac{\partial \ln f(\boldsymbol{x}, \alpha)}{\partial \alpha} \cdot f(\boldsymbol{x}, \alpha) \mathrm{d}\alpha \mathrm{d}\boldsymbol{x} = 1 \tag{8.76}$$

$$\int_{-\infty}^{\infty} \int_{-\infty}^{\infty} (\hat{\alpha} - \alpha) \sqrt{f(\boldsymbol{x}, \alpha)} \frac{\partial \ln f(\boldsymbol{x}, \alpha)}{\partial \alpha} \sqrt{f(\boldsymbol{x}, \alpha)} \mathrm{d}\alpha \mathrm{d}\boldsymbol{x} = 1 \tag{8.77}$$

根据施瓦茨不等式，得

$$\int_{-\infty}^{\infty} \int_{-\infty}^{\infty} (\hat{\alpha} - \alpha)^2 f(\boldsymbol{x}, \alpha) \mathrm{d}\alpha \mathrm{d}\boldsymbol{x} \cdot \int_{-\infty}^{\infty} \int_{-\infty}^{\infty} \left(\frac{\partial \ln f(\boldsymbol{x}, \alpha)}{\partial \alpha}\right)^2 f(\boldsymbol{x}, \alpha) \mathrm{d}\boldsymbol{x} \mathrm{d}\alpha \geqslant 1 \tag{8.78}$$

由于

$$E\big[(\hat{\alpha} - \alpha)^2\big] = \int_{-\infty}^{\infty} \int_{-\infty}^{\infty} (\hat{\alpha} - \alpha)^2 f(\boldsymbol{x}, \alpha) \mathrm{d}\alpha \mathrm{d}\boldsymbol{x} \tag{8.79}$$

$$E\left[\left(\frac{\partial \ln f(\boldsymbol{x}, \alpha)}{\partial \alpha}\right)^2\right] = \int_{-\infty}^{\infty} \int_{-\infty}^{\infty} \left(\frac{\partial \ln f(\boldsymbol{x}, \alpha)}{\partial \alpha}\right)^2 f(\boldsymbol{x}, \alpha) \mathrm{d}\alpha \mathrm{d}\boldsymbol{x} \tag{8.80}$$

得

$$E\left[(\hat{\alpha}-\alpha)^2\right] \geqslant \dfrac{1}{E\left[\left(\dfrac{\partial}{\partial\alpha}\ln f(\boldsymbol{x},\alpha)\right)^2\right]} \tag{8.81}$$

式(8.69)得证。

若 $\hat{\alpha}$ 为无偏估计量,则估计的均方误差就是估计误差的方差。当 $\dfrac{\partial\ln f(\boldsymbol{x},\alpha)}{\partial\alpha}=k(\alpha)(\hat{\alpha}-\alpha)$ 时,施瓦茨不等式取等号。

由于

$$f(\boldsymbol{x},\alpha)=f(\alpha\mid\boldsymbol{x})f(\boldsymbol{x}) \tag{8.82}$$

$$\ln f(\boldsymbol{x},\alpha)=\ln f(\alpha\mid\boldsymbol{x})+\ln f(\boldsymbol{x}) \tag{8.83}$$

$$\dfrac{\partial\ln f(\boldsymbol{x},\alpha)}{\partial\alpha}=\dfrac{\partial\ln f(\alpha\mid\boldsymbol{x})}{\partial\alpha}=k(\alpha)(\hat{\alpha}-\alpha) \tag{8.84}$$

根据最大后验估计,设 $\hat{\alpha}_1$ 为 α 的最大后验估计量,则

$$\dfrac{\partial\ln f(\alpha\mid\boldsymbol{x})}{\partial\alpha}\Big|_{\alpha=\hat{\alpha}_1}=0 \tag{8.85}$$

得

$$k(\alpha)(\hat{\alpha}-\alpha)\Big|_{\alpha=\hat{\alpha}_1}=0,\quad \hat{\alpha}_1=\hat{\alpha} \tag{8.86}$$

即在 α 为随机参量情况下,如果它的有效估计量 $\hat{\alpha}$ 存在,则 $\hat{\alpha}$ 就是最小均方估计量,且必定是最大后验估计量。

【例 8.7】 设观测样本为 $x_k=a+n_k(k=1,2,\cdots,N)$,$a$ 为待估计的随机变量,服从高斯分布,且 $E[a]=\mu$,$\mathrm{Var}[a]=\beta^2$,n_k 为零均值、方差为 σ_n^2 的高斯白噪声样本,现计算估计量 $\hat{a}$ 可能达到的最小均方误差。

解:由于

$$f(\boldsymbol{x}\mid a)=\left(\dfrac{1}{\sqrt{2\pi}\sigma_n}\right)^N\mathrm{e}^{-\frac{1}{2\sigma_n^2}\sum\limits_{k=1}^{N}(x_k-a)^2}$$

$$f(a)=\dfrac{1}{\sqrt{2\pi}\beta}\mathrm{e}^{-\frac{1}{2\beta^2}(a-\mu)^2}$$

得联合概率密度函数为

$$f(\boldsymbol{x},a)=f(\boldsymbol{x}\mid a)f(a)$$

$$\ln f(\boldsymbol{x},a)=\ln f(\boldsymbol{x}\mid a)+\ln f(a)$$

$$\ln f(\boldsymbol{x}\mid a)=-\dfrac{N}{2}\ln(2\pi\sigma_n^2)-\dfrac{1}{2\sigma_n^2}\sum_{k=1}^{N}(x_k-a)^2$$

$$\ln f(a)=-\dfrac{1}{2}\ln(2\pi\beta^2)-\dfrac{1}{2\beta^2}(a-\mu)^2$$

对 $\ln f(\boldsymbol{x},a)$ 求导数,得

$$\dfrac{\partial\ln f(\boldsymbol{x},a)}{\partial a}=\dfrac{\partial\ln f(\boldsymbol{x}\mid a)}{\partial a}+\dfrac{\partial\ln f(a)}{\partial a}=\dfrac{1}{\sigma_n^2}\sum_{k=1}^{N}(x_k-a)-\dfrac{1}{\beta^2}(a-\mu)$$

$$\dfrac{\partial^2\ln f(\boldsymbol{x},a)}{\partial a^2}=-\dfrac{N}{\sigma_n^2}-\dfrac{1}{\beta^2}$$

$$E\left[\frac{\partial^2 \ln f(\boldsymbol{x}, a)}{\partial a^2}\right] = -\frac{N}{\sigma_n^2} - \frac{1}{\beta^2}$$

故 $\hat{a}$ 可能达到的最小均方误差为

$$E[(\hat{a} - a)^2] \geqslant -\frac{1}{E\left[\dfrac{\partial^2 \ln f(\boldsymbol{x}, a)}{\partial a^2}\right]} = \frac{1}{\dfrac{N}{\sigma_n^2} + \dfrac{1}{\beta^2}}$$

本 章 小 结

(1) 本章介绍 Bayes 估计、最大后验估计和最大似然估计 3 种经典估计准则,各有其适用范围。

① Bayes 估计适用于先验概率和代价函数均已知的情况,其估计量满足方程 $\dfrac{\partial R(\hat{a} \mid \boldsymbol{x})}{\partial \hat{a}} = \dfrac{\partial \int_{(a)} C(\alpha, \hat{a}) f(\alpha \mid \boldsymbol{x}) \mathrm{d}\alpha}{\partial \hat{a}} = 0$。

② 最大后验估计适用于先验概率已知,代价函数未知的情况。其估计量是方程 $\left.\dfrac{\partial f(\alpha \mid \boldsymbol{x})}{\partial \alpha}\right|_{a = \hat{a}} = 0$ 或 $\left.\dfrac{\partial \ln f(\alpha \mid \boldsymbol{x})}{\partial \alpha}\right|_{a = \hat{a}} = 0$ 的解。

③ 最大似然估计适用于先验概率和代价函数均未知的情况,其估计量满足方程 $\left.\dfrac{\partial f(\boldsymbol{x} \mid \alpha)}{\partial \alpha}\right|_{a = \hat{a}} = 0$ 和 $\left.\dfrac{\partial \ln f(\boldsymbol{x} \mid \alpha)}{\partial \alpha}\right|_{a = \hat{a}} = 0$。

(2) 介绍评价估计量性质的 4 个参数,即无偏性、一致性、充分性和有效性。

① 无偏性: $E[\hat{a}] = \alpha$,保证了估计值分布在被估计量的真值或均值附近。

② 一致性: $\lim\limits_{n \to \infty} E[(\alpha - \hat{a})^2] = 0$,表明随着接收样本数 n 的增加,均方一致估计量估计误差的方差减小。

③ 充分性: $f(\boldsymbol{x} \mid \alpha) = f(\hat{a} \mid \alpha) f(\boldsymbol{x})$,其意义是指没有别的估计量可以提供比充分估计量更多的关于被估计参量 α 的信息。

④ 有效性: $\mathrm{Var}(\hat{a}) \geqslant \dfrac{1}{E\left[\left(\dfrac{\partial \ln f(\boldsymbol{x} \mid \alpha)}{\partial \alpha}\right)^2\right]} = -\dfrac{1}{E\left[\dfrac{\partial^2 \ln f(\boldsymbol{x} \mid \alpha)}{\partial \alpha^2}\right]}$,是指在所有估计量中,有效估计量的方差最小。

思 考 题

1. 信号估计中常用的代价函数有哪几种? 各有什么特点?

2. 根据所采用的估计准则的不同,Bayes 估计可以分为几种? 分别采用的代价函数是什么? 若都在高斯信道中估计高斯参量,以上方法的结果一样吗? 其无偏性,有效性如何?

3. 克拉默-拉奥下界有何意义?

4. 何谓中位数和众数?

5. 试说明 Bayes 估计、最大后验估计和最大似然估计的区别和联系。

6.无偏性、一致性、充分性和有效性的物理意义各是什么？

习 题

1.令观测样本由

$$x_i = s + \omega_i, \quad i = 1, 2, \cdots, N$$

给定,其中 ω_i 是一个零均值的高斯白噪声,其方差为1。假定 s 的先验概率密度为

$$f(a) = \frac{1}{\sqrt{2\pi}} e^{-\frac{a^2}{2}}$$

试对二次和均匀代价函数分别求 s 的 Bayes 估计。

2.令观测样本由

$$x_i = s + \omega_i, \quad i = 1, 2, \cdots, N$$

给定,其中 ω_i 是一个零均值的高斯白噪声,其方差为1。证明: s 的极大似然估计是无偏的和一致的。

3.观测样本由

$$y_k = s + n_k, \quad k = 1, 2, \cdots, L$$

给定,其中 n_k 是均值为0,方差为 σ_n^2 的高斯分布噪声,信号 s 在区间 $(0, a)$ 均匀分布,试求:

(1) s 的最大似然估计;

(2) s 的最大后验估计;

(3) s 的最小均方估计。

4.观测样本 $y_i = \alpha + \beta x_i + n_i (i = 1, 2, \cdots, 10)$ 彼此独立。已知 $x_i = i (i = 1, 2, \cdots, 10)$; $y_1 = 1, y_2 = 2, y_3 = 1, y_4 = 4, y_5 = 6, y_6 = 6, y_7 = 8, y_8 = 9, y_9 = 12, y_{10} = 15$,求对于 α 及 β 的最小二乘估计。

5.观测样本由

$$y_k = \theta + n_k, \quad k = 1, 2, \cdots, N$$

给定,其中 n_k 是均值为0,方差为 σ_n^2 的独立同分布高斯随机噪声。θ 是未知参量。

(1) 若待估计量 $A = 7\theta + 15$,试求 A 的有效估计量及克拉默-拉奥下界。

(2) 若待估计量 $B = \theta^2$,试判断 B 的估计量的有效性,并求克拉默-拉奥下界。

6.设观测量 $z = \frac{x}{2} + \nu$,ν 是均值为0,方差为1的高斯随机变量。

(1) 求 x 的最大似然估计。

(2) 若已知 x 的概率密度为 $f(x) = \begin{cases} 0, & x > 0 \\ \frac{1}{4} e^{-\frac{x}{4}}, & x < 0 \end{cases}$,求 x 的最大后验估计。

7.已知一个平稳高斯过程的 N 个独立样本 $z_i, i = 1, 2, \cdots, N$。

(1) 已知样本的方差为 σ^2,证明均值的极大似然估计量为 $\hat{\mu} = \frac{1}{N} \sum_{i=1}^{N} z_i$。 估计是无偏的吗？是有效的吗？求估计方差。

(2) 已知样本的均值为 μ,证明方差的极大似然估计量为 $\hat{\sigma}^2 = \frac{1}{N} \sum_{i=1}^{N} (z_i - \mu)^2$。 估计是

无偏的吗？是有效的吗？求估计方差。

计算机仿真

1. 最大似然估计仿真

1）仿真假设

假若接收信号为 $x_i = a\sin(\omega_c i \Delta t + \theta) + n_i (i = 1, 2, \cdots, N)$。式中，$n_i$ 是均值为 0，方差为 σ^2 的高斯白噪声，a 为振幅，ω_c 是角频率，θ 是未知相位，Δt 是采样间隔。采用最大似然估计方法，对信号的振幅和噪声方差进行估计，并分别计算振幅估计和噪声方差估计的均方误差。

2）程序代码

```
clear all;
close all;
clc;
%%参数设定
n=2000;                              %重复模拟检测试验次数
%%产生信号
stand=1;                             %高斯白噪声标准差
a=2;                                 %信号幅值
wc=2;
thata=0;
%信号频率
inter=0.001;                         %采样时间间隔
t=0:inter:1;                         %时间采样点
NUM=length(t);                       %信号采样点数
sig0=sin(2*pi*wc*t+thata);           %幅值为 2 的正弦信号
sig=a*sig0;                          %幅值为 a 的正弦信号
%%重复 2000 次估计模拟试验
for m=1:n
    noise=normrnd(0,stand,[1,NUM]);  %均值为 0,方差为 stand^2 的高斯白噪声
    asig=sig+noise;                  %接收信号 asig(t)
    SUM=sum(sig0.*sig0);
    N=asig*sig0';                    %单引号表示共轭转置,在实数领域相当于转置。
    Ithata=sum(asig.*cos(2*pi*wc*t));    %同相
    Qthata=sum(asig.*sin(2*pi*wc*t));    %正交
    %估计量
    aes(m)=N/SUM;                    %幅值估计值
    standes(m)=(asig-aes(m)*sig0)*(asig-aes(m)*sig0)'/NUM;    %噪声方差估计值
    %均方误差
    var_aes(m)=(aes-a)*(aes-a)'/m;
    var_standes(m)=(standes-stand^2)*(standes-stand^2)'/m;
```

```
end
%%显示估计结果
aes_aver=sum(aes)/n;
fprintf('幅值估计值的平均值为：');
disp(aes_aver);
standes_aver=sum(standes)/n;
fprintf('噪声方差估计值的平均值为：');
disp(standes_aver);
var_aes1=(aes-a) * (aes-a)'/n;
fprintf('幅值估计的均方误差为;');
disp(var_aes1);
var_standes1=(standes-stand^2) * (standes-stand^2)'/n;
fprintf('噪声方差估计的均方误差为：');
disp(var_standes1);
var_aes2=(aes-aes_aver) * (aes-aes_aver)'/n;
%%绘制估计结果
mm=1:n;
I1=ones(1,n);
figure;                              %figure 1
plot(aes); grid;
xlabel('模拟试验次数');
ylabel('幅值估计值');
title('幅值估计')
figure;                              %figure 2
plot(standes); grid;
xlabel('模拟试验次数');
ylabel('噪声方差估计值');
title('噪声方差估计')
figure;                              %figure 3
plot(mm,var_aes); grid;
xlabel('模拟试验次数'); ylabel('幅值估计的均方误差'); title('幅值估计的均方误差')
legend('幅值估计的均方误差');
figure;
plot(mm,var_standes); grid;
xlabel('模拟试验次数'); ylabel('噪声方差估计的均方误差'); title('噪声方差估计的均方
误差');
legend('噪声方差估计的均方误差');
```

3) 仿真结果

幅值估计值的平均值为 2.0007，噪声方差估计值的平均值为 0.9989，幅值估计的均方误差为 0.0019，噪声方差估计的均方误差为 0.0020。

图 8.3～图 8.6 分别给出幅值估计、噪声方差估计、幅值估计的均方误差、噪声方差估计的均方误差的结果。

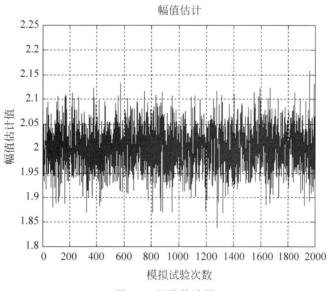

图 8.3　幅值估计图

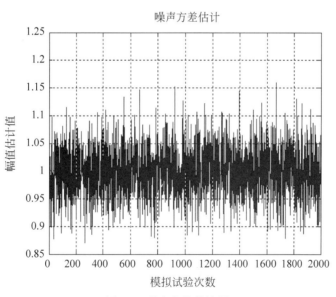

图 8.4　噪声方差估计图

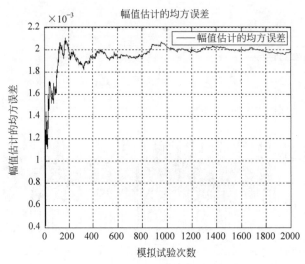

图 8.5　幅值估计的均方误差图

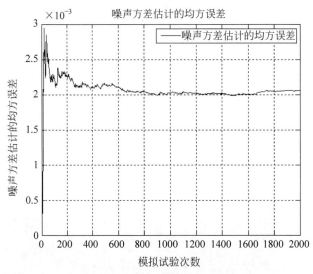

图 8.6　噪声方差估计的均方误差图

知 识 扩 展

1. 卡尔·弗里德里希·高斯(Carl Friedrich Gauss,1777—1855)

德国著名数学家、物理学家、天文学家,被誉为历史上伟大的数学家之一。他于 1777 年 4 月 30 日生于德国不伦瑞克,1855 年 2 月 23 日卒于德国哥廷根。主要成果有《算术研究》(1801 年)、《天体运动理论》(1809 年)、《关于曲面的一般研究》(1828 年)、《地磁概念》和《论与距离平方成反比的引力和斥力的普遍定律》等,发明最小二乘法和正态分布等。

2. 罗纳德·费希尔(Ronald Fisher,1890—1962)

英国统计学家、生物进化学家、数学家、遗传学家和优生学家,现代统计科学的奠基人之一。他于 1890 年 2 月 17 日生于英国伦敦,1962 年 7 月 29 日卒于澳大利亚阿德莱德。主要成就有《研究工作者的统计方法》(1925 年)、《天择的遗传理论》(1930 年)、《实验的设计》(1935 年)、《统计学用表》(1938 年)、《育种理论》(1949 年)、《统计方法与科学推断》(1956 年)等。

3. 阿德利昂·玛利·埃·勒让德(Adrien Marie Legendre,1752—1833)

法国数学家。他于 1752 年 9 月 18 日生于法国巴黎,1833 年 1 月 10 日卒于法国巴黎。主要成就有《行星外形的研究》(1784 年)、《几何学基础》(1792 年)、《数论随笔》(1798—1830 年)、《积分练习》(1811 年)、《椭圆函数论》(1826 年)等。勒让德是数学教科书中经常出现的名词,如勒让德多项式、勒让德变换等。

4. 卡利安普迪·拉达克里希纳·拉奥(Calyampudi Radhakrishna Rao,1920—)

印度统计学家、数学家。他于 1920 年 8 月 26 日生于印度卡纳塔克邦哈文纳黑达格里。杰出贡献主要表现在估计理论、渐近推断、多元分析、概率分布的设定、组合分析等诸多方面。主要成果有《统计参数估计中得到的信息及其精确度》(1946 年)、《广义矩阵的计算》(1967 年)、《线性统计推断及其应用》(1973 年)、《乔奎特—特尼函数方程及其应用于随机模型》(1994 年)等 14 部专著及 300 余篇论文。

5. 克拉默(Harold Cramer,1893—1985)

瑞典数学家,他于 1893 年 9 月 25 日生于瑞典斯德哥尔摩,1985 年 10 月 5 日卒于斯德哥尔摩。主要成就是概率论极限定理的渐近展开,随机过程稳定性理论和未知参数有效估计理论等。1946 年发表的《统计学数学方法》用测度论系统总结了数理统计的发展,是第一部严谨且系统的数理统计著作,可以看作数理统计进入成熟阶段的标志。数学中以他名字命名的有克拉默定理、克拉默法则、克拉默条件、克拉默公式、克拉默级数等。

第 9 章　信号参量的估计

本章提要

本章讨论单参量估计的通用公式和性能分析，介绍振幅、相位、时延和频率的最大似然估计方法，并分析振幅和相位估计的性能。

9.1　概　　述

本章将利用观测信号 $x(t)$ 求得估计量 $\hat{\alpha}$，用以估计信号的单未知参量 α。求得估计量的通用最佳准则是最大似然准则。为此，必须确定给定条件下的似然函数，然后通过求解似然方程来求出最大似然估计量，确定似然函数可以沿用在信号检测理论中已用过的方法。在求得估计量之后，还要分析估计量的性能，主要是计算估计量的克拉默-拉奥下界。

9.1.1　估计量的计算

设发送端信号为 $s(t,\alpha)$，传输信道为高斯白噪声信道，则接收波形为

$$x(t) = s(t,\alpha) + n(t), \quad 0 \leqslant t \leqslant T \tag{9.1}$$

式中，$s(t,\alpha)$ 是代表信号形式已知，但含有单未知或随机参量 α。α 可以是信号的振幅、初始相位、频率、时延等。$n(t)$ 是零均值加性高斯白噪声，其功率谱密度为 $\dfrac{N_0}{2}$。

根据式（4.15）和式（4.16）可知，$x(t)$ 的似然函数为

$$f(x \mid \alpha) = F \mathrm{e}^{-\frac{1}{N_0} \int_0^T [x(t) - s(t,\alpha)]^2 \mathrm{d}t} \tag{9.2}$$

对上式取对数，得

$$\ln f(x \mid \alpha) = \ln F - \frac{1}{N_0} \int_0^T [x(t) - s(t,\alpha)]^2 \mathrm{d}t \tag{9.3}$$

对 α 求导，得

$$\frac{\partial \ln f(x \mid \alpha)}{\partial \alpha} = \frac{2}{N_0} \int_0^T [x(t) - s(t,\alpha)] \frac{\partial s(t,\alpha)}{\partial \alpha} \mathrm{d}t \tag{9.4}$$

根据最大似然估计准则，α 的最大似然估计量 $\hat{\alpha}$ 是下列似然方程的解：

$$\int_0^T [x(t) - s(t,\alpha)] \frac{\partial s(t,\alpha)}{\partial \alpha} \mathrm{d}t \bigg|_{\alpha = \hat{\alpha}} = 0 \tag{9.5}$$

9.1.2　估计量的性能分析

如果 $\hat{\alpha}$ 是 α 的无偏估计量，则最大似然估计量 $\hat{\alpha}$ 的克拉默-拉奥下界决定于式（8.63），即对 $\ln f(x \mid \alpha)$ 求二阶导数，得

$$\frac{\partial^2 \ln f(x \mid \alpha)}{\partial \alpha^2} = -\frac{2}{N_0} \int_0^T \left[\frac{\partial s(t,\alpha)}{\partial \alpha} \right]^2 \mathrm{d}t + \frac{2}{N_0} \int_0^T [x(t) - s(t,\alpha)] \frac{\partial^2 s(t,\alpha)}{\partial \alpha^2} \mathrm{d}t \tag{9.6}$$

将式(9.1)代入上式,得

$$\frac{\partial^2 \ln f(x \mid \alpha)}{\partial \alpha^2} = -\frac{2}{N_0}\int_0^T \left[\frac{\partial s(t,\alpha)}{\partial \alpha}\right]^2 dt + \frac{2}{N_0}\int_0^T n(t)\frac{\partial^2 s(t,\alpha)}{\partial \alpha^2}dt \tag{9.7}$$

其期望值为

$$\begin{aligned} E\left[\frac{\partial^2 \ln f(x \mid \alpha)}{\partial \alpha^2}\right] &= E\left[-\frac{2}{N_0}\int_0^T \left[\frac{\partial s(t,\alpha)}{\partial \alpha}\right]^2 dt\right] + E\left[\frac{2}{N_0}\int_0^T n(t)\frac{\partial^2 s(t,\alpha)}{\partial \alpha^2}dt\right] \\ &= E\left[-\frac{2}{N_0}\int_0^T \left[\frac{\partial s(t,\alpha)}{\partial \alpha}\right]^2 dt\right] + \frac{2}{N_0}\int_0^T E[n(t)]\frac{\partial^2 s(t,\alpha)}{\partial \alpha^2}dt \quad (9.8) \\ &= -\frac{2}{N_0}\int_0^T \left[\frac{\partial s(t,\alpha)}{\partial \alpha}\right]^2 dt \end{aligned}$$

由于数学期望是关于 x 的积分运算,而上式中的第一项与 x 无关,故期望为其本身。而第二项中 $n(t)$ 是零均值加性高斯白噪声,故期望为 0。于是得到克拉默-拉奥不等式为

$$E[(\hat{\alpha}-\alpha)^2] \geqslant -\frac{1}{E\left[\dfrac{\partial^2 \ln f(x \mid \alpha)}{\partial \alpha^2}\right]} = \frac{1}{\dfrac{2}{N_0}\int_0^T \left[\dfrac{\partial s(t,\alpha)}{\partial \alpha}\right]^2 dt} \tag{9.9}$$

9.2   振 幅 估 计

9.2.1   振幅估计量的计算

当随机或未知参量反映在幅度上时,信号波形可以表示为

$$s(t,A) = As(t), \quad 0 \leqslant t \leqslant T \tag{9.10}$$

式中, $s(t)$ 为信号波形,是确知函数,如 $s(t) = \sin(\omega_0 t + \theta)$,其中 ω_0 和 θ 都是确知的。系数 A 为待估计的振幅。

将上式代入式(9.5),得到振幅 A 的最大似然估计量 $\hat{A}$ 为下列方程的解:

$$\int_0^T [x(t) - As(t)]\frac{\partial s(t,A)}{\partial A}dt = \int_0^T [x(t) - As(t)]s(t)dt \bigg|_{A=\hat{A}} = 0 \tag{9.11}$$

对估计量 $\hat{A}$ 求解,得到

$$\int_0^T x(t)s(t)dt - \hat{A}\int_0^T s^2(t)dt = 0 \tag{9.12}$$

得

$$\hat{A} = \frac{\int_0^T x(t)s(t)dt}{\int_0^T s^2(t)dt} \tag{9.13}$$

将 $s(t)$ 归一化,并不失普遍性,令

$$\int_0^T s^2(t)dt = 1 \tag{9.14}$$

则得到归一化后的最大似然估计量为

$$\hat{A} = \int_0^T x(t)s(t)dt \tag{9.15}$$

上式表明,可以由观测信号 $x(t)$ 来求得振幅 A 的最大似然估计量 $\hat{A}$。使观测信号 $x(t)$ 同确知信号波形 $s(t)$ 进行互相关运算,这可用相关器来实现,或者等效地使 $x(t)$ 通过与 $s(t)$ 相匹配的匹配滤波器,并在时刻 T 对输出抽样,就可以得到估计量 $\hat{A}$。由式(9.15)可以画出最佳接收机的结构形式,如图 9.1 所示。

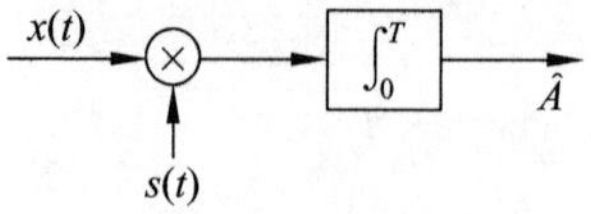

图 9.1 幅度估计的最佳接收机形式

9.2.2 振幅估计量的性能分析

现在来计算 $\hat{A}$ 的数学期望和方差,以分析 $\hat{A}$ 的性能。

将 $x(t)=As(t)+n(t)$ 代入式(9.15),求得 $\hat{A}$ 的数学期望,为

$$
\begin{aligned}
E[\hat{A}] &= E\left[\int_0^T x(t)s(t)\mathrm{d}t\right] = E\left[\int_0^T [As(t)+n(t)]s(t)\mathrm{d}t\right] \\
&= E\left[\int_0^T As^2(t)\mathrm{d}t\right] + E\left[\int_0^T n(t)s(t)\mathrm{d}t\right] \\
&= A\int_0^T s^2(t)\mathrm{d}t = A
\end{aligned}
\tag{9.16}
$$

在上式推导过程中利用了归一化条件式(9.14),并且式中 A 在观测时间 T 内是不变的(尽管它未知),因此,$\hat{A}$ 为无偏估计量。

再来计算 $\hat{A}$ 的方差

$$
\begin{aligned}
\mathrm{Var}[\hat{A}] &= E[(\hat{A}-E(\hat{A}))^2] = E\left[\left(\int_0^T x(t)s(t)\mathrm{d}t - A\right)^2\right] \\
&= E\left[\left(\int_0^T [n(t)+As(t)]s(t)\mathrm{d}t - A\right)^2\right] \\
&= E\left[\left(\int_0^T n(t)s(t)\mathrm{d}t\right)^2\right] \\
&= E\left[\int_0^T \int_0^T n(t)n(\tau)s(t)s(\tau)\mathrm{d}t\,\mathrm{d}\tau\right] \\
&= \int_0^T \int_0^T E[n(t)n(\tau)]s(t)s(\tau)\mathrm{d}t\,\mathrm{d}\tau
\end{aligned}
\tag{9.17}
$$

由于 $n(t)$ 是均值为 0、功率谱为 $\dfrac{N_0}{2}$ 的高斯白噪声,得

$$
E[n(t)n(\tau)] = R_n(t-\tau) = \frac{N_0}{2}\delta(t-\tau)
\tag{9.18}
$$

将上式代入式(9.17),得

$$
\begin{aligned}
\mathrm{Var}[\hat{A}] &= \int_0^T \int_0^T E[n(t)n(\tau)]s(t)s(\tau)\mathrm{d}t\,\mathrm{d}\tau \\
&= \frac{N_0}{2}\int_0^T s^2(t)\mathrm{d}t = \frac{N_0}{2}
\end{aligned}
\tag{9.19}
$$

根据式(9.9)可得

$$E[(\hat{A}-A)^2] \geqslant \cfrac{1}{\cfrac{2}{N_0}\displaystyle\int_0^T \left[\cfrac{\partial s(t,A)}{\partial A}\right]^2 \mathrm{d}t} = \cfrac{1}{\cfrac{2}{N_0}\displaystyle\int_0^T s^2(t)\mathrm{d}t} = \cfrac{N_0}{2} \qquad (9.20)$$

即 $\hat{A}$ 的克拉默-拉奥下界为 $\dfrac{N_0}{2}$，故 A 的最大似然估计量 $\hat{A}$ 是达到最小方差限的无偏估计量，因此 $\hat{A}$ 为有效估计量。

【例 9.1】 设观测样本为 $x_k = \alpha s_k + n_k (k=1,2,\cdots,n)$，其中 s_k 为确知信号的样本，n_k 为均值为 0、方差为 σ_n^2 的高斯白噪声样本，α 为未知的非随机参量，试根据离散观测样本 x_k，利用最大似然法对系数 α 做出估计。

解：由题意可知，α 未知时 x 的概率密度函数，即似然函数为

$$f(x \mid \alpha) = \left(\cfrac{1}{\sqrt{2\pi}\sigma_n}\right)^n \mathrm{e}^{-\sum\limits_{k=1}^{n}\frac{(x_k-\alpha s_k)^2}{2\sigma_n^2}}$$

对上式取对数，得

$$\ln f(x \mid \alpha) = -\cfrac{n}{2}\ln(2\pi\sigma_n^2) - \sum_{k=1}^{n}\cfrac{(x_k-\alpha s_k)^2}{2\sigma_n^2}$$

对 α 求导，并令结果等于 0，得

$$\cfrac{\partial \ln f(x \mid \alpha)}{\partial \alpha} = \cfrac{1}{\sigma_n^2}\sum_{k=1}^{n}(x_k - \alpha s_k)s_k = \cfrac{1}{\sigma_n^2}\sum_{k=1}^{n}(x_k s_k - \alpha s_k^2) = 0$$

得到 α 的最大似然估计量 $\hat{\alpha}$ 为

$$\hat{\alpha} = \cfrac{\displaystyle\sum_{k=1}^{n} x_k s_k}{\displaystyle\sum_{k=1}^{n} s_k^2} = c\sum_{k=1}^{n} x_k s_k$$

其中，$c = \left(\displaystyle\sum_{k=1}^{n} s_k^2\right)^{-1}$ 为一常数，此式同振幅估计量的计算公式（式(9.15)）是一致的，和式 $\displaystyle\sum_{k=1}^{n}$ 可以看作积分的离散形式。

9.3 相 位 估 计

假定信号形式为

$$s(t,\theta) = A\sin(\omega t + \theta), \quad 0 \leqslant t \leqslant T$$

其中，振幅 A 和频率 ω 确知，θ 为相位，是待估计量。

由式(9.5)可得，θ 的最大似然估计量 $\hat{\theta}$ 为下列方程的解：

$$\int_0^T [x(t) - A\sin(\omega t + \theta)]\cfrac{\partial s(t,\theta)}{\partial \theta}\mathrm{d}t = 0 \qquad (9.21)$$

即

$$\int_0^T [x(t) - A\sin(\omega t + \theta)]A\cos(\omega t + \theta)\mathrm{d}t = 0 \qquad (9.22)$$

上式又可写成

$$\int_0^T x(t)\cos(\omega t + \theta)\mathrm{d}t - \int_0^T A\sin(\omega t + \theta)\cos(\omega t + \theta)\mathrm{d}t$$

$$= \int_0^T x(t)\cos(\omega t + \theta)\mathrm{d}t - \frac{A}{2}\int_0^T \sin 2(\omega t + \theta)\mathrm{d}t$$
$$= 0 \tag{9.23}$$

若令 $\omega T = k\pi$(k 为整数),则 $\int_0^T \sin 2(\omega t + \theta)\mathrm{d}t = 0$,上式中第二项为 0。得相位估计量

$\hat{\theta}$ 为

$$\int_0^T x(t)\cos(\omega t + \theta)\mathrm{d}t = 0 \tag{9.24}$$

利用三角函数公式 $\cos(\alpha + \beta) = \cos\alpha\cos\beta - \sin\alpha\sin\beta$ 展开,得

$$\int_0^T x(t)\cos(\omega t + \theta)\mathrm{d}t = \int_0^T x(t)\cos\omega t\cos\theta\,\mathrm{d}t - \int_0^T x(t)\sin\omega t\sin\theta\,\mathrm{d}t$$
$$= \cos\theta\int_0^T x(t)\cos\omega t\,\mathrm{d}t - \sin\theta\int_0^T x(t)\sin\omega t\,\mathrm{d}t \tag{9.25}$$
$$= 0$$

$$\cos\theta\int_0^T x(t)\cos\omega t\,\mathrm{d}t = \sin\theta\int_0^T x(t)\sin\omega t\,\mathrm{d}t \tag{9.26}$$

由上式解得

$$\hat{\theta} = \arctan\left[\frac{\displaystyle\int_0^T x(t)\cos\omega t\,\mathrm{d}t}{\displaystyle\int_0^T x(t)\sin\omega t\,\mathrm{d}t}\right] \tag{9.27}$$

利用上式可以画出相位估计器,如图 9.2 所示,称为双通道相位估计器,由两路相关器组成,然后通过反正切函数输出,因为反正切函数是多值函数,所以相位估计量也是多值的,但在 $-\pi \sim \pi$ 范围内只有一个数值。

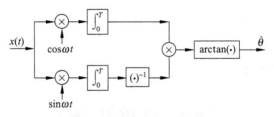

图 9.2 双通道相位估计器

在实际应用中,还有一种最佳相位测量装置——锁相环。

如图 9.3 所示,锁相环的作用是使压控振荡器的输出相位与接收信号的相位同步。压控振荡器的输出可看作不含噪声的。因此,其输出相位便可作为接收信号相位的估计值。

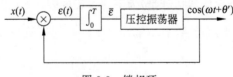

图 9.3 锁相环

为了简单说明锁相环的工作原理,假定接收信号 $x(t)$ 中不含有噪声(即高信噪比情况,这样更接近于理想模型):

$$x(t) \approx A\sin(\omega t + \theta) \tag{9.28}$$

相乘器输出为

$$\varepsilon(t) = A\sin(\omega t + \theta)\cos(\omega t + \theta')$$

$$= \frac{A}{2}\left[\sin(\theta - \theta') + \sin(2\omega t + \theta + \theta')\right] \tag{9.29}$$

$\varepsilon(t)$ 经过积分器后,输出为

$$\bar{\varepsilon} = \int_0^T \frac{A}{2}\left[\sin(\theta - \theta') + \sin(2\omega t + \theta + \theta')\right]\mathrm{d}t$$

$$= \frac{AT}{2}\sin(\theta - \theta') + \frac{A}{4\omega}\left[-\cos(2\omega t + \theta + \theta')\right]\Big|_0^T \tag{9.30}$$

令 $\omega T = k\pi$,则上式中的第二项为 0,得

$$\bar{\varepsilon} = \frac{AT}{2}\sin(\theta - \theta') \tag{9.31}$$

即 $\varepsilon(t)$ 经过积分器后,其输出 $\bar{\varepsilon}$ 正比于 $\varepsilon(t)$ 的第一项,即

$$\bar{\varepsilon} \propto \sin(\theta - \theta') \tag{9.32}$$

由于积分器的输出中滤除了高频分量 $(2\omega t + \theta + \theta')$,故又将积分器称为低通滤波器。同时,积分器对噪声引起的 $\varepsilon(t)$ 的变化也起平滑作用,故又称为平滑滤波器。

当环路增益很大时,相位差 $(\theta - \theta')$ 很小,$\sin(\theta - \theta') \approx \theta - \theta'$。有

$$\bar{\varepsilon} \propto \theta - \theta' \tag{9.33}$$

可见 $\bar{\varepsilon}$ 代表误差信号,当误差电压 $\bar{\varepsilon}$ 加到压控振荡器上时,其输出信号的相位 θ' 向 θ 靠近,使 $\bar{\varepsilon}$ 趋于 0,即

$$\bar{\varepsilon} = \int_0^T \varepsilon(t)\mathrm{d}t = \int_0^T x(t)\cos(\omega t + \theta')\mathrm{d}t \approx 0 \tag{9.34}$$

这正好是式(9.24)所表示的运算,它和似然方程 $\int_0^T x(t)\cos(\omega t + \hat{\theta})\mathrm{d}t = 0$ 相比,$\hat{\theta}'$ 虽然不完全等于最大似然估计量 $\hat{\theta}$,但在环路增益很大时,$\hat{\theta}'$ 可以很接近于 $\hat{\theta}$。因此,锁相环在大多数情况下可以看作准最佳相位测量装置。利用锁相环估计信号的未知相位,在电子系统中得到了广泛的应用。

9.4 时 延 估 计

9.4.1 时延估计量的计算

众所周知,接收信号相对于发射信号有一段时间延迟,时延的大小与距离有关,利用接收信号估计出这个时延,就可以知道距离。在雷达系统中可以根据接收信号的时延大小来确定被测目标的距离。在通信系统中也有利用时延作为调制参数。因此,对信号时延的估计具有实际意义。在通信系统中,大多采用超外差式接收机,如图9.4所示。显然,接收机包络检波器之后,加性噪声不再是高斯白噪声。但为了计算简单,一般仍然采用高斯白噪声模型进行计算。当然,这样得到的结果是近似的。

时延估计可以从两处考虑,一处是低通信号(亦称基带信号),它可避免讨论相位而使问题简化;另一处是窄带信号,可假定相位在 $(0, 2\pi)$ 上是均匀分布。一般较常用的是前一种,即在基带信号上进行时延估计。在这种情况下,接收信号中 $x(t)$ 的有用信号成分可以表示为

接收信号 → 变频 → 中放 → 窄带信号 → 包络检波 → 视放 → 低通信号

图 9.4 超外差接收机原理框图

$$s(t,\tau)=s(t-\tau),\quad 0\leqslant t\leqslant T'$$

假定 $s(t)$ 是发射信号,发射的开始时刻是 $t=0$,则接收到的有用信号成分应为 $s(t)$,于是 $t=\tau$ 就是接收信号中有用成分的到达时刻,τ 就是接收信号相对于发射信号的时延。由于时延 τ 是待估计的未知参量,所以观测时间间隔 $(0,T')$ 难以确定,不过可以选取足够大的 T',使得接收信号的有用成分位于 $(0,T')$ 内。设信号持续时间为 T,如图 9.5 所示,选取 T',使得 $T'>\tau+T$,便可达到此目的。

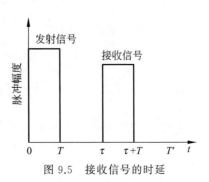

图 9.5 接收信号的时延

由式(9.5)可知,τ 的最大似然估计量 $\hat{\tau}$ 应是下列方程的解:

$$\int_0^{T'}\left[x(t)-s(t-\tau)\right]\frac{\partial s(t-\tau)}{\partial\tau}\mathrm{d}t=0 \tag{9.35}$$

上式可以写成

$$\int_0^{T'}x(t)\frac{\partial s(t-\tau)}{\partial\tau}\mathrm{d}t-\int_0^{T'}s(t-\tau)\frac{\partial s(t-\tau)}{\partial\tau}\mathrm{d}t=0 \tag{9.36}$$

可以证明上式的第二项恒为 0,即

$$\int_0^{T'}s(t-\tau)\frac{\partial s(t-\tau)}{\partial\tau}\mathrm{d}t=0 \tag{9.37}$$

令 $\xi=t-\tau$,得 $\mathrm{d}\xi=\mathrm{d}t$,$\mathrm{d}\xi=-\mathrm{d}\tau$:

$$\int_0^{T'}s(t-\tau)\frac{\partial s(t-\tau)}{\partial\tau}\mathrm{d}t=-\int_{-\tau}^{T'-\tau}s(\xi)\frac{\mathrm{d}s(\xi)}{\mathrm{d}\xi}\mathrm{d}\xi=-\int_{-\tau}^{T'-\tau}\frac{1}{2}\frac{\mathrm{d}s^2(\xi)}{\mathrm{d}\xi}\mathrm{d}\xi$$

$$=-\frac{1}{2}\frac{\mathrm{d}}{\mathrm{d}\xi}\int_{-\tau}^{T-\tau}s^2(\xi)\mathrm{d}\xi \tag{9.38}$$

上式中,$\int_{-\tau}^{T-\tau}s^2(\xi)\mathrm{d}\xi$ 为信号 $s(t-\tau)$,也就是信号 $s(t)$ 的能量,为一常数。故式(9.36)中的第二项恒为 0。同样也可由下式证明这一结论。

$$\int_0^{T'}s(t-\tau)\frac{\partial s(t-\tau)}{\partial\tau}\mathrm{d}t=-\int_{-\tau}^{T'-\tau}\frac{1}{2}\frac{\mathrm{d}s^2(\xi)}{\mathrm{d}\xi}\mathrm{d}\xi=-\frac{1}{2}\int_{-\tau}^{T'-\tau}\mathrm{d}s^2(\xi)$$

$$=-\frac{1}{2}s^2(\xi)\bigg|_{-\tau}^{T'-\tau}=0 \tag{9.39}$$

于是 $\hat{\tau}$ 的最大似然估计量为下列方程的解:

$$\int_0^{T'}x(t)\frac{\partial s(t-\tau)}{\partial\tau}\mathrm{d}t=0 \tag{9.40}$$

由于

$$\frac{\partial s(t-\tau)}{\partial\tau}=-\frac{\partial s(t-\tau)}{\partial t} \tag{9.41}$$

得

$$\int_0^{T'} x(t) \frac{\partial s(t-\tau)}{\partial t} \mathrm{d}t = 0 \tag{9.42}$$

由上式可以得到对时延 τ 做最大似然估计的估计器,如图 9.6 所示为闭环自动跟踪时延测量装置。

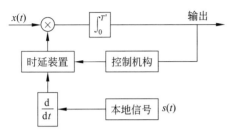

图 9.6 闭环自动跟踪时延测量装置

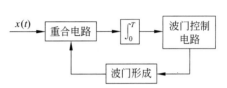

图 9.7 雷达自动距离跟踪环路原理框图

9.4.2 雷达自动距离跟踪环路

由式(9.42)可知,对时延 τ 做最大似然估计的估计器应使接收波形 $x(t)$ 与信号导数 $\frac{\partial s(t-\tau)}{\partial t}$ 的相关积分为 0。而这正好是雷达自动距离跟踪环路所要完成的任务。

雷达自动距离跟踪环路的原理框图如图 9.7 所示。接收信号 $x(t)$ 与波门形成的极性相反的波门进行相关积分,其输出去控制波门控制电路,以调节波门的中心位置,直至相关积分为 0 为止。

本地信号 $s(t-\tau)$ 的导数 $\frac{\mathrm{d}s(t-\tau)}{\mathrm{d}t}$ 是一对极性相反的脉冲形式,如图 9.8 所示。图 9.8(a)表示 $s(t-\tau)$,是一个典型的视频雷达脉冲。图 9.8(b) 表示 $\frac{\mathrm{d}s(t-\tau)}{\mathrm{d}t}$,是一对双极性脉冲,由本地信号产生。这个导数通常用一正一负的矩形脉冲来近似,此矩形脉冲称作门函数,其正脉冲称为"前闸门",负脉冲称为"后闸门",如图 9.8(c)所示。这个门函数在雷达系统中称为距离波门,波门中心可以在时间轴上移动。图 9.8(d)表示接收信号 $x(t)$,是掺杂有噪声的信号。在跟踪雷达时,在环路中本地产生一个距离波门,将波门与接收波形进行时间互相关运算,如果波门中心没有对准接收波形的中心,则相关器将输出一个误差信号去控制波门产生器,使之调节波门中心对准接收波形的中心,对准时的波门中心就是 $s(t-\tau)$ 时延的估计。这也是式(9.42)所表示的运算。

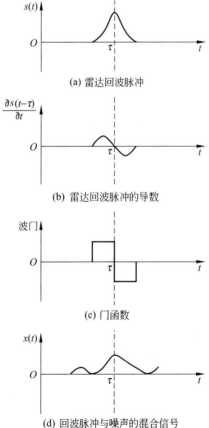

(a) 雷达回波脉冲

(b) 雷达回波脉冲的导数

(c) 门函数

(d) 回波脉冲与噪声的混合信号

图 9.8 时延估计器波形

9.4.3　时延估计量的性能分析

现在来确定时延估计量的克拉默-拉奥下界。利用式(9.9)对于无偏估计$\hat{\tau}$,克拉默-拉奥不等式为

$$\sigma_{\hat{\tau}}^2 \geqslant \left\{ \frac{2}{N_0} \int_0^{T'} \left[\frac{\partial s(t-\tau)}{\partial \tau} \right]^2 \mathrm{d}t \right\}^{-1} \tag{9.43}$$

考虑到式(9.41),上式可变为

$$\sigma_{\hat{\tau}}^2 \geqslant \left\{ \frac{2}{N_0} \int_0^{T'} \left[\frac{\partial s(t-\tau)}{\partial t} \right]^2 \mathrm{d}t \right\}^{-1} \tag{9.44}$$

由于$\tau \ll T'$,所以上式可用下式来表示:

$$\sigma_{\hat{\tau}}^2 \geqslant \left\{ \frac{2}{N_0} \int_0^{T'} \left[\frac{\partial s(t)}{\partial t} \right]^2 \mathrm{d}t \right\}^{-1} \tag{9.45}$$

已知信号波形$s(t)$,由上式即可计算出时延估计$\hat{\tau}$的克拉默-拉奥下界。为了分析时延估计$\hat{\tau}$的克拉默-拉奥下界与信噪比和信号带宽之间的关系,可对上式作进一步的变形。现设$s(t)$的傅里叶变换为$S(\mathrm{j}\omega)$,即

$$s(t) = \frac{1}{2\pi} \int_{-\infty}^{\infty} S(\mathrm{j}\omega) \mathrm{e}^{\mathrm{j}\omega t} \mathrm{d}\omega \tag{9.46}$$

显然,$\dfrac{\partial s(t)}{\partial t}$的傅里叶变换是$\mathrm{j}\omega S(\mathrm{j}\omega)$,由帕塞瓦尔(Parseval)定理,可得

$$\int_0^{T'} \left[\frac{\partial s(t)}{\partial t} \right]^2 \mathrm{d}t = \frac{1}{2\pi} \int_{-\infty}^{\infty} \omega^2 \mid S(\mathrm{j}\omega) \mid^2 \mathrm{d}\omega \tag{9.47}$$

于是,克拉默-拉奥不等式可以表示为

$$\sigma_{\hat{\tau}}^2 \geqslant \left[\frac{1}{N_0 \pi} \int_{-\infty}^{\infty} \omega^2 \mid S(\mathrm{j}\omega) \mid^2 \mathrm{d}\omega \right]^{-1} \tag{9.48}$$

由于接收到的有用信号成分的能量为

$$E = \int_0^{T'} s^2(t) \mathrm{d}t = \frac{1}{2\pi} \int_{-\infty}^{\infty} \mid S(\mathrm{j}\omega) \mid^2 \mathrm{d}\omega \tag{9.49}$$

定义接收到的有用信号成分的均方根带宽W_s为

$$W_s^2 = \frac{\displaystyle\int_{-\infty}^{\infty} \omega^2 \mid S(\mathrm{j}\omega) \mid^2 \mathrm{d}\omega}{\displaystyle\int_{-\infty}^{\infty} \mid S(\mathrm{j}\omega) \mid^2 \mathrm{d}\omega} \tag{9.50}$$

利用式(9.49)和式(9.50),式(9.48)可以写成

$$\sigma_{\hat{\tau}}^2 \geqslant \left(\frac{2EW_s^2}{N_0} \right)^{-1} \tag{9.51}$$

由上式可见,若信噪比$2E/N_0$越大,或信号的带宽越大(即脉冲宽度越小),则时延估计量的方差下限就越小,即时延估计就越精确。

9.5　频　率　估　计

设接收信号中的有用成分为

$$s(t,\omega) = A(t)\sin(\omega t + \theta), \quad 0 \leqslant t \leqslant T \tag{9.52}$$

其中,振幅 $A(t)$ 是已知的时间函数,代表振幅调制,信号的时延已知,相位 θ 是杂散参量,在计算似然函数时可以被平均掉,频率 ω 是待估计的参量。

在随机参量信号检测中,已经导出了振幅为 A、相位均匀分布信号的似然比,见式(5.36),为

$$l(x) = \mathrm{e}^{-\frac{E}{N_0}} I_0\left(\frac{2AM}{N_0}\right) \tag{9.53}$$

当信号振幅为 $A(t)$ 时,可以导出类似的表达式

$$l(x) = \mathrm{e}^{-\frac{E}{N_0}} I_0\left(\frac{2M}{N_0}\right) \tag{9.54}$$

其中,E 为信号能量,即

$$E = \frac{1}{2}\int_0^T A^2(t)\,\mathrm{d}t \tag{9.55}$$

$$M^2 = \left[\int_0^T x(t)A(t)\sin\omega t\,\mathrm{d}t\right]^2 + \left[\int_0^T x(t)A(t)\cos\omega t\,\mathrm{d}t\right]^2 \tag{9.56}$$

由于似然比 $l(x) = \dfrac{f_1(x)}{f_0(x)}$,而 $f_0(x)$ 是有用信号不存在时的似然函数,它与待估计的参量 ω 无关,故可以用 C 来表示它,这样似然函数 $f_1(x)$ 可表示为

$$f_1(x) = Cl(x) \tag{9.57}$$

现在以 $f_\theta(x\mid\omega)$ 来表示 $f_1(x)$,下标 θ 表示已对相位进行过平均,则有

$$f_\theta(x\mid\omega) = C\mathrm{e}^{-\frac{E}{N_0}} I_0\left(\frac{2M}{N_0}\right) \tag{9.58}$$

使 $f_\theta(x\mid\omega)$ 达到最大的 ω 就是 ω 的最大似然估计量 $\hat{\omega}$,由于 $I_0\left(\dfrac{2M}{N_0}\right)$ 是 M 的单调增函数,所以使 $f_\theta(x\mid\omega)$ 最大等效于使 M 最大。如何得到统计量 M 呢?在随机参量信号检测中,已得推导出,将接收信号 $x(t)$ 送入与 $A(t)\sin\omega t$ 相匹配的滤波器中,后接包络检波器,即可得到 M。要确定使 M 最大的 ω 值,可以利用一组并列的滤波器,每一个和不同的频率相匹配。这些滤波器的频率范围覆盖了待估计频率的预期值。如果各滤波器的中心频率相距很近,则具有最大输出的滤波器的中心频率就接近于频率的最大似然估计量。原则上讲,相邻滤波器的频率间隔 $\Delta\omega$ 越小,频率估计的精确度就越高,但是没有必要小于频率估计的最小标准差。这种频率估计器如图 9.9 所示。

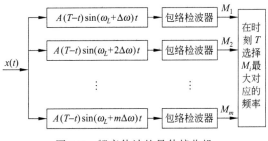

图 9.9　频率估计的最佳接收机

本 章 小 结

本章主要讨论利用观测波形估计信号的未知和随机参量的问题。

(1) 若发送端信号为 $s(t,\alpha)$，接收波形为 $x(t)$，则未知参数 α 的最大似然估计量 $\hat{\alpha}$ 是 $\int_0^T [x(t) - s(t,\alpha)] \dfrac{\partial s(t,\alpha)}{\partial \alpha} \mathrm{d}t \bigg|_{\alpha=\hat{\alpha}} = 0$ 的解。其克拉默-拉奥不等式为 $E[(\hat{\alpha}-\alpha)^2] \geqslant -1 \big/ E\left[\dfrac{\partial^2 \ln f(x\mid\alpha)}{\partial \alpha^2}\right] = 1 \bigg/ \dfrac{2}{N_0} \int_0^T \left[\dfrac{\partial s(t,\alpha)}{\partial \alpha}\right]^2 \mathrm{d}t$。

(2) 振幅 A 的最大似然估计量为 $\hat{A} = \int_0^T x(t)s(t)\mathrm{d}t$，为无偏和有效估计量。

(3) 相位 θ 的最大似然估计量为 $\hat{\theta} = \arctan\left[\int_0^T x(t)\cos\omega t\,\mathrm{d}t \bigg/ \int_0^T x(t)\sin\omega t\,\mathrm{d}t\right]$，可以通过双通道相位估计器实现，也可以由锁相环来实现。

(4) 时延的最大似然估计量为 $\int_0^T x(t)\dfrac{\partial s(t-\tau)}{\partial t} = 0$ 的解，其克拉默-拉奥不等式为 $\sigma_{\hat{\tau}}^2 \geqslant (2EW_s^2/N_0)^{-1}$。信噪比 $2E/N_0$ 越大或信号带宽越大(即脉冲宽度越小)，则时延估计量的方差下限就越小，即时延估计就越精确。

(5) 频率估计是使 $f_\theta(x\mid\omega)$ 达到最大的 ω 值即为最大似然估计量 $\hat{\omega}$，即是使 M 最大的 ω 值，可通过匹配滤波器和包络检波器比较求得。

思　考　题

1. 试说明单参量信号估计所采用的估计方法及采用原因。
2. 积分器为何又称为低通滤波器或平滑滤波器?
3. 试举例说明超外差式接收机组成和应用。
4. 在时延估计时，窄带信号和低通信号有何主要区别?
5. 试说明锁相环的组成和工作原理。

习　　题

1. 接收信号 $x(t) = A\sin(\omega_0 t + \theta) + n(t)$，其中 $n(t)$ 是高斯白噪声，θ 在 $(0,2\pi)$ 均匀分布，现在需求振幅 A 的最大似然估计量。由于 θ 的先验知识已知，故可先对 θ 求平均得到 $f(x\mid A)$，试问要求振幅 A 的最大似然估计量必须解什么样的方程?

2. 已知观测信号为 $y(t) = s(t,\alpha) + n(t)$ $(0 \leqslant t \leqslant T)$，假定信号形式已知，$n(t)$ 为高斯白噪声，其功率谱密度函数为 $\dfrac{N_0}{2}$。

(1) 求 α 的最大似然估计方程。
(2) 若 $s(t,A) = As(t)$，求 A 最大似然估计及估计的均值与方差。

3. 设接收波形为

$$y(t) = a\cos(2\pi f_c t + \varphi) + n(t)$$

其中，$n(t)$ 是高斯白噪声 $N(0, \sigma_n^2)$。求参数 a 和 φ 的无偏估计量的 Cramer-Rao 限。

4. 接收信号 $x(t) = A[1 + \cos\omega_0(t - \tau)] + n(t)$，其中 $n(t)$ 是功率谱密度为 $\dfrac{N_0}{2}$ 的高斯白噪声。求信号时延 τ 的 Bayes 估值。A、ω_0 皆为已知常量。

5. 接收信号 $x(t) = s(t) + n(t)$，$s(t)$ 的到达有时延 τ，求时延 τ 的无偏估计量 $\hat{\tau}$ 的最小方差。其中 $n(t)$ 是功率谱密度为 $\dfrac{N_0}{2}$ 的高斯白噪声，$s(t)$ 如图题 9.10 所示。

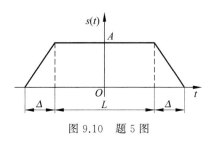

图 9.10　题 5 图

计算机仿真

1. 幅度估计的最佳接收机的仿真

1）仿真假设

设计幅度估计的最佳接收机，$A = 3$ 为待估计的振幅。$s(t, A) = As(t)$，$s(t) = \dfrac{\sqrt{2}}{2}$ $\sin(4\pi t + 0.3\pi)$，$n(t)$ 为均值 0、功率谱密度 $\dfrac{N_0}{2} = 0.1$ 的高斯白噪声。

2）程序代码

```
clear all; clc; close all
A=3;                            %信号幅值
i=1;                            %码元个数
j=1000;                         %每个码元周期内分为 j 个微分单元
N0=0.2;                         %
t=linspace(0,1,j);              %0~1 个码元产生 1000 个点行向量,即 10000 份
fc=2;                           %信号频率
fm=i/4;                         %码元速率
T=1./fm;                        %码元周期
x=1;                            %有信号进行估计
a=round(x);
st=t;
for n=1:i
if a(n)<1;
for m=j/i*(n-1)+1:j/i*n
st(m)=0;
```

```
end
else
for m=j/i*(n-1)+1:j/i*n
st(m)=1;
end
end
end
nn=wgn(1,j,10*log(2*pi*fc*2*(N0/2)));          %添加白噪声
theta=0.3*pi;                                    %相位
s1=(sqrt(2)/2).*sin(2*pi*fc*t+theta);          %归一化信号
xn=st.*A.*s1+nn;                                 %经过高斯白噪声信道接收信号
at=xn.*s1;                                       %x(t)*s(t)
for m=1:i
A_est(m)=trapz(at(((m-1)*(j/i)+1):((m-1)*(j/i)+1000)))*(T/(j/i));
                                                 %%梯形积分运算
end
A_est
```

3）仿真结果

幅度估计的最佳接收机的仿真结果如图 9.11 所示。

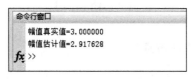

图 9.11　幅度估计的最佳接收机仿真结果

2. 双通道相位估计器的仿真

1）仿真假设

设计双通道相位估计器，$\theta=0.5\pi$ 为待估计的相位。$s(t,A)=As(t)$，$s(t)=\dfrac{\sqrt{2}}{2}\sin(4\pi t+0.5\pi)$，$A=2$，$n(t)$ 为均值 0、功率谱密度 $\dfrac{N_0}{2}=0.1$ 的高斯白噪声。

2）程序代码

```
clear all; clc; close all
A=2;                           %信号幅值
i=1;                           %码元个数
j=1000;                        %每个码元周期内分为 j 个微分单元
N0=0.2;                        %功率谱密度 N0/2=0.1
t=linspace(0,1,j);            %0~1 个码元产生 1000 个点行向量,即 10000 份
fc=2;                          %信号频率
fm=i/4;                        %码元速率
T=1./fm;                       %码元周期
x=1;                           %有信号进行估计
a=round(x);
st=t;
```

```
for n=1:i
if a(n)<1;
for m=j/i*(n-1)+1:j/i*n
st(m)=0;
end
else
for m=j/i*(n-1)+1:j/i*n
st(m)=1;
end
end
end
nn=wgn(1,j,10*log(2*pi*fc*2*(N0/2)));          %添加白噪声
theta=0.5*pi;                                   %相位
s1=(sqrt(2)/2).*sin(2*pi*fc*t+theta);           %归一化信号
s=(sqrt(2)/2).*sin(2*pi*fc*t);                  %sin(wt)
c=(sqrt(2)/2).*cos(2*pi*fc*t);                  %cos(wt)
xn=st.*A.*s1+nn;                                %经过高斯白噪声信道接收信号
ats=xn.*s;                                      %x(t)*sin(wt)
atc=xn.*c;                                      %x(t)*cos(wt)
for m=1:i
thetas_est(m)=trapz(ats(((m-1)*(j/i)+1):((m-1)*(j/i)+1000)))*(T/(j/i));
%%梯形积分运算
end
for m=1:i
thetac_est(m)=trapz(atc(((m-1)*(j/i)+1):((m-1)*(j/i)+1000)))*(T/(j/i));
%%梯形积分运算
end
theta_est=atan(thetac_est/thetas_est);
fprintf('相位 theta 真实值=%f\n',theta)
fprintf('相位 theta 估计值=%f\n',theta_est);
```

3）仿真结果

双通道相位估计器的仿真结果如图 9.12 所示。

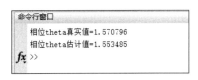

图 9.12 双通道相位估计器仿真结果

知 识 扩 展

1. 锁相环的几个概念

（1）锁相（phase locking）。锁相就是锁定相位，自动实现相位同步。

（2）锁相环（phase-locked loop）。锁相环又称为锁相环路，简称为环路，是指能够完成

两个电信号相位同步的自动控制系统,也可以说是一种利用反馈(feedback)控制原理实现的频率及相位的同步技术。锁相环的作用是使压控振荡器的输出相位与接收信号的相位同步。

2. 锁相环的组成原理

锁相环一般由鉴相器(phase detector)、低通滤波器(low pass filter)和压控振荡器(voltage control oscillator)组成,如图 9-13 所示。其工作原理是鉴相器将输入信号与反馈信号的相位进行比较,输出与相位差成比例的误差电压,经低通滤波器滤除高频分量和噪声后,送入压控振荡器。压控振荡器在误差电压的作用下改变其输出频率,使输出频率向输入频率逐渐靠近,直至锁定。环路锁定后,压控振荡器的输出频率等于输入信号的频率。

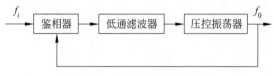

图 9-13 锁相环的组成原理

(1) 鉴相器。鉴相器又称相位比较器(phase comparator),用于比较输入信号和反馈信号的相位差,输出与相位差成比例的电压送至低通滤波器,该电压称为误差电压(error voltage)。

(2) 低通滤波器。低通滤波器又称为环路滤波器(loop filter),用于滤除误差电压中的高频成分及噪声,保留直流部分送至压控振荡器,以改善环路性能。

(3) 压控振荡器。压控振荡器的输出频率随外加电压的改变而改变。误差电压经滤波后送入压控振荡器,改变其固有频率,并使其向输入频率靠拢,此过程称为频率牵引。

第10章 维纳滤波和卡尔曼滤波

本章摘要

本章介绍维纳滤波(Wiener filtering)和卡尔曼滤波(Kalman filtering)两种最优线性滤波方法。分析连续过程和离散过程维纳滤波,以及卡尔曼滤波器的信号模型,给出卡尔曼滤波器的设计流程。

10.1 概　　述

在实际中,接收信号常常是被噪声污染的,信号处理的一类重要内容就是解决从噪声中提取信号的问题。若噪声和信号的功率谱不相互重叠,则可用选频方法去除噪声;若功率谱全部或部分重叠,则简单的选频方法就不再适用,需要根据信号和噪声的统计特性,设计一种最佳线性滤波器,在输出端尽可能抑制噪声,重现信号。维纳滤波与卡尔曼滤波就是用来解决这类问题的方法。

此类线性滤波问题可以看成一种估计问题或线性估计问题。设一个线性系统,如果它的单位冲激响应为 $h(n)$,当输入一个随机信号 $x(n)$,且

$$x(n) = s(n) + n(n) \tag{10.1}$$

其中,$s(n)$ 表示信号序列,$n(n)$ 表示噪声,则输出 $y(n)$ 为

$$y(n) = \sum_m h(m) x(n-m) \tag{10.2}$$

这时,希望 $x(n)$ 通过线性系统 $h(n)$ 后得到的 $y(n)$ 尽量逼近 $s(n)$,因此称 $y(n)$ 为 $s(n)$ 的估计值,用 $\hat{s}(n)$ 表示,即

$$y(n) = \hat{s}(n) \tag{10.3}$$

如图 10.1 所示,这个线性系统 $h(n)$ 称为 $s(n)$ 的估计器。

式(10.2)的卷积形式可以理解为用当前和过去的观测值 $x(n), x(n-1), x(n-2), \cdots, x(n-m), \cdots$ 来估计信号的当前值 $\hat{s}(n)$。因此,用 $h(n)$ 进行滤波的问题可以看成一个估计问题。由于输入信号为随机信号,所以实质上是一种统计估计问题。

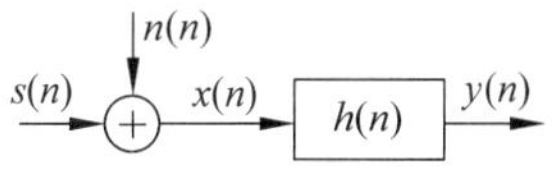

图 10.1　滤波器的一般模型

一般情况下,用当前和过去的观测值 $x(n), x(n-1), x(n-2), \cdots$ 估计当前的信号值 $y(n) = \hat{s}(n)$ 称为滤波;用过去的观测值估计当前的或将来的信号值 $y(n) = \hat{s}(n+N)(N \geqslant 1)$ 称为预测;用过去的观测值估计过去的信号值 $y(n) = \hat{s}(n-N)(N \geqslant 1)$ 称为平滑。维纳滤波与卡尔曼滤波常常称为最佳线性滤波或线性最优估计。这里所谓"最佳"与"最优"指估计值是以最小均方误差准则进行估计的。本章主要讨论信号的滤波问题。

如果用 $s(n)$ 与 $\hat{s}(n)$ 分别表示发送信号与其估计值,$e(n)$ 表示它们之间的误差,即

$$e(n) = s(n) - \hat{s}(n) \tag{10.4}$$

显然，$e(n)$可能是正的，也可能是负的，并且是一个随机变量。因此，用它的均方值来表达误差是合理的，所谓均方误差最小即它的平方的统计平均值最小。

$$E[e^2(n)] = E[(s(n) - \hat{s}(n))^2] \tag{10.5}$$

采用最小均方误差准则作为最佳滤波准则的原因还在于它的理论分析比较简单，不要求进行概率描述。并且在这种准则下导出的最佳线性系统相对其他准则而言也是最佳的。

维纳滤波和卡尔曼滤波都用来解决最佳线性滤波问题，并且都是以均方误差最小为准则的。因此在平稳条件下，尽管解决问题的方法有所不同，但所得到的稳态结果是一致的。维纳滤波是根据过去全部的和当前的观测数据 $x(n), x(n-1), x(n-2), \cdots$ 来估计信号的当前值，其解是在满足均方误差最小条件下获得的，因此称为最佳线性滤波器。卡尔曼滤波是用前一个估计值和最近一个观测数据来估计信号的当前值，是用状态方程和递推方法进行估计的，其解是以估计值形式给出，因此称为线性最优估计器或滤波器。维纳滤波器只适用于平稳随机过程，而卡尔曼滤波器却没有这个限制。卡尔曼滤波器看起来比维纳滤波器优越，不需要知道过去全部数据，计算方便，而且可用于平稳和非平稳随机过程，时变和非时变系统。但维纳滤波发展较早，概念清晰，应用广泛。因此，研究维纳滤波和卡尔曼滤波都是必要和有意义的。

10.2 维 纳 滤 波

10.2.1 连续过程的维纳滤波

假定信号 $s(t)$ 和加性噪声 $n(t)$ 均为平稳随机过程，且 $s(t)$ 和 $n(t)$ 是联合平稳的，设连续过程的观测数据为

$$x(t) = s(t) + n(t) \tag{10.6}$$

利用滤波器 $h(t)$ 实现对信号 $s(t)$ 的估计。

$$y(t) = \hat{s}(t) = \int_{-\infty}^{\infty} h(t-\tau)x(\tau)d\tau = \int_{-\infty}^{\infty} h(\tau)x(t-\tau)d\tau \tag{10.7}$$

利用均方误差作为连续维纳滤波器的性能指标来进行分析，即

$$E[(s(t) - \hat{s}(t))^2] = E\left[\left(s(t) - \int_{-\infty}^{\infty} h(\tau)x(t-\tau)d\tau\right)^2\right] \tag{10.8}$$

为了得到线性最优滤波器的冲激响应，需求解满足上式为最小的冲激响应系数，即

$$h_{opt}(t) = \arg\min_{h(t)} E\left[\left(s(t) - \int_{-\infty}^{\infty} h(\tau)x(t-\tau)d\tau\right)^2\right] \tag{10.9}$$

根据 $s(t)$ 和 $n(t)$ 的统计特性可知

$$E[s(t)s(t+\tau)] = E[s(t)s(t-\tau)] = R_S(\tau) \tag{10.10}$$

$$E[n(t)n(t+\tau)] = E[n(t)n(t-\tau)] = R_N(\tau) \tag{10.11}$$

$$E[s(t)x(t+\tau)] = E[s(t)x(t-\tau)] = R_{sx}(\tau) = R_S(\tau) + R_{sn}(\tau) \tag{10.12}$$

$$E[x(t)x(t+\tau)] = E[x(t)x(t-\tau)] = R_X(\tau) \tag{10.13}$$
$$= R_S(\tau) + R_{sn}(\tau) + R_{ns}(\tau) + R_N(\tau)$$

将式(10.10)~式(10.13)代入式(10.8)，得

$$E\big[(s(t)-\hat{s}(t))^2\big] = E\left[\left(s(t)-\int_{-\infty}^{\infty}h(\tau)x(t-\tau)\mathrm{d}\tau\right)^2\right]$$

$$= E\left[\left(s(t)-\int_{-\infty}^{\infty}h(\tau_1)x(t-\tau_1)\mathrm{d}\tau_1\right)\cdot\left(s(t)-\int_{-\infty}^{\infty}h(\tau_2)x(t-\tau_2)\mathrm{d}\tau_2\right)\right]$$

$$= E\left[s^2(t)-s(t)\int_{-\infty}^{\infty}h(\tau_1)x(t-\tau_1)\mathrm{d}\tau_1-s(t)\int_{-\infty}^{\infty}h(\tau_2)x(t-\tau_2)\mathrm{d}\tau_2+\right.$$
$$\left.\int_{-\infty}^{\infty}\int_{-\infty}^{\infty}h(\tau_1)h(\tau_2)x(t-\tau_1)x(t-\tau_2)\mathrm{d}\tau_1\mathrm{d}\tau_2\right]$$

$$= E[s^2(t)]-\int_{-\infty}^{\infty}h(\tau_1)E[s(t)x(t-\tau_1)]\mathrm{d}\tau_1-$$
$$\int_{-\infty}^{\infty}h(\tau_2)E[s(t)x(t-\tau_2)]\mathrm{d}\tau_2+$$
$$\int_{-\infty}^{\infty}\int_{-\infty}^{\infty}h(\tau_1)h(\tau_2)E[x(t-\tau_1)x(t-\tau_2)]\mathrm{d}\tau_1\mathrm{d}\tau_2$$

$$= R_S(0)-\int_{-\infty}^{\infty}h(\tau_1)R_{sx}(\tau_1)\mathrm{d}\tau_1-\int_{-\infty}^{\infty}h(\tau_2)R_{sx}(\tau_2)\mathrm{d}\tau_2+$$
$$\int_{-\infty}^{\infty}\int_{-\infty}^{\infty}h(\tau_1)h(\tau_2)R_X(\tau_2-\tau_1)\mathrm{d}\tau_1\mathrm{d}\tau_2$$

$$= R_S(0)-2\int_{-\infty}^{\infty}h(\tau)R_{sx}(\tau)\mathrm{d}\tau+\int_{-\infty}^{\infty}\int_{-\infty}^{\infty}h(\tau_1)h(\tau_2)R_X(\tau_2-\tau_1)\mathrm{d}\tau_1\mathrm{d}\tau_2$$

$$(10.14)$$

尽管偏微分方法可获得上式的最优解,但计算复杂,故采用参数优化方法来获得 $h_{\mathrm{opt}}(t)$。假设 $h(t)$ 是由 $h_{\mathrm{opt}}(t)$ 和 $\Delta h_{\mathrm{opt}}(t)$ 组成的,即

$$h(t) = h_{\mathrm{opt}}(t)+\alpha\Delta h_{\mathrm{opt}}(t) \tag{10.15}$$

其中,α 是一个标量参数。

将上式代入式(10.14),得

$$J(\alpha) = E\big[(s(t)-\hat{s}(t))^2\big]$$
$$= R_S(0)-2\int_{-\infty}^{\infty}[h_{\mathrm{opt}}(\tau)+\alpha\Delta h_{\mathrm{opt}}(\tau)]R_{sx}(\tau)\mathrm{d}\tau+$$
$$\int_{-\infty}^{\infty}\int_{-\infty}^{\infty}[h_{\mathrm{opt}}(\tau_1)+\alpha\Delta h_{\mathrm{opt}}(\tau_1)]\cdot[h_{\mathrm{opt}}(\tau_2)+$$
$$\alpha\Delta h_{\mathrm{opt}}(\tau_2)]R_X(\tau_2-\tau_1)\mathrm{d}\tau_1\mathrm{d}\tau_2 \tag{10.16}$$

这时,均方误差 $J(\alpha)$ 转化为 α、$h_{\mathrm{opt}}(\tau)$、$\Delta h_{\mathrm{opt}}(\tau)$ 三者的函数。显然,当满足 $\left.\dfrac{\partial J(\alpha)}{\partial\alpha}\right|_{\alpha=0}=0$ 时,均方误差可获得最小值。

$$\left.\frac{\partial J(\alpha)}{\partial\alpha}\right|_{\alpha=0} = -2\int_{-\infty}^{\infty}\Delta h_{\mathrm{opt}}(\tau)R_{sx}(\tau)\mathrm{d}\tau+\int_{-\infty}^{\infty}\int_{-\infty}^{\infty}h_{\mathrm{opt}}(\tau_2)\Delta h_{\mathrm{opt}}(\tau_1)R_X(\tau_2-\tau_1)\mathrm{d}\tau_1\mathrm{d}\tau_2+$$
$$\int_{-\infty}^{\infty}\int_{-\infty}^{\infty}h_{\mathrm{opt}}(\tau_1)\Delta h_{\mathrm{opt}}(\tau_2)R_X(\tau_2-\tau_1)\mathrm{d}\tau_1\mathrm{d}\tau_2 \tag{10.17}$$
$$= 0$$

即

$$\int_{-\infty}^{\infty}\Delta h_{\mathrm{opt}}(\tau_2)\Big[R_{sx}(\tau_2)-\int_{-\infty}^{\infty}h_{\mathrm{opt}}(\tau_1)R_X(\tau_2-\tau_1)\mathrm{d}\tau_1\Big]\mathrm{d}\tau_2 = 0 \tag{10.18}$$

因为 $\Delta h_{opt}(\tau)$ 是任意项,所以上式应对所有可能的 $\Delta h_{opt}(\tau)$ 都成立。于是上式等价于

$$R_{sx}(\tau_2) - \int_{-\infty}^{\infty} h_{opt}(\tau_1)R_X(\tau_2-\tau_1)\mathrm{d}\tau_1 = 0 \qquad (10.19)$$

即

$$R_{sx}(\tau) = \int_{-\infty}^{\infty} h_{opt}(\tau_1)R_X(\tau-\tau_1)\mathrm{d}\tau_1, \quad -\infty < \tau < \infty \qquad (10.20)$$

上式称为维纳-霍普夫积分方程,将上式两边进行傅里叶变换,得

$$H_{opt}(\omega) = \frac{G_{sx}(\omega)}{G_X(\omega)} \qquad (10.21)$$

式中,$G_{sx}(\omega) = \sum_{\tau=-\infty}^{\infty} R_{sx}(\tau)\mathrm{e}^{-j\omega\tau}$,$G_X(\omega) = \sum_{\tau=-\infty}^{\infty} R_X(\tau)\mathrm{e}^{-j\omega\tau}$。

这种滤波器称为非因果维纳滤波器。因为滤波器的冲激响应 $h_{opt}(\tau)$ 在 $(-\infty, \infty)$ 内取值,故是物理不可实现的。但任何一个非因果线性系统都可以看作由因果和反因果两部分组成。因果部分是物理可实现的,反因果部分是物理不可实现的。由此可知,从一个非因果维纳滤波器中将因果部分单独分离出来,就可以得到物理可实现的因果维纳滤波器。

通常,直接从 $H(\omega) = \sum_{k=-\infty}^{\infty} h(k)\mathrm{e}^{-j\omega k}$ 中分离出因果部分 $H(\omega) = \sum_{k=0}^{\infty} h(k)\mathrm{e}^{-j\omega k}$ 是十分困难的,但功率谱 $G_X(\omega)$ 为 ω 的有理式函数时,却很容易获得因果维纳滤波器的最优解。

将有理式功率谱 $G_X(\omega)$ 分解为

$$G_X(\omega) = A_X^+(\omega)A_X^-(\omega) \qquad (10.22)$$

式中,$A_X^+(\omega)$ 的零、极点全部位于左半平面,而 $A_X^-(\omega)$ 的零、极点则全部位于右半平面,而且位于 ω 轴上的零、极点平分给 $A_X^+(\omega)$ 和 $A_X^-(\omega)$。

又可以进行如下分解:

$$\frac{G_{sx}(\omega)}{A_X^-(\omega)} = B_X^+(\omega) + B_X^-(\omega) \qquad (10.23)$$

式中,$B_X^+(\omega)$ 的零、极点全部位于左半平面,$B_X^-(\omega)$ 的零、极点则全部位于右半平面,并且位于 ω 轴上的零、极点平分给 $B_X^+(\omega)$ 和 $B_X^-(\omega)$。于是

$$H(\omega) = \frac{G_{sx}(\omega)}{A_X^+(\omega)A_X^-(\omega)} = \frac{1}{A_X^+(\omega)}\frac{G_{sx}(\omega)}{A_X^-(\omega)}$$

$$= \frac{1}{A_X^+(\omega)}[B_X^+(\omega) + B_X^-(\omega)] \qquad (10.24)$$

此时

$$H_{opt}(\omega) = \frac{B_X^+(\omega)}{A_X^+(\omega)} \qquad (10.25)$$

上式只包含左半平面的零、极点,所以它是物理可实现的。于是 $G_X(\omega)$ 为有理式功率谱时,连续过程因果维纳滤波器的最优化解可通过上式获得。

10.2.2 离散过程的维纳滤波

1. 离散过程维纳滤波的时域解

维纳滤波器的求解是寻求在最小均方误差下滤波器的单位冲激响应 $h(n)$ 或传递函数

$H(z)$,实质上是求解维纳-霍普夫(Wiener-Hopf)方程。在满足因果性条件下,求解维纳-霍普夫方程就是一个难题。在时域中求解最小均方误差下的 $h(n)$,并用 $h_{opt}(n)$ 表示。对于离散过程,有

$$y(n) = \hat{s}(n) = \sum_{m=-\infty}^{\infty} h(m)x(n-m) \qquad (10.26)$$

一个物理可实现的 $h(n)$,必须是一个因果序列,即

$$h(n) = 0, \quad n < 0 \qquad (10.27)$$

因此,如果是一个因果序列,式(10.26)就可表示为

$$y(n) = \hat{s}(n) = \sum_{m=0}^{\infty} h(m)x(n-m) \qquad (10.28)$$

于是

$$E[e^2(n)] = E[(s(n) - \hat{s}(n))^2]$$
$$= E\left[\left(s(n) - \sum_{m=0}^{\infty} h(m)x(n-m)\right)^2\right] \qquad (10.29)$$

为了求解使 $E[(s(n) - \hat{s}(n))^2]$ 最小的 $h(n)$,将上式对各 $h(n)$ 求偏导,令其结果为 0,得

$$2E\left[\left(s(n) - \sum_{m=0}^{\infty} h(m)x(n-m)\right)x(n-k)\right] = 0, \quad k \geqslant 0 \qquad (10.30)$$

也即

$$E[e(n)x(n-m)] = 0 \qquad (10.31)$$

上式称为正交性原理。这里借助矢量正交时点乘为 0 的原理,即线性均方估计的估计误差与所观测样本正交,正交性原理与最小线性均方准则是等价的。

由式(10.30)可得 $E[s(n)x(n-k)] = \sum_{m=0}^{\infty} h(m)E[x(n-m)x(n-k)](k \geqslant 0)$,即

$$R_{xs}(k) = \sum_{m=0}^{\infty} h_{opt}(m)R_X(k-m), \quad k \geqslant 0 \qquad (10.32)$$

上式称为时域离散形式的维纳-霍普夫方程,从该方程中解出 $h_{opt}(m)$,即是最小均方误差准则下的最佳解。

上式中 $k \geqslant 0$ 的约束条件是由于假设 $h(n)$ 是一个物理可实现的因果序列。如果不加物理可实现的约束,上式中的 $k \geqslant 0$ 的约束条件就不存在了。因此非因果的维纳-霍普夫方程为

$$R_{sx}(k) = \sum_{m=-\infty}^{\infty} h_{opt}(m)R_X(k-m) \qquad (10.33)$$

上式可以直接变换到 z 域,得

$$R_{sx}(z) = H_{opt}(z)R_X(z) \qquad (10.34)$$

或

$$H_{opt}(z) = \frac{R_{sx}(z)}{R_X(z)} \qquad (10.35)$$

因而

$$h_{opt}(n) = Z^{-1}[H_{opt}(z)] = Z^{-1}\left[\frac{R_{sx}(z)}{R_X(z)}\right] \qquad (10.36)$$

然而,由于物理可实现系统不容许存在等待或滞后,就必须考虑因果性约束,以下讨论有限长时域解的逼近方法。

设 $h(n)$ 是一个因果序列,用长度为 N 的序列去逼近,于是有

$$y(n) = \hat{s}(n) = \sum_{m=0}^{N-1} h(m)x(n-m) \tag{10.37}$$

$$2E\left[\left(s(n) - \sum_{m=0}^{N-1} h(m)x(n-m)\right)x(n-k)\right] = 0 \quad k = 0,1,\cdots,N-1 \tag{10.38}$$

$$R_{sx}(k) = \sum_{m=0}^{N-1} h(m)R_X(k-m) \tag{10.39}$$

写成矩阵形式为

$$\boldsymbol{R}_X \boldsymbol{H} = \boldsymbol{R}_{sx} \tag{10.40}$$

这里

$$\boldsymbol{H} = [h(0), h(1), \cdots, h(N-1)]^{\mathrm{T}} \tag{10.41}$$

$$\boldsymbol{R}_X = \begin{bmatrix} R_X(0) & R_X(1) & \cdots & R_X(N-1) \\ R_X(1) & R_X(0) & \cdots & R_X(N-2) \\ \vdots & \vdots & \ddots & \vdots \\ R_X(N-1) & R_X(N-2) & \cdots & R_X(0) \end{bmatrix} \tag{10.42}$$

其中,$\boldsymbol{R}_X$ 称为 $x(n)$ 的自相关矩阵。

$$\boldsymbol{R}_{sx} = [R_{sx}(0), R_{sx}(1), \cdots, R_{sx}(N-1)]^{\mathrm{T}} \tag{10.43}$$

$\boldsymbol{R}_{xs}$ 称为 $x(n)$ 与 $s(n)$ 的互相关矩阵。于是

$$\boldsymbol{H} = \boldsymbol{H}_{\mathrm{opt}} = \boldsymbol{R}_X^{-1} \boldsymbol{R}_{sx} \tag{10.44}$$

当已知 $\boldsymbol{R}_X$ 和 $\boldsymbol{R}_{xs}$ 时,则可按上式在时域内解得满足因果条件的 $\boldsymbol{H}_{\mathrm{opt}}$。但 N 大时,计算 $\boldsymbol{R}_X$ 及其逆矩阵的计算量很大,对存储量的要求很高。如果计算过程中想增加 $h(n)$ 的长度 N 来提高逼近精度,则必须重新计算。

2. 离散过程维纳滤波的 z 域解

当维纳滤波器单位冲激响应 $h(n)$ 是一个物理可实现的因果序列时,得到的维纳-霍普夫方程有 $k \geqslant 0$ 的约束,不能直接在 z 域获得 $H_{\mathrm{opt}}(z)$,进而通过 $H_{\mathrm{opt}}(z) \leftrightarrow h_{\mathrm{opt}}(n)$ 变换获得最优解。将 $x(n)$ 白化是一种常用的求解 z 域解的方法。

任何具有有理功率谱密度的随机信号都可以看成由一白噪声 $w(n)$ 激励一个物理网络所形成的。一般信号 $s(n)$ 的功率谱密度 $G_S(z)$ 是 z 的有理分式,故 $s(n)$ 的信号模型如图 10.2 所示,其中 $A(z)$ 是信号 $s(n)$ 形成网络的传递函数。白噪声的自相关函数及功率谱密度分别用以下两式表示。

$$R_W(n) = \sigma_w^2 \delta(n) \tag{10.45}$$

$$G_W(z) = \sigma_w^2 = 常数 \tag{10.46}$$

于是,$s(n)$ 的功率谱密度可表示为

$$G_S(z) = \sigma_w^2 A(z) A(z^{-1}) \tag{10.47}$$

如果 $x(n)$ 的功率谱密度也为 z 的有理分式,$x(n)$ 的信号模型如图 10.3 所示,$B(z)$ 是 $x(n)$ 形成网络的传递函数。有

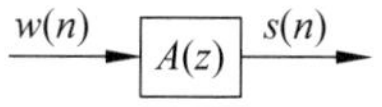

图 10.2　$s(n)$ 的信号模型

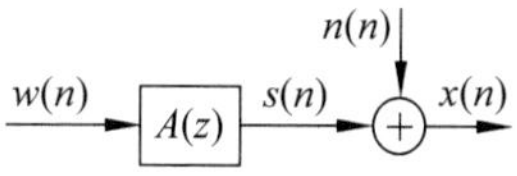

图 10.3　$x(n)$ 的信号模型

$$G_X(z) = \sigma_w^2 B(z) B(z^{-1}) \tag{10.48}$$

其中,$B(z)$ 是由圆内的零极点组成,$B(z^{-1})$ 是由相对应的圆外的零极点组成,故 $B(z)$ 是一个物理可实现的最小相移的网络。

为了白化 $x(n)$,直接利用图 10.4 的信号模型进行运算求解。

由图 10.4 可得

$$X(z) = B(z) W(z) \tag{10.49}$$

于是

$$W(z) = \frac{1}{B(z)} X(z) \tag{10.50}$$

由于 $B(z)$ 是一个最小相移网络函数,故 $\dfrac{1}{B(z)}$ 也是一个物理可实现的最小相移网络,因此可以利用上式来白化 $x(n)$。

为了求得 $H_{\mathrm{opt}}(z)$,将 $H(z)$ 分解成两个串联的滤波器:$\dfrac{1}{B(z)}$ 与 $C(z)$,如图 10.5 所示。

图 10.4　维纳滤波器的信号模型

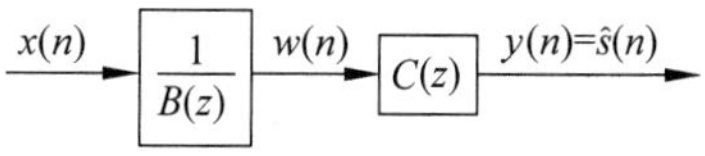

图 10.5　用白化方法求解维纳-霍普夫方程

$$H(z) = \frac{C(z)}{B(z)} \tag{10.51}$$

如果 $G_X(z)$ 已知,可按式(10.48)求得 $B(z)$ 或 $\dfrac{1}{B(z)}$,它是一个物理可实现的因果系统。于是,求最小均方误差下的最佳 $H_{\mathrm{opt}}(z)$ 问题就转化为求最佳 $C(z)$ 的问题。以下分别讨论没有物理可实现约束的(非因果的)与有物理可实现约束的(因果的)维纳滤波器实现。

(1) 没有物理可实现性约束的(非因果的)维纳滤波器。

由图 10.5 可得

$$\hat{s}(n) = \sum_{k=-\infty}^{\infty} c(k) w(n-k) \tag{10.52}$$

这里,$c(k)$ 为 $C(z)$ 的逆 z 变换。

$$
\begin{aligned}
E[e^2(n)] &= \left[\left(s(n) - \sum_{k=-\infty}^{\infty} c(k) w(n-k) \right)^2 \right] \\
&= E\left[s^2(n) - 2 \sum_{k=-\infty}^{\infty} c(k) w(n-k) s(n) + \right. \\
&\qquad \left. \sum_{k=-\infty}^{\infty} \sum_{r=-\infty}^{\infty} c(k) c(r) w(n-k) w(n-r) \right]
\end{aligned}
$$

$$= E[s^2(n)] - 2\sum_{k=-\infty}^{\infty} c(k)E[w(n-k)s(n)] +$$

$$\sum_{k=-\infty}^{\infty}\sum_{r=-\infty}^{\infty} c(k)c(r)E[w(n-k)w(n-r)]$$

$$= R_S(0) - 2\sum_{k=-\infty}^{\infty} c(k)R_{ws}(k) + \sum_{k=-\infty}^{\infty}\sum_{r=-\infty}^{\infty} c(k)c(r)R_W(r-k)$$

$$= R_S(0) - 2\sum_{k=-\infty}^{\infty} c(k)R_{ws}(k) + \sigma_w^2 \sum_{k=-\infty}^{\infty} c^2(k)$$

$$= R_S(0) + \sum_{k=-\infty}^{\infty}\left[\sigma_w c(k) - \frac{R_{ws}(k)}{\sigma_w}\right]^2 - \sum_{k=-\infty}^{\infty} \frac{R_{ws}^2(k)}{\sigma_w^2} \qquad (10.53)$$

由上式可知,欲求解满足最小均方误差条件下的 $c(k)$,必须使下式成立:

$$\sigma_w c(k) - \frac{R_{ws}(k)}{\sigma_w} = 0, \quad -\infty < k < \infty \qquad (10.54)$$

可得

$$c_{\text{opt}}(k) = \frac{R_{ws}(k)}{\sigma_w^2}, \quad -\infty < k < \infty \qquad (10.55)$$

上式两边进行 z 变换,可得

$$C_{\text{opt}}(z) = \frac{G_{ws}(z)}{\sigma_w^2} \qquad (10.56)$$

由式(10.51)得

$$H_{\text{opt}}(z) = \frac{C(z)}{B(z)} = \frac{1}{\sigma_w^2}\frac{G_{ws}(z)}{B(z)} \qquad (10.57)$$

由相关卷积定理可知

$$G_{xs}(z) = B(z^{-1})G_{ws}(z) \qquad (10.58)$$

于是

$$G_{ws}(z) = \frac{G_{xs}(z)}{B(z^{-1})} \qquad (10.59)$$

将上式代入式(10.57),得

$$H_{\text{opt}}(z) = \frac{G(z)}{B(z)} = \frac{1}{\sigma_w^2 B(z)}\frac{G_{xs}(z)}{B(z^{-1})} = \frac{G_{xs}(z)}{G_X(z)} \qquad (10.60)$$

上式即为非物理实现约束的维纳滤波器的最优解。

以下讨论非物理实现约束的维纳滤波器的最小均方误差 $E[e^2(n)]_{\min}$。由式(10.53)和式(10.55),有

$$E[e^2(n)]_{\min} = R_S(0) - \frac{1}{\sigma_w^2}\sum_{k=-\infty}^{\infty} R_{ws}^2(k) \qquad (10.61)$$

由帕塞瓦尔定理可知

$$R_S(m) = \frac{1}{2\pi j}\oint G_S(z)z^{m-1}\mathrm{d}z \qquad (10.62)$$

因而有

$$R_S(0) = \frac{1}{2\pi j}\oint G_S(z)\,\frac{\mathrm{d}z}{z} \tag{10.63}$$

由帕塞瓦尔定理和 z 变换的性质可知

$$\sum_{n=-\infty}^{\infty} x(n)y^*(n) = \frac{1}{2\pi j}\oint_C X(z)Y^*(1/z^*)z^{-1}\mathrm{d}z \tag{10.64}$$

当 $y^*(n)=x(n)$ 时,上式改写为

$$\sum_{n=-\infty}^{\infty} x^2(n) = \frac{1}{2\pi j}\oint_C X(z)X(z^{-1})z^{-1}\mathrm{d}z \tag{10.65}$$

上式中令 $x(n)=R_{ws}^2(k)$,并在两边同时乘以 $\frac{1}{\sigma_\omega^2}$,得

$$\frac{1}{\sigma_\omega^2}\sum_{k=-\infty}^{\infty} R_{ws}^2(k) = \frac{1}{\sigma_\omega^2}\,\frac{1}{2\pi j}\oint_C G_{ws}(z)G_{ws}(z^{-1})\,\frac{\mathrm{d}z}{z} \tag{10.66}$$

于是,式(10.61)在 z 域可表示为

$$E[e^2(n)]_{\min} = \frac{1}{2\pi j}\oint\left[G_S(z) - \frac{1}{\sigma_w^2}G_{ws}(z)G_{ws}(z^{-1})\right]\frac{\mathrm{d}z}{z} \tag{10.67}$$

将式(10.59)代入上式,得

$$E[e^2(n)]_{\min} = \frac{1}{2\pi j}\oint_C\left[G_S(z) - \frac{1}{\sigma_w^2}\,\frac{G_{xs}(z)}{B(z^{-1})}\,\frac{G_{xs}(z^{-1})}{B(z)}\right]\frac{\mathrm{d}z}{z} \tag{10.68}$$

将式(10.60)代入上式,进行整理得

$$E[e^2(n)]_{\min} = \frac{1}{2\pi j}\oint_C\left[G_S(z) - \frac{G_{xs}(z)}{G_X(z)}G_{xs}(z^{-1})\right]\frac{\mathrm{d}z}{z} \tag{10.69}$$

当 $s(n)$ 与 $n(n)$ 不相关时,$G_{xs}(z)=G_S(z)$,$G_X(z)=G_S(z)+G_N(z)$,又因为 $G_S(z)=G_S(z^{-1})$,故而代入上式得

$$E[e^2(n)]_{\min} = \frac{1}{2\pi j}\oint_C \frac{G_S(z)G_N(z)}{G_S(z)+G_N(z)}\,\frac{\mathrm{d}z}{z} \tag{10.70}$$

取单位圆为积分围线,将 $z=\mathrm{e}^{j\omega}$ 代入式(10.70),得

$$E[e^2(n)]_{\min} = \frac{1}{2\pi}\int_{-\pi}^{\pi} \frac{G_S(\omega)G_N(\omega)}{G_S(\omega)+G_N(\omega)}\mathrm{d}\omega \tag{10.71}$$

由上式可知,$E[e^2(n)]_{\min}$ 仅当信号与噪声的功率谱不相覆盖时为 0。

(2) 有物理可实现性约束的(因果的)维纳滤波器。对于有物理可实现性约束的维纳滤波器:$c(k)=0(k<0)$,于是式(10.52)和式(10.53)分别转化为

$$\hat{s}(n) = \sum_{k=0}^{\infty} c(k)w(n-k) \tag{10.72}$$

$$E[e^2(n)] = R_S(0) + \sum_{k=0}^{\infty}\left[\sigma_w c(k) - \frac{R_{ws}(k)}{\sigma_w}\right]^2 - \sum_{k=0}^{\infty}\frac{R_{ws}^2(k)}{\sigma_w^2} \tag{10.73}$$

为了求解满足上式最小条件下的 $c(k)$,可得

$$c_{\mathrm{opt}}(n) = \begin{cases} R_{ws}(n)/\sigma_w^2, & n \geqslant 0 \\ 0, & n < 0 \end{cases} \tag{10.74}$$

若函数 $f(n)$ 的 z 变换为 $F(z)$,即

$$f(n) \leftrightarrow F(z) \tag{10.75}$$

设 $u(n)$ 为单位阶跃响应,$f(n)u(n)$ 的 z 变换用 $[F(z)]_+$ 表示,即

$$f(n)u(n) \leftrightarrow [F(z)]_+$$

$f(n)u(n)$ 可以用来表示一个因果序列,只在 $n \geqslant 0$ 时存在。如果它又是一个稳定序列,则 $[F(z)]_+$ 的全部极点必定都在单位圆内。将式(10.74)进行 z 变换并将式(10.59)代入,得

$$H_{\text{opt}}(z) = \frac{C_{\text{opt}}(z)}{B(z)} = \frac{[G_{ws}(z)]_+}{\sigma_w^2 B(z)} = \frac{1}{\sigma_w^2 B(z)} \left[\frac{G_{xs}(z)}{B(z^{-1})} \right]_+ \tag{10.76}$$

上式即是要求的因果(物理可实现)维纳滤波器的传递函数。

因果维纳滤波器的最小均方误差为

$$E[e^2(n)]_{\min} = R_S(0) - \frac{1}{\sigma_w^2} \sum_{k=0}^{\infty} R_{ws}^2(k)$$

$$= R_S(0) - \frac{1}{\sigma_w^2} \sum_{k=0}^{\infty} [R_{ws}(k)u(k)]R_{ws}(k) \tag{10.77}$$

利用帕塞瓦尔定理,式(10.77)可用 z 域表示为

$$E[e^2(n)]_{\min} = \frac{1}{2\pi j} \oint_C \left\{ G_S(z) - \frac{1}{\sigma_w^2} [G_{ws}(z)]_+ G_{ws}(z^{-1}) \right\} \frac{dz}{z}$$

$$= \frac{1}{2\pi j} \oint_C \left\{ G_S(z) - \frac{1}{\sigma_w^2} \left[\frac{G_{xs}(z)}{B(z^{-1})} \right]_+ \frac{G_{xs}(z^{-1})}{B(z)} \right\} \frac{dz}{z}$$

$$= \frac{1}{2\pi j} \oint_C \left\{ G_S(z) - \frac{1}{\sigma_w^2(z)} \left[\frac{G_{xs}(z)}{B(z^{-1})} \right]_+ G_{xs}(z^{-1}) \right\} \frac{dz}{z}$$

$$= \frac{1}{2\pi j} \oint_C [G_S(z) - H_{\text{opt}}(z)G_{xs}(z^{-1})] \frac{dz}{z} \tag{10.78}$$

比较上式和式(10.69)可知,因果维纳滤波器的 $E[e^2(n)]_{\min}$ 与非因果维纳滤波器的 $E[e^2(n)]_{\min}$ 具有相同的形式,只是二者的 $H_{\text{opt}}(z)$ 有所不同。

【例 10.1】 设已知 $x(n)=s(n)+n(n)$,以及 $G_S(z) = \dfrac{0.36}{(1-0.8z^{-1})(1-0.8z)}$,$G_N(z) = 1$,$G_{sn}(z)=0$,$s(n)$ 和 $n(n)$ 不相关。$s(n)$ 代表所希望得到的信号,$n(n)$ 代表加性白噪声。求物理可实现与物理不可实现这两种情况下的 $H_{\text{opt}}(z)$ 及 $E[e^2(n)]_{\min}$。

解: 因为 $G_{sn}(z)=0$,所以

$$G_X(z) = G_S(z) + G_N(z) = \frac{0.36}{(1-0.8z^{-1})(1-0.8z)} + 1$$

$$= 1.6 \frac{(1-0.5z^{-1})(1-0.5z)}{(1-0.8z^{-1})(1-0.8z)}$$

又因为

$$G_X(z) = \sigma_w^2 B(z)B(z^{-1})$$

其中 $B(z)$ 由单位圆内的零极点组成,$B(z^{-1})$ 由单位圆外的零极点组成,故上两式比较得

$$\sigma_w^2 = 1.6, \quad B(z) = \frac{1-0.5z^{-1}}{1-0.8z^{-1}}, \quad B(z^{-1}) = \frac{1-0.5z}{1-0.8z}$$

(1) 物理可实现情况。

$$H_{\text{opt}}(z) = \frac{1}{\sigma_w^2 B(z)} \left[\frac{G_{xs}(z)}{B(z^{-1})} \right]_+ = \frac{1-0.8z^{-1}}{1.6(1-0.5z^{-1})} \left[\frac{0.36}{(1-0.8z^{-1})(1-0.5z)} \right]_+$$

因为

$$Z^{-1}\left[\frac{0.36}{(1-0.8z^{-1})(1-0.5z)}\right] = \frac{3}{5}(0.8)^n - \frac{3}{5}2^n$$

对于 $n\geqslant 0$，只取 $\frac{3}{5}(0.8)^n$ 项。所以

$$\left[\frac{0.36}{(1-0.8z^{-1})(1-0.5z)}\right]_+ = \frac{3/5}{1-0.8z^{-1}}$$

$$H_{\text{opt}}(z) = \frac{(1-0.8z^{-1})}{1.6(1-0.5z^{-1})}\frac{3/5}{(1-0.8z^{-1})} = \frac{3/8}{1-0.5z^{-1}}$$

利用式(10.78)，并考虑到 $G_{xs}(z)=G_S(z)=G_S(z^{-1})=G_{xs}(z^{-1})$，得

$$E[e^2(n)]_{\min} = \frac{1}{2\pi\text{j}}\oint_C \left[G_S(z)-H_{\text{opt}}(z)\cdot G_{xs}(z^{-1})\right]\frac{\text{d}z}{z}$$

$$= \frac{1}{2\pi\text{j}}\oint_C \left[\frac{0.36}{(1-0.8z^{-1})(1-0.8z)}\right.$$

$$\left.-\frac{3/8}{(1-0.5z^{-1})}\frac{0.36}{(1-0.8z^{-1})(1-0.8z)}\right]\frac{\text{d}z}{z}$$

$$= \frac{1}{2\pi\text{j}}\oint_C \frac{-0.45(5/8z-0.5)}{(z-0.8)(z-1/0.8)(z-0.5)}\text{d}z$$

取单位圆为积分围线，上式等于单位圆内的极点 $z=0.8$ 和 $z=0.5$ 的留数之和，即

$$E[e^2(n)]_{\min} = \frac{-0.45\left(\frac{5}{8}\times 0.8-0.5\right)}{(0.8-1/0.8)(0.8-0.5)} + \frac{-0.45\left(\frac{5}{8}\times 0.5-0.5\right)}{(0.5-0.8)(0.5-1/0.8)} = \frac{3}{8}$$

(2) 非物理可实现的情况。

$$H_{\text{opt}}(z) = \frac{G_{xs}(z)}{G_X(z)} = \frac{G_{xs}(z)}{G_S(z)+G_N(z)} = \frac{\dfrac{0.36}{(1-0.8z^{-1})(1-0.8z)}}{\dfrac{0.36}{(1-0.8z^{-1})(1-0.8z)}+1}$$

$$= \frac{0.225}{(1-0.5z^{-1})(1-0.5z)}$$

$$E[e^2(n)]_{\min} = \frac{1}{2\pi\text{j}}\oint_C \left[G_S(z)-H_{\text{opt}}(z)G_{xs}(z^{-1})\right]\frac{\text{d}z}{z}$$

$$= \frac{1}{2\pi\text{j}}\oint_C \left[\frac{0.36}{(1-0.8z^{-1})(1-0.8z)}\cdot\left(1-\frac{0.225}{(1-0.5z^{-1})(1-0.5z)}\right)\right]\frac{\text{d}z}{z}$$

$$= \frac{1}{2\pi\text{j}}\oint_C \frac{0.9z(1.025-0.5z^{-1}-0.5z)}{(z-0.8)(z-1/0.8)(z-0.5)(z-2)}\text{d}z$$

取单位圆为积分围线。在单位圆内有两个极点：$z=0.8$ 和 $z=0.5$。上式等于该两个极点的留数之和，即

$$E[e^2(n)]_{\min} = \frac{0.9\times 0.8(1.025-0.5/0.8-0.5\times 0.8)}{(0.8-1/0.8)(0.8-0.5)(0.8-2)} +$$

$$\frac{0.9\times 0.5(1.025-0.5/0.5-0.5\times 0.5)}{(0.5-0.8)(0.5-1/0.8)(0.5-2)}$$

$$= \frac{3}{10}$$

由上可知,物理可实现的 $E\left[e^2(n)\right]_{\min}=3/8$,所以在此例中非物理可实现情况的均方误差略小于物理可实现的情况。可以证明,物理可实现情况的最小均方误差总不会小于非物理可实现的情况。

10.3　卡尔曼滤波

10.3.1　卡尔曼滤波的信号模型

维纳滤波与卡尔曼滤波都是以最小均方误差为准则的最佳线性滤波器,但实现方法不同。维纳滤波的信号模型是从信号与噪声的相关函数得到,而卡尔曼滤波的信号模型则是从状态方程和量测方程得到。

假设某系统的状态方程和量测方程为

$$\boldsymbol{S}(k)=\boldsymbol{A}_{k-1}\boldsymbol{S}(k-1)+\boldsymbol{W}(k-1) \tag{10.79}$$

$$\boldsymbol{X}(k)=\boldsymbol{C}_k\boldsymbol{S}(k)+\boldsymbol{N}(k) \tag{10.80}$$

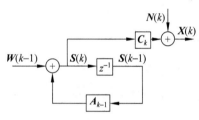

图 10.6　卡尔曼滤波的信号模型

其中,k 表示时间,输入信号 $\boldsymbol{W}(k-1)$ 是高斯白噪声,输出信号的观测噪声 $\boldsymbol{N}(k)$ 也是一个高斯白噪声,$\boldsymbol{A}_k$ 表示第 k 步迭代时的状态过渡增益,反映系统的惯性;$\boldsymbol{C}_k$ 表示第 k 步迭代时状态与输出信号之间的增益矩阵,也称量测矩阵,取决于观测过程的物理特性;$\boldsymbol{X}(k)$ 是观测数据。卡尔曼滤波的信号模型如图 10.6 所示。

为了简便起见,假设状态变量的增益矩阵 $\boldsymbol{A}$ 不随时间变化,$\boldsymbol{W}(k)$ 和 $\boldsymbol{N}(k)$ 都是均值为 0 的高斯白噪声,方差分别为 $\sigma_{w,k}^2$ 和 $\sigma_{n,k}^2$,并且初始状态与 $\boldsymbol{W}(k)$ 和 $\boldsymbol{N}(k)$ 都不相关,γ 表示相关系数,$\gamma_{w_k,w_l}=\sigma_{w,k}^2\delta_{kl}$,$\gamma_{n_k,n_l}=\sigma_{n,k}^2\delta_{kl}$,且 $\delta_{kj}=\begin{cases}1, & k=l\\0, & k\neq l\end{cases}$。

10.3.2　卡尔曼滤波器的设计

卡尔曼滤波采用递推的方法实现,主要是不考虑输入信号和观测噪声的影响,得到状态变量和输出信号的估计值,进而再利用输出信号的估计误差加权后校正状态变量的估计值,使得状态变量估计误差的均方值最小。这样,设计卡尔曼滤波器的关键就在于迭代计算加权矩阵的最优解。

当不考虑观测噪声和输入信号时,状态方程和量测方程转化为

$$\hat{\boldsymbol{S}}'(k)=\boldsymbol{A}\hat{\boldsymbol{S}}(k-1) \tag{10.81}$$

$$\hat{\boldsymbol{X}}'(k)=\boldsymbol{C}_k\hat{\boldsymbol{S}}'(k)=\boldsymbol{C}_k\boldsymbol{A}\hat{\boldsymbol{S}}(k-1) \tag{10.82}$$

这里,由于没有考虑观测噪声,所以输出信号的估计值和实际值是有误差的,两者之间的差距用 $\tilde{\boldsymbol{X}}(k)$ 表示,因而

$$\tilde{\boldsymbol{X}}(k)=\boldsymbol{X}(k)-\hat{\boldsymbol{X}}'(k) \tag{10.83}$$

这时,利用输出信号的估计误差 $\tilde{X}(k)$ 来校正状态变量,得

$$\hat{S}(k) = A\hat{S}(k-1) + H(k)(X(k) - \hat{X}'(k))$$

$$= A\hat{S}(k-1) + H(k)(X(k) - C_kA\hat{S}(k-1)) \tag{10.84}$$

其中,$H(k)$ 是滤波增益矩阵,经过校正后的状态变量的估计误差及其均方值分别用 $\tilde{S}(k)$ 和 $P(k)$ 表示,把未经校正的状态变量的估计误差的均方值用 $P'(k)$ 表示。则有

$$\tilde{S}(k) = S(k) - \hat{S}(k) \tag{10.85}$$

$$P(k) = E[(S(k) - \hat{S}(k))(S(k) - \hat{S}(k))^{\mathrm{T}}] \tag{10.86}$$

$$P'(k) = E[(S(k) - \hat{S}'(k))(S(k) - \hat{S}'(k))^{\mathrm{T}}] \tag{10.87}$$

卡尔曼滤波器的设计要求是使状态变量的估计误差均方值为最小,因此设计的关键就转化为求解 $P(k)$ 和 $H(k)$ 的关系式,即通过选择合适的 $H(k)$,使得 $P(k)$ 取得最小值。

为了得到卡尔曼滤波器的递推公式,先来推导状态变量的估计 $\hat{S}(k)$ 和状态的估计误差 $\tilde{S}(k)$。将式(10.80)和式(10.82)代入式(10.84),得

$$\hat{S}(k) = A\hat{S}(k-1) + H(k)(X(k) - \hat{X}'(k))$$

$$= A\hat{S}(k-1) + H(k)(X(k) - C_k\hat{S}(k-1))$$

$$= A\hat{S}(k-1) + H(k)(C_kS(k) + N(k) - C_k\hat{S}(k-1))$$

$$= (I - H(k)C_k)A\hat{S}(k-1) + H(k)C_kS(k) + H(k)N(k)$$

$$= (I - H(k)C_k)A\hat{S}(k-1) + H(k)C_k(AS(k-1) +$$

$$W(k-1)) + H(k)N(k) \tag{10.88}$$

同理,状态变量的估计误差 $\tilde{S}(k)$ 为

$$\tilde{S}(k) = S(k) - \hat{S}(k) = AS(k-1) + W(k-1) - [(I - H(k)C_k)A\hat{S}(k-1) +$$

$$H(k)C_k(AS(k-1) + W(k-1)) + H(k)N(k)]$$

$$= A(S(k-1) - \hat{S}(k-1)) + H(k)C_kA(\hat{S}(k-1) - S(k-1)) +$$

$$W(k-1) - H(k)C_kW(k-1) - H(k)N(k)$$

$$= (I - H(k)C_k)A(S(k-1) - \hat{S}(k-1)) + (I - H(k)C_k)W(k-1) - H(k)N(k)$$

$$= (I - H(k)C_k)[A(S(k-1) - \hat{S}(k-1)) + W(k-1)] - H(k)N(k) \tag{10.89}$$

为了计算状态变量的估计误差的均方值 $P(k)$,将上式表示为

$$\tilde{S}(k) = D + M - O \tag{10.90}$$

这里

$$D = (I - H(k)C_k)A(S(k-1) - \hat{S}(k-1)) \tag{10.91}$$

$$M = (I - H(k)C_k)W(k-1) \tag{10.92}$$

$$O = H(k)N(k) \tag{10.93}$$

$$P(k) = E[\tilde{S}(k)\tilde{S}^{\mathrm{T}}(k)] = E[(D + M - O)(D + M - O)^{\mathrm{T}}]$$

$$= E[DD^\mathrm{T} + MM^\mathrm{T} + OO^\mathrm{T} + DM^\mathrm{T} - DO^\mathrm{T} + D^\mathrm{T}M - $$
$$MO^\mathrm{T} - D^\mathrm{T}O - M^\mathrm{T}O]\tag{10.94}$$

其中,

$$D^\mathrm{T} = (S(k-1) - \hat{S}(k-1))^\mathrm{T} A^\mathrm{T}(I - H(k)C_k)^\mathrm{T}\tag{10.95}$$

$$M^\mathrm{T} = W^\mathrm{T}(k-1)(I - H(k)C_k)^\mathrm{T}\tag{10.96}$$

$$O^\mathrm{T} = N^\mathrm{T}(k)H^\mathrm{T}(k)\tag{10.97}$$

由于先前假设的状态变量的增益矩阵 A 不随时间发生变化,起始时刻为 0,则式(10.79)经过迭代可得

$$S(k-1) = A^{k-1}S(0) + \sum_{j=0}^{k-2} A^{k-2-j}W(j)\tag{10.98}$$

由上式可知,$S(k-1)$ 仅依赖于 $S(0),W(0),W(1),\cdots,W(k-2)$,与 $W(k-1)$ 不相关,可得

$$E[S(k-1)W^\mathrm{T}(k-1)] = E[W(k-1)W^\mathrm{T}(k-1)] = 0\tag{10.99}$$

又由式(10.84)和式(10.80)可得

$$\hat{S}(k-1) = A\hat{S}(k-2) + H(k-1)(C_{k-1}S(k-1) + $$
$$N(k-1) - C_{k-1}A\hat{S}(k-2))\tag{10.100}$$

由式(10.103)可知,$\hat{S}(k-1)$ 仅依赖于 $S(k-1),N(k-1)$,与 $N(k)$ 不相关,即有

$$E[(S(k-1) - \hat{S}(k-1))N^\mathrm{T}(k)] = E[N(k)(S(k-1) - \hat{S}(k-1))^\mathrm{T}]$$
$$= 0\tag{10.101}$$

$$E[(S(k-1) - \hat{S}(k-1))W^\mathrm{T}(k-1)] = E[W(k-1)(S(k-1) - \hat{S}(k-1))^\mathrm{T}]$$
$$= 0\tag{10.102}$$

将式(10.98)~式(10.102)代入式(10.94),分别化简,可知

$$E[DD^\mathrm{T}] = E[(I - H(k)C_k)A(S(k-1) - \hat{S}(k-1))(S(k-1) - $$
$$\hat{S}(k-1))^\mathrm{T}A^\mathrm{T}(I - H(k)C_k)^\mathrm{T}]\tag{10.103}$$
$$= (I - H(k)C_k)AP_{k-1}A^\mathrm{T}(I - H(k)C_k)^\mathrm{T}$$

$$E[MM^\mathrm{T}] = E[(I - H(k)C_k)W(k-1)W^\mathrm{T}(k-1)(I - H(k)C_k)^\mathrm{T}]$$
$$= (I - H(k)C_k)\sigma_{w,k-1}^2(I - H(k)C_k)^\mathrm{T}\tag{10.104}$$

$$E[OO^\mathrm{T}] = E[H(k)N(k)N^\mathrm{T}(k)H^\mathrm{T}(k)] = H(k)\sigma_{n,k}^2 H^\mathrm{T}(k)\tag{10.105}$$

$$E[DM^\mathrm{T}] = E[(I - H(k)C_k)A(S(k-1) - \hat{S}(k-1))W^\mathrm{T}(k-1)(I - H(k)C_k)^\mathrm{T}]$$
$$= 0\tag{10.106}$$

$$E[DO^\mathrm{T}] = E[(I - H(k)C_k)A(S(k-1) - \hat{S}(k-1))N^\mathrm{T}(k)H^\mathrm{T}(k)] = 0\tag{10.107}$$

$$E[D^\mathrm{T}M] = E[(S(k-1) - \hat{S}(k-1))^\mathrm{T}A^\mathrm{T}(I - H(k)C_k)^\mathrm{T}(I - H(k)C_k)W(k-1)]$$
$$= 0\tag{10.108}$$

$$E[MM^\mathrm{T}] = E[(I - H(k)C_k)W(k-1)N^\mathrm{T}(k)H^\mathrm{T}(k)] = 0\tag{10.109}$$

$$E[D^\mathrm{T}O] = E[(S(k-1) - \hat{S}(k-1))^\mathrm{T}A^\mathrm{T}(k)(I - H(k)C_k)^\mathrm{T}H(k)N(k)] = 0\tag{10.110}$$

$$E[\boldsymbol{M}^\mathrm{T}\boldsymbol{O}] = E[\boldsymbol{W}^\mathrm{T}(k-1)(\boldsymbol{I}-\boldsymbol{H}(k)\boldsymbol{C}_k)^\mathrm{T}\boldsymbol{H}(k)\boldsymbol{N}(k)] = 0 \tag{10.111}$$

将式(10.103)~式(10.111)代入式(10.94),得

$$\begin{aligned}
P(k) &= E[\boldsymbol{D}\boldsymbol{D}^\mathrm{T}] + E[\boldsymbol{M}\boldsymbol{M}^\mathrm{T}] + E[\boldsymbol{O}\boldsymbol{O}^\mathrm{T}] \\
&= (\boldsymbol{I}-\boldsymbol{H}(k)\boldsymbol{C}_k)AP_{k-1}\boldsymbol{A}^\mathrm{T}(\boldsymbol{I}-\boldsymbol{H}(k)\boldsymbol{C}_k)^\mathrm{T} + \\
&\quad (\boldsymbol{I}-\boldsymbol{H}(k)\boldsymbol{C}_k)\sigma_{w,k-1}^2(\boldsymbol{I}-\boldsymbol{H}(k)\boldsymbol{C}_k)^\mathrm{T} + \boldsymbol{H}(k)\sigma_{n,k}^2\boldsymbol{H}^\mathrm{T}(k) \\
&= (\boldsymbol{I}-\boldsymbol{H}(k)\boldsymbol{C}_k)[AP_{k-1}\boldsymbol{A}^\mathrm{T}+\sigma_{w,k-1}^2](\boldsymbol{I}-\boldsymbol{H}(k)\boldsymbol{C}_k)^\mathrm{T} + \boldsymbol{H}(k)\sigma_{n,k}^2\boldsymbol{H}^\mathrm{T}(k) \tag{10.112}
\end{aligned}$$

由未经校正的状态变量的估计误差的均方值的定义可知

$$\begin{aligned}
P^{'}(k) &= E[(\boldsymbol{S}(k)-\hat{\boldsymbol{S}}^{'}(k))(\boldsymbol{S}(k)-\hat{\boldsymbol{S}}^{'}(k))^\mathrm{T}] \\
&= E[(A\boldsymbol{S}(k-1)+\boldsymbol{W}(k-1)-A\hat{\boldsymbol{S}}^{'}(k-1))(A\boldsymbol{S}(k-1)+ \\
&\quad \boldsymbol{W}(k-1)-A\hat{\boldsymbol{S}}^{'}(k-1))^\mathrm{T}] \\
&= E[(A(\boldsymbol{S}(k-1)-\hat{\boldsymbol{S}}^{'}(k-1))+\boldsymbol{W}(k-1)(A(\boldsymbol{S}(k-1)- \\
&\quad \hat{\boldsymbol{S}}^{'}(k-1))+\boldsymbol{W}(k-1))^\mathrm{T}] \\
&= AE[(\boldsymbol{S}(k-1)-\hat{\boldsymbol{S}}^{'}(k-1))(\boldsymbol{S}(k-1)-\hat{\boldsymbol{S}}^{'}(k-1))^\mathrm{T}]\boldsymbol{A}^\mathrm{T} + \\
&\quad E[\boldsymbol{W}(k-1)\boldsymbol{W}^\mathrm{T}(k-1)] \\
&= AP(k)\boldsymbol{A}^\mathrm{T} + \sigma_{w,k-1}^2 \tag{10.113}
\end{aligned}$$

将上式代入式(10.112),得

$$\begin{aligned}
P(k) &= (\boldsymbol{I}-\boldsymbol{H}(k)\boldsymbol{C}_k)P^{'}(k)(\boldsymbol{I}-\boldsymbol{H}(k)\boldsymbol{C}_k)^\mathrm{T} + \boldsymbol{H}(k)\sigma_{n,k}^2\boldsymbol{H}^\mathrm{T}(k) \\
&= P^{'}(k) - \boldsymbol{H}(k)\boldsymbol{C}_kP^{'}(k) - P^{'}(k)\boldsymbol{C}_k^\mathrm{T}\boldsymbol{H}^\mathrm{T}(k) + \\
&\quad \boldsymbol{H}(k)\boldsymbol{C}_kP^{'}(k)\boldsymbol{C}_k^\mathrm{T}\boldsymbol{H}^\mathrm{T}(k) + \boldsymbol{H}(k)\sigma_{n,k}^2\boldsymbol{H}^\mathrm{T}(k) \\
&= P^{'}(k) - \boldsymbol{H}(k)\boldsymbol{C}_kP^{'}(k) - P^{'}(k)\boldsymbol{C}_k^\mathrm{T}\boldsymbol{H}^\mathrm{T}(k) + \\
&\quad \boldsymbol{H}_k(\boldsymbol{C}_kP^{'}(k)\boldsymbol{C}_k^\mathrm{T}+\sigma_{n,k}^2)\boldsymbol{H}^\mathrm{T}(k) \tag{10.114}
\end{aligned}$$

这里,$\boldsymbol{C}_kP^{'}(k)\boldsymbol{C}_k^\mathrm{T}+\sigma_{n,k}^2$是正定阵,记作

$$\boldsymbol{C}_kP^{'}(k)\boldsymbol{C}_k^\mathrm{T} + \sigma_{n,k}^2 = \boldsymbol{V}\boldsymbol{V}^\mathrm{T} \tag{10.115}$$

在此,令

$$\boldsymbol{U}^\mathrm{T} = (P^{'}(k)\boldsymbol{C}_k^\mathrm{T})^\mathrm{T} = \boldsymbol{C}_kP^{'\mathrm{T}}(k) = \boldsymbol{C}_kP^{'}(k) \tag{10.116}$$

将上式代入式(10.115),得

$$\begin{aligned}
P(k) &= P^{'}(k) - \boldsymbol{H}(k)\boldsymbol{U}^\mathrm{T} - \boldsymbol{U}\boldsymbol{H}^\mathrm{T}(k) + \boldsymbol{H}(k)\boldsymbol{V}\boldsymbol{V}^\mathrm{T}\boldsymbol{H}^\mathrm{T}(k) \\
&= [\boldsymbol{H}(k)\boldsymbol{V}-\boldsymbol{U}(\boldsymbol{V}^\mathrm{T})^{-1}][\boldsymbol{H}(k)\boldsymbol{V}-\boldsymbol{U}(\boldsymbol{V}^\mathrm{T})^{-1}]^\mathrm{T} + P^{'}(k) - \boldsymbol{U}(\boldsymbol{V}\boldsymbol{V}^\mathrm{T})^{-1}\boldsymbol{U}^\mathrm{T} \\
&= [\boldsymbol{H}(k)\boldsymbol{V}-\boldsymbol{U}(\boldsymbol{V}^\mathrm{T})^{-1}][\boldsymbol{H}(k)\boldsymbol{V}-\boldsymbol{U}(\boldsymbol{V}^\mathrm{T})^{-1}]^\mathrm{T} + \\
&\quad P^{'}(k) - P^{'}(k)\boldsymbol{C}_k(\boldsymbol{C}_kP^{'}(k)\boldsymbol{C}_k^\mathrm{T}+\sigma_{n,k}^2)^{-1}\boldsymbol{C}_kP^{'}(k) \tag{10.117}
\end{aligned}$$

为了求解使得满足 $P(k)$ 最小的 $\boldsymbol{H}(k)$,由上式可以看出

$$\boldsymbol{H}(k)\boldsymbol{V} - \boldsymbol{U}(\boldsymbol{V}^\mathrm{T})^{-1} = 0 \tag{10.118}$$

所以

$$\boldsymbol{H}_{\mathrm{opt}} = \boldsymbol{U}(\boldsymbol{V}^\mathrm{T})^{-1}\boldsymbol{V}^{-1} = \boldsymbol{U}(\boldsymbol{V}^\mathrm{T}\boldsymbol{V})^{-1} = P^{'}(k)\boldsymbol{C}_k^\mathrm{T}(\boldsymbol{C}_kP^{'}(k)\boldsymbol{C}_k^\mathrm{T}+\sigma_{n,k}^2)^{-1} \tag{10.119}$$

将 $\boldsymbol{H}_{\mathrm{opt}}$ 代入 $P(k)$,得到最小的均方误差阵为

$$\begin{aligned}
P(k) &= P^{'}(k) - P^{'}(k)\boldsymbol{C}_k(\boldsymbol{C}_kP^{'}(k)\boldsymbol{C}_k^\mathrm{T}+\sigma_{n,k}^2)^{-1}\boldsymbol{C}_kP^{'}(k) \\
&= P^{'}(k) - \boldsymbol{H}(k)\boldsymbol{C}_kP^{'}(k)
\end{aligned}$$

$$= (I - H(k)C_k)P'(k) \tag{10.120}$$

卡尔曼滤波算法的流程图如图 10.7 所示。

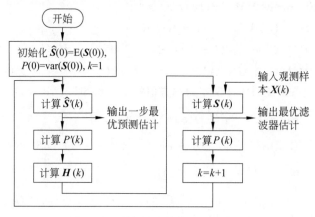

图 10.7　卡尔曼滤波算法的流程图

本 章 小 结

（1）维纳滤波器是根据最小均方误差准则，求得最佳线性滤波器参数的滤波器，主要有连续过程的维纳滤波和离散过程维纳滤波两种。

① 连续过程维纳滤波的非因果系统的最优传递函数为 $H_{\mathrm{opt}}(\omega) = \dfrac{G_{sx}(\omega)}{G_X(\omega)}$；其因果系统的最优传递函数 $H_{\mathrm{opt}}(\omega) = \dfrac{B_X^+(\omega)}{A_X^+(\omega)}$。

② 离散过程维纳滤波时域解为 $H = H_{\mathrm{opt}} = R_X^{-1}R_{sz}$；非物理实现约束维纳滤波器的 z 域最优解为 $H_{\mathrm{opt}}(z) = \dfrac{G_{sx}(z)}{G_X(z)}$，其最小均方误差为 $E[e^2(n)]_{\min} = \dfrac{1}{2\pi\mathrm{j}}\oint_C \dfrac{G_S(z)G_N(z)}{G_S(z)+G_N(z)}\dfrac{\mathrm{d}z}{z}$；物理实现约束的维纳滤波器的 z 域最优解为 $H_{\mathrm{opt}}(z) = \dfrac{1}{\sigma_w^2 B(z)}\left[\dfrac{G_{xs}(z)}{B(z^{-1})}\right]_+$，其最小均方误差 $E[e^2(n)]_{\min} = \dfrac{1}{2\pi\mathrm{j}}\oint_C \left\{G_S(z) - \dfrac{1}{\sigma_w^2}\left[\dfrac{G_{xs}(z)}{B(z^{-1})}\right]_+ \dfrac{G_{xs}(z^{-1})}{B(z)}\right\}\dfrac{\mathrm{d}z}{z}$。

（2）卡尔曼滤波是一种高效率的自回归滤波器，它能够从一系列不完全及包含噪声的测量中，估计动态系统的状态，其核心迭代公式为

$$\hat{S}(k) = A\hat{S}(k-1) + H(k)[X(k) - C_k A\hat{S}(k-1)]$$
$$H(k) = P'(k)C_k^{\mathrm{T}}(C_k P'(k)C_k^{\mathrm{T}} + \sigma_{n,k}^2)^{-1}$$
$$P'(k) = AP(k-1)A^{\mathrm{T}} + \sigma_{w,k-1}^2$$
$$P(k) = (I - H(k)C_k)P'(k)$$

思 考 题

1. 维纳滤波器和卡尔曼滤波器的主要异同点是什么?

2. 维纳滤波器和卡尔曼滤波器分别适合于哪些场合?

3. 对于平稳随机信号,当过渡过程结束后,卡尔曼滤波和维纳滤波结果间存在什么关系?

习 题

1. 设线性滤波器的输入信号为 $x(t)=s(t)+n(t)$,其中 $E[s(t)]=0,E[n(t)]=0$,并且已知 $R_S(\tau)=\mathrm{e}^{-|\tau|},R_N(\tau)=\mathrm{e}^{-2|\tau|},R_{sn}(\tau)=0$,求因果连续维纳滤波器的传递函数。

2. 设已知 $x(n)=s(n)+n(n)$,以及 $G_S(z)=\dfrac{0.92}{(1-0.4z^{-1})(1-0.4z)},G_N(z)=1$,$G_{sn}(z)=0$ $s(n)$ 和 $n(n)$ 不相关。$s(n)$ 代表所希望得到的信号,$n(n)$ 代表加性白噪声。求其物理可实现的因果维纳滤波器的 $H_{\mathrm{opt}}(z)$ 及 $E[e^2(n)]_{\min}$,非因果情况的结果如何?试作比较。

3. 已知一维平稳随机信号 $x(n)$ 的状态方程和量测方程分别为 $x(k)=0.5x(k-1)+w(k-1)$ 和 $y(k)=x(k)+n(k)$,其中,$w(k)$、$n(k)$ 为白噪声,且 $E[x(k)]=E[w(k)]=E[n(k)]=0,E[w^2(k)]=1,E[n^2(k)]=1$,以及对于任意 k、l 有 $E[w(k)n(l)]=0$ 和 $E[x(k)n(l)]=0$。

(1) 列出并化简相应的卡尔曼滤波公式。

(2) 分析当 $k\to\infty$ 时,$P(k)$ 的极限形式。

计算机仿真

卡尔曼滤波仿真

1) 仿真假设

假设雷达对船舶定位目标进行观测,对其运动轨迹进行估计。船舶初始横纵位置为 $(200,-150)$,初始横纵速度为 $(20,10)$,对卡尔曼滤波后的轨迹进行仿真分析。

2) 程序代码

程序分为主程序 main.m 以及调用子程序 ED.m。调用子程序 ED.m 用来计算欧几里得距离。

(1) 主程序 main.m。

```
clear all;
close all;
clc;
CYC=2;                                    %扫描周期
NUM=80/CYC;                               %采样次数
```

```matlab
GX=zeros(4,NUM);                                       %目标真实位置、速度
GX(:,1)=[200,20,-150,10];                              %目标初始位置、速度
OBSZ=zeros(2,NUM);                                     %观测位置
OBSZ(:,1)=[GX(1,1),GX(3,1)];                           %观测位置初始化
del=1;
MEAN=del*diag([1,2,1,2]);                              %过程噪声均值
MEAN1=100*eye(2);                                      %观测噪声均值
TRAN=[1,CYC,0,0;0,1,0,0;0,0,1,CYC;0,0,0,1];            %状态转移矩阵
OBS=[1,0,0,0;0,0,1,0];                                 %观测矩阵
for T:2NUM
GX(:,T)=TRAN*GX(:,T-1)+sqrtm(MEAN)*randn(4,1);         %目标真实轨迹
OBSZ(:,T)=OBS*GX(:,T)+sqrtm(MEAN1)*randn(2,1);         %目标观测轨迹
end
GXkf=zeros(4,NUM);
GXkf(:,1)=GX(:,1);                                     %卡尔曼滤波状态初始化
COV0=eye(4);                                           %协方差阵初始化
for i:2NUM
GXn=TRAN*GXkf(:,i-1);                                  %预测
COV1=TRAN*COV0TRAN'+MEAN;                              %预测误差协方差
G=COV1*OBS'*inv(OBS*COV1*OBS'+MEAN1);                  %增益
GXkf(:,i)=GXn+G*(OBSZ(:,i)-OBS*GXn);                   %状态更新
COV0=(eye(4)-G*OBS)*COV1;                              %更新滤波误差协方差
end
%误差更新#
for i:1NUM
ErrO(i)=ED(GX(:,i),OBSZ(:,i));                         %滤波前的误差
ErrK(i)=ED(GX(:,i),GXkf(:,i));                         %滤波后的误差
end
figure
hold on;box on;
plot(GX(1,:),GX(3,:),'-k');                            %真实轨迹
plot(GXkf(1,:),GXkf(3,:),'-r+');                       %卡尔曼滤波轨迹
legend('真实轨迹','卡尔曼滤波轨迹')
figure
hold on;box on;
plot(OBSZ(1,:),OBSZ(2,:),'-b.');                       %观测轨迹
plot(GXkf(1,:),GXkf(3,:),'-r+');                       %卡尔曼滤波轨迹
legend('观测轨迹','卡尔曼滤波轨迹')
figure
hold on; box on;
plot(ErrO,'-ko','MarkerFace','b')
plot(ErrK,'-ks','MarkerFace','r')
legend('滤波前误差','滤波后误差')
```

（2）子程序 ED.m。

```
function d=ED(GX1,GX2);
if length(GX2)<=2
d=sqrt( (GX1(1)-GX2(1))^2 +(GX1(3)-GX2(2))^2 );
else
d=sqrt( (GX1(1)-GX2(1))^2 +(GX1(3)-GX2(3))^2 );
end
```

3）仿真结果

真实轨迹、观测轨迹与卡尔曼滤波轨迹的对比分别如图 10.8 和图 10.9 所示,滤波前后误差对比图如图 10.10 所示。

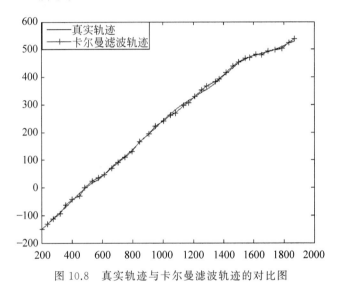

图 10.8　真实轨迹与卡尔曼滤波轨迹的对比图

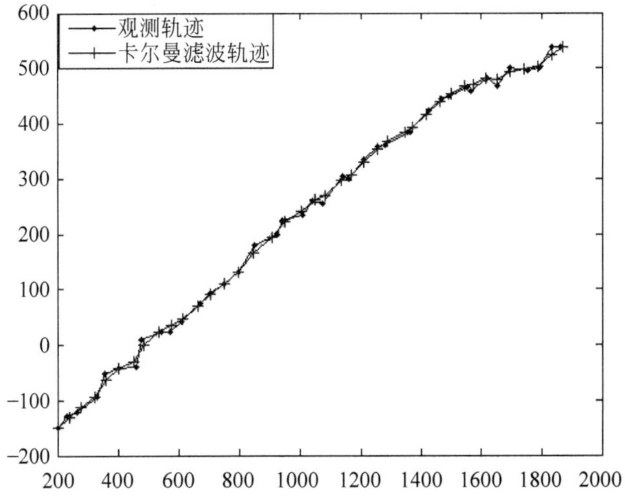

图 10.9　观测轨迹与卡尔曼滤波轨迹的对比图

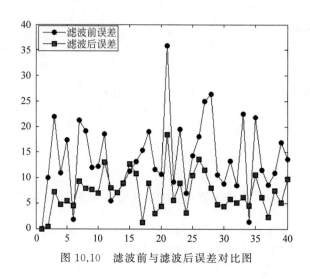

图 10.10　滤波前与滤波后误差对比图

知 识 扩 展

1. 诺伯特·维纳（Norbert Wiener，1894—1964）

美国数学家，控制论的创始人。他于 1894 年 11 月 26 日出生于美国密苏里州的哥伦比亚市，1964 年 3 月 18 日在瑞典斯德哥尔摩访问时病逝。维纳在其 50 年的科学生涯中，先后涉足哲学、数学、物理学和工程学，最后转向生物学，在各个领域都取得丰硕成果，称得上是恩格斯颂扬过的、20 世纪多才多艺和学识渊博的科学巨人。一生发表论文 240 多篇，著作 14 部。主要著作有《控制论》（1948 年）、《维纳选集》（1964 年）和《维纳数学论文集》（1980 年），以及两本自传《昔日神童》和《我是一个数学家》。

2. 鲁道夫·埃米尔·卡尔曼（Rudolf Emil Kalman，1930—2016）

匈牙利裔美国数学家、电气工程师。他于 1930 年 5 月 19 日出生于匈牙利首都布达佩斯，1943 年移居美国，2016 年 7 月 2 日卒于美国佛罗里达州的盖恩斯维尔。1961 年和布什（R. S. Bucy）合作发表了《线性滤波和预测理论的新成果》，提出了一种新的线性滤波和预测理论，即卡尔曼滤波。斯坦利·施密特（Stanley Schmidt）首次实现了卡尔曼滤波器，成功用于解决阿波罗计划的轨道预测问题。

3. 理查德·斯诺登·布西（Richard Snowden Bucy，1935—2019）

美国航空航天工程教授、数学教育家。他于 1935 年 7 月 20 日生于美国华盛顿特区，2019 年 11 月 2 日卒于美国洛杉矶雷东多。1961 年与卡尔曼合作，将卡尔曼滤波方法推广到连续时间系统，拓展了卡尔曼滤波的适用范围。

4. 斯坦利·施密特（Stanley Schmidt，1926—2015）

美国航空航天工程师，开创了用于航空和太空导航的施密特-卡尔曼滤波器，最著名的是"阿波罗"航天器。他于 1926 年 1 月 21 日出生于美国加利福尼亚州的霍利斯特，2015 年 8 月 13 日卒于加利福尼亚州的洛斯阿尔托斯。首次将卡尔曼滤波器应用于"阿波罗"载人登月任务的非线性导航方程数据处理中，后又开发了卡尔曼滤波器的公式，应用于机载导航系统。

第 11 章 自适应滤波

本章提要

本章简要阐述自适应滤波的基本概念、组成、分类和性能指标,分析 LMS 和 RLS 两类常用自适应滤波算法的基本原理和迭代公式等,并对其性能进行了讨论。

11.1 自适应滤波概述

11.1.1 自适应滤波的基本概念

自适应滤波和维纳滤波一样,都是符合某种准则的最佳滤波。但是要获得维纳滤波,必须已知信号与噪声的有关统计特性。在实际应用中,这些统计特性的先验知识较难获得,特别是有些实际信号的统计特性会随时间发生变化,此时维纳滤波难以实现最佳滤波,需要采用自适应滤波。

所谓自适应滤波,是指利用前面时刻已获得的滤波器参数来自动调节当前滤波器参数,以"适应"信号和噪声未知或随时间变化的统计特性,从而实现最佳滤波。当输入信号的统计特性未知时,自动将自身参数调整到最佳的过程称为"学习过程"。当输入信号的统计特性发生变化时,自动将自身参数调整到最佳的过程称为"跟踪过程",因此自适应滤波器具有自学习和自跟踪的性能。

11.1.2 自适应滤波的组成

自适应滤波器的组成框图如图 11.1 所示,一般分为可编程滤波器和自适应算法两部分。可编程滤波器是参数可变的滤波器,自适应算法是用于控制可编程滤波器参数随时间更新的算法。自适应滤波器的核心是自适应算法。

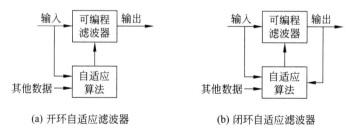

(a) 开环自适应滤波器　　　　(b) 闭环自适应滤波器

图 11.1　自适应滤波器的组成框图

11.1.3 自适应滤波的分类

根据不同原则,自适应滤波有不同的分类。

(1) 根据自适应算法是否与可编程滤波器输出有关,自适应滤波可分为开环自适应滤波和闭环自适应滤波,如图 11.1(a)和图 11.1(b)所示。开环滤波的自适应算法仅取决于系统输入,与输出无关;闭环滤波的自适应算法由系统的输入输出共同决定。

(2)根据自适应算法的最佳准则,自适应滤波可分为基于最小均方误差准则自适应滤波和基于最小二乘准则自适应滤波等。基于最小均方误差准则自适应滤波以滤波器的均方误差为代价函数,即 $J(n) = E[e^2(n)]$。而基于最小二乘准则自适应滤波以加权二次方误差累计和为代价函数,即 $J(n) = \sum_{k=0}^{n} \lambda^{n-k} e^2(k \mid n)$。

(3)根据可编程滤波器的性质,自适应滤波可分为 FIR 自适应滤波和 IIR 自适应滤波。实际中广泛采用的是 FIR 自适应滤波,因为 IIR 自适应滤波存在稳定性问题,且其自适应算法较复杂。

(4)根据自适应滤波的变量域,自适应滤波可分为时域自适应滤波、频域自适应滤波和空域自适应滤波等。

11.1.4　自适应滤波的性能指标

自适应滤波的核心是自适应算法,自适应算法的主要性能指标有以下 5 个。

(1)收敛速率。定义为算法在平稳输入时,滤波器收敛于最佳解时所需要的迭代次数。收敛速率越快,处理时间越短,跟踪非平稳过程的能力越强。

(2)失调。表征自适应算法收敛后的稳态值与最佳值之间的偏离程度。

(3)跟踪能力。表征自适应算法在非平稳条件下,跟踪最佳解变化的能力。

(4)稳健性。反映自适应算法对输入信号或外界扰动的适应性。对于一个稳健的自适应算法,在任何输入信号和各种扰动下均能稳定工作。

(5)计算要求。主要包括每次迭代所需要的计算量、存储数据和程序所需要的存储量、在计算机上对算法编程所需要的其他投资等。

自适应滤波经过几十年的发展,目前已日趋成熟,得到广泛应用。主要应用领域有模式识别,自适应均衡,雷达与声呐的波束形成,减少或消除心电图中的周期干扰,有噪信号的检测、跟踪和线性预测等。本章重点讨论最常用的最小均方(least mean square,LMS)自适应滤波算法和递归最小二乘(recursive least squares,RLS)自适应滤波算法两类自适应滤波算法。

11.2　最小均方自适应滤波算法

LMS 算法是一种基于最小均方误差准则的自适应滤波算法,具有计算简单、应用方便等特点。

11.2.1　基本原理

设 N 阶 FIR 滤波器的单位脉冲响应为 $h(0), h(1), \cdots, h(N-1)$,则 n 时刻滤波器的输出为

$$y(n) = \sum_{i=0}^{N-1} h(i) x(n-i) \tag{11.1}$$

其中,$x(n)$ 为滤波器的输入信号。

在自适应滤波中，$h(i)$习惯用w_i表示，称为权系数或权值。权系数在自适应滤波过程中随着时间的变化而改变，因此表示为$w_i(n)$，上式应改写为

$$y(n) = \sum_{i=0}^{N-1} w_i(n)x(n-i) \tag{11.2}$$

为了分析方便，将上式改写成矩阵形式

$$y(n) = \boldsymbol{W}^{\mathrm{T}}(n)\boldsymbol{X}(n) = \boldsymbol{X}^{\mathrm{T}}(n)\boldsymbol{W}(n) \tag{11.3}$$

其中，$\boldsymbol{W}(n) = [w_0(n), w_1(n), \cdots, w_{N-1}(n)]^{\mathrm{T}}$称为滤波器的权矢量；$\boldsymbol{X}(n) = [x(n), x(n-1), \cdots, x(n-N+1)]^{\mathrm{T}}$称为滤波器的输入矢量。

需要注意的是，输入矢量$\boldsymbol{X}(n)$的各元素不一定是由同一信号的不同延迟组成，也可能是来自不同信源的任意一组输入信号，即$\boldsymbol{X}(n) = [x_0(n), x_1(n), \cdots, x_{N-1}(n)]^{\mathrm{T}}$。为了有所区别，通常将输入为$\boldsymbol{X}(n) = [x(n), x(n-1), \cdots, x(n-N+1)]^{\mathrm{T}}$的滤波器称为单输入FIR滤波器；输入为$\boldsymbol{X}(n) = [x_0(n), x_1(n), \cdots, x_{N-1}(n)]^{\mathrm{T}}$的滤波器称为多输入FIR滤波器，如图11.2(a)和图11.2(b)所示。本章主要讨论单输入FIR滤波器。

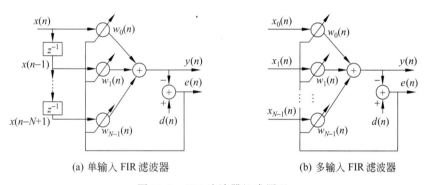

(a) 单输入 FIR 滤波器　　　　　(b) 多输入 FIR 滤波器

图 11.2　FIR 滤波器组成原理

图中，$d(n)$为期望信号，有时也称为训练信号；$e(n)$为滤波器输出$y(n)$相对于$d(n)$的误差，即

$$e(n) = d(n) - y(n) = d(n) - \boldsymbol{W}^{\mathrm{T}}(n)\boldsymbol{X}(n) \tag{11.4}$$

LMS算法基于最小均方误差准则，定义均方误差为代价函数，即

$$
\begin{aligned}
J(n) = \varepsilon(n) &= E[e^2(n)] \\
&= E[d^2(n)] - 2\boldsymbol{W}^{\mathrm{T}}(n)E[d(n)\boldsymbol{X}(n)] + \boldsymbol{W}^{\mathrm{T}}(n)E[\boldsymbol{X}(n)\boldsymbol{X}^{\mathrm{T}}(n)]\boldsymbol{W}(n)
\end{aligned} \tag{11.5}
$$

令$\boldsymbol{R}_{dx}$为$d(n)$与$\boldsymbol{X}(n)$的互相关矢量，即

$$\boldsymbol{R}_{dx} = E[d(n)\boldsymbol{X}(n)] = E[d(n)x(n), d(n)x(n-1), \cdots, d(n)x(n-N+1)]^{\mathrm{T}} \tag{11.6}$$

令$\boldsymbol{R}_x$为$\boldsymbol{X}(n)$的自相关矩阵，即

$$
\begin{aligned}
\boldsymbol{R}_x &= E[\boldsymbol{X}(n)\boldsymbol{X}^{\mathrm{T}}(n)] \\
&= E \begin{bmatrix} x(n)x(n) & x(n)x(n-1) & \cdots & x(n)x(n-N+1) \\ x(n-1)x(n) & x(n-1)x(n-1) & \cdots & x(n-1)x(n-N+1) \\ \vdots & \vdots & \ddots & \vdots \\ x(n-N+1)x(n) & x(n-N+1)x(n-1) & \cdots & x(n-N+1)x(n-N+1) \end{bmatrix}
\end{aligned} \tag{11.7}
$$

对实输入矢量 $\boldsymbol{X}(n)$，$\boldsymbol{R}_x$ 有两个特点，一是对称矩阵，二是必为正定或半正定的。于是式(11.5)可改写为

$$\varepsilon(n) = E[d^2(n)] - 2\boldsymbol{W}^T(n)\boldsymbol{R}_{dx} + \boldsymbol{W}^T(n)\boldsymbol{R}_x\boldsymbol{W}(n) \tag{11.8}$$

就平稳随机信号输入而言，$\varepsilon(n)$ 是 $\boldsymbol{W}(n)$ 的二次函数，为一个凹的超抛物体曲面，具有最小点。欲求 $\varepsilon(n)$ 的最小值，其必要条件是 $\varepsilon(n)$ 对 $\boldsymbol{W}(n)$ 的梯度 $\nabla_w\varepsilon(n)$ 为 0，即

$$\nabla_w\varepsilon(n) = \nabla_w E[e^2(n)] = -2\boldsymbol{R}_{dx} + 2\boldsymbol{R}_x\boldsymbol{W}(n) \tag{11.9}$$

令 $\nabla_w\varepsilon(n) = 0$ 即得到最优权矢量 $\boldsymbol{W}^*$，有

$$-2\boldsymbol{R}_{dx} + 2\boldsymbol{R}_x\boldsymbol{W}^* = 0 \tag{11.10}$$

即

$$\boldsymbol{W}^* = \boldsymbol{R}_x^{-1}\boldsymbol{R}_{dx} \tag{11.11}$$

上式称为维纳—霍普夫方程或正则方程，$\boldsymbol{W}^*$ 称为最佳权矢量或维纳权矢量。此时最小均方误差为

$$\begin{aligned}
\varepsilon_{\min} &= E[d^2(n)] - 2(\boldsymbol{R}_x^{-1}\boldsymbol{R}_{dx})^T\boldsymbol{R}_{dx} + (\boldsymbol{R}_x^{-1}\boldsymbol{R}_{dx})^T\boldsymbol{R}_x\boldsymbol{R}_x^{-1}\boldsymbol{R}_{dx} \\
&= E[d^2(n)] - \boldsymbol{R}_{dx}^T\boldsymbol{W}^*
\end{aligned} \tag{11.12}$$

因此，可以根据 $\boldsymbol{X}(n)$ 和 $d(n)$ 的采样值，求出 $\boldsymbol{R}_{dx}$ 和 $\boldsymbol{R}_x$ 的估计值 $\hat{\boldsymbol{R}}_{dx}$ 和 $\hat{\boldsymbol{R}}_x$，再对 $\hat{\boldsymbol{R}}_x$ 求逆，最后由式(11.11)求出 $\boldsymbol{W}^*$。由于信号和干扰是时变的，使得这种估计和求逆运算必须不断进行。此方法计算量很大，难以实时处理。

求解正则方程的另一类重要解法是最陡下降法。这是一种沿梯度负方向修正权矢量，逐步收敛到最佳权矢量 $\boldsymbol{W}^*$ 的算法。该算法不需要矩阵求逆运算，是 LMS 算法的基础。

11.2.2　均方误差性能曲面

$\varepsilon(n)$ 通常称为均方误差性能函数，对最陡下降法和 LMS 算法的性能影响较大。下面讨论 $\varepsilon(n)$ 随 $\boldsymbol{W}(n)$ 的变化。为了分析方便，暂将变量 n 省略。

将式(11.12)代入式(11.8)，得到

$$\varepsilon = \varepsilon_{\min} + \boldsymbol{R}_{dx}^T\boldsymbol{W}^* - 2\boldsymbol{W}^T\boldsymbol{R}_{dx} + \boldsymbol{W}^T\boldsymbol{R}_x\boldsymbol{W} \tag{11.13}$$

将 $\boldsymbol{W}^* = \boldsymbol{R}_x^{-1}\boldsymbol{R}_{dx}$，$\boldsymbol{R}_{dx} = \boldsymbol{R}_x\boldsymbol{W}^*$，$\boldsymbol{R}_{dx}^T = \boldsymbol{W}^{*T}\boldsymbol{R}_x^T = \boldsymbol{W}^{*T}\boldsymbol{R}_x$ 代入上式，化简得

$$\begin{aligned}
\varepsilon &= \varepsilon_{\min} + \boldsymbol{W}^{*T}\boldsymbol{R}_x\boldsymbol{W}^* - \boldsymbol{W}^{*T}\boldsymbol{R}_x\boldsymbol{W} - \boldsymbol{W}^T\boldsymbol{R}_x\boldsymbol{W}^* + \boldsymbol{W}^T\boldsymbol{R}_x\boldsymbol{W} \\
&= \varepsilon_{\min} + (\boldsymbol{W}^{*T} - \boldsymbol{W}^T)\boldsymbol{R}_x\boldsymbol{W}^* - (\boldsymbol{W}^{*T} - \boldsymbol{W}^T)\boldsymbol{R}_x\boldsymbol{W} \\
&= \varepsilon_{\min} + (\boldsymbol{W} - \boldsymbol{W}^*)^T\boldsymbol{R}_x(\boldsymbol{W} - \boldsymbol{W}^*)
\end{aligned} \tag{11.14}$$

令 $\boldsymbol{V} = \boldsymbol{W} - \boldsymbol{W}^* = [v_0, v_1, \cdots, v_{N-1}]^T$，称为偏差权矢量，表示权矢量与最佳权矢量之间的偏差。上式可以表示为

$$\varepsilon = \varepsilon_{\min} + \boldsymbol{V}^T\boldsymbol{R}_x\boldsymbol{V} \tag{11.15}$$

由自相关矩阵的性质可知，$\boldsymbol{R}_x$ 是正定或半正定的，利用特征值和特征向量进一步化简，得

$$\boldsymbol{R}_x = \boldsymbol{Q}\boldsymbol{\Lambda}\boldsymbol{Q}^T \tag{11.16}$$

其中，$\boldsymbol{Q}$ 称为正交矩阵或特征矩阵，由 $\boldsymbol{R}_x$ 的特征值所对应的特征向量组成；$\boldsymbol{\Lambda}$ 为由特征值构成的对角矩阵，表示为

$$\boldsymbol{\Lambda} = \begin{bmatrix} \lambda_0 & 0 & \cdots & 0 \\ 0 & \lambda_1 & \cdots & 0 \\ \vdots & \vdots & \ddots & \vdots \\ 0 & 0 & \cdots & \lambda_{N-1} \end{bmatrix} \tag{11.17}$$

其中,$\lambda_0, \lambda_1, \cdots, \lambda_{N-1}$ 为 $\boldsymbol{R}_x$ 的 N 个特征值。

正交矩阵 $\boldsymbol{Q}$ 满足

$$\boldsymbol{Q}^{\mathrm{T}}\boldsymbol{Q} = \boldsymbol{I} \quad \text{或} \quad \boldsymbol{Q}^{\mathrm{T}} = \boldsymbol{Q}^{-1} \tag{11.18}$$

将式(11.16)代入式(11.15),有

$$\varepsilon = \varepsilon_{\min} + \boldsymbol{V}^{\mathrm{T}}\boldsymbol{Q}\boldsymbol{\Lambda}\boldsymbol{Q}^{\mathrm{T}}\boldsymbol{V} \tag{11.19}$$

令 $\boldsymbol{V}' = \boldsymbol{Q}^{\mathrm{T}}\boldsymbol{V} = [v'_0, v'_1, \cdots, v'_{N-1}]^{\mathrm{T}}$,$\boldsymbol{V}'$ 为坐标轴旋转后新坐标系下的偏差权矢量,则 $\boldsymbol{V} = \boldsymbol{Q}\boldsymbol{V}'$,上式变为

$$\varepsilon = \varepsilon_{\min} + \boldsymbol{V}'^{\mathrm{T}}\boldsymbol{\Lambda}\boldsymbol{V}' = \varepsilon_{\min} + \sum_{i=0}^{N-1} \lambda_i v_i'^2 \tag{11.20}$$

上式反映了 ε 曲面的几何特性。它是一个碗状且碗口向上的超二维椭圆抛物面($N > 2$),其极小点是最小均方误差 $\varepsilon_{\min} > 0$。

为了更清楚地了解 ε 曲面的几何特性,以二维滤波器为例进行分析。

$$\boldsymbol{W} = [w_0, w_1]^{\mathrm{T}} \tag{11.21}$$

$$\boldsymbol{V} = \boldsymbol{W} - \boldsymbol{W}^* = [v_0, v_1]^{\mathrm{T}} \tag{11.22}$$

$$\boldsymbol{R}_x = \begin{bmatrix} r_{xx}(0) & r_{xx}(1) \\ r_{xx}(1) & r_{xx}(0) \end{bmatrix}, \quad r_{xx}(0) > 0 \tag{11.23}$$

其中,$r_{xx}(\cdot)$ 表示自相关函数。均方误差为

$$\varepsilon = \varepsilon_{\min} + \boldsymbol{V}^{\mathrm{T}}\boldsymbol{R}_x\boldsymbol{V} = \varepsilon_{\min} + r_{xx}(0)v_0^2 + 2r_{xx}(1)v_0 v_1 + r_{xx}(0)v_1^2 \tag{11.24}$$

由上式可知,性能函数 ε 为 v_0 和 v_1 的二元二次函数。因为 $r_{xx}(0) > 0$,所以 ε 为一个开口向上的抛物面,如图 11.3 所示。图中,$\boldsymbol{V}$ 坐标系的坐标原点对应于 $\boldsymbol{W}$ 坐标系的最佳权矢量 $\boldsymbol{W}^*$。

如果让性能函数等于常数去切割抛物面,并投影到 $\boldsymbol{W}$ 坐标平面上,得到一簇同心椭圆,如图 11.4 所示。当 ε 达到最小值 $\varepsilon_{\min}$ 时,最优解指向椭圆的中心。

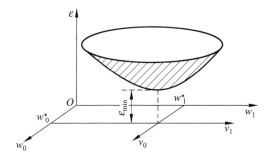

图 11.3 二维滤波器的性能曲面

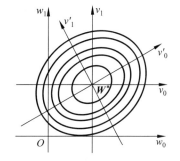

图 11.4 等均方误差的椭圆曲线簇

对于二维滤波器,式(11.20)表示为

$$\lambda_0 v_0'^2 + \lambda_1 v_1'^2 = \varepsilon - \varepsilon_{\min} \tag{11.25}$$

对应于每一个椭圆,$\varepsilon - \varepsilon_{min}$是一个常数,记为$C$,即

$$\frac{v_0'^2}{C/\lambda_0} + \frac{v_1'^2}{C/\lambda_1} = 1 \tag{11.26}$$

由上式可知,v_0'和v_1'是椭圆簇的主轴,如果$\lambda_0 < \lambda_1$,则v_0'是长轴,v_1'是短轴。对于$N > 2$的情况,长轴对应最小特征值λ_{min},并正比于$1/\sqrt{\lambda_{min}}$,短轴对应最大的特征值λ_{max},并正比于$1/\sqrt{\lambda_{max}}$。

综上所述,二维滤波器的均方误差性能曲面的特征是极小值大于零,碗口向上,横剖面为椭圆,纵剖面为下凹的抛物线,椭圆两个主轴的长度与对应特征值的平方根成反比。

均方误差性能函数的极小值即"碗底"对应最小均方误差ε_{min}。如何设计适当的搜索算法,从曲面的任何一点出发快速有效地达到极小值,是自适应滤波算法所追求的目标。

11.2.3　算法形式

可以用以下方法递推寻找W^*:设搜索点处于ε面上的某一初始位置,为了使ε达到最优解ε_{min},就要保证搜索点朝着"碗底"移动,并能尽快到达"碗底"。由于梯度方向是ε增加最快的方向,若沿梯度的反方向移动搜索点,则可沿着ε下降最快的方向逼近ε_{min}。根据这一思想得到的算法称为最陡下降法或梯度下降法。

最陡下降法的迭代公式是由当前权矢量$W(n)$减去一个正比于均方误差梯度$\nabla_w \varepsilon(n)$的量来生成下一个权矢量$W(n+1)$,即

$$W(n+1) = W(n) - \mu \nabla_w \varepsilon(n) \tag{11.27}$$

其中,$\mu > 0$是一个控制迭代收敛速度和稳定性的常数,称为步长因子。

将式(11.9)代入式(11.27),得

$$W(n+1) = W(n) - 2\mu R_x W(n) + 2\mu R_{dx} = (I - 2\mu R_x)W(n) + 2\mu R_{dx} \tag{11.28}$$

由上式可知,最陡下降法需要根据输入矢量$X(n)$和期望信号$d(n)$估算R_x和R_{dx},为了避免直接估算的复杂性。人们提出了不少间接估计梯度的方法,其中最著名、应用最广的是美国斯坦福大学的威德罗(B. Widrow)和雷夫(M. E. Hoff)于1960年在研究自适应理论时提出的LMS算法。其核心是用平方误差$e^2(n)$作为均方误差$E[e^2(n)]$的估计值。理论和实际都已证明了算法的可行性。

由于

$$\begin{aligned} e^2(n) &= [d(n) - W^T(n)X(n)]^2 \\ &= d^2(n) - 2W^T(n)d(n)X(n) + W^T(n)X(n)X^T(n)W(n) \end{aligned} \tag{11.29}$$

则梯度估计值为

$$\hat{\nabla}_w \varepsilon(n) = \frac{\partial e^2(n)}{\partial W(n)} = -2e(n)X(n) \tag{11.30}$$

因为

$$E[\hat{\nabla}_w \varepsilon(n)] = E[\nabla_w e^2(n)] = \nabla_w E[e^2(n)] = \nabla_w \varepsilon(n) \tag{11.31}$$

所以,$\hat{\nabla}_w \varepsilon(n)$是$\nabla_w \varepsilon(n)$的无偏估计。将式(11.27)中的$\nabla_w \varepsilon(n)$用$\hat{\nabla}_w \varepsilon(n)$代替,得到LMS算法的迭代公式,为

$$W(n+1) = W(n) - \mu \hat{\nabla}_w \varepsilon(n) = W(n) + 2\mu e(n)X(n) \tag{11.32}$$

从上面的讨论可知,LMS算法是最陡下降法的一个近似算法,两者最主要的区别在于,最陡下降法是确定的递推算法,当初始点和步长因子不变时,收敛轨迹是唯一的;而LMS算法是随机的递推算法,用带噪声的梯度估计来代替最陡下降法中的真实梯度,因此即使初始点和步长因子不变,每次迭代的收敛轨迹也是不同的。

11.2.4　收敛特性

1. 收敛条件

从式(11.32)可知,LMS算法是一个反馈模型,算法的收敛条件十分重要,下面讨论这一问题。为分析方便起见,假设输入矢量$\boldsymbol{X}(n)$和$\boldsymbol{X}(n+1)$互不相关,即

$$E[\boldsymbol{X}(n)\boldsymbol{X}(n+1)]=0 \tag{11.33}$$

由LMS算法可知,权矢量$\boldsymbol{W}(n)$仅与$\boldsymbol{X}(n-1),\boldsymbol{X}(n-2),\cdots$相关,和$\boldsymbol{X}(n)$不相关,因此有

$$E[\boldsymbol{X}(n)\boldsymbol{X}^{\mathrm{T}}(n)\boldsymbol{W}(n)]=E[\boldsymbol{X}(n)\boldsymbol{X}^{\mathrm{T}}(n)]E[\boldsymbol{W}(n)]=\boldsymbol{R}_x E[\boldsymbol{W}(n)] \tag{11.34}$$

式(11.32)两边取数学期望并利用上式,可得

$$\begin{aligned}
E[\boldsymbol{W}(n+1)]&=E[\boldsymbol{W}(n)]+2\mu E[e(n)\boldsymbol{X}(n)]\\
&=E[\boldsymbol{W}(n)]+2\mu E[d(n)\boldsymbol{X}(n)]-2\mu E[\boldsymbol{X}(n)\boldsymbol{X}^{\mathrm{T}}(n)\boldsymbol{W}(n)]\\
&=E[\boldsymbol{W}(n)]+2\mu\boldsymbol{R}_{dx}-2\mu\boldsymbol{R}_x E[\boldsymbol{W}(n)]\\
&=(\boldsymbol{I}-2\mu\boldsymbol{R}_x)E[\boldsymbol{W}(n)]+2\mu\boldsymbol{R}_{dx}
\end{aligned} \tag{11.35}$$

设初始权矢量$\boldsymbol{W}(0)=E[\boldsymbol{W}(0)]$,由上式得

$$E[\boldsymbol{W}(n+1)]=(\boldsymbol{I}-2\mu\boldsymbol{R}_x)^{n+1}\boldsymbol{W}(0)+2\mu\sum_{i=0}^{n}(\boldsymbol{I}-2\mu\boldsymbol{R}_x)^i\boldsymbol{R}_{dx} \tag{11.36}$$

根据$\boldsymbol{R}_x=\boldsymbol{Q}\boldsymbol{\Lambda}\boldsymbol{Q}^{\mathrm{T}}$,$\boldsymbol{Q}^{\mathrm{T}}\boldsymbol{Q}=\boldsymbol{I}$和$\boldsymbol{Q}^{\mathrm{T}}=\boldsymbol{Q}^{-1}$,上式改写为

$$\begin{aligned}
E[\boldsymbol{W}(n+1)]&=(\boldsymbol{Q}\boldsymbol{Q}^{-1}-2\mu\boldsymbol{Q}\boldsymbol{\Lambda}\boldsymbol{Q}^{-1})^{n+1}\boldsymbol{W}(0)+2\mu\sum_{i=0}^{n}(\boldsymbol{Q}\boldsymbol{Q}^{-1}-2\mu\boldsymbol{Q}\boldsymbol{\Lambda}\boldsymbol{Q}^{-1})^i\boldsymbol{R}_{dx}\\
&=[\boldsymbol{Q}(\boldsymbol{I}-2\mu\boldsymbol{\Lambda})\boldsymbol{Q}^{-1}]^{n+1}\boldsymbol{W}(0)+2\mu\sum_{i=0}^{n}[\boldsymbol{Q}(\boldsymbol{I}-2\mu\boldsymbol{\Lambda})\boldsymbol{Q}^{-1}]^i\boldsymbol{R}_{dx}\\
&=\boldsymbol{Q}(\boldsymbol{I}-2\mu\boldsymbol{\Lambda})^{n+1}\boldsymbol{Q}^{-1}\boldsymbol{W}(0)+2\mu\boldsymbol{Q}\Big[\sum_{i=0}^{n}(\boldsymbol{I}-2\mu\boldsymbol{\Lambda})^i\Big]\boldsymbol{Q}^{-1}\boldsymbol{R}_{dx}
\end{aligned} \tag{11.37}$$

若

$$|1-2\mu\lambda_i|<1,\quad i=0,1,\cdots,N-1 \tag{11.38}$$

则

$$\lim_{n\to\infty}(\boldsymbol{I}-2\mu\boldsymbol{\Lambda})^{n+1}=0 \tag{11.39}$$

$$\lim_{n\to\infty}\sum_{i=0}^{n}(1-2\mu\lambda_i)^i=\frac{1}{2\mu\lambda_i} \tag{11.40}$$

$$\lim_{n\to\infty}\sum_{i=0}^{n}(\boldsymbol{I}-2\mu\boldsymbol{\Lambda})^i=\frac{1}{2\mu}\boldsymbol{\Lambda}^{-1} \tag{11.41}$$

因此可得

$$\lim_{n\to\infty}E[\boldsymbol{W}(n+1)]=\boldsymbol{Q}\boldsymbol{\Lambda}^{-1}\boldsymbol{Q}^{-1}\boldsymbol{R}_{dx}=\boldsymbol{R}_x^{-1}\boldsymbol{R}_{dx}=\boldsymbol{W}^* \tag{11.42}$$

结论:当满足条件$|1-2\mu\lambda_i|<1(i=0,1,\cdots,N-1)$时,LMS算法权矢量的数学期望收

敛于维纳解。收敛条件可以进一步化简为

$$0 < \mu < \frac{1}{\lambda_i}, \quad i = 0, 1, \cdots, N-1 \tag{11.43}$$

或

$$0 < \mu < \frac{1}{\lambda_{\max}} \tag{11.44}$$

其中，$\lambda_{\max}$ 为 $\boldsymbol{R}_x$ 的最大特征值。为了避免 $\boldsymbol{R}_x$ 的先验知识，常采用一种经验公式确定收敛条件。

要使式(11.44)成立，只需满足

$$0 < \mu < 1 \Big/ \sum_{i=0}^{N-1} \lambda_i, \quad i = 0, 1, \cdots, N-1 \tag{11.45}$$

其中，$\displaystyle\sum_{i=0}^{N-1} \lambda_i = \mathrm{tr}\boldsymbol{R}_x$，称为矩阵 $\boldsymbol{R}_x$ 的迹。根据矩阵相关理论可知

$$\mathrm{tr}\boldsymbol{R}_x = \sum_{i=0}^{N-1} E[x^2(n-i)] = NP_{in} \tag{11.46}$$

其中，$P_{in} = \dfrac{1}{N} \displaystyle\sum_{i=0}^{N-1} E[x^2(n-i)]$ 为横向滤波器 N 个输入信号的平均功率，可以测量得到。

因此，LMS 算法收敛条件又可以表示为

$$0 < \mu < \frac{1}{NP_{in}} \tag{11.47}$$

2. 动态特性

LMS 算法实际上是由初始权矢量 $\boldsymbol{W}(0)$ 向最佳权矢量 $\boldsymbol{W}^*$ 逼近的过程。在这一过程中，均方误差 $\varepsilon(n)$ 与 n 的关系称为学习曲线。学习曲线常用来描述 LMS 算法的动态特性。

重写式(11.20)如下：

$$\varepsilon(n) = \varepsilon_{\min} + \boldsymbol{V}'^{\mathrm{T}}(n) \boldsymbol{\Lambda} \boldsymbol{V}'(n) \tag{11.48}$$

由式(11.9)和 $\boldsymbol{V}(n) = \boldsymbol{W}(n) - \boldsymbol{W}^*$，可知

$$\begin{aligned}\nabla_w \varepsilon(n) &= 2\boldsymbol{R}_x \boldsymbol{W}(n) - 2\boldsymbol{R}_{dx} = 2\boldsymbol{R}_x \boldsymbol{W}(n) - 2\boldsymbol{R}_x \boldsymbol{R}_x^{-1} \boldsymbol{R}_{dx} \\ &= 2\boldsymbol{R}_x[\boldsymbol{W}(n) - \boldsymbol{W}^*] = 2\boldsymbol{R}_x \boldsymbol{V}(n)\end{aligned} \tag{11.49}$$

将上式代入式(11.27)，得到

$$\boldsymbol{W}(n+1) = \boldsymbol{W}(n) - 2\mu \boldsymbol{R}_x \boldsymbol{V}(n) \tag{11.50}$$

上式两端同时减去 $\boldsymbol{W}^*$，得到

$$\begin{aligned}\boldsymbol{V}(n+1) &= \boldsymbol{V}(n) - 2\mu \boldsymbol{R}_x \boldsymbol{V}(n) = (\boldsymbol{I} - 2\mu \boldsymbol{R}_x)\boldsymbol{V}(n) \\ &= \boldsymbol{Q}(\boldsymbol{I} - 2\mu \boldsymbol{\Lambda})\boldsymbol{Q}^{\mathrm{T}}\boldsymbol{V}(n)\end{aligned} \tag{11.51}$$

上式两端同时左乘 $\boldsymbol{Q}^{\mathrm{T}}$，根据 $\boldsymbol{V}'(n) = \boldsymbol{Q}^{\mathrm{T}}\boldsymbol{V}(n)$，可得

$$\boldsymbol{V}'(n+1) = (\boldsymbol{I} - 2\mu \boldsymbol{\Lambda})\boldsymbol{V}'(n) \tag{11.52}$$

由上式可得

$$\boldsymbol{V}'(n) = (\boldsymbol{I} - 2\mu \boldsymbol{\Lambda})^n \boldsymbol{V}'(0) \tag{11.53}$$

将上式代入式(11.48)，得

$$\varepsilon(n) = \varepsilon_{\min} + \boldsymbol{V}'^{\mathrm{T}}(0) \boldsymbol{\Lambda} (\boldsymbol{I} - 2\mu \boldsymbol{\Lambda})^{2n} \boldsymbol{V}'(0)$$

$$= \varepsilon_{\min} + \sum_{i=0}^{N-1} \lambda_i (1 - 2\mu\lambda_i)^{2n} v_i'^2(0) \tag{11.54}$$

其中，$v_i'(0)$为$\boldsymbol{V}'(0)$的第i个分量。

上式表明：

（1）当满足条件$|1-2\mu\lambda_i|<1$时，学习曲线将以公比$(1-2\mu\lambda_i)^2$的几何级数之和的方式衰减。由于衰减因子$(1-2\mu\lambda_i)^2$非负，所以学习曲线始终非负。

（2）通常定义$\varepsilon(n)-\varepsilon_{\min}$衰减为$\varepsilon(0)-\varepsilon_{\min}$的$1/e$时所经历的迭代次数$n$为学习曲线的时间常数，用$\tau_{\mathrm{mse}}$表示，反映了学习曲线的收敛速率。

由式（11.54）可知，学习曲线由N条衰减曲线组成，因此曲线的时间常数也有N个。对于第i条衰减曲线，有

$$\varepsilon(n) = \varepsilon_{\min} + \lambda_i (1 - 2\mu\lambda_i)^{2n} v_i'^2(0) \tag{11.55}$$

因此，第i条衰减曲线的时间常数$\tau_{\mathrm{mse},i}$满足

$$\frac{\varepsilon(n) - \varepsilon_{\min}}{\varepsilon(0) - \varepsilon_{\min}} = (1 - 2\mu\lambda_i)^{2\tau_{\mathrm{mse},i}} = \frac{1}{e} \tag{11.56}$$

即$1-2\mu\lambda_i = e^{-1/2\tau_{\mathrm{mse},i}}$，可得

$$1 - 2\mu\lambda_i = 1 - \frac{1}{2\tau_{\mathrm{mse},i}} + \frac{1}{2!(2\tau_{\mathrm{mse},i})^2} - \cdots \tag{11.57}$$

对于通常的慢自适应过程有$\tau_{\mathrm{mse},i} \gg 1$，上式中的高次项可以忽略，可得

$$1 - 2\mu\lambda_i \approx 1 - \frac{1}{2\tau_{\mathrm{mse},i}} \tag{11.58}$$

因此，可得

$$\tau_{\mathrm{mse},i} = \frac{1}{4\mu\lambda_i} \tag{11.59}$$

算法最终收敛速率取决于收敛最慢的一个时间常数，有

$$\tau_{\mathrm{mse}} = \frac{1}{4\mu\lambda_{\min}} \tag{11.60}$$

其中，$\lambda_{\min}$为$\boldsymbol{R}_x$的最小特征值。因此，算法的收敛速率与步长因子μ和最小特征值$\lambda_{\min}$有关。μ和$\lambda_{\min}$越大，τ_{mse}越小，即收敛越快。但也不能无限增大μ，这样可能引起算法发散。

将式（11.44）代入式（11.60），可得

$$\tau_{\mathrm{mse}} > \frac{\lambda_{\max}}{4\lambda_{\min}} \tag{11.61}$$

于是，$\dfrac{\lambda_{\max}}{\lambda_{\min}}$越大，算法的收敛时间越长，当$\dfrac{\lambda_{\max}}{\lambda_{\min}}$接近于1时，收敛速度最快。也就是说，特征值越分散，LMS算法越不容易收敛。

3. 稳态特性

经过足够多次的迭代，LMS算法进入稳定状态。由于梯度估计误差的存在，使得收敛后的稳态权矢量$\boldsymbol{W}(n)$在最佳权矢量$\boldsymbol{W}^*$附近做微小的随机摆动，从而引起稳态均方误差$\varepsilon(n)$偏离最小均方误差$\varepsilon_{\min}$。Widrow等已经证明

$$\varepsilon(n) \approx \left(1 + \mu\sum_{i=0}^{N-1}\lambda_i\right)\varepsilon_{\min} \tag{11.62}$$

LMS算法的稳态特性常用失调系数 M 来表征,定义为

$$M = \frac{\varepsilon(n) - \varepsilon_{\min}}{\varepsilon_{\min}} \tag{11.63}$$

其中,$\varepsilon(n) - \varepsilon_{\min}$ 称为额外均方误差。将式(11.62)代入上式,可得

$$M = \frac{\varepsilon(n) - \varepsilon_{\min}}{\varepsilon_{\min}} = \mu \sum_{i=0}^{N-1} \lambda_i = \mu \operatorname{tr} \boldsymbol{R}_x$$

或

$$M = \mu N P_{in} \tag{11.64}$$

上式说明,失调与步长因子 μ 和输入信号平均功率 P_{in} 有关。在保证收敛的情况下,为了加快收敛速度,希望取较大的 μ,而要控制失调系数,需要取较小的 μ。因此为了兼顾收敛速度和失调系数,应该对 μ 进行折中考虑。

11.3 递归最小二乘自适应滤波算法

LMS算法简单易行,但趋向最佳权矢量的过程较长,且收敛值将在最佳值附近摄动。为了克服其不足,人们提出了递归最小二乘(Recursive Least Square,RLS)算法。

11.3.1 算法原理

RLS算法的关键是用时间平均最小化准则取代 LMS 算法的最小均方误差准则,即RLS算法中,权矢量的最佳值应使从初始到当前所有误差的平方和最小。定义代价函数为

$$J(n) = \sum_{k=0}^{n} \lambda^{n-k} e^2(k \mid n) \tag{11.65}$$

式中,λ 称作遗忘因子,其取值范围为 $0 < \lambda < 1$,一般取值为 $0.95 \sim 0.9995$。其作用是对离 n 时刻较近的误差加较大的权重,而离 n 时刻较远的误差加较小的权重。换句话说,λ 对各个时刻的误差具有一定的遗忘作用,故称为遗忘因子。λ 的引入可对当前数据给予较大的权重,以使滤波器系数更适合于数据的时变统计特性。

式(11.65)中的估计误差 $e(k \mid n)$ 与 LMS 算法中的误差 $e(n)$ 不同,定义为

$$e(k \mid n) = d(k) - y(k) = d(k) - \boldsymbol{W}^{\mathrm{T}}(n) \boldsymbol{X}(k) \tag{11.66}$$

式中,$e(k \mid n)$ 表示用 n 时刻权矢量 $\boldsymbol{W}(n)$ 对 k 时刻数据块进行估计所得的估计误差;$d(k)$ 为 k 时刻的期望信号;$y(k)$ 为 k 时刻滤波器的输出;$\boldsymbol{W}(n) = [w_0(n), w_1(n), \cdots, w_{N-1}(n)]^{\mathrm{T}}$ 为 N 阶滤波器权矢量;$\boldsymbol{X}(k) = [x(k), x(k-1), \cdots, x(k-N+1)]^{\mathrm{T}}$ 为 k 时刻及其以前 $N-1$ 个时刻数据构成的矢量。

值得注意的是,上式中的权矢量为 n 时刻权矢量 $\boldsymbol{W}(n)$,而不是 k 时刻权矢量 $\boldsymbol{W}(k)$。

将式(11.66)代入式(11.65),可得代价函数为

$$J(n) = \sum_{k=0}^{n} \lambda^{n-k} [d(k) - \boldsymbol{W}^{\mathrm{T}}(n) \boldsymbol{X}(k)]^2 \tag{11.67}$$

对 $J(n)$ 求偏导,并令偏导为 0,求出 $\boldsymbol{W}^*$。

$$\nabla_w J(n) = -2 \sum_{k=0}^{n} \lambda^{n-k} [d(k) - \boldsymbol{W}^{*\mathrm{T}} \boldsymbol{X}(k)] \boldsymbol{X}(k) = 0 \tag{11.68}$$

或

$$\left[\sum_{k=0}^{n}\lambda^{n-k}\boldsymbol{X}(k)\boldsymbol{X}^{\mathrm{T}}(k)\right]\boldsymbol{W}^{*}=\sum_{k=0}^{n}\lambda^{n-k}d(k)\boldsymbol{X}(k) \tag{11.69}$$

令

$$\boldsymbol{R}_{x}(n)=\sum_{k=0}^{n}\lambda^{n-k}\boldsymbol{X}(k)\boldsymbol{X}^{\mathrm{T}}(k) \tag{11.70}$$

$$\boldsymbol{R}_{dx}(n)=\sum_{k=0}^{n}\lambda^{n-k}d(k)\boldsymbol{X}(k) \tag{11.71}$$

则式(11.69)可以写为

$$\boldsymbol{R}_{x}(n)\boldsymbol{W}^{*}=\boldsymbol{R}_{dx}(n) \tag{11.72}$$

即

$$\boldsymbol{W}^{*}=\boldsymbol{R}_{x}^{-1}(n)\boldsymbol{R}_{dx}(n) \tag{11.73}$$

$\boldsymbol{W}^{*}$ 为 RLS 算法的最佳权矢量,$\boldsymbol{R}_{x}(n)$ 和 $\boldsymbol{R}_{dx}(n)$ 分别起着 LMS 算法中 $\boldsymbol{R}_{x}$ 和 $\boldsymbol{R}_{dx}$ 的作用。在实际中,很少使用上式求解最佳权矢量,因为需要进行矩阵求逆,运算量较大,不适于实时滤波。采用递推算法可以减少运算量,下面就对递推算法进行讨论。

将式(11.70)和式(11.71)中的 $k=n$ 一项与其他和项分开,可得 $\boldsymbol{R}_{x}(n)$ 和 $\boldsymbol{R}_{dx}(n)$ 的递推公式为

$$\boldsymbol{R}_{x}(n)=\lambda\boldsymbol{R}_{x}(n-1)+\boldsymbol{X}(n)\boldsymbol{X}^{\mathrm{T}}(n) \tag{11.74}$$

$$\boldsymbol{R}_{dx}(n)=\lambda\boldsymbol{R}_{dx}(n-1)+d(n)\boldsymbol{X}(n) \tag{11.75}$$

式(11.74)是由 $\boldsymbol{R}_{x}(n-1)$ 求 $\boldsymbol{R}_{x}(n)$ 的递推公式,由此式可以进一步求出其逆阵的递推公式。根据矩阵求逆引理,如果某方阵 $\boldsymbol{H}$ 呈现如下形式:

$$\boldsymbol{H}=\boldsymbol{A}+\boldsymbol{BC} \tag{11.76}$$

则必有

$$\boldsymbol{H}^{-1}=\boldsymbol{A}^{-1}-\boldsymbol{A}^{-1}\boldsymbol{B}(1+\boldsymbol{CA}^{-1}\boldsymbol{B})^{-1}\boldsymbol{CA}^{-1} \tag{11.77}$$

令 $\boldsymbol{H}=\boldsymbol{R}_{x}(n)$,$\boldsymbol{A}=\lambda\boldsymbol{R}_{x}(n-1)$,$\boldsymbol{B}=\boldsymbol{X}(n)$,$\boldsymbol{C}=\boldsymbol{X}^{\mathrm{T}}(n)$,则根据上式和式(11.74)可得

$$\begin{aligned}\boldsymbol{R}_{x}^{-1}(n)&=\lambda^{-1}\left[\boldsymbol{R}_{x}^{-1}(n-1)-\frac{\boldsymbol{R}_{x}^{-1}(n-1)\boldsymbol{X}(n)\boldsymbol{X}^{\mathrm{T}}(n)\boldsymbol{R}_{x}^{-1}(n-1)}{\lambda+\boldsymbol{X}^{\mathrm{T}}(n)\boldsymbol{R}_{x}^{-1}(n-1)\boldsymbol{X}(n)}\right]\\&=\lambda^{-1}\left[\boldsymbol{R}_{x}^{-1}(n-1)-\boldsymbol{k}(n)\boldsymbol{X}^{\mathrm{T}}(n)\boldsymbol{R}_{x}^{-1}(n-1)\right]\end{aligned} \tag{11.78}$$

其中,$\boldsymbol{k}(n)=\dfrac{\boldsymbol{R}_{x}^{-1}(n-1)\boldsymbol{X}(n)}{\lambda+\boldsymbol{X}^{\mathrm{T}}(n)\boldsymbol{R}_{x}^{-1}(n-1)\boldsymbol{X}(n)}$ 为 N 维卡尔曼增益矢量。

为使公式简明,令

$$\boldsymbol{P}_{x}(n)=\boldsymbol{R}_{x}^{-1}(n) \tag{11.79}$$

则

$$\boldsymbol{P}_{x}(n)=\lambda^{-1}\left[\boldsymbol{P}_{x}(n-1)-\boldsymbol{k}(n)\boldsymbol{X}^{\mathrm{T}}(n)\boldsymbol{P}_{x}(n-1)\right] \tag{11.80}$$

$$\boldsymbol{k}(n)=\frac{\boldsymbol{P}_{x}(n-1)\boldsymbol{X}(n)}{\lambda+\boldsymbol{X}^{\mathrm{T}}(n)\boldsymbol{P}_{x}(n-1)\boldsymbol{X}(n)} \tag{11.81}$$

对式(11.80)两边右乘 $\boldsymbol{X}(n)$,可得

$$\begin{aligned}\boldsymbol{P}_{x}(n)\boldsymbol{X}(n)&=\lambda^{-1}\left[\boldsymbol{P}_{x}(n-1)\boldsymbol{X}(n)-\boldsymbol{k}(n)\boldsymbol{X}^{\mathrm{T}}(n)\boldsymbol{P}_{x}(n-1)\boldsymbol{X}(n)\right]\\&=\lambda^{-1}\{\left[\lambda+\boldsymbol{X}^{\mathrm{T}}(n)\boldsymbol{P}_{x}(n-1)\boldsymbol{X}(n)\right]\boldsymbol{k}(n)-\end{aligned}$$

$$k(n)\boldsymbol{X}^{\mathrm{T}}(n)\boldsymbol{P}_x(n-1)\boldsymbol{X}(n)\}$$
$$=\boldsymbol{k}(n) \tag{11.82}$$

因此,卡尔曼增益矢量也可表示为

$$\boldsymbol{k}(n)=\boldsymbol{P}_x(n)\boldsymbol{X}(n) \tag{11.83}$$

下面来推导滤波器权矢量的递推公式,由于

$$\boldsymbol{W}(n)=\boldsymbol{P}_x(n)\boldsymbol{R}_{dx}(n) \tag{11.84}$$

$$\boldsymbol{P}_x(n)=\lambda^{-1}[\boldsymbol{P}_x(n-1)-\boldsymbol{k}(n)\boldsymbol{X}^{\mathrm{T}}(n)\boldsymbol{P}_x(n-1)] \tag{11.85}$$

$$\boldsymbol{R}_{dx}(n)=\lambda\boldsymbol{R}_{dx}(n-1)+d(n)\boldsymbol{X}(n) \tag{11.86}$$

则

$$\begin{aligned}\boldsymbol{W}(n)&=\lambda^{-1}[\boldsymbol{P}_x(n-1)-\boldsymbol{k}(n)\boldsymbol{X}^{\mathrm{T}}(n)\boldsymbol{P}_x(n-1)][\lambda\boldsymbol{R}_{dx}(n-1)+d(n)\boldsymbol{X}(n)]\\&=\boldsymbol{P}_x(n-1)\boldsymbol{R}_{dx}(n-1)-\boldsymbol{k}(n)\boldsymbol{X}^{\mathrm{T}}(n)\boldsymbol{P}_x(n-1)\boldsymbol{R}_{dx}(n-1)+\\&\quad\lambda^{-1}[\boldsymbol{P}_x(n-1)\boldsymbol{X}(n)-\boldsymbol{k}(n)\boldsymbol{X}^{\mathrm{T}}(n)\boldsymbol{P}_x(n-1)\boldsymbol{X}(n)]d(n)\\&=\boldsymbol{W}(n-1)-\boldsymbol{k}(n)\boldsymbol{X}^{\mathrm{T}}(n)\boldsymbol{W}(n-1)+\lambda^{-1}[\boldsymbol{P}_x(n-1)\boldsymbol{X}(n)-\\&\quad\boldsymbol{k}(n)\boldsymbol{X}^{\mathrm{T}}(n)\boldsymbol{P}_x(n-1)\boldsymbol{X}(n)]d(n)\end{aligned} \tag{11.87}$$

由式(11.81)可得

$$\boldsymbol{P}_x(n-1)\boldsymbol{X}(n)=k(n)[\lambda+\boldsymbol{X}^{\mathrm{T}}(n)\boldsymbol{P}_x(n-1)\boldsymbol{X}(n)] \tag{11.88}$$

将上式代入式(11.87),可得

$$\begin{aligned}\boldsymbol{W}(n)&=\boldsymbol{W}(n-1)-\boldsymbol{k}(n)\boldsymbol{X}^{\mathrm{T}}(n)\boldsymbol{W}(n-1)+\lambda^{-1}\boldsymbol{k}(n)[\lambda+\boldsymbol{X}^{\mathrm{T}}(n)\boldsymbol{P}_x(n-1)\boldsymbol{X}(n)-\\&\quad\boldsymbol{X}^{\mathrm{T}}(n)\boldsymbol{P}_x(n-1)\boldsymbol{X}(n)]d(n)\\&=\boldsymbol{W}(n-1)-\boldsymbol{k}(n)\boldsymbol{X}^{\mathrm{T}}(n)\boldsymbol{W}(n-1)+\boldsymbol{k}(n)d(n)\\&=\boldsymbol{W}(n-1)+\boldsymbol{k}(n)[d(n)-\boldsymbol{X}^{\mathrm{T}}(n)\boldsymbol{W}(n-1)]\end{aligned} \tag{11.89}$$

定义

$$e(n\mid n-1)=d(n)-\boldsymbol{X}^{\mathrm{T}}(n)\boldsymbol{W}(n-1) \tag{11.90}$$

为利用 $\boldsymbol{W}(n-1)$ 对 n 时刻数据块进行估计时所产生的一步预测误差,它与 LMS 算法中的误差 $e(n)$ 不同。

将式(11.90)代入式(11.89),可以得到 RLS 算法权矢量的递推公式为

$$\boldsymbol{W}(n)=\boldsymbol{W}(n-1)+\boldsymbol{k}(n)e(n\mid n-1) \tag{11.91}$$

总结 RLS 算法的计算步骤如下:假设已经求得 $n-1$ 时刻滤波器的权矢量 $\boldsymbol{W}(n-1)$、矩阵 $\boldsymbol{P}_x(n-1)$ 和观测数据矢量 $\boldsymbol{X}(n-1)$,当一个新的数据 $x(n)$ 进入滤波器输入端时,在矢量 $\boldsymbol{X}(n-1)$ 中丢弃 $x(n-M)$ 项,并在其第一个元素位上加入 $x(n)$ 项,以形成矢量 $\boldsymbol{X}(n)$,接着按照以下步骤进行计算。

(1) 初始化。

$$\boldsymbol{W}(0)=[0,0,\cdots,0]^{\mathrm{T}} \tag{11.92}$$

$$\boldsymbol{X}(0)=[0,0,\cdots,0]^{\mathrm{T}} \tag{11.93}$$

$$\boldsymbol{P}_x(0)=\delta^{-1}\boldsymbol{I} \tag{11.94}$$

其中,δ 是一个小正数,这可以使相关矩阵的初始值 $\boldsymbol{R}_x(0)=\boldsymbol{P}_x^{-1}(0)$ 为一个小的单位阵,并且 δ 越小,$\boldsymbol{R}_x(0)$ 在 $\boldsymbol{R}_x(n)$ 的计算中所占比重越小,这符合 λ 的遗忘作用,是所需希望的;反之,$\boldsymbol{R}_x(0)$ 的作用就会突现出来,这是应该避免的。δ 的典型取值为 $\delta=10^{-2}$ 或更小。一般情况下,取 $\delta=10^{-2}$ 与 $\delta=10^{-4}$ 时,RLS 算法的结果没有明显的区别。

(2) 循环递推。

① 计算先验估计误差：

$$e(n \mid n-1) = d(n) - \boldsymbol{X}^{\mathrm{T}}(n)\boldsymbol{W}(n-1) \tag{11.95}$$

② 计算卡尔曼增益矢量：

$$\boldsymbol{k}(n) = \frac{\boldsymbol{P}_x(n-1)\boldsymbol{X}(n)}{\lambda + \boldsymbol{X}^{\mathrm{T}}(n)\boldsymbol{P}_x(n-1)\boldsymbol{X}(n)} \tag{11.96}$$

③ 更新相关矩阵的逆：

$$\boldsymbol{P}_x(n) = \lambda^{-1}\big[\boldsymbol{P}_x(n-1) - \boldsymbol{k}(n)\boldsymbol{X}^{\mathrm{T}}(n)\boldsymbol{P}_x(n-1)\big] \tag{11.97}$$

④ 更新滤波器的权矢量：

$$\boldsymbol{W}(n) = \boldsymbol{W}(n-1) + \boldsymbol{k}(n)e(n \mid n-1) \tag{11.98}$$

一个循环结束,将 n 加 1,开始新一轮循环。

11.3.2 RLS 算法和 LMS 算法的比较

RLS 算法和 LMS 算法的区别主要在以下两方面。

(1) RLS 算法与 LMS 算法相比,具有较快的收敛速度。将 $\boldsymbol{k}(n) = \boldsymbol{P}_x(n)\boldsymbol{X}(n)$ 代入式(11.91),得到 RLS 算法权矢量的递推公式为

$$\boldsymbol{W}(n) = \boldsymbol{W}(n-1) + \boldsymbol{P}_x(n)\boldsymbol{X}(n)e(n \mid n-1) \tag{11.99}$$

将上式和 LMS 算法权矢量的递推公式,即

$$\boldsymbol{W}(n) = \boldsymbol{W}(n-1) + 2\mu\boldsymbol{X}(n)e(n) \tag{11.100}$$

相对照可以看出,RLS 算法中的 $\boldsymbol{P}_x(n)$ 与 LMS 算法中的步长 μ 的作用相似,所不同的是 $\boldsymbol{P}_x(n) = \boldsymbol{R}_x^{-1}(n)$ 为随 n 而变的方阵,这使得 $\boldsymbol{W}(n)$ 的每一个元素均随新进数据以不同的步长进行调整,而不像 LMS 算法那样用同一个步长 μ 来调整,这体现了 RLS 算法自适应调整过程的精细性和对新数据利用的充分性。正是由于因子 $\boldsymbol{P}_x(n)$ 的时变特性,使得 RLS 算法具有比 LMS 算法更快的收敛速度。

(2) RLS 算法与 LMS 算法相比,具有较高的计算复杂度。对于 N 阶横向滤波器,RLS 算法的运算量在 N^2 数量级,这是快速收敛付出的代价;而 LMS 算法的运算量在 N 数量级。

本 章 小 结

本章主要介绍 LMS 算法和 RLS 算法两类常用的自适应滤波算法。

1. LMS 算法

(1) 基本原理。LMS 算法基于最小均方误差准则,代价函数为 $J(n) = E[e^2(n)]$,正则方程为 $\boldsymbol{W}^* = \boldsymbol{R}_x^{-1}\boldsymbol{R}_{dx}$,直接利用正则方程求解最佳权矢量 $\boldsymbol{W}^*$ 需要估算相关矩阵和进行矩阵求逆,不利于实时处理。最陡下降法是求解正则方程的另一类算法,它不需要矩阵求逆运算,利用递推算法寻找 $\boldsymbol{W}^*$,迭代公式为 $\boldsymbol{W}(n+1) = \boldsymbol{W}(n) - \mu\nabla_w\varepsilon(n) = (\boldsymbol{I} - 2\mu\boldsymbol{R}_x)\boldsymbol{W}(n) + 2\mu\boldsymbol{R}_{dx}$。最陡下降法需要估计 $\boldsymbol{R}_x$ 和 $\boldsymbol{R}_{dx}$,为了避免直接对 $\boldsymbol{R}_x$ 和 $\boldsymbol{R}_{dx}$ 进行估算,Widrow 提出了 LMS 算法。

LMS 算法利用平方误差 $e^2(n)$ 作为均方误差 $E[e^2(n)]$ 的估计值,得到其迭代公式为 $\boldsymbol{W}(n+1) = \boldsymbol{W}(n) - \mu\hat{\nabla}_w\varepsilon(n) = \boldsymbol{W}(n) + 2\mu e(n)\boldsymbol{X}(n)$,LMS 算法具有计算简单、应用方便等特点。

(2) 收敛特性。LMS 算法的收敛条件为 $0 < \mu < \dfrac{1}{\lambda_{\max}}$。为了避开 $\boldsymbol{R}_x$ 的先验知识,常采

用经验公式确定收敛条件：$0 < \mu < \dfrac{1}{NP_{in}}$，其中，$P_{in} = \dfrac{1}{N} \sum\limits_{i=0}^{N-1} E[x^2(n-i)]$ 为横向滤波器 N 个输入信号的平均功率。

LMS 算法的动态特性常用学习曲线来描述，表示为 $\varepsilon(n) = \varepsilon_{\min} + \sum\limits_{i=0}^{N-1} \lambda_i (1 - 2\mu\lambda_i)^{2n} v_i'^{2}(0)$。学习曲线的时间常数 τ_{mse} 反映了学习曲线的收敛速率，表示为 $\tau_{\text{mse}} = \dfrac{1}{4\mu\lambda_{\min}}$，它与步长因子 μ 和最小特征值 $\lambda_{\min}$ 有关。

LMS 算法的稳态特性常用失调系数来表征，表示为 $M = \dfrac{\varepsilon(n) - \varepsilon_{\min}}{\varepsilon_{\min}} = \mu \sum\limits_{i=0}^{N-1} \lambda_i = \mu \operatorname{tr} \boldsymbol{R}_x = \mu N P_{in}$。它与步长因子 μ 和输入信号平均功率 P_{in} 有关。在保证收敛的情况下，为了加快收敛速度，希望取较大的 μ，而要控制失调系数，需要取较小的 μ。因此为了兼顾收敛速度和失调系数，应该对 μ 折中考虑。

2. RLS 算法

RLS 算法是用时间平均最小化准则取代 LMS 算法的最小均方误差准则，代价函数为 $J(n) = \sum\limits_{k=0}^{n} \lambda^{n-k} e^2(k \mid n)$。

RLS 算法的迭代公式为

$$e(n \mid n-1) = d(n) - \boldsymbol{X}^{\mathrm{T}}(n)\boldsymbol{W}(n-1)$$

$$\boldsymbol{k}(n) = \frac{\boldsymbol{P}_x(n-1)\boldsymbol{X}(n)}{\lambda + \boldsymbol{X}^{\mathrm{T}}(n)\boldsymbol{P}_x(n-1)\boldsymbol{X}(n)}$$

$$\boldsymbol{P}_x(n) = \lambda^{-1}\left[\boldsymbol{P}_x(n-1) - \boldsymbol{k}(n)\boldsymbol{X}^{\mathrm{T}}(n)\boldsymbol{P}_x(n-1)\right]$$

$$\boldsymbol{W}(n) = \boldsymbol{W}(n-1) + \boldsymbol{k}(n)e(n \mid n-1)$$

思 考 题

1. LMS 算法与最陡下降法有何异同点？
2. 何谓 LMS 算法的学习曲线？
3. LMS 算法中，如何保证由任意起始位置经过迭代收敛到最优权矢量 $\boldsymbol{W}^*$？
4. 为了兼顾收敛速度和稳定性，步长因子应该如何选择？
5. RLS 算法中，遗忘因子的选择依据是什么？
6. 比较 LMS 算法和 RLS 算法，它们各自有什么特点？

习 题

1. 已知输入信号的自相关矩阵为 $\boldsymbol{R}_x = \begin{bmatrix} 3 & 1 \\ 1 & 3 \end{bmatrix}$，输入信号与期望信号的互相关矢量为 $\boldsymbol{R}_{dx} = \begin{bmatrix} 2 \\ 5 \end{bmatrix}$，期望信号的均方值为 $E[d^2(n)] = 10$，试求：

（1）均方误差性能函数；

（2）最佳权矢量；

（3）最小均方误差。

2. 在二阶自适应滤波器中，已知输入信号的自相关矩阵 $\boldsymbol{R}_x = \begin{bmatrix} 3 & \sqrt{6} \\ \sqrt{6} & 3 \end{bmatrix}$，完成以下任务。

（1）试确定使 LMS 算法收敛的 μ 值的范围。

（2）设 $\mu = \dfrac{1}{120}$，试求自适应学习曲线的时间常数 $\tau_{\text{mse},i}$。

3. 已知信号样本 $\{x(-1),x(0),x(1),x(2),\cdots\} = \{2,3,-1,-2,\cdots\}$，设二阶自适应横向滤波器的 $d(n) = x(n)$，$\boldsymbol{X}(n) = [x(n-1),x(n-2)]^{\text{T}}$，遗忘因子 $\lambda = 1$，初始样本自相关逆阵 $\boldsymbol{P}_x(0) = \begin{bmatrix} 10 & 0 \\ 0 & 10 \end{bmatrix}$，试用 RLS 算法计算权矢量 $\boldsymbol{W}(2)$ 和输出信号 $y(2)$。

计算机仿真

最小均方自适应滤波仿真

1）仿真假设

假设输入原始信号为 $x = 20\cos(0.5t)$，并叠加随机噪声，利用最小均方自适应滤波方法，对随机噪声进行消除。

2）程序代码

程序分为主程序 main.m 以及调用子程序 LMS.m。调用子程序 LMS.m 用来实现最小均方自适应滤波功能。

（1）主程序 main.m。

```
clear all;
close all;
interval=0:199;
x_s=20 * cos(0.5 * interval);
figure;
subplot(2,1,1);
plot(interval,x_s);grid;
ylabel('幅值');
xlabel('时间');
title('输入信号');
%噪声信号的产生
randn('state',sum(200 * clock));
x_n=randn(1,200);
subplot(2,1,2);
plot(interval,x_n);grid;
ylabel('幅值');
xlabel('时间');
title('随机噪声信号');
%信号滤波
x_n=x_s+x_n;
x_n=x_n.';                          %输入信号序列
```

```
d_n =x_s.';                                        %预期结果序列
ORDER=20  ;                                         %滤波器的阶数
maxRho =max(eig(x_n * x_n.'));                      %输入信号相关矩阵的最大特征值
factor =rand() * (1/maxRho)  ;                      %收敛因子 0 < factor <1/rho
[y_n, L, error]=LMS(x_n, d_n, ORDER, factor);
%绘制滤波器输入信号
figure;
subplot(2,1,1);
plot(interval, x_n); grid;
ylabel('幅值');
xlabel('时间');
title('滤波器输入信号');
%绘制自适应滤波器输出信号
subplot(2,1,2);
plot(interval, y_n); grid;
ylabel('幅值');
xlabel('时间');
title('LMS 输出信号');
%绘制自适应滤波器输出信号,预期输出信号和两者的误差
figure(3)
plot(interval, y_n, '-s', interval, d_n, 'k', interval, d_n-y_n, 'r'); grid;
legend('自适应滤波器输出', '预期输出', '误差');
ylabel('幅值');
xlabel('时间');
title('对比图');
```

(2) 子程序 LMS.m。

```
function [y_n, L, error]=LMS(x_n, d_n, OREDER, factor, nc)
%LMS(least mean square)算法
%输入参数:
%x_n   输入的信号序列        (列向量)
%d_n   所期望的响应序列       (列向量)
%OREDER   滤波器的阶数        (标量)
%factor   收敛因子(步长)      (标量) 要求大于 0,小于 x_n 的相关矩阵最大特征值的倒数
%nc   迭代次数              (标量) 默认为 x_n 的长度,OREDER<nc<length(x_n)
%输出参数:
%L   滤波器的权值矩阵       (矩阵)
%   大小为 OREDER x nc,
%error   误差序列(nc x 1)    (列向量)
%y_n   实际输出序列         (列向量)
%参数个数必须为 4 个或 5 个
if nargin ==4              %4 个时递归迭代的次数为 x_n 的长度
nc =length(x_n);
elseif nargin ==5         %5 个时满足 OREDER<nc<length(x_n)
if nc>length(x_n) | nc<OREDER
error('迭代次数过大或过小! ');
```

```
end
else
error('请检查输入参数的个数！');
end
%初始化参数
error = zeros(nc,1);                   %误差序列,en(k)表示第 k 次迭代时预期输出与实际输入的误差
L = zeros(OREDER,nc);                  %每一行代表一个加权参量,每一列代表一次迭代,初始为 0
%迭代计算
for k = OREDER:nc                      %第 k 次迭代
x = x_n(k:-1:k-OREDER+1);              %滤波器 OREDER 个抽头的输入
y = L(:,k-1).' * x;                    %滤波器的输出
error(k) = d_n(k) - y;                 %第 k 次迭代的误差
%滤波器权值计算的迭代式
L(:,k) = L(:,k-1) + 2 * factor * error(k) * x;
end
%求最优时滤波器的输出序列
y_n = inf * ones(size(x_n));
for k = OREDER:length(x_n)
x = x_n(k:-1:k-OREDER+1);
y_n(k) = L(:,end).' * x;
end
```

3）仿真结果

原始输入信号及叠加噪声如图 11.5 所示。滤波器输入信号及滤波器输出信号如图 11.6 所示。滤波器输出信号与预期信号对比及误差如图 11.7 所示。

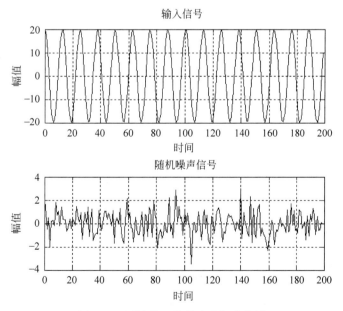

图 11.5　原始输入信号及叠加噪声图

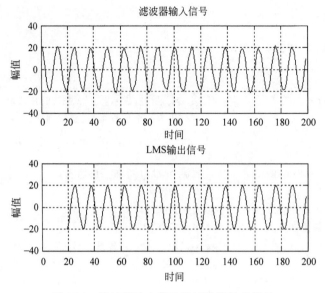

图 11.6　滤波器输入信号及滤波器输出信号

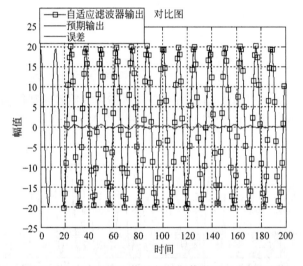

图 11.7　滤波器输出信号与预期信号对比及误差图

知 识 扩 展

1. 伯纳德·维德罗(Bernard Widrow)(1929—)

美国电气工程教育家,美国斯坦福大学电气工程系名誉教授。他于 1929 年 12 月 24 日出生于美国康涅狄格州的诺维奇。主要研究方向是模式识别、自适应滤波和自适应控制、生物工程、自适应波束形成、自适应地球物理成像,特别是自适应神经网络。1960 年与其博士生马尔西安·泰德·霍夫(Marcian Ted Hoff)首次提出 Delta 学习规则(即威德罗-霍夫规则),1985 年与 S.D.Stearns 合著《自适应信号处理》,1994 年与 E.Walach 合著《自适应逆控制》等。曾获得 IEEE 百年奖(1984 年)和神经网络先驱奖章(1991 年)等。

2. 马尔西安·泰德·霍夫(Marcian Ted Hoff,1937—)

又名马尔西安·爱德华·霍夫(Marcian Edward Hoff),微处理器之父。他于 1937 年 10 月 28 日出生于美国纽约州的罗彻斯特。1958 年于伦斯勒理工学院获得电气工程学士学位,1959 年于斯坦福大学获得硕士学位,1962 获得博士学位。1960 年与其导师 Bernard Widrow 共同提出 LMS 自适应算法。1968 年进入英特尔公司,1971 年作为总设计师发明世界上首枚微处理器芯片 Intel 4004,被英国《经济学家》杂志称为"第二次世界大战以来最有影响的科学家之一"。

第12章 功率谱估计

本章摘要

本章介绍常用的间接法和直接法两种经典谱估计方法,分析其性能,讨论了现代谱估计法的基本原理,重点阐述 AR 模型谱估计的求解方法,并针对常用的正弦随机信号,分析高斯白噪声中正弦信号的谱估计方法。

12.1 概　　述

信号与系统分析方法分为两大类,一类是时域分析,例如之前章节介绍过的维纳滤波、卡尔曼滤波和自适应滤波;另一类是频域分析,本章主要讨论这一方法。

频谱分析是揭示确定信号内在特征的重要方法。对于平稳随机信号,由于信号能量的无限性,其傅里叶变换不存在。即使截取一段随机序列来进行频谱分析,也由于不同段的频谱几乎不同,使得频谱分析没有意义。但平稳随机信号的自相关函数是一个能量有限的确定性序列,满足傅里叶变换绝对可和的条件,且其傅里叶变换恰为平稳随机信号的功率谱,即组成平稳随机信号的各种频率分量的平均功率是确定和有限的,因而可以用功率谱来完整地表征平稳随机信号的统计特征。

平稳随机信号的功率谱取决于无限多个自相关函数值。但在实际应用中,观测数据往往是有限的,也就是说自相关函数是有限的,那么精确计算功率谱是不可能的。功率谱估计就是用已观测的有限样本数据估计平稳随机信号的功率谱。功率谱估计广泛应用于雷达、声呐、通信、生物医学、地震勘探、窄带信号检测等诸多信号处理领域。在雷达信号处理中,由回波信号功率谱、谱峰的密度、高度和位置,可以确定运动目标的位置、辐射强度和运动速度等;利用无源声呐信号功率谱,可以计算出鱼雷的方位;在生物医学信号处理中,根据生理电信号的功率谱的谱峰可以反映出癫痫病的发作周期;在电子战中,功率谱估计用于对目标的分类、识别等;根据信号、干扰与噪声的功率谱,可以设计适当的滤波器,最大限度地抑制干扰与噪声来重现原始信号。同时,功率谱估计也被用于检测淹没在宽带噪声中的窄带信号、估计线性系统的参数等。因此,随机信号的谱估计是信号检测与估计的一个重要研究内容。

功率谱估计分为两类,一类是基于傅里叶变换的经典谱估计法,又称为非参数谱估计法,另一类是基于随机信号模型的现代谱估计法,又称为参数谱估计法。经典谱估计又分为两种,一种是间接法,另一种是直接法。在间接法中,功率谱估计是通过自相关函数估计间接得到的,它是 1958 年由布莱克曼和图基提出的,故又以他们的名字命名,称为 BT 法。在直接法中,功率谱估计是直接由傅里叶变换得到的,它最早由舒斯特(Schuster)为了寻找数据中隐含的周期性而提出,因而又称为周期图法。直接法与间接法相比,不需要估计自相关函数,且可利用 FFT 进行计算,因此获得了更广泛的应用。

经典谱估计的优点是计算效率高,缺点是频率分辨率低,常常用于对频率分辨率要求不高的场合。经典谱估计缺陷存在的根本原因在于,观测区以外的数据全部假设为零。这一假设相当于时域乘以矩形窗函数,频域卷积 sinc 函数,而 sinc 函数不同于 δ 函数,它有主瓣和旁瓣,主瓣引起功率谱向附近频域扩展,造成谱的模糊,降低谱的分辨率;而旁瓣则引起谱泄露,造成强谱分量的旁瓣影响弱谱分量检测,甚至淹没弱谱分量。为了克服经典谱估计的局限性,近年来提出了另一类谱估计方法——现代谱估计。现代谱估计对信号观测区以外的数据不假设为零,而是利用已知观测数据的先验知识来合理外推未知样本和未知自相关函数,提高了功率谱估计的分辨率。具有代表性的现代谱估计有:1967 年 J. P. Burg 受线性预测方法的启发提出了最大熵谱估计,开启了现代谱估计的先河;1968 年 E. Parzen 正式提出 AR 模型谱估计,它是现代谱估计中最重要的一种参数模型法,此外还有最小交叉熵分析法、ARMA 模型法、谐波分析法、最大似然法、复极点模型法、自回归移动平均法、基于矩阵奇异值分解或特征值分解的超分辨率谱估计法等等,它们为功率谱估计的广泛应用提供了有利的技术支撑。

对一般平稳随机信号 $x(n)$ 而言,往往在预处理时要去除均值,即 $E[x]=0$、$R_X(\infty)=0$,换句话说,$R_X(m)$ 是趋于 0 的衰减序列。本章为了分析方便,在以下分析中,如没有特别声明,研究的随机信号为零均值实平稳随机信号。

12.2　经典谱估计法

12.2.1　间接法

间接法中,由于 $G_X(\omega)$ 是通过 $x(n)$ 的自相关函数 $R_X(m)$ 间接得到的。首先计算随机信号 $x(n)$ 的自相关函数 $R_X(m)=E[x(n)x(n+m)]$,若 $\sum\limits_{m=-\infty}^{\infty}|R_X(m)|<\infty$,可由 $R_X(m)$ 的傅里叶变换得到随机信号的功率谱,即 $G_X(\omega)=\sum\limits_{m=-\infty}^{\infty}R_X(m)\mathrm{e}^{-jm\omega}$。间接法是 1958 年由布莱克曼和图基提出的,故又称 BT 法。在实际应用中,由于所能观测到的随机信号样本是有限的,无法准确获得其自相关函数,因而只能对功率谱进行估计。

设随机信号 $x(n)$ 是一个样本数为 N 的样本序列 $x_N(0),x_N(1),\cdots,x_N(N-1)$,现利用它们对自相关函数进行估计,有

$$\hat{R}_X(m)=\frac{1}{N}\sum_{n=0}^{N-1}x(n)x(n+m)=\frac{1}{N}\sum_{n=-\infty}^{\infty}x_N(n)x_N(n+m) \tag{12.1}$$

因为只观测到 $0\leqslant n\leqslant N-1$ 区间内的 N 个数据,在这个区间以外的数据是未知的,因此对每一个 m 值,可以利用的数据只有 $N-|m|-1$ 个,m 的绝对值是由于考虑到实平稳随机信号自相关函数满足 $R_X(m)=R_X(-m)$,因而上式改写为

$$\hat{R}_X(m)=\frac{1}{N}\sum_{n=0}^{N-|m|-1}x(n)x(n+m),\quad |m|\leqslant N-1 \tag{12.2}$$

通过对 $\hat{R}_X(m)$ 进行傅里叶变换,得到随机信号 $x(n)$ 的功率谱估计值。

$$\hat{G}_X(\omega)=\sum_{m=-(M-1)}^{(M-1)}\hat{R}_X(m)\mathrm{e}^{-jm\omega},\quad M\leqslant N-1 \tag{12.3}$$

1965 年,图基和库迪提出快速傅里叶变换(fast Fourier transform,FFT),人们利用 FFT 来计算离散傅里叶变换,大大提高了计算速度,使间接法一直沿用至今并得以发展。

目前利用间接法进行功率谱估计的思路是把截断序列 $x_N(n)$ 看作一个能量信号,由相关卷积定理,可将式(12.1)改写为

$$\hat{R}_X(m) = \frac{1}{N}[x_N(-m) * x_N(m)] \tag{12.4}$$

将上式两边取 $2N-1$ 点的离散傅里叶变换,根据时域卷积定理可知,时域卷积将变为频域乘积,有

$$\hat{G}'_X(k) = \frac{1}{N}[X^*_{2N-1}(k) \cdot X_{2N-1}(k)] = \frac{1}{N} |X_{2N-1}(k)|^2 \tag{12.5}$$

离散傅里叶变换 $\hat{G}'_X(k)$ 表示在区间 $[0, 2\pi]$ 上对 $\hat{G}'_X(\omega)$ 的 $2N-1$ 点等间隔采样。

为了通过 FFT 实现间接法谱估计,首先进行补零操作,实现利用圆周卷积代替线性卷积,以便利用快速相关方法获得自相关函数的估计值,再利用 FFT 运算获得谱估计。利用 FFT 通过间接法求解谱估计的步骤如下。

(1) 对长度为 N 的观测序列 $x_N(n)$ 补充 $N-1$ 个 0,形成长度为 $2N-1$ 的序列 $x_{2N-1}(n)$,实现用圆周卷积代替线性卷积,以便采用 FFT。

(2) 对 $2N-1$ 点序列做快速傅里叶变换,得

$$X_{2N-1}(k) = \sum_{n=0}^{2N-2} x_{2N-1}(n) W^{nk}_{2N-1} \quad n=0,1,2,\cdots,2N-2; k=0,1,2,\cdots,2N-2 \tag{12.6}$$

其中,$W_{2N-1} = e^{-j\left(\frac{2\pi}{2N-1}\right)}$,$W^{nk}_{2N-1} = e^{-j\left(\frac{2\pi}{2N-1}\right)nk}$。

(3) 求解 $\hat{G}'_X(k) = \frac{1}{N}|X_{2N-1}(k)|^2$。

(4) 求 $2N-1$ 点的快速傅里叶逆变换(inverted fast Fourier transform,IFFT),得

$$\hat{R}'_X(m) = \frac{1}{2N-1} \sum_{k=-(N-1)}^{N-1} \frac{1}{N} |X_{2N-1}(k)|^2 W^{-mk}_{2N-1} \tag{12.7}$$

(5) 对由快速相关法获得的 $2N-1$ 点的自相关函数估计值进行加延迟窗处理,得到

$$\hat{R}_X(m) = \hat{R}'_X(m) \cdot d_M(m) \tag{12.8}$$

其中,$d_M(m)$ 是平滑矩形窗函数,且 $M \ll N$。

(6) 对 $\hat{R}_X(m)$ 求解 $2M-1$ 点的 FFT,得

$$\hat{G}_X(k) = \sum_{m=-(M-1)}^{M-1} \hat{R}_X(m) W^{mk}_{2M-1} \tag{12.9}$$

图 12.1 给出了利用 FFT 进行间接谱估计法的原理框图。

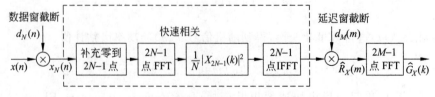

图 12.1 间接法谱估计运算原理框图

下面对间接法谱估计的性能进行分析。

(1) 当 $N \to \infty$ 且 $|m| \ll N$ 时，$\hat{R}_X(m)$ 是 $R_X(m)$ 的一致估计。

证明：对式(12.2)两边分别取数学期望，可得

$$
\begin{aligned}
E[\hat{R}_X(m)] &= \frac{1}{N-|m|} \sum_{n=0}^{N-|m|-1} E[x(n)x(n+m)] \\
&= \frac{1}{N-|m|} \sum_{n=0}^{N-|m|-1} R_X(m), \quad |m| \leqslant N-1 \\
&= R_X(m)
\end{aligned}
\tag{12.10}
$$

即 $\hat{R}_X(m)$ 是 $R_X(m)$ 的无偏估计。同时，由方差的定义式有

$$
\mathrm{Var}[\hat{R}_X(m)] = E[\hat{R}_X^2(m)] - E^2[\hat{R}_X(m)] = E[\hat{R}_X^2(m)] - R_X^2(m)
\tag{12.11}
$$

根据式(12.2)可知，$E[\hat{R}_X^2(m)]$ 可以表示为

$$
E[\hat{R}_X^2(m)] = \frac{1}{(N-|m|)^2} \sum_{n=0}^{N-|m|-1} \sum_{k=0}^{N-|m|-1} E[x(n)x(n+m)x(k)x(k+m)]
\tag{12.12}
$$

假设信号为实白高斯序列，且 $E[x(n)]=0$，由多元正态随机变量的多阶矩公式，有

$$
\begin{aligned}
&E[x(n)x(n+m)x(k)x(k+m)] \\
=\ &E[x(n)x(n+m)]E[x(k)x(k+m)] + E[x(n)x(k)]E[x(n+m)x(k+m)] + \\
&E[x(n)x(k+m)]E[x(n+m)x(k)] \\
=\ &R_X^2(m) + R_X^2(k-n) + R_X(k+m-n)R_X(k-m-n)
\end{aligned}
\tag{12.13}
$$

将上式代入式(12.12)，得

$$
\begin{aligned}
E[\hat{R}_X^2(m)] = R_X^2(m) + \frac{1}{(N-|m|)^2} \sum_{n=0}^{N-|m|-1} \sum_{k=0}^{N-|m|-1} [R_X^2(k-n) + \\
R_X(k+m-n)R_X(k-m-n)]
\end{aligned}
\tag{12.14}
$$

将上式代入式(12.11)，得

$$
\begin{aligned}
\mathrm{Var}[\hat{R}_X(m)] = \frac{1}{(N-|m|)^2} \sum_{n=0}^{N-|m|-1} \sum_{k=0}^{N-|m|-1} [R_X^2(k-n) + \\
R_X(k+m-n)R_X(k-m-n)]
\end{aligned}
\tag{12.15}
$$

令 $l=k-n$，显然 l 的最小值为 $-(N-|m|-1)$，最大值为 $(N-|m|-1)$，$l=0$ 的情况将出现 $(N-|m|)$ 次，$l=1$ 将出现 $(N-|m|-1)$ 次，以此类推，对于不同的 l 值，出现的次数为 $(N-|m|-|l|)$，于是上式变为

$$
\begin{aligned}
\mathrm{Var}[\hat{R}_X(m)] &= \frac{1}{(N-|m|)^2} \sum_{l=-(N-|m|-1)}^{N-|m|-1} (N-|m|-|l|)[R_X^2(l) + \\
&\quad R_X(l+m)R_X(l-m)] \\
&= \frac{N}{(N-|m|)^2} \sum_{l=-(N-|m|-1)}^{N-|m|-1} \left(1-\frac{|m|+|l|}{N}\right)[R_X^2(l) + \\
&\quad R_X(l+m)R_X(l-m)] \\
&\leqslant \frac{N}{(N-|m|)^2} \sum_{l=-(N-|m|-1)}^{N-|m|-1} [R_X^2(l) + R_X(l+m)R_X(l-m)]
\end{aligned}
\tag{12.16}
$$

由上式可知,当 $|m| \ll N$ 时,$\mathrm{Var}[\hat{R}_X(m)]$ 以 $\dfrac{1}{N}$ 趋于 0,于是有

$$\lim_{N \to \infty} \mathrm{Var}[\hat{R}_X(m)] \to 0 \qquad (12.17)$$

因而可知,当 $N \to \infty$ 且 $|m| \ll N$ 时,$\hat{R}_X(m)$ 是 $R_X(m)$ 的一致估计。

在一般情况下,$|m| \ll N$ 的条件不容易满足,也就是说,当 $|m|$ 接近于 N 时,$\mathrm{Var}[\hat{R}_X(m)]$ 就变得十分大,这时常常将式(12.2)改写为

$$\hat{R}_X(m) = \frac{1}{N} \sum_{n=0}^{N-|m|-1} x(n)x(n+m), \qquad |m| \leqslant N-1 \qquad (12.18)$$

（2）在矩形窗平滑截断时,$\hat{G}_X(\omega)$ 是 $G_X(\omega)$ 的有偏估计。

证明:由间接法的计算式可知

$$\hat{G}_X(\omega) = \sum_{m=-M-1}^{M-1} \hat{R}'_X(m) d_M(m) \mathrm{e}^{-jm\omega} \qquad (12.19)$$

这里,设 $\hat{R}'_X(m)$,$d_M(m)$ 的傅里叶变换为 $\hat{G}'_X(\omega)$,$D_M(\omega)$,由帕塞瓦尔定理可将上式转换为

$$\hat{G}_X(\omega) = \frac{1}{2\pi} \int_{-\pi}^{\pi} \hat{G}'_X(\omega) D_M(\omega - \theta) \mathrm{d}\theta \qquad (12.20)$$

对式(12.20)两边取数学期望,可知

$$E[\hat{G}_X(\omega)] = \frac{1}{2\pi} \int_{-\pi}^{\pi} E[\hat{G}'_X(\omega)] D_M(\omega - \theta) \mathrm{d}\theta \qquad (12.21)$$

在此,由式(12.1)可知

$$E[\hat{G}_X(\omega)] = Q(\omega) * G_X(\omega) \qquad (12.22)$$

其中,$Q(\omega)$ 是 $q(m)$ 的傅里叶变换,而 $q(m)$ 为

$$q(m) = \frac{1}{N} \left[\sum_{n=-\infty}^{\infty} d_N(n) d_N(n+m) \right] = \begin{cases} 1 - \dfrac{|m|}{N}, & |m| \leqslant N-1 \\ 0, & \text{其他} \end{cases} \qquad (12.23)$$

因而,式(12.21)可转化为

$$\begin{aligned} E[\hat{G}_X(\omega)] &= G_X(\omega) * Q(\omega) * D_M(\omega) \\ &= \sum_{m=-(M-1)}^{M-1} R_X(m) q(m) d_M(m) \mathrm{e}^{-jm\omega} \end{aligned} \qquad (12.24)$$

因为 $M \ll N$,所以 $q(m) \approx 1$,于是上式可近似表示为

$$E[\hat{G}_X(\omega)] \approx \frac{1}{2\pi} \int_{-\pi}^{\pi} G_X(\omega) D_M(\omega - \theta) \mathrm{d}\theta \qquad (12.25)$$

由于采用的是矩形窗函数作平滑截断,所以 $D_M(\omega)$ 一定不是 δ 函数,也就是说 $E[\hat{G}_X(\omega)]$ 不等于 $G_X(\omega)$,所以 $\hat{G}_X(\omega)$ 不是 $G_X(\omega)$ 的无偏估计,而是有偏的。

12.2.2　直接法

直接法是直接对观测数据进行傅里叶变换得到的功率谱估计方法,又称周期图法。对

式(12.1)进行傅里叶变换,得

$$\hat{G}_X(\omega) = \sum_{m=-\infty}^{\infty} \hat{R}_X(m) \mathrm{e}^{-\mathrm{j}m\omega}$$

$$= \frac{1}{N} \sum_{m=-\infty}^{\infty} \sum_{n=0}^{N-1} x(n) x(n+m) \mathrm{e}^{-\mathrm{j}m\omega}$$

$$= \frac{1}{N} \sum_{m=-\infty}^{\infty} \sum_{n=-\infty}^{\infty} x_N(n) x_N(n+m) \mathrm{e}^{-\mathrm{j}m\omega}$$

$$= \frac{1}{N} \sum_{m=-\infty}^{\infty} \sum_{n=-\infty}^{\infty} x_N(n) x_N(n+m) \mathrm{e}^{\mathrm{j}n\omega} \mathrm{e}^{-\mathrm{j}(n+m)\omega}$$

$$= \frac{1}{N} \left[\sum_{m=-\infty}^{\infty} x_N(n+m) \mathrm{e}^{-\mathrm{j}(n+m)\omega} \right] \left[\sum_{n=-\infty}^{\infty} x_N(n) \mathrm{e}^{\mathrm{j}n\omega} \right] \qquad (12.26)$$

令 $l = n+m$,代入上式得

$$\hat{G}_X(\omega) = \frac{1}{N} \left[\sum_{m=-\infty}^{\infty} x_N(n+m) \mathrm{e}^{-\mathrm{j}(n+m)\omega} \right] \left[\sum_{n=-\infty}^{\infty} x_N(n) \mathrm{e}^{\mathrm{j}n\omega} \right]$$

$$= \frac{1}{N} \left[\sum_{l=-\infty}^{\infty} x_N(l) \mathrm{e}^{-\mathrm{j}l\omega} \right] \left[\sum_{n=-\infty}^{\infty} x_N(n) \mathrm{e}^{\mathrm{j}n\omega} \right]$$

$$= \frac{1}{N} X_N(\mathrm{e}^{\mathrm{j}\omega}) X_N^*(\mathrm{e}^{\mathrm{j}\omega})$$

$$= \frac{1}{N} \mid X_N(\mathrm{e}^{\mathrm{j}\omega}) \mid^2, \quad -\pi \leqslant \omega \leqslant \pi \qquad (12.27)$$

其中,$X_N(\mathrm{e}^{\mathrm{j}\omega}) = \sum_{n=-\infty}^{\infty} x_N(n) \mathrm{e}^{-\mathrm{j}n\omega} = \sum_{n=0}^{N-1} x_N(n) \mathrm{e}^{-\mathrm{j}n\omega}$。

将 $X_N(\mathrm{e}^{\mathrm{j}\omega})$ 的模平方除以 N 求得功率谱估计被定义为周期图。求解 $X_N(\mathrm{e}^{\mathrm{j}\omega})$ 可以利用 FFT 实现,这样直接法求解谱估计的步骤如下。

(1) 对 N 点观测序列直接进 FFT,得

$$X_N(k) = \sum_{n=0}^{N-1} x_N(n) W_N^{nk} \qquad (12.28)$$

这里

$$W_N = \mathrm{e}^{-\mathrm{j}\left(\frac{2\pi}{N}\right)}, \quad W_N^{nk} = \mathrm{e}^{-\mathrm{j}\left(\frac{2\pi}{N}\right)nk}$$

(2) 求解 $\hat{G}_X(k) = \frac{1}{N} |X_N(k)|^2$。

图 12.2 给出了直接法谱估计的原理框图。

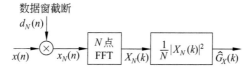

图 12.2　直接法谱估计运算的原理框图

下面讨论直接法谱估计的性能。

(1) 当 $N\to\infty$ 时，$\hat{G}_X(\omega)$ 趋于无偏，即 $\hat{G}_X(\omega)$ 是 $G_X(\omega)$ 的渐近无偏估计。

证明：
$$E[\hat{G}_X(\omega)] = \sum_{m=-\infty}^{\infty} E[\hat{R}_X(m)] e^{-jm\omega}$$

$$= \frac{1}{N} \sum_{m=-\infty}^{\infty} \sum_{n=-\infty}^{\infty} E[x_N(n) x_N(n+m)] e^{-jm\omega}$$

$$= \frac{1}{N} \sum_{m=-\infty}^{\infty} \sum_{n=-\infty}^{\infty} E[d_N(n) x(n) d_N(n+m) x(n+m)] e^{-jm\omega}$$

$$= \frac{1}{N} \sum_{m=-\infty}^{\infty} \sum_{n=-\infty}^{\infty} d_N(n) d_N(n+m) \cdot E[x(n) x(n+m)] e^{-jm\omega} \qquad (12.29)$$

由实平稳随机信号自相关函数的定义式可知
$$E[x(n) x(n+m)] = R_X(m) \qquad (12.30)$$

将上式代入式(12.29)，得
$$E[\hat{G}_X(\omega)] = \frac{1}{N} \sum_{m=-\infty}^{\infty} R_X(m) e^{-jm\omega} \sum_{n=-\infty}^{\infty} d_N(n) d_N(n+m)$$

$$= \sum_{m=-\infty}^{\infty} R_X(m) e^{-jm\omega} \frac{1}{N} \left[\sum_{n=-\infty}^{\infty} d_N(n) d_N(n+m) \right]$$

$$= \sum_{m=-\infty}^{\infty} q(m) R_X(m) e^{-jm\omega} \qquad (12.31)$$

这里，$q(m)$ 的定义式见式(12.23)，其傅里叶变换为
$$Q(\omega) = \frac{1}{N} \left[\frac{\sin(\omega N/2)}{\sin(\omega/2)} \right]^2 \qquad (12.32)$$

根据频域卷积定理，两个函数相乘的傅里叶变换等于它们各自傅里叶变换的卷积，所以式(12.31)可表示为
$$E[\hat{G}_X(\omega)] = Q(\omega) * G_X(\omega) = \frac{1}{2\pi} \int_{-\pi}^{\pi} G_X(\omega) Q(\omega - \theta) d\theta \qquad (12.33)$$

由上式可知，直接法的数学期望是功率谱与窗函数卷积得到的一种局部平均结果。显然只有 $Q(\omega)$ 为 δ 函数时，$E[\hat{G}_X(\omega)] = G_X(\omega)$，故直接法作为功率谱的估计是有偏的。

当 $N\to\infty$ 时，有
$$q(m) = 1 - \frac{|m|}{N} \to 1 \qquad (12.34)$$

也即
$$\lim_{N\to\infty} Q(\omega) = \delta(\omega) \qquad (12.35)$$

则有
$$\lim_{N\to\infty} E[\hat{G}_X(\omega)] = G_X(\omega) \qquad (12.36)$$

因此，直接法谱估计 $\hat{G}_X(\omega)$ 是 $G_X(\omega)$ 的渐近无偏估计。

(2) $\hat{G}_X(\omega)$ 不是 $G_X(\omega)$ 的一致估计。假定序列 $x(n)$ 是零均值、方差为 σ_x^2 的实高斯白噪声序列，当 $N\to\infty$ 时，$\hat{G}_X(\omega)$ 的方差趋于 $\sigma_x^4 \neq 0$。

证明：由方差的定义，有

$$\text{Var}[\hat{G}_X(\omega)] = E[\hat{G}_X^2(\omega)] - E^2[\hat{G}_X(\omega)] \tag{12.37}$$

根据式(12.27)，直接法可表示为

$$\hat{G}_X(\omega) = \frac{1}{N} \mid X_N(e^{j\omega}) \mid^2 = \frac{1}{N} \sum_{m=-\infty}^{\infty} x_N(m) e^{-jm\omega} \sum_{l=-\infty}^{\infty} x_N(l) e^{jl\omega}$$

$$= \frac{1}{N} \sum_{m=-\infty}^{\infty} \sum_{l=-\infty}^{\infty} x_N(m) x_N(l) e^{-j(m-l)\omega} \tag{12.38}$$

对上式两边取数学期望，得

$$E[\hat{G}_X(\omega)] = \frac{1}{N} \sum_{m=-\infty}^{\infty} \sum_{l=-\infty}^{\infty} E[x_N(m) x_N(l)] e^{-j(m-l)\omega}$$

$$= \frac{1}{N} \sum_{m=-\infty}^{\infty} \sum_{l=-\infty}^{\infty} d_N(m) d_N(l) E[x(m) x(l)] e^{-j(m-l)\omega} \tag{12.39}$$

其中，$E[x(m)x(l)] = R_X(m-l)$。由于信号为实高斯白噪声序列，故 $R_X(m-l) = \sigma_x^2 \delta(m-l)$，代入上式，得

$$E[\hat{G}_X(\omega)] = \frac{1}{N} \sum_{m=-\infty}^{\infty} \sum_{l=-\infty}^{\infty} E[x_N(m) x_N(l)] e^{-j(m-l)\omega}$$

$$= \frac{1}{N} \sum_{m=-\infty}^{\infty} \sum_{l=-\infty}^{\infty} d_N(m) d_N(l) \sigma_x^2 \delta(m-l) e^{-j(m-l)\omega}$$

$$= \frac{1}{N} \sum_{m=-\infty}^{\infty} d_N^2(m) \sigma_x^2$$

$$= \frac{\sigma_x^2}{N} \cdot \sum_{m=-\infty}^{\infty} d_N^2(m)$$

$$= \sigma_x^2 \tag{12.40}$$

为了获得 $E[\hat{G}_X^2(\omega)]$，先计算 $\hat{G}_X(\omega)$ 在两个频率 ω_1 和 ω_2 处的协方差，即

$$E[\hat{G}_X(\omega_1)\hat{G}_X(\omega_2)] = \frac{1}{N^2} \sum_{k=0}^{N-1} \sum_{l=0}^{N-1} \sum_{m=0}^{N-1} \sum_{n=0}^{N-1} E[x(k)x(l)x(m)x(n)] e^{-j[\omega_1(k-l)+\omega_2(m-n)]}$$

$$= \frac{1}{N^2} \sum_{k=0}^{N-1} \sum_{l=0}^{N-1} \sum_{m=0}^{N-1} \sum_{n=0}^{N-1} [R_X(k-l)R_X(m-n) + R_X(k-m)R_X(l-n) +$$

$$R_X(k-n)R_X(l-m)] e^{-j[\omega_1(k-l)+\omega_2(m-n)]} \tag{12.41}$$

考虑到信号是实白高斯序列，有

$$E[x(k)x(l)x(m)x(n)]$$

$$= \begin{cases} \sigma_x^4, & k=l \text{ 且 } m=n，\text{或 } k=m \text{ 且 } l=n，\text{或 } k=n \text{ 且 } l=m \\ 0, & \text{其他} \end{cases} \tag{12.42}$$

将上式代入式(12.41)，得

$$E[\hat{G}_X(\omega_1)\hat{G}_X(\omega_2)]$$

$$= \frac{\sigma_x^4}{N^2} \left[N^2 + \sum_{m=0}^{N-1} \sum_{n=0}^{N-1} e^{-j(m-n)(\omega_1+\omega_2)} + \sum_{m=0}^{N-1} \sum_{n=0}^{N-1} e^{-j(m-n)(\omega_1-\omega_2)} \right] \tag{12.43}$$

这里

$$\sum_{m=0}^{N-1}\sum_{n=0}^{N-1}e^{-j(m-n)(\omega_1+\omega_2)} = \sum_{m=0}^{N-1}e^{-jm(\omega_1+\omega_2)}\sum_{n=0}^{N-1}e^{jn(\omega_1+\omega_2)}$$

$$= \frac{1-e^{-jN(\omega_1+\omega_2)}}{1-e^{-j(\omega_1+\omega_2)}}\cdot\frac{1-e^{jN(\omega_1+\omega_2)}}{1-e^{j(\omega_1+\omega_2)}}$$

$$= \frac{e^{-jN(\omega_1+\omega_2)/2}\left[e^{jN(\omega_1+\omega_2)/2}-e^{-jN(\omega_1+\omega_2)/2}\right]}{e^{-j(\omega_1+\omega_2)/2}\left[e^{j(\omega_1+\omega_2)/2}-e^{-j(\omega_1+\omega_2)/2}\right]}\times$$

$$\frac{e^{-jN(\omega_1+\omega_2)/2}\left[e^{-jN(\omega_1+\omega_2)/2}-e^{jN(\omega_1+\omega_2)/2}\right]}{e^{j(\omega_1+\omega_2)/2}\left[e^{-j(\omega_1+\omega_2)/2}-e^{j(\omega_1+\omega_2)/2}\right]}$$

$$= \left[\frac{e^{jN(\omega_1+\omega_2)/2}-e^{-jN(\omega_1+\omega_2)/2}}{e^{j(\omega_1+\omega_2)/2}-e^{-j(\omega_1+\omega_2)/2}}\right]^2$$

$$= \left[\frac{\sin(N(\omega_1+\omega_2)/2)}{\sin((\omega_1+\omega_2)/2)}\right]^2 \tag{12.44}$$

同理可得

$$\sum_{m=0}^{N-1}\sum_{n=0}^{N-1}e^{-j(m-n)(\omega_1-\omega_2)} = \left[\frac{\sin(N(\omega_1-\omega_2)/2)}{\sin((\omega_1-\omega_2)/2)}\right]^2 \tag{12.45}$$

将上两式代入式(12.43),得

$$E\big[\hat{G}_X(\omega_1)\hat{G}_X(\omega_2)\big] = \frac{\sigma_x^4}{N^2}\left[N^2+\sum_{m=0}^{N-1}\sum_{n=0}^{N-1}e^{-j(m-n)(\omega_1+\omega_2)}+\sum_{m=0}^{N-1}\sum_{n=0}^{N-1}e^{-j(m-n)(\omega_1-\omega_2)}\right]$$

$$= \frac{\sigma_x^4}{N^2}\left[N^2+\left[\frac{\sin(N(\omega_1+\omega_2)/2)}{\sin((\omega_1+\omega_2)/2)}\right]^2+\left[\frac{\sin(N(\omega_1-\omega_2)/2)}{\sin((\omega_1-\omega_2)/2)}\right]^2\right]$$

$$= \sigma_x^4\left[1+\left[\frac{\sin(N(\omega_1+\omega_2)/2)}{N\sin((\omega_1+\omega_2)/2)}\right]^2+\left[\frac{\sin(N(\omega_1-\omega_2)/2)}{N\sin((\omega_1-\omega_2)/2)}\right]^2\right] \tag{12.46}$$

当 $\omega_1=\omega_2=\omega$ 时,得

$$E\big[\hat{G}_X^2(\omega)\big] = \sigma_x^4\left[1+\left[\frac{\sin(N\omega)}{N\sin\omega}\right]^2+1\right] \tag{12.47}$$

故而

$$\mathrm{Var}\big[\hat{G}_X(\omega)\big] = E\big[\hat{G}_X^2(\omega)\big]-E^2\big[\hat{G}_X(\omega)\big] = \sigma_x^4\left[2+\left[\frac{\sin(N\omega)}{N\sin\omega}\right]^2\right]-\sigma_x^4$$

$$= \sigma_x^4\left[1+\left[\frac{\sin(N\omega)}{N\sin\omega}\right]^2\right] \tag{12.48}$$

由上式可知,当 $N\to\infty$ 时,$\hat{G}_X(\omega)$ 的方差趋于 σ_x^4,即直接法不是一致估计。

12.3 现代谱估计法

为了克服经典谱估计频谱分辨率低的缺陷,人们提出了现代谱估计,也称为参数谱估计,它从根本上取消了对未知数据假设为 0 的限制。

由随机信号的知识可知,具有连续功率谱密度的平稳随机信号 $x(n)$ 都可由白噪声序列激励一个稳定的线性时不变系统产生。参数谱估计法的基本思想是,选择一个合适的线性时不变系统(模型),认为 $x(n)$ 是白噪声通过此模型产生的,利用观测样本数据估计出模型的参数(即得到了频率响应 $H(e^{j\omega})$),再通过模型参数获得输出信号 $x(n)$ 的功率谱估计

$$G_X(\omega) = \sigma_w^2 \mid H(e^{j\omega}) \mid^2 \tag{12.49}$$

其中，σ_w^2 是白噪声的方差。

参数谱估计法的设计步骤：

(1) 选择合适的信号模型。

(2) 用已观察的样本数据或自相关函数数据(如果已知或可以估计出)估计模型参数。

(3) 由模型参数获得功率谱估计。

这里，σ_w^2 是白噪声的方差；$H(e^{j\omega})$ 是模型的传递函数。

12.3.1 信号模型及其选择

在实际中，随机过程总可以用一个具有有理分式的传递函数模型来表示，因此可以用一个线性差分方程作为产生随机信号序列 $x(n)$ 的系统模型。

$$x(n) = \sum_{l=0}^{q} b_l w(n-l) - \sum_{k=1}^{p} a_k x(n-k) \tag{12.50}$$

这里，$w(n)$ 表示白色噪声，将式(12.52)进行 z 变换，得

$$\sum_{k=0}^{p} a_k X(z) z^{-k} = \sum_{l=0}^{q} b_l W(z) z^{-l} \tag{12.51}$$

在此，$a_0 = 1$。

该模型的传递函数为

$$H(z) = \frac{X(z)}{W(z)} = \frac{\sum_{l=0}^{q} b_l z^{-l}}{\sum_{k=0}^{p} a_k z^{-k}} \overset{\triangle}{=} \frac{B(z)}{A(z)} \tag{12.52}$$

这里，

$$A(z) = \sum_{k=0}^{p} a_k z^{-k} \tag{12.53}$$

$$B(z) = \sum_{l=0}^{q} b_l z^{-l} \tag{12.54}$$

输入白噪声的功率谱为 $G_w(z) = \sigma_w^2$，则输出功率谱为

$$G_X(z) = \sigma_w^2 H(z) H(z^{-1}) = \sigma_w^2 \frac{B(z) \cdot B(z^{-1})}{A(z) \cdot A(z^{-1})} \tag{12.55}$$

将 $z = e^{j\omega}$ 代入上式，得

$$G_X(e^{j\omega}) = G_X(\omega) = \sigma_w^2 \left| \frac{B(e^{j\omega})}{A(e^{j\omega})} \right|^2 \tag{12.56}$$

这样，如果能确定 σ_w^2 与各参数 a_k 及 b_l 就可得到 $G_X(\omega)$。

如果除 $b_0 = 1$ 外的所有 b_l 均为 0，则式(12.50)可转换为

$$x(n) = -\sum_{k=1}^{p} a_k x(n-k) + w(n) \tag{12.57}$$

上式的形式称为 p 阶自回归(autoreg ressive,AR)模型，将上式进行 z 变换，可得 AR 模型的传递函数为

$$H(z) = \frac{X(z)}{W(z)} = \frac{1}{A(z)} = \frac{1}{1 + \sum\limits_{k=1}^{p} a_k z^{-k}} \tag{12.58}$$

自回归模型 $H(z)$ 只有极点,没有除原点以外的零点,因此又称为全极点模型。当采用自回归模型时,功率谱变为

$$G_X(\omega) = \frac{\sigma_w^2}{\mid A(\mathrm{e}^{\mathrm{j}\omega}) \mid^2} = \frac{\sigma_w^2}{\left| 1 + \sum\limits_{k=1}^{p} a_k \mathrm{e}^{-\mathrm{j}\omega k} \right|^2} \tag{12.59}$$

如果除 $a_0 = 1$ 外的所有 a_k 均为 0,则式(12.50)可转换为

$$x(n) = \sum_{l=0}^{q} b_l w(n - l) \tag{12.60}$$

上式的形式称为 q 阶移动平均(moving average,MA)模型,将上式进行 z 变换,可得 MA 模型的传递函数为

$$H(z) = B(z) = 1 + \sum_{l=1}^{q} b_l z^{-l} \tag{12.61}$$

MA 模型 $H(z)$ 只有 0 点,除原点以外没有极点,因此又称为全 0 点模型。当采用 MA 模型时,功率谱变为

$$G_X(\omega) = \sigma_w^2 \mid B(\mathrm{e}^{\mathrm{j}\omega}) \mid^2 = G_w^2 \left| 1 + \sum_{l=1}^{q} b_l \mathrm{e}^{-\mathrm{j}\omega l} \right|^2 \tag{12.62}$$

除 a_0 和 b_0 外,如果 a_k 和 b_l 均不完全为 0 时,系统称为自回归移动平均(ARMA)模型,式(12.50)和式(12.56)分别表示了 ARMA 模型的差分方程和功率谱估计。如在语音信号处理中,ARMA 模型常常被用于描述声道传输特性。

基于模型的参数谱估计法的关键在于模型的选择,如何模型选择不合适,将直接影响谱估计分辨率及谱的保真度。但遗憾的是,尚无任何理论能指导模型的选择,通常是依据信号的一些先验知识,下面介绍一些主要的考虑原则。

模型选择主要考虑的是模型能够表示谱峰、谱谷和滚降的能力。对于具有尖峰的谱,应该选用具有极点的模型,如 AR 和 ARMA 模型;对于具有平坦的谱峰和深谷的信号,可以选用 MA 模型;对于既有极点又有零点的谱应选用 ARMA 模型。

其实三种模型可以相互转化。沃尔德(Wold)分解定理表明,任何有限方差的 ARMA 或 MA 平稳随机过程都可以用阶数足够大的 AR 模型近似描述;同样,任何 ARMA 或 AR 模型可以用阶数足够大的 MA 模型表示。因此,即使选择了一个不合适的模型,只要阶数足够高,仍能够比较好地逼近所要的随机过程。由于 AR 模型的参数估计只需要求解一个线性方程组,计算简便,因而现代谱估计主要集中在讨论 AR 模型谱估计上,本书将重点加以讨论。

12.3.2 AR 模型谱估计法

模型确定后,参数谱估计法的重点集中在参数的求解上。为了求解 AR 模型中的参数 $a_1, a_2, \cdots, a_p$ 及 σ_w^2,首先来研究这些参数与自相关函数间的关系,将式(12.57)代入自相关函数的表达式中,得

$$R_X(m) = E[x(n)x(n + m)]$$

$$= E\left\{x(n)\left[-\sum_{k=1}^{p} a_k x(n+m-k) + w(n+m)\right]\right\}$$

$$= -\sum_{k=1}^{p} a_k R_X(m-k) + E[x(n)w(n+m)] \tag{12.63}$$

由式(12.57)可知，$x(n)$ 只与 $w(n)$ 相关而与 $w(n+m)$ 无关($m \geqslant 1$)，式(12.57)两端乘以 $w(n+m)$，取数学期望，得

$$E[x(n)w(n+m)] = E[w(n)w(n+m)] = \begin{cases} \sigma_w^2, & m=0 \\ 0, & m>0 \end{cases} \tag{12.64}$$

将上式代入式(12.63)，得

$$R_X(m) = \begin{cases} -\sum_{k=1}^{p} a_k R_X(m-k) + \sigma_w^2, & m=0 \\ -\sum_{k=1}^{p} a_k R_X(m-k), & m>0 \end{cases} \tag{12.65}$$

将 $m=0,1,2,\cdots,p$ 代入上式，将其改写为矩阵形式为

$$\begin{bmatrix} R_X(0) & R_X(-1) & \cdots & R_X(-p) \\ R_X(1) & R_X(0) & \cdots & R_X[-(p-1)] \\ \vdots & \vdots & \ddots & \vdots \\ R_X(p) & R_X(p-1) & \cdots & R_X(0) \end{bmatrix} \begin{bmatrix} 1 \\ a_1 \\ \vdots \\ a_p \end{bmatrix} = \begin{bmatrix} \sigma_w^2 \\ 0 \\ \vdots \\ 0 \end{bmatrix} \tag{12.66}$$

上式为 AR 模型的 Yule-Walker 方程。对于实随机平稳序列，由于 $R_X(m) = R_X(-m)$，因此只要估计出 $p+1$ 个自相关函数值，便可由 Yule-Walker 方程求解出 $p+1$ 个模型参数 $a_1, a_2, \cdots, a_p$ 及 σ_w^2，根据这些参数便可得到随机信号的功率谱估计。

求解 Yule-Walker 方程，可以采用矩阵求逆的方法，但运算量很大，而且每当模型阶数增加一阶，就必须全部重新计算，特别是当方程的阶数过大时，矩阵的求逆运算几乎无法实现。为此，人们在不断地寻求高效快捷的求解方法。

1. Levinson-Durbin 算法

Levinson-Durbin 递推算法是求解 Yule-Walker 方程的高效算法，它是利用 p 阶最优预测系数 $\{a_{p,i} | i=1,2,\cdots,p\}$ 递推得到 $p+1$ 阶最优预测系数 $\{a_{p+1,i} | i=1,2,\cdots, p+1\}$。其中，$a_{p,i}$ 的第一个下标表示 AR 模型的阶数，第二个下标表示参数 a_i 的序号。将式(12.66)改写为

$$\begin{bmatrix} R_X(0) & R_X(-1) & \cdots & R_X(-p) \\ R_X(1) & R_X(0) & \cdots & R_X[-(p-1)] \\ \vdots & \vdots & \ddots & \vdots \\ R_X(p) & R_X(p-1) & \cdots & R_X(0) \end{bmatrix} \begin{bmatrix} 1 \\ a_{p,1} \\ \vdots \\ a_{p,p} \end{bmatrix} = \begin{bmatrix} \sigma_p^2 \\ 0 \\ \vdots \\ 0 \end{bmatrix} \tag{12.67}$$

对上式的行顺序和列顺序进行逆转，可得

$$\begin{bmatrix} R_X(0) & R_X(1) & \cdots & R_X(p) \\ R_X(-1) & R_X(0) & \cdots & R_X(p-1) \\ \vdots & \vdots & \ddots & \vdots \\ R_X(-p) & R_X(-p+1) & \cdots & R_X(0) \end{bmatrix} \begin{bmatrix} a_{p,p} \\ a_{p,p-1} \\ \vdots \\ 1 \end{bmatrix} = \begin{bmatrix} 0 \\ 0 \\ \vdots \\ \sigma_p^2 \end{bmatrix} \tag{12.68}$$

由上式和式(12.67),可以构造如下矩阵方程:

$$
\begin{bmatrix}
R_X(0) & R_X(1) & \cdots & R_X(p) & R_X(p+1) \\
R_X(-1) & R_X(0) & \cdots & R_X(p-1) & R_X(p) \\
\vdots & \vdots & \ddots & \vdots & \vdots \\
R_X(-p) & R_X(-p+1) & \cdots & R_X(0) & R_X(1) \\
R_X(-p-1) & R_X(-p) & \cdots & R_X(-1) & R_X(0)
\end{bmatrix}
\left\{
\begin{bmatrix}
1 \\ a_{p,1} \\ \vdots \\ a_{p,p} \\ 0
\end{bmatrix}
+ a_{p+1,p+1}
\begin{bmatrix}
0 \\ a_{p,p} \\ \vdots \\ a_{p,1} \\ 1
\end{bmatrix}
\right\}
$$

$$
=
\begin{bmatrix}
\sigma_p^2 \\ 0 \\ 0 \\ \vdots \\ q_p
\end{bmatrix}
+ a_{p+1,p+1}
\begin{bmatrix}
q_p \\ 0 \\ 0 \\ \vdots \\ \sigma_p^2
\end{bmatrix}
\tag{12.69}
$$

此处,

$$
q_p = R_X(p+1) + \sum_{i=1}^{p} a_{p,i} R_X(p+1-i) \tag{12.70}
$$

另一方面,$(p+2)$ 阶的 Yule-Walker 方程为

$$
\begin{bmatrix}
R_X(0) & R_X(1) & \cdots & R_X(p) & R_X(p+1) \\
R_X(-1) & R_X(0) & \cdots & R_X(p-1) & R_X(p) \\
\vdots & \vdots & \ddots & \vdots & \vdots \\
R_X(-p) & R_X(-p+1) & \cdots & R_X(0) & R_X(1) \\
R_X(-p-1) & R_X(-p) & \cdots & R_X(-1) & R_X(0)
\end{bmatrix}
\begin{bmatrix}
1 \\ a_{p+1,1} \\ \vdots \\ a_{p+1,p} \\ a_{p+1,p+1}
\end{bmatrix}
=
\begin{bmatrix}
\sigma_{p+1}^2 \\ 0 \\ \vdots \\ 0 \\ 0
\end{bmatrix}
\tag{12.71}
$$

令上式和式(12.69)右边相等,可得

$$
\sigma_p^2 + a_{p+1,p+1} q_p = \sigma_{p+1}^2 \tag{12.72}
$$

$$
q_p + a_{p+1,p+1} \sigma_p^2 = 0 \tag{12.73}
$$

解上两式得

$$
a_{p+1,p+1} = -q_p / \sigma_p^2 \tag{12.74}
$$

$$
\sigma_{p+1}^2 = \sigma_p^2 (1 - |a_{p+1,p+1}|^2) \tag{12.75}
$$

上两式为谱估计的递推公式,其初始值可由零阶 Yule-Walker 方程得到

$$
\sigma_0^2 = R_X(0) \tag{12.76}
$$

再令式(12.69)和式(12.71)左边相等,可得

$$
\begin{bmatrix}
\sigma_p^2 \\ 0 \\ 0 \\ \vdots \\ q_p
\end{bmatrix}
+ a_{p+1,p+1}
\begin{bmatrix}
q_p \\ 0 \\ 0 \\ \vdots \\ \sigma_p^2
\end{bmatrix}
=
\begin{bmatrix}
\sigma_{p+1}^2 \\ 0 \\ \vdots \\ 0 \\ 0
\end{bmatrix}
\tag{12.77}
$$

得到

$$
a_{p+1,i} = a_{p,i} + a_{p+1,p+1} a_{p,p+1-i}, \quad i = 1, \cdots, p \tag{12.78}
$$

上式称为 Levinson-Durbin 关系式,给出了 p 阶最优预测系数与 $p+1$ 阶最优预测系数

之间的递推关系。

由式(12.74)、式(12.75)和式(12.78)依次推导出各阶的 $a_{p+1,p+1}, \sigma_{p+1}^2, a_{p+1,i}(i=1,\cdots,p)$。由式(12.75)，有

$$\sigma_1^2 > \sigma_2^2 > \sigma_3^2 > \cdots > \sigma_p^2 > 0 \tag{12.79}$$

一般来讲，阶数是预先不知道的，当阶数递推到 σ_k^2 满足要求时，就可选阶数 $p=k$。前面已证明这里的 σ_k^2 就是误差功率。σ_k^2 小表示均方误差小。

由式(12.75)可知

$$|a_{p+1,p+1}| < 1 \tag{12.80}$$

令

$$K_p = a_{p,p} \tag{12.81}$$

则有

$$|K_p| < 1, \quad p = 1,2,3,\cdots \tag{12.82}$$

K_p 称为反射系数，它是 Levinson-Durbin 算法中的一个关键量，因为模型参数 σ_p^2 和 $a_{p,i}$ 的阶次更新完全取决于反射系数。Levinson-Durbin 功率谱估计流程图如图 12.3 所示。

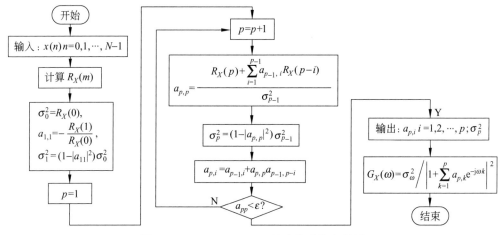

图 12.3　Levinson-Durbin 算法的递推流程图

2. Burg 算法

用 Levinson-Durbin 递推算法求解 Yule-Walker 方程中的 AR 系数虽然可以简化计算，但需要知道自相关序列 $R_X(m)(m=0,1,\cdots,p)$。实际上自相关序列 $R_X(m)$ 只能从时间序列 $x(n)$ 的有限个数据得到它的估计值 $\hat{R}_X(m)$。当时间序列短时，$\hat{R}_X(m)$ 的估计误差很大，这将对 AR 参数 $a_i(i=0,1,\cdots,p)$ 的计算引入很大的误差，导致功率谱估计出现谱线分裂与谱峰频率偏移等现象。1967 年，J. B. Burg 提出使前向与后向预测误差能量之和为最小，直接利用样本序列计算 AR 模型参数的方法。由于它不需要估计自相关函数，所以对于中等长度的样本序列通常就能获得较好的结果。

由线性预测理论可知，$x(n)$ 的估计值 $\hat{x}(n)$ 可用 $x(n)$ 的各过去值的加权之和表示，即

$$\hat{x}(n) = -\sum_{i=1}^{p} a_{p,i} x(n-i) \tag{12.83}$$

误差 $e(n)$ 在这里用 $e_p^f(n)$ 表示（p 为阶数）

$$e_p^f(n) = x(n) - \hat{x}(n) = x(n) + \sum_{i=1}^{p} a_{p,i} x(n-i) \tag{12.84}$$

式中，$e_p^f(n)$ 称为线性预测器的前向预测误差。因为 $\hat{x}(n)$ 是由 $x(n)$ 以前的各数据 $x(n-1), x(n-2), \cdots, x(n-p)$ 加权之和得到的。Burg 算法的关系式同 Levinson-Durbin 算法一样，如式(12.78)所示，也令 $K_p = a_{p,p}$，也称为反射系数。将式(12.78)代入上式，得

$$
\begin{aligned}
e_p^f(n) &= x(n) + \sum_{i=1}^{p-1} a_{p,i} x(n-i) + a_{p,p} x(n-p) \\
&= x(n) + \sum_{i=1}^{p-1} (a_{p-1,i} + K_p a_{p-1,p-i}) x(n-i) + K_p x(n-p) \\
&= x(n) + \sum_{i=1}^{p-1} a_{p-1,i} x(n-i) + K_p \left[x(n-p) + \sum_{i=1}^{p-1} a_{p-1,p-i} x(n-i) \right] \\
&= e_{p-1}^f(n) + K_p e_{p-1}^b(n-1) \tag{12.85}
\end{aligned}
$$

这里

$$
\begin{aligned}
e_{p-1}^b(n-1) &= x(n-p) + \sum_{i=1}^{p-1} a_{p-1,p-i} x(n-i) \\
&= x(n-p) + \sum_{i=1}^{p-1} a_{p-1,i} x(n-p+i) \tag{12.86}
\end{aligned}
$$

所以

$$
\begin{aligned}
e_p^b(n) &= x(n-p) + \sum_{i=1}^{p} a_{p,i} x(n-p+i) \\
&= x(n-p) - \hat{x}(n-p) \tag{12.87}
\end{aligned}
$$

这里

$$\hat{x}(n-p) = -\sum_{i=1}^{p} a_{p,i} x(n-p+i) \tag{12.88}$$

$\hat{x}(n-p)$ 是由 $x(n-p)$ 以后的数据：$x(n-p+1), x(n-p+2), \cdots, x(n)$ 加权之和得到的，故 $e_p^b(n)$ 称为后向预测误差。比较前向预测误差和后向预测误差表达式可知，它们具有相同的系数。故而

$$e_p^b(n) = e_{p-1}^b(n-1) + K_p e_{p-1}^f(n) \tag{12.89}$$

前向预测误差与后向预测误差的能量相同，并且等于预测的最小均方误差。Burg 递推算法要首先确定反射系数 $K_1, K_2, \cdots, K_p$ 的最小二乘解，使前后向预测误差的能量之和为最小，然后利用这些反射系数恢复出预测系数 $\{a_{p,i}\}$，从而获得功率谱估计。

Burg 算法以前向均方误差与后向均方误差之和最小求 K_p，令

$$\frac{\partial E\left[(e_p^f(n))^2 + (e_p^b(n))^2 \right]}{\partial K_p} = 0 \tag{12.90}$$

解之得

$$K_p = -\frac{2E\left[e_{p-1}^f(n) \cdot e_{p-1}^b(n-1) \right]}{E\left[(e_{p-1}^f(n))^2 + (e_{p-1}^b(n-1))^2 \right]} \tag{12.91}$$

对于平稳随机过程，统计平均可用时间平均代替，因此上式可改写为

$$K_p = \frac{-2\sum_{n=p}^{N-1} e_{p-1}^f(n) \cdot e_{p-1}^b(n-1)}{\sum_{n=p}^{N-1}\left[(e_{p-1}^f(n))^2 + (e_{p-1}^b(n-1))^2\right]} \tag{12.92}$$

因为使前、后向预测误差能量之和为最小等价于预测误差能量最小,所以 Burg 递推算法也可以称为是利用上式确定 K_p 的 Levinson-Durbin 递推算法。Burg 算法功率谱估计的流程图如图 12.4 所示。

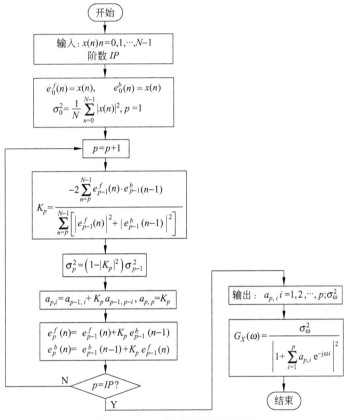

图 12.4　Burg 算法的递推流程图

12.4　白噪声中正弦信号的谱估计

因为任意形式的信号 $x(n)$ 都可通过傅里叶分解变成许多正弦分量的线性组合。因此,估计淹没在噪声中的正弦波是信号处理的关键技术之一,也是测试所有谱估计性能的基础。为此,人们提出多种方法,主要集中在最大似然法和特征分解法上。最大似然法把正弦过程看成频率未知的确定信号,而特征分解法是采用平稳随机过程模型来分析正弦信号,待估计频率则是其自相关矩阵中的未知参数。

12.4.1　最大似然法

设有 p 个复正弦信号

$$s_i(n) = A_i e^{j(\omega_i n + \varphi_i)}, \quad i = 1, 2, \cdots, p \tag{12.93}$$

它们与加性复白噪声 $n(n)$ 构成一个随机平稳过程。其一次实现的 N 个抽样数据为

$$x(n) = \sum_{i=1}^{p} A_i e^{j(\omega_i n + \varphi_i)} + n(n), \quad n = 0, 1, \cdots, N-1 \tag{12.94}$$

其中,正弦信号的振幅 A_i 和频率 ω_i 为常量,初相位 φ_i 是在 $[0, 2\pi)$ 内均匀分布的独立随机变量。$n(n)$ 是均值为 0 和方差为 σ_n^2 的白噪声。

为了讨论方便,这里只研究一个复正弦信号存在的情况,即

$$x(n) = A e^{j(\omega n + \varphi)} + n(n) \tag{12.95}$$

$\boldsymbol{S}$、$\boldsymbol{X}$ 和 $\boldsymbol{W}$ 用矢量分别表示为

$$\boldsymbol{S} = [s(0), s(1), \cdots, s(N-1)]^T = A e^{j\varphi} [1, e^{j\omega}, \cdots, e^{j\omega(N-1)}]^T \tag{12.96}$$

$$\boldsymbol{X} = [x(0), x(1), \cdots, x(N-1)]^T \tag{12.97}$$

$$\boldsymbol{N} = [n(0), n(1), \cdots, n(N-1)]^T \tag{12.98}$$

因为 $n(n)$ 是白高斯噪声,所以其自相关矩阵为

$$\boldsymbol{R}_n = \sigma_n^2 \boldsymbol{I} \tag{12.99}$$

其中,$\boldsymbol{I}$ 为 N 阶单位矩阵。

令 A_c 表示正弦波的复振幅

$$A_c = A e^{j\varphi} \tag{12.100}$$

$$\boldsymbol{E} = [1, e^{j\omega}, \cdots, e^{j\omega(N-1)}]^T \tag{12.101}$$

得到

$$\boldsymbol{S} = A_c \boldsymbol{E} \tag{12.102}$$

由于假设 $A e^{j(\omega n + \varphi)}$ 是确定信号,所以 $\boldsymbol{X}$ 的概率密度函数为

$$p(\boldsymbol{X} - \boldsymbol{S}) = \frac{1}{(2\pi)^{\frac{N}{2}} \det(\boldsymbol{R}_n)} e^{\left[-\frac{1}{2}(\boldsymbol{X}-\boldsymbol{S})^H \boldsymbol{R}_n^{-1}(\boldsymbol{X}-\boldsymbol{S})\right]} \tag{12.103}$$

其中,H 表示共轭转置。

为了获得 A、ω 和 φ 的最大似然估计,就需要求解上式的最大值,也就是求解下式的最小值。

$$L = (\boldsymbol{X} - \boldsymbol{S})^H (\boldsymbol{X} - \boldsymbol{S}) \tag{12.104}$$

将式(12.102)代入上式,得

$$L(A_c, \omega) = (\boldsymbol{X} - A_c \boldsymbol{E})^H (\boldsymbol{X} - A_c \boldsymbol{E}) \tag{12.105}$$

如果先假定 ω 是固定的,则可求出使上式最小化的解,令

$$\frac{\partial L(A_c, \omega)}{\partial A_c} = 0 \tag{12.106}$$

解之得

$$\hat{A}_c = \frac{\boldsymbol{E}^H \boldsymbol{x}}{\boldsymbol{E}^H \boldsymbol{E}} = \frac{1}{N} \sum_{n=0}^{N-1} x(n) e^{-j\omega n} \tag{12.107}$$

然后将 $\hat{A}_c$ 代入式(12.105),得

$$\begin{aligned} L(A_c, \omega) &= (\boldsymbol{X} - \hat{A}_c \boldsymbol{E})^H (\boldsymbol{X} - \hat{A}_c \boldsymbol{E}) = \boldsymbol{X}^H (\boldsymbol{X} - \hat{A}_c \boldsymbol{E}) - \hat{A}_c^* \boldsymbol{E}^H (\boldsymbol{X} - \hat{A}_c \boldsymbol{E}) \\ &= \boldsymbol{X}^H \boldsymbol{X} - \boldsymbol{X}^H \hat{A}_c \boldsymbol{E} - \hat{A}_c^* \boldsymbol{E}^H \boldsymbol{X} + \hat{A}_c^* \boldsymbol{E}^H \hat{A}_c \boldsymbol{E} \\ &= \boldsymbol{X}^H \boldsymbol{X} - \frac{(\boldsymbol{E}^H \boldsymbol{X})^* (\boldsymbol{E}^H \boldsymbol{X})}{(\boldsymbol{E}^H \boldsymbol{E})} \end{aligned}$$

$$= \boldsymbol{X}^{\mathrm{H}} \boldsymbol{X} - \frac{1}{N} \mid \boldsymbol{E}^{\mathrm{H}} \boldsymbol{X} \mid^2 \tag{12.108}$$

求解上式的最小值等效于求解上式右端第二项的最大解。从上式可以看出,该项为信号 $x(n)$ 的周期图。由此可知,对于复高斯白噪声中的单个复正弦信号,其频率的最大似然解就是周期图的最大值所对应的频率。ω 获得以后,将其代入式(12.107),获得正弦信号其余两个参数的最大似然估计分别为

$$\hat{A} = \frac{1}{N} \left| \sum_{n=0}^{N-1} x(n) \mathrm{e}^{-\mathrm{j}\hat{\omega} n} \right| \tag{12.109}$$

$$\hat{\varphi} = \arctan \left[\frac{\mathrm{Im}\left(\sum\limits_{n=0}^{N-1} x(n) \mathrm{e}^{-\mathrm{j}\hat{\omega} n} \right)}{\mathrm{Re}\left(\sum\limits_{n=0}^{N-1} x(n) \mathrm{e}^{-\mathrm{j}\hat{\omega} n} \right)} \right] \tag{12.110}$$

与单个复正弦随机信号相比,为求 $p \geqslant 2$ 正弦随机信号参数的最大似然估计,需要求解一个非线性高阶方程,其最大化问题比较麻烦,因为这要求进行 p 阶空间搜索,运算量巨大,为此就不再加以讨论。

12.4.2 Capon 谱估计法

Capon 谱估计是设计一种有限冲激响应(Finite Impulse Response,FIR)数字滤波器,它能保证滤波器输入过程的某个频率成分完全通过,滤波器输出功率最小,此时的滤波器输出功率可以作为该频率的功率谱估计。由于这种滤波器可以使频率特性旁瓣最小,因此作功率谱估计可取得较好的效果。

设 $h(i)(i=0,1,2,\cdots,N-1)$,为 N 阶 FIR 滤波器的冲激函数,$x(n)$ 为一个零均值的平稳随机信号,经过有限冲激响应滤波器的输出 $y(n)$ 为

$$y(n) = \sum_{i=0}^{N-1} h(i) x(n+i) = \boldsymbol{H}^{\mathrm{H}} \boldsymbol{X} \tag{12.111}$$

其中,$\boldsymbol{H} = [h(0), h(1), \cdots, h(N-1)]^{\mathrm{T}}$ 为滤波器系数矢量;$\boldsymbol{X} = [x(n), x(n+1), \cdots, x(n+N-1)]^{\mathrm{T}}$ 为输入信号矢量。

$y(n)$ 的平均功率为

$$E[\mid y(n) \mid^2] = E[\boldsymbol{H}^{\mathrm{H}} \boldsymbol{X} \boldsymbol{X}^{\mathrm{H}} \boldsymbol{H}] = \boldsymbol{H}^{\mathrm{H}} \boldsymbol{R}_X \boldsymbol{H} \tag{12.112}$$

其中,$\boldsymbol{R}_X = E[\boldsymbol{X} \boldsymbol{X}^{\mathrm{H}}]$ 为输入信号的自相关矩阵。

为了估计 $x(n)$ 的功率谱,需要分别估计其在各个频率点上的平均功率,因为对 $x(n)$ 进行傅里叶分解成许多正弦分量的线性组合。估计某个频率 ω 上的功率谱值,也就相当于一个频率 ω 的复正弦输入到上述有限冲激响应滤波器的情况。复正弦信号表示为

$$x(n) = A \mathrm{e}^{\mathrm{j}\omega n} \tag{12.113}$$

因而输入信号矢量为

$$\boldsymbol{X} = A \mathrm{e}^{\mathrm{j}\omega n} [1, \mathrm{e}^{\mathrm{j}\omega}, \cdots, \mathrm{e}^{\mathrm{j}\omega(N-1)}]^{\mathrm{T}} = x(n) \boldsymbol{E} \tag{12.114}$$

$$\boldsymbol{E} = [1, \mathrm{e}^{\mathrm{j}\omega}, \cdots, \mathrm{e}^{\mathrm{j}\omega(N-1)}]^{\mathrm{T}} \tag{12.115}$$

所以

$$y(n) = \boldsymbol{H}^{\mathrm{H}} \boldsymbol{X} = x(n) \boldsymbol{H}^{\mathrm{H}} \boldsymbol{E} \tag{12.116}$$

为了使频率为 ω 的复正弦信号完全通过,必须有

$$\mid \boldsymbol{H}^{\mathrm{H}} \boldsymbol{E} \mid = 1 \quad \text{或} \quad \boldsymbol{H}^{\mathrm{H}} \boldsymbol{E} \boldsymbol{E}^{\mathrm{H}} \boldsymbol{H} = 1 \tag{12.117}$$

因为实际信号总是包含噪声的，在上式的约束条件下求解滤波器系数，并使得输出平均功率最小，就是一个条件极值问题。在此，利用 Lagrange 乘数法进行求解。定义 Lagrange 代价函数为

$$J = \boldsymbol{H}^H \boldsymbol{R}_X \boldsymbol{H} - \lambda (\boldsymbol{H}^H \boldsymbol{E} \boldsymbol{E}^H \boldsymbol{H} - 1) \tag{12.118}$$

令 $\dfrac{\partial J}{\partial \boldsymbol{H}} = 0$ 可得

$$\boldsymbol{H}^H \boldsymbol{R}_X = \lambda \boldsymbol{H}^H \boldsymbol{E} \boldsymbol{E}^H \tag{12.119}$$

上式两边同时取复共轭转置，同时考虑到 $\boldsymbol{R}_X = \boldsymbol{R}_X^H$，得

$$\boldsymbol{R}_X \boldsymbol{H} = \lambda \boldsymbol{E} \boldsymbol{E}^H \boldsymbol{H} \tag{12.120}$$

由式(12.117)可知，$\boldsymbol{E}^H \boldsymbol{H}$ 是一个模为 1 的复数，表示为

$$\boldsymbol{E}^H \boldsymbol{H} = \mathrm{e}^{\mathrm{j}\varphi} \tag{12.121}$$

将上式代入式(12.120)，得

$$\boldsymbol{H} = \lambda \mathrm{e}^{\mathrm{j}\varphi} \boldsymbol{R}_X^{-1} \boldsymbol{E} \tag{12.122}$$

式(12.119)的两边乘以 $\boldsymbol{H}$，得

$$\boldsymbol{H}^H \boldsymbol{R}_X \boldsymbol{H} = \lambda \boldsymbol{H}^H \boldsymbol{E} \boldsymbol{E}^H \boldsymbol{H} \tag{12.123}$$

将式(12.117)代入上式，得

$$\lambda = \boldsymbol{H}^H \boldsymbol{R}_X \boldsymbol{H} \tag{12.124}$$

将式(12.122)代入上式，得

$$\lambda = \frac{1}{\boldsymbol{E}^H \boldsymbol{R}_X^{-1} \boldsymbol{E}} \tag{12.125}$$

将上式代入式(12.122)，得

$$\boldsymbol{H} = \frac{\mathrm{e}^{\mathrm{j}\varphi} \boldsymbol{R}_X^{-1} \boldsymbol{E}}{\boldsymbol{E}^H \boldsymbol{R}_X^{-1} \boldsymbol{E}} \tag{12.126}$$

因为 $\mathrm{e}^{\mathrm{j}\varphi}$ 只使滤波器输出增加了一个相移，并不影响功率谱的估计，可以略去，这样可得

$$\boldsymbol{H} = \frac{\boldsymbol{R}_X^{-1} \boldsymbol{E}}{\boldsymbol{E}^H \boldsymbol{R}_X^{-1} \boldsymbol{E}} \tag{12.127}$$

由此可知，当频率为 ω 的信号完全通过，且使得输出功率最小时，输出功率为

$$E\big[\,|\,y(n)\,|^2\,\big]_{\min} = \boldsymbol{H}^H \boldsymbol{R}_X \boldsymbol{H} = \frac{1}{\boldsymbol{E}^H \boldsymbol{R}_X^{-1} \boldsymbol{E}} \tag{12.128}$$

将上式作为输入信号在 ω 频率上的功率谱估计。因为一般情况下，$\boldsymbol{R}_X$ 是未知的，所以通常用 $\boldsymbol{R}_X$ 的估计值 $\hat{\boldsymbol{R}}_X$ 表示，因而 Capon 方法的功率谱估计表示为

$$\hat{G}_X(\omega) = \frac{1}{\boldsymbol{E}^H \hat{\boldsymbol{R}}_X^{-1} \boldsymbol{E}} \tag{12.129}$$

Capon 方法不需要模型阶数的先验知识，就能直接给出信号功率的估计值，更重要的是它的稳健性较好，在具有噪声干扰环境下仍能较好地工作。

本 章 小 结

(1) 间接谱估计首先估计相关函数，从而间接地获得功率谱估计的方法，自相关函数的估计公式为 $\hat{R}_X(m) = \dfrac{1}{N} \displaystyle\sum_{n=0}^{N-1} x(n)x(n+m) = \dfrac{1}{N} \displaystyle\sum_{n=-\infty}^{\infty} x_N(n)x_N(n+m)$，当观测数据为个

数有限时，又常常用 $\hat{R}_X(m) = \dfrac{1}{N-|m|} \sum\limits_{n=0}^{N-|m|-1} x(n)x(n+m)$，$|m| \leqslant N-1$ 进行自相关函数的估计，因而可知，间接法功率谱估计为 $\hat{G}_X(\omega) = \sum\limits_{m=-M}^{M} \hat{R}_X(m)\mathrm{e}^{-\mathrm{j}m\omega}$，$M \leqslant N-1$。

（2）直接谱估计是计算最为简单的谱估计方法，直接利用观测数据的傅里叶变换获得功率谱估计，即 $\hat{G}_X(\omega) = \dfrac{1}{N}|X_N(\mathrm{e}^{\mathrm{j}\omega})|^2$。

（3）AR 模型谱估计的关键是求解 Yule-Walker 方程，可利用 Levinson-Durbin 递推算法高效求解该方程，其递推的核心公式为

$$a_{p,p} = k_p = -\frac{R_X(p) + \sum\limits_{i=1}^{p-1} a_{p-1,i}R_X(p-i)}{\sigma_{p-1}^2}$$

$$\sigma_p^2 = \sigma_{p-1}^2(1-|a_{p,p}|^2)$$

$$a_{p,i} = a_{p-1,i} + a_{p,p}a_{p-1,p-i}, \quad i = 0,1,\cdots,p-1$$

（4）Burg 递推算法是 Levinson-Durbin 递推算法的扩展，称为利用由 $K_p = \dfrac{-2\sum\limits_{n=p}^{N-1} e_{p-1}^f(n) \cdot e_{p-1}^b(n-1)}{\sum\limits_{n=p}^{N-1}\left[(e_{p-1}^f(n))^2 + (e_{p-1}^b(n-1))^2\right]}$ 确定 K_p 的 Levinson-Durbin 递推算法。Burg 递推算法可以对 AR 模型信号得到较精确的谱估计，其核心迭代公式为

$$e_p^f(n) = e_{p-1}(n) + K_p e_{p-1}^b(n-1)$$

$$e_p^b(n) = e_{p-1}^b(n-1) + K_p e_{p-1}^f(n)$$

$$\sigma_p^2 = \sigma_{p-1}^2(1-|K_p|^2)$$

$$a_{p,i} = a_{p-1,i} + K_{p,p}a_{p-1,p-i}, \quad i = 0,1,\cdots,p-1$$

（5）最大似然法和 Capon 谱估计法是对正弦信号进行谱估计最主要的两种方法，前者主要把正弦过程看成是频率未知的确定信号，后者利用平稳随机过程模型来分析正弦信号。

思　考　题

1. 为什么不用信号的傅里叶变换而用功率谱描述随机信号的频率特性？

2. 直接法做功率谱估计时，$\hat{G}_X(\omega) = \dfrac{1}{N}\left|\sum\limits_{n=0}^{N-1} x(n)\mathrm{e}^{-\mathrm{j}\omega n}\right|^2$，说明为什么可用 FFT 进行计算？

3. 直接法做功率谱估计 $\hat{G}_X(\omega)$ 是有偏估计还是无偏估计？

4. 直接法的谱分辨率较低，且估计的方差也较大，说明造成这两种缺点的原因。

5. 如何改善直接法的谱分辨率较低和方差较大的缺陷？

6. 为何模型参数法估计中重点讨论 AR 模型？它与 MA、ARMA 模型有什么联系？

7. 为什么现代谱估计可以解决谱分辨率低的缺点？

8. 为什么 AR 模型知道 σ_w^2 和参数 $a_1, a_2, \cdots, a_p$ 后,就可以确定功率谱 $G_X(\omega)$?

习　题

1. 采用下式给出的有偏自相关函数的定义,并加窗,得到 BT 谱估计器:

$$\hat{R}_X(m) = \begin{cases} \dfrac{1}{N}\sum_{n=0}^{N-1} x(n)x(n+m), & m=0,1,\cdots,N+1 \\[2mm] \hat{R}_X(1-m), & m=-(N-1),-(N-2),\cdots,-1 \end{cases}$$

$$W_N(m) = \begin{cases} 1, & |m| \leqslant N-1 \\ 0, & \text{其他} \end{cases}$$

$$\hat{G}_X(m) = \sum_{m=-(N-1)}^{N-1} W_N(m) \cdot \hat{R}_X(m) \cdot \mathrm{e}^{-j\omega m}$$

证明该 BT 估计器与周期图相同。

2. 设自相关函数 $R_X(m) = \rho^m, m=0,1,2,3$。试用 Levinson-Durbin 递推法求解 AR(3)模型参量。

3. 设 $N=5$ 的数据记录为 $x_0=1, x_1=2, x_2=3, x_3=4, x_4=5$,AR 模型的阶数 $p=3$ 试用 Levinson-Durbin 递推法求模型参量。

4. 设 $N=5$ 的数据记录为 $x_0=1, x_1=2, x_2=3, x_3=4, x_4=5$,试用 Burg 递推法求 AR(2)模型参量。

5. 实平稳随机序列 $x(n)$,满足如下差分方程描述的 AR(2)过程:

$$x(n) = -0.2x(n-1) - 0.8x(n-2) + w(n)$$

其中,$w(n)$ 是均值为 0,方差为 1 的白噪声。试根据 Yule-Walker 方程,外推出 $x(n)$ 的自相关函数值 $R_X(3)$ 和 $R_X(4)$。

计算机仿真

1. 周期图法仿真

1) 仿真假设

设仿真信号 $x(t) = \cos(100\pi + \varphi_1) + 1.5\cos(250\pi + \varphi_2) + \cos(270\pi + \varphi_3) + 1.5n(t)$,$\varphi_1, \varphi_2$ 和 φ_3 为相互独立在 $[-\pi, \pi]$ 上服从均匀分布随机相位,$n(t)$ 为均值为 0,方差为 1 的实值高斯白噪声,采样频率为 1000。利用周期图法进行谱估计。

2) 程序代码

```
Fs=1000;
f1=50;
f2=125;
f3=135;
N=1024;
Nfft=N;
n=0:N-1;
t=n/Fs;                    %采用的时间序列
```

```
xn=cos(2*pi*f1*t)+1.5*cos(2*pi*f2*t)+cos(2*pi*f3*t)+1.5*randn(size
(n));
figure;
plot(n,xn);grid;title('时域信号');
P=10*log10(abs(fft(xn,Nfft).^2)/N);              %Fourier 振幅谱平方的平均值,并转化为 dB
f=(0:length(P)-1)*Fs/length(P);                  %给出频率序列
figure;
plot(f(1:N/2),P(1:N/2));grid on;title('功率谱(dB图)');ylabel('功率谱/dB');
xlabel('频率/Hz');
Pxx=abs(fft(xn,Nfft).^2)/N;                       %Fourier 振幅谱平方的平均值,并转化为 dB
f=(0:length(Pxx)-1)*Fs/length(Pxx);              %给出频率序列
figure;
plot(f(1:N/2),Pxx(1:N/2));                        %绘制功率谱曲线
xlabel('频率/Hz');ylabel('功率谱');
title('周期图 N=1024');grid on;
std(Pxx)^2
```

3) 仿真结果

周期图法仿真结果如图 12.5 所示。

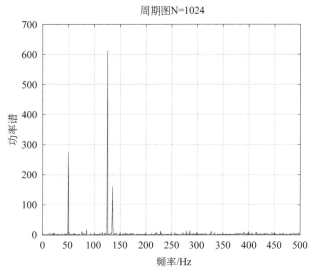

图 12.5　周期图法仿真结果

2. BT 法仿真

1) 仿真假设

设仿真信号 $x(t) = \cos(100\pi + \varphi_1) + 1.5\cos(250\pi + \varphi_2) + \cos(270\pi + \varphi_3) + 1.5n(t)$，$\varphi_1$、$\varphi_2$ 和 φ_3 为相互独立在 $[-\pi, \pi]$ 上服从均匀分布随机相位，$n(t)$ 为均值为 0，方差为 1 的实值高斯白噪声，采样频率为 1000。利用 BT 法进行谱估计。

2) 程序代码

```
clc
clear
```

```
Fs=1000;
n=0:1/Fs:1;
x=cos(2*pi*50*n)+1.5*cos(2*pi*125*n)+cos(2*pi*135*n)+1.5*randn(size
(n));
nfft=1024;
ncxk=3*nfft/4;
cxn=xcorr(x,'unbiased');
CXk=fft(cxn,ncxk);
Pxx=abs(CXk);
index=0:round(ncxk/2-1);
k=index*Fs/ncxk;
C=Pxx(index+1);
P=(Pxx(index+1));
plot(k,P);grid on
var(C)
title('BT法功率谱估计 N=1024');
xlabel('频率/Hz');
ylabel('功率谱');;
```

3）仿真结果

BT 法仿真结果如图 12.6 所示。

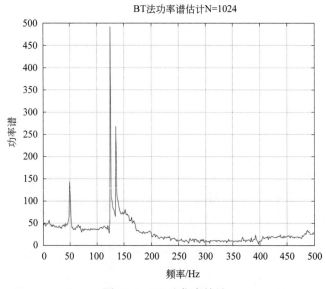

图 12.6　BT 法仿真结果

知 识 扩 展

1. 谱估计发展简史

著名的傅里叶变换是于 1807 年由法国数学家傅里叶（Fourier）提出的，它是信号分析与处理中的重要分析工具。1930 年，美国数学家维纳发表《广义谐波分析》，引入自相关函数和功率谱,并证明二者互为傅里叶变换,建立了使用傅里叶变换方法处理随机过程的理论体系。1958年,布莱克曼(R. B. Blackman)和图基(J. W. Tukey)给出用维纳相关法从抽样数据序列得到功率谱的实现方法,简称BT法。1965年,图基(J. W. Tukey)和库迪(T. W. Coody)提出快速傅里叶变换,并应用于19世纪末舒斯特(Schuster)提出的功率谱估计的周期图估计方法中,促进了谱估计的迅速发展。BT法和周期图法都应用了经典的傅里叶分析方法,故称为经典谱估计法,也称为线性谱估计法。为解决经典估计分辨率和方差性能不好的问题,提出了现代谱估计。1967年,伯格(Burg)提出最大熵谱分析法;1968年,帕曾(Parzen)提出了自回归(AR)谱估计法。1969年,卡彭(Capon)为分析阵列的频率—波数谱估计而提出了最大似然谱估计法;1971年,范登博斯证明了最大熵谱分析与AR谱估计等效;同年洛卡斯将最大似然谱估计推广到时间序列的功率谱估计。20世纪80年代初,现代谱估计方法又形成了应用信息论的熵谱估计法、奇异值/特征值分解处理法谱估计、多谱(高阶谱)估计及多维谱估计等新的分支。

2. 让·巴普蒂斯·约瑟夫·傅里叶(Baron Jean Baptiste Joseph Fourier,1768—1830)

法国数学家、物理学家。他于1768年3月21日出生于欧塞尔,1830年5月16日卒于巴黎。主要贡献在于围绕物理中热的传播方程,创立了一套全新的数学分析体系,对19世纪的数学和物理学的发展产生了深远影响。在1822年出版的专著《热的解析理论》推导出著名的热传导方程,将欧拉(Euler)、伯努利(Bernoulli)等数学家在一些特殊情形下应用三角级数的方法发展成一般性的理论框架,即傅里叶级数和傅里叶分析理论。

参 考 文 献

[1] 张立毅,张雄,李化. 信号检测与估计[M]. 2 版. 北京:清华大学出版社,2014.

[2] 张立毅,孙云山,张晓琴,等. 信号检测与估计(第 2 版)学习辅导与习题解答[M]. 北京:清华大学出版社,2014.

[3] 向敬成,王意青,毛自灿,等. 信号检测与估计[M]. 北京:国防工业出版社,1990.

[4] 刘有恒. 信号检测与估计[M]. 北京:人民邮电出版社,1989.

[5] 张明友. 信号检测与估计[M]. 2 版. 北京:电子工业出版社,2005.

[6] 赵树杰,赵建勋. 信号检测与估计理论[M]. 2 版. 北京:电子工业出版社,2013.

[7] 周强,曲长文,张彬. 信号检测与估计[M]. 2 版. 北京:电子工业出版社,2021.

[8] 赵建勋. 信号检测与估计理论学习辅导与习题解答[M]. 北京:清华大学出版社,2007.

[9] 沈凤麟,钱玉美. 信号统计分析与处理[M]. 合肥:中国科学技术大学出版社,2001.

[10] KAY S M. 统计信号处理基础——估计与检测理论[M]. 罗鹏飞,张文明,刘忠,等译. 北京:电子工业出版社,2003.

[11] SCHONHOFF T, GIORDANO A A. 信号检测与估计:理论与应用[M]. 关欣,译. 北京:电子工业出版社,2012.

[12] POOR H V. 信号检测与估计[M]. 廖桂生,杨志伟,等译. 2 版. 北京:机械工业出版社,2015.

[13] 段凤增. 信号检测理论[M]. 哈尔滨:哈尔滨工业大学出版社,2002.

[14] 刘福声,罗鹏飞. 统计信号处理[M]. 长沙:国防科技大学出版社,1999.

[15] 李道本. 信号的统计检测与估计理论[M]. 北京:北京邮电大学出版社,1993.

[16] HARRY L, TRESS V. Detection, Estimation and Modulation Theory[M]. 北京:电子工业出版社,2003.

[17] 沈锋,徐定杰,周卫东. 信号检测与估计[M]. 北京:国防工业出版社,2011.

[18] 景占荣,羊彦. 信号检测与估计[M]. 北京:化学工业出版社,2004.

[19] 吴祁耀,朱华,黄辉宁. 统计无线电技术[M]. 北京:国防工业出版社,1982.

[20] 章潜五. 随机信号分析[M]. 西安:西北电讯工程学院出版社,1986.

[21] 王宏禹. 随机信号处理[M]. 北京:科学出版社,1988.

[22] 陆光华. 随机信号处理[M]. 西安:西安电子科技大学出版社,2002.

[23] 张玲华,郑宝玉. 随机信号处理[M]. 北京:清华大学出版社,2003.

[24] 丁玉美,阔永红,高新波. 数字信号处理[M]. 西安:西安电子科技大学出版社,2002.

[25] 沈凤麟,陈和晏. 生物医学随机信号处理[M]. 合肥:中国科学技术大学出版社,1999.

[26] 阔永红. 数字信号处理学习指导[M]. 西安:西安电子科技大学出版社,2004.